大红袍

太平猴魁

龙须茶

安吉白茶

碧 螺 春

凤凰单丛茶

普洱饼茶

普洱散茶

阿里山金萱茶

东方美人茶

太湖翠竹茶

沿溪山白毛尖

都匀毛尖

越州龙井

无锡毫茶

羊岩勾青茶

岭头单丛茶

竹海金茗红茶

叶　底

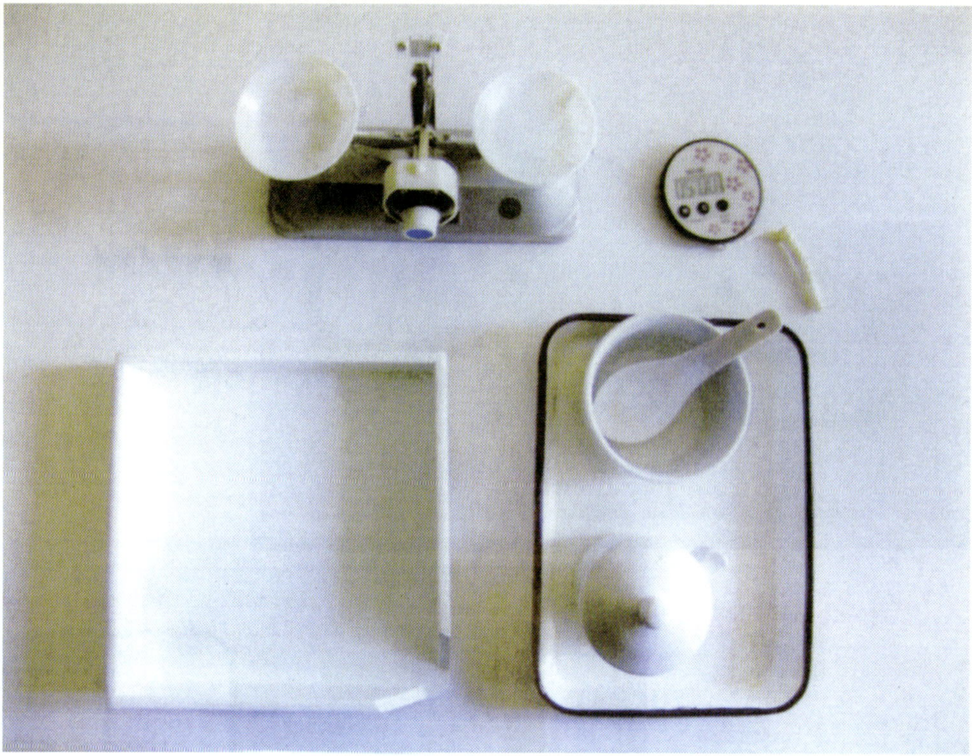

茶叶审评器具

乌龙茶审评杯碗

绿茶审评杯碗

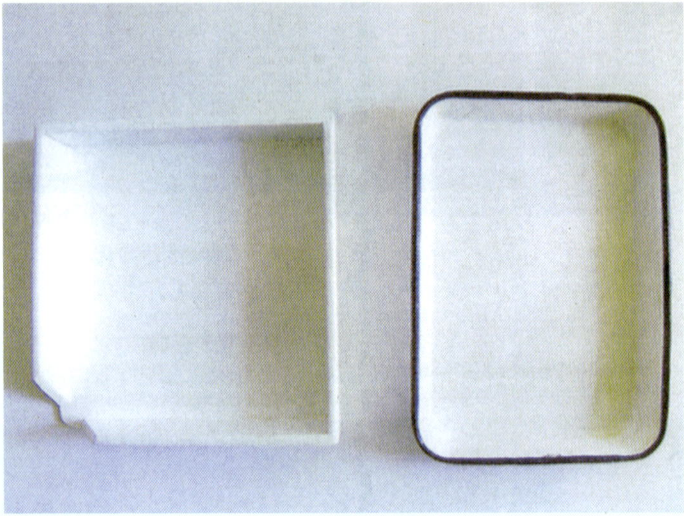

茶样盘与叶底盘

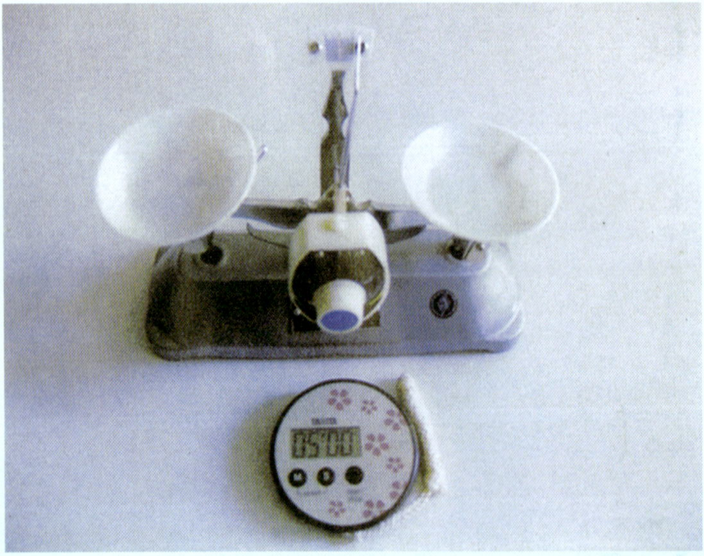

天平与计时器

中国茶叶学会组编

评茶员培训教材

主编
杨亚军

副主编
鲁成银 刘 新

编著者
俞永明 金寿珍 鲁成银
刘 新 刘 栩 沈培和
施兆鹏 姜爱芹 朱永兴
周智修 郭雅玲 王星银

审稿
俞永明 季玉琴

金盾出版社

内 容 提 要

本书由中国茶叶学会组编。本书分为初级评茶员、中级评茶员、高级评茶员、评茶师、高级评茶师技能要求5篇26章。内容包括:评茶员的基本要求及培训方法,中国茶叶发展史及主要茶类的品质特征,茶叶标准及分级,茶业企业标准的制定与应用,茶叶的感官审评设备与操作,茶叶的包装要求及标签通则,茶叶的贮藏技术,中国6大茶类的加工技术与审评方法,茶叶与健康知识介绍及研究,茶业企业经营管理及市场营销技巧。本书内容充实,具有科学性、知识性、实用性强的特点,适合广大评茶人员、评茶员及评茶师培训班授课人员和学员、茶业企业各层领导和技术人员阅读参考。

图书在版编目(CIP)数据

评茶员培训教材/杨亚军主编.—北京:金盾出版社,2009.1(2022.4重印)
ISBN 978-7-5082-5422-7

Ⅰ.①评… Ⅱ.①杨… Ⅲ.①茶叶—食品检验—技术培训—教材②茶叶—食品感官评价—技术培训—教材 Ⅳ.①TS272.7

中国版本图书馆CIP数据核字(2008)第153543号

金盾出版社出版、总发行
北京市太平路5号(地铁万寿路站往南)
邮政编码:100036 电话:68214039 83219215
传真:68276683 网址:www.jdcbs.mil.cn
北京印刷集团有限责任公司印刷、装订
各地新华书店经销
开本:787×1092 1/16 印张:27 彩页:8 字数:464千字
2022年4月第1版第18次印刷
印数:74 001～76 000册 定价:79.00元

目 录

第一篇 初级评茶员技能要求

第二篇　中级评茶员技能要求

第三篇　高级评茶员技能要求

第四篇　评茶师技能要求

第五篇　高级评茶师技能要求

第一篇　初级评茶员技能要求

第一章　评茶员的基本要求

评茶是一门实用技术，是凭借人的感觉器官来评定茶叶品质(色、香、味、形)高低优次的。而感官感受难免会带有一定的主观性，因此评茶员在职业道德和人员身体素质等方面必须具备以下基本条件。

第一节　评茶员的职业道德

道德是一种意识形态。职业道德是指从事同一工作的人共同遵守的行为准则和规范。有良好职业道德的人，不论在什么地方、什么工作岗位上，都能做到爱业敬业、乐业勤业，尽自己的能力做好各项工作。职业道德也是一个企业、一个单位增强凝聚力和提高竞争力的取之不尽的力量源泉。

一、评茶员职业道德的含义

评茶员的职业道德是指从事评茶职业的人在工作过程中共同遵守的行为准则和规范，在所从事的业务活动中以此来约束自己，同时又对社会承担道德责任与义务。

二、评茶员职业道德的基本内容

我国职业道德的主要范围有明确的规定，这就是“爱岗敬业、诚实守信、办事公道、服务群众、奉献社会。”2001年《公民道德建设实施纲要》明确指出：在全社会大力倡导“爱国守法、明礼诚信、团结友善、勤俭自强、敬业奉献”20字基本道德规范。各行各业的具体职业道德，都必须体现这一总体道德规范，并结合本职业的特点把它具体化。

茶叶审评人员是茶业企业的技术力量，茶叶审评人员必须树立良好的职业道德。近年来，随着市场经济的发展，各地茶业企业如雨后春笋，发展势头良好。但随之而来，在一些地方出现了“惟利是图、不讲职业道德”的现象，经营者只顾赚钱，不问政策法规，弄虚作假，欺骗顾客，严重影响了企业的形象。

因此，加强对茶业企业从业人员的职业道德教育，是当前茶叶行业经营中面临的一个重要而紧迫的任务。在国家颁布的《评茶员国家职业标准》中，明确规定评茶员必须做到以下几点。

（一）忠于职守，爱岗敬业

评茶人员应该忠实地履行自己的职业职责，热爱自己的工作岗位；爱岗敬业是全社会大力提倡的职业道德行为准则，是国家对人们职业行为的共同要求，是中华民族的传统美德和现代企业精神，是每个评茶人员应当共同遵守的职业道德。

（二）科学严谨，不断进取

评茶员是技术性很强的工作，它是用评茶人员的嗅觉、味觉、视觉、触觉等感觉器官来评定茶叶质量的高低。评茶员需要掌握丰富的茶叶加工、生产、审评等理论知识，同时要进行大量的反复的训练，掌握各类茶和各种茶的品质特征，用科学严谨的方法，准确地、真实地反映茶的本质特征。茶业不断发展，茶类不断创新，所以，评茶人员要不断吸取新的知识，全面了解茶的本质，不断提高自己的技能水平。

（三）注重调查，实事求是

我国茶类丰富、等级各异，评茶人员必须按茶类品质客观评定茶叶优劣，而不以个人爱好确定茶叶的品质。

（四）团结共事，宽厚容人

参与集体评茶时，注重团结，宽厚待人，共同评好茶叶。茶叶审评中力求做到民主、公正、合理、正确。

（五）遵纪守法，讲究公德

每个从业人员都要遵守法律和纪律，尤其要遵守与职业活动相关的法律法规和纪律。对每个评茶员的要求是要做到知法、懂法、守法以及遵守企业纪律和规范。执法检验（审评）中，应以法律（标准之类）为依据，不掺杂个人情感。

此外，评茶员还要了解、学习理解与茶叶审评有关的《产品质量法》、《标准化法》、《标准化法实施条例》、《劳动法》、《消费者权益保护法》等法律中的条款。

第二节　评茶人员应具备的个人素质

普通饮茶是一种人体本能的消费行为，而茶叶审评是一种有意识地遵循一种方法、经过周密思考去支配自己印象的行为，强调感觉器官的真实反映和表达，是经一系列科学的分析计算的行为。茶叶审评作为一门实用技术，评茶人员应把理论学习与实际操作有机地结合起来，两者不可偏废。如只重视书本知识，审评时常因缺乏经验，难以做出正确的审评结果；单纯地以茶评茶，则常会陷入习惯的误区，做出狭隘的判断。

一、应掌握系统的专业知识

作为评茶人员，从专业知识讲，应对制茶工艺、茶叶品质、茶叶机械、茶叶化学等相关知识有一定程度的了解，这样有利于做好茶叶审评；如果对茶叶缺乏认识，就难以对茶叶审评做出正确的评价。作为一名优秀的评茶人员，还要深入了解特定的消费市场和相应的饮茶习惯。不知道某种茶的加工方法，就难以对制茶技术提出确切的改进意见；不了解茶叶销售市场与饮茶习惯，就无法做到产、销对路。同时，评茶人员还应该能通过对市场消费变化的分析，把握市场的发展趋势。因此，作为一名评茶人员，应是茶叶行业中“制、供、销”的多面手，才能成为判断茶叶品质的“行家”。此外，为能顺利地开展相关工作，评茶人员还应该具有相当的组织能力和表达能力。

二、应具有健康的身体条件

茶叶审评是茶汤中的呈味物质对感觉器官发生一系列刺激作用，通过传导神经送入大脑，大脑经综合整理后就形成了一种相应的知觉，我们就把这种知觉叫做香味或滋味。人体对嗅觉或味觉的刺激有一个量的界限，只有当物质形成一定量的时候，才会有这种知觉感，这个极限量，就是感觉的敏锐度；而引起感觉刺激物质的最小量，称为感觉阈值。

每个人的感觉阈值是不相同的。评茶人员要求拥有敏锐的感觉器官，具有正常的身体条件：①嗅觉神经正常，无慢性鼻炎之类的病症。说话不带“嗡鼻音”，鼻腔黏膜滋润，无明显分泌物。②视力正常，无色盲症。③无慢性传染病，如肺结核、肝炎等。④消化系统正常，无慢性胃病。⑤无狐臭等病症。

人的感觉敏感性受先天和后天因素的影响。人的某些感觉可以通过训练或强化获得特别的发展，即敏感性增大。所以感官审评员的培训，是有意识地提高其相关感觉的敏感性的一种活动。

对多数人来说，未经训练的嗅觉和味觉是不够敏锐的，对香味和滋味的判断能力也是有限的。而感觉的惰性往往会导致对许多食物的香或味判断的无差别出现，即呈中性反应。茶叶审评是对感觉器官一个很好的培训，不但可以激活它的感知力，而且可以防止其感知力的降级。

为了保持和提高感觉的敏锐度，还需经常不断地进行功能性的锻炼，才能改善感觉的准确性和敏感性，同时增强评价和判断的能力。

三、审评工作要求

对于一名茶叶审评工作者来说，应当在日常生活中时时注意保持好自己的视觉、嗅觉和味觉器官的灵敏度，避免受到某些食物和药物的干扰与伤害。任何粗心大意都会失去感觉的敏锐性，给评茶工作带来不公正的评价。

（一）工作前切忌饮酒、吸烟和食用刺激性食物

在进行审评前1小时开始，要求评茶人员不得饮酒、吸烟和食用各种刺激性食物。点燃的烟叶气味浓重，在口腔和上呼吸道滞留时间较长，评茶时茶香和茶味易被烟气味掩盖，特别是对具有烟杂异味的茶叶审评，会难以辨评。酒质愈好，酒中含的芳香物质愈多，酒的香味也愈浓，饮后“留香”更浓，更会干扰评茶的准确性。饮酒后会令人精神亢奋，随后很快使身体和精神产生疲乏，饮用不同种类的酒，按等量酒精而言，干扰程度是黄酒 > 葡萄酒 > 啤酒 > 白酒。辣椒、大蒜、韭菜、葱之类，都含有挥发油，主要是硫醚化合物、大蒜素等成分，具有辛辣味和特殊的气味，食用后会刺激感觉器官，不但影响对茶叶的评定，而且由于气味在口腔内滞留时间较长，也影响对茶叶香味的评审。所以，食用了这类蔬菜，应待口腔内刺激气味消失、恢复正常后才能评茶。吃了过甜食品，常感口味发腻、味觉下降、食欲减退，有时还会返胃吐酸水。原因是食糖过多，影响消化液的正常分泌，产生消化不良反应。因此，食用过多的甜食，不利于茶叶滋味的评审。油条、油饼、油氽花生之类的食品，含脂肪较多，食后在胃内停留时间较长，如果饱食这类食品，则易出现消化不良，泛胃酸，会影响评茶的准确性，所以，一次不宜多吃。

（二）慎用药物

土霉素、红霉素、螺旋霉素、灰黄霉素等抗生素类药物，如果连续服药2天（8次）后对中枢神经有明显的刺激作用，出现味觉严重下降，口腔产生特别多的白色唾液泡沫，此时几乎失去滋味辨别能力，当然也就谈不上审评茶叶了。因此，评茶工作者不要轻易服用或注射抗生素药物。对于一般小炎症疾病，最好改用磺胺类药物，可减轻不良反应。

不少中成药服用后会嗳气，产生较浓烈的药物气味。例如，服用牛黄解毒丸、大黄苏打片、复方丹参片、当归浸膏等中成药，其气味反渗到口腔，药味甚重，在服药后1小时以内是难以准确审评茶叶的。所以，最好改用药效相当的

其他药物,或者将评茶改在服药之前进行或拉大评茶与服药的时间间隔。

(三)审评室内不使用有气味的清洁剂、化妆品

在审评室内,其他的有别于茶叶散发的气味,实际上都可能对审评工作造成影响,因此不应忽视可能的干扰气味。审评器具使用后必然要进行清洗,同时评茶人员自己也要清洗双手,所使用的洗涤用品如果带有芳香味或其他气味,就可能对后续的审评操作和审评结果造成影响。

在社交、商务场所使用化妆品体现的是对他人的尊重和礼貌,但在审评室内,带有香味的化妆品,必然会干扰审评工作,应予以注意。

思考题

1. 什么是职业道德?
2. 评茶员的职守是什么?
3. 评茶人员应具备的身体条件是什么?
4. 评茶人员应禁忌什么?

第二章　茶业概况

中国是茶的故乡。中国人发现和利用茶，至少已有 5 000 年的历史了。2006 年中国茶园面积（不含台湾省）145 万公顷，比上年增长 9.3%；茶叶总产量 102 万吨，比上年增长 9.1%。茶在中国已形成一个产业，同时也是南方山区人民重要经济收入来源之一。本章将重点介绍中国茶叶发展历史、茶叶产销现状、中国主要茶类与基本品质特征等内容。

第一节　中国茶叶发展史

茶作为饮料是中国人的一项重大发现。原始社会人类在采集和渔猎时，在品尝百草滋味的过程中发现了它。按照这一说法，茶的利用最早是从咀嚼鲜叶开始的。东汉（25～220）时期的《神农本草》中就记述了“神农尝百草，日遇七十二毒，得荼（荼为茶的古体字——笔者注）以解之”的传说。由此可以推断，原始农业开始也就是茶利用的开始，迄今已有 5 000 多年的历史了。不过，茶正式有文字记载，却是公元前 200 年。秦汉年间的字书《尔雅》，称茶为“槚”。而到汉代，在司马相如（前 179～前 117）的“凡将篇”中，称茶为“荈”。在文字记载中，茶的别名还有荼、蔎、茗……等很多种。公元 350 年左右晋常璩所著的《华阳国志·巴志》记述：“周武王伐纣，实得巴蜀之师……漆、茶、蜜……皆纳贡之。”周武王伐纣，是在公元前 1066 年，这就是说早在 3 000 多年前，在巴蜀（今四川）一带已用当地所产茶叶作为贡品了。而在《华阳国志·蜀志》中还提到：“安南（今四川乐山）、武阳（今四川彭山县），皆出名茶”。用文字记录人类活动，往往是后于事实本身很长时期，因此可以推论，早在 3 000 多年前，我国云贵高原的川、滇、黔相邻地带已有茶的栽培和加工，我国是世界上最早采制和饮用茶叶的国家。

唐·陆羽（733～804）著述了《茶经》，这是世界上第一部茶书。它总结了唐以前茶叶生产和饮用的经验。《茶经·八之出》中论述了全国茶叶产地为山南、淮南、浙西、剑南、浙东、黔中、江南、岭南等 8 道 43 州，相当于现今的 13 个省，即现在的四川、湖北、湖南、安徽、江西、江苏、浙江、福建、广西、广东、贵州、陕西、河南等都已有茶的栽培。《茶经·三之造》讲述茶的制造过程是：“采之、蒸之、捣之、拍之、焙之、穿之、封之，茶之干矣！”这就是说，当时是一种蒸青制法的团饼茶。当然除蒸青饼茶外,也有一些地方(如郎州,今湖南常德)出现了炒青绿茶制法(见刘禹锡"西山芘若试茶歌"),同时也出现了一些名茶。据唐《国史补》所载:"剑南有蒙顶石花、小方、散芽,列为第一。此外湖州有顾渚紫笋,……睦州有鸠坑,洪州有西山白露,寿州有霍山黄芽等。"

在此期间,中国的茶种也正式向外传播。唐德宗贞元21年(公元805年),日本僧人最澄来我国浙江学佛,回国时带回茶种,植于日本贺滋县(今池上茶园),这也是日本种茶之开始。

宋代(960~1279)茶叶在民间广泛流行,已成为人民生活的必需品。正如王安石的《临川集卷七十议茶法》所载:"夫茶之为民用,等于米盐,不可一日以无。"当时的产茶区域主要集中在长江流域和淮南一带。其中以四川产茶最多;其次是江南路、淮南路、荆湖路、两浙路;而福建路产茶最少,但品质特好。到南宋时,产茶已有66个州(宋史"食货志")。宋代的茶叶主要分为片、散2种。片茶就是饼茶和团茶;但也有散茶,不过数量较少。

元代(1206~1368)茶区主要分布在长江流域、淮南及两广一带,其主产区有江西行中书省,湖广行中书省(包括两湖至广西、广东、贵州及四川南境,全国产量约10万吨)。元代茶类分为蜡面茶、末茶、茗茶3种,前2种即继承宋代的片茶制法,后一种就是现在的蒸青散叶茶。当时的散叶茶,因鲜叶原料不同,分芽茶和叶茶2类。芽茶的鲜叶原料较幼嫩,叶茶相对较粗老。如当时的名茶"探春"、"先春"等属芽茶,"雨前"则属叶茶。

明代(1368~1644)茶的产区又进一步扩大。著名的产区有:浙江杭州的龙井、天台的雁岩、扩苍的大盘、绍兴的日铸、长兴的罗界和福建的武夷、湖南的宝庆、云南的五华、江苏的虎丘及天池、安徽的休宁及霍山的大蜀等。明代在茶叶制法上由蒸变炒,这种干热制法炒青茶的出现大大发展了茶的香气,是制茶技术上一大进步。由于炒青散茶的发展,在以后还相继出现了红茶、黄茶、黑茶和直接晒干或烘干的白茶。

清代(1616~1911),由于国内市场的需求和对外贸易的刺激,促使种茶范围扩大,面积、产量剧增。特别是大规模地经营茶叶,为前所未有。据郭柏苍《闽产录异》(1886年)载:"闽诸郡皆产茶,以武夷为最,……清明后,谷雨前,江右采茶者万余人。"反映了当时茶叶生产的盛况。

综合各地方志的记述,清代产茶的主要省份(产茶县占该省50%以上)有:云南、四川、贵州、广西、广东、湖南、湖北、江西、福建、台湾、浙江、江苏、安徽等13省。河南(东南部)和陕西(南部)2省,也有悠久的产茶历史和一定的种茶面积。此外,甘肃的文县、山东的莒县(1935年志)和文登(1897年志)等县都曾为产茶地。

在茶的类别方面，在福建安溪、建瓯、崇安等地乌龙茶生产形成了规模。至此，6 大茶类（绿茶、红茶、黄茶、黑茶、白茶和乌龙茶）均已创造出来，而且在制茶技术上有了很大的发展。每一种茶类中，又因产地、品种、采制方法的差异，出现了很多各具特色的地方名茶，如西湖龙井、庐山云雾、黄山毛峰、武夷岩茶、安溪铁观音、闽红工夫、祁门红茶、君山银针、六堡茶、温州黄汤、恩施玉露、洞庭碧螺春、白毫银针等。

清代的茶叶生产，在外国资本主义经济入侵后，确存在茶区的盲目拓展和产量畸形增加的情况。1886 年，全国茶叶产量达 25 万吨，出口 13.4 万吨，总产值 5 000 万～6 000 万元，占世界第一位。但在此以后，直至新中国成立前夕，由于国外植茶业的兴起，加之国内战乱频繁，茶叶生产一蹶不振，出口量逐渐减低，产区面积也相应缩小，茶叶产量只有 4.1 万吨，出口 0.9 万吨。

新中国成立以后，由于政府重视，采取积极扶持的政策，使衰落的茶业得到迅速恢复和发展。从 1950 年至 2006 年，茶园总面积（不包括台湾省）从 16.8 万公顷扩展到 145 万公顷；茶叶产量从 6.52 万吨增加到 102 万吨；茶叶出口量从 1.96 万吨提高到 28.7 万吨。分别比 1950 年增长 7.6 倍、14.6 倍和 13.6 倍。面积和产量位居世界第一，出口量稳居世界第三位。

第二节　茶叶产销现状

进入 21 世纪以来，我国茶园种植面积基本稳定，产销平衡，产量和出口继续增长。2006 年中国茶园种植面积 145 万公顷（不含台湾省），茶叶产量 102 万吨，出口 28.7 万吨。目前，全国有浙江、安徽、福建、江西、江苏、广东、广西、海南、湖南、湖北、河南、四川、重庆、云南、贵州、陕西、山东、甘肃、西藏及台湾等 20 个省、直辖市、自治区 1 000 多个县（市）产茶。根据地域、气候、茶树生长及茶类情况划分为江北、江南、西南、华南 4 大茶区（图 1-2-1）。

一、江北茶区

位于长江中下游北部，是我国最北茶区，属茶树生态次适宜区。包括甘南、陕南、鄂北、皖北、苏北、鲁东。本区处于北亚热带北缘，气候寒冷（年平均气温 15.5℃以下），降水量少（在 1 000 毫米以内），茶树生长期短。茶树品种多为灌木类中小叶种，如紫阳种、信阳种等，抗寒性较强。全区生产绿茶，有炒青、烘青、晒青等。名茶有六安瓜片、信阳毛尖等，其品质香气鲜爽，滋味醇厚。

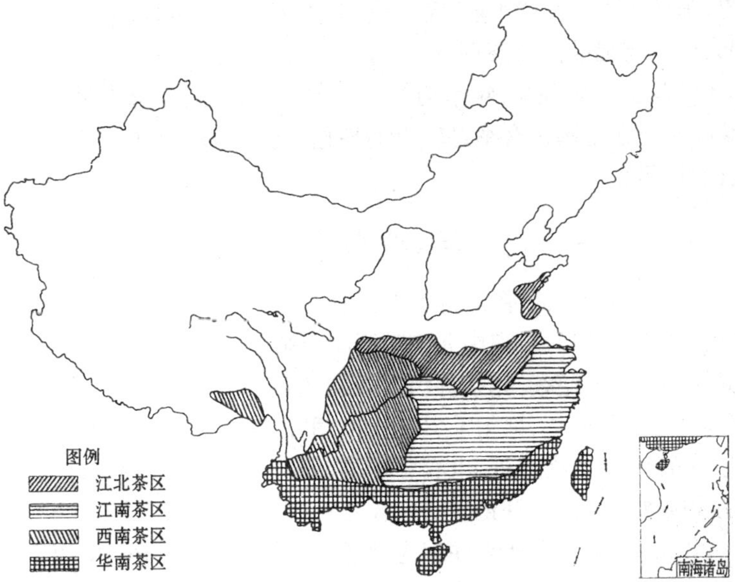

图 1-2-1 中国茶区分布

由于本区冬、春季气温较低，因而茶树休眠期较长，茶树生长期较短，从3月中旬发芽以后到4月上中旬采茶，生长期180～210天。入冬后，茶树易受寒流袭击，特别是高山、迎风面茶园更易受冻。为提高本区栽培效果，必须在栽培技术上采取相应防冻措施，如建造防风林带、增施有机肥料、选用抗寒品种等尤为重要。同时鉴于该区降水较少，必须注意茶园灌溉，提高茶园经济效益。

二、江南茶区

位于长江中下游南部，属于茶树生态适宜区。包括浙江、湖南、江西等省和皖南、苏南、鄂南、粤北、桂北及福建大部，为中国茶叶主产区，占总产量的2/3。区内茶树种质资源丰富，茶树品种主要有灌木类品种，小乔木类也有分布。生产的茶类有绿茶、红茶、乌龙茶、白茶、黑茶以及各种特种名茶和花茶，是全国重点绿茶产区。这里生产的名茶种类繁多，品名达几百个之多。其中最著名的有西湖龙井、洞庭碧螺春、黄山毛峰、太平猴魁、武夷岩茶、庐山云雾、君山银针等，在国内外享有很高声誉。该区社会经济条件优越，科技力量雄厚，新育成的品种很多。经鉴定推广的绿茶品种有龙井43号、龙井长叶、福鼎大白茶、迎霜、劲峰、翠峰、寒绿等20余个，红茶品种有安徽1号、江华苦茶等近10个，制乌龙茶品种有水仙、大红袍、肉桂、铁观音、黄旦、毛蟹等，白茶品种有政和大白茶与福鼎大白茶等。

该区气候温和而湿润，年平均气温在15.5℃左右，年降水量1 000～1 600毫米，茶叶生产在全国占有举足轻重的地位，无论是外销、内销还是边销都占有极大比重。

三、西南茶区

位于中国的西南部，属茶树生态适宜区，是我国最古老的茶区。包括贵州、四川、重庆等地以及云南中北部和西藏的东南部。本区茶类众多，有红茶、绿茶、黄茶、边销茶、沱茶、花茶等。名茶的花色品种独具风格，深受国内外消费者喜爱。有蒙顶黄芽、都匀毛尖、昆明十里香等。区内茶树品种资源十分丰富，既有小乔木、灌木类品种，也有乔木类品种。云南大叶种在许多地区都能生长，是我国外销红碎茶有希望的地区之一。

从总体来看，本区自然条件较为优越，年平均气温在16.5℃以上，年降水量1 000～1 700毫米。除高山外，茶树一般冬季不会发生冻害，夏季干热害也很少发生；有季节性干旱现象，冬、春季半年无雨，但相当温暖，如能采取适当措施，注意保持土壤水分，就能增加新梢生长轮次、延长采摘期、增加茶叶产量。

四、华南茶区

位于中国南部地区，属茶树生态最适宜区。包括福建、广东的中南部、广西壮族自治区的南部、云南省南部及海南、台湾等地。该区气候温暖而湿润，年平均气温在20℃以上，年降水量1 200～2 000毫米。茶树品种资源比较丰富，在大山区至今还生存着野生大茶树，常与其他常绿阔叶树种混生。栽培品种主要为乔木类大叶种，区内大叶种到处可以种植，小乔木和灌木类中、小叶种也有分布。由于生态条件适宜，不仅可速生高产，而且品质优异，最适宜发展红碎茶。生产的茶类有红茶、普洱茶、乌龙茶、六堡茶，还有铁观音、凤凰单丛等名茶。名牌产品滇红驰名中外，在东欧和俄罗斯市场有很高声誉。普洱茶，茶味浓醇，回甘而耐冲泡，不仅国内畅销，在东南亚各国也是抢手货。闽南生产的乌龙茶铁观音品质优异，很受国内外消费者的欢迎。

从生产的茶类结构看，中国是世界上茶叶品种最齐全的国家，有红茶、绿茶、乌龙茶、花茶及边销茶等。据2005年统计，全年茶叶总产量93.4万吨，比上年增长11.8%。其中绿茶63万吨，比上年增加2.8%；红毛茶4.2万吨，比上年下降4.5%；乌龙茶10万吨，比上年增产11.1%；紧压茶2.85万吨，与上年持平。绿茶和乌龙茶都呈现上升发展的势头，而红茶和边销茶呈下降趋势。2005年我国国内茶叶销售达到60万吨，比2004年增长9.1%；销售额达到170亿元，比上年增加15亿元，增长9.7%。近年来，由于人们加深了绿茶对人体保健功能的认识，促使绿茶消费量持续增长。2005年，国内绿茶销售35万吨，比2004年增长16.7%；红茶受滇红减产影响，消费量下降，2005年红茶销售为1.4万吨，比2004年下降12.5%；乌龙茶销售量2005年为6.8万吨，比2004年增长23.6%；花茶因原料价格上涨的原因，影响了销售，2005年的销售量为8.5万吨，比2004年下降10.5%；紧压茶及其他茶类的销售量2005年达到8.8万吨，比2004年增长18%。值得重视的是，随着人民生活水平和消费水平提升，名优茶的开发、生产蓬勃发展，产销两旺。以浙江为例，2000年时，全省名优茶产量仅为2.83万吨，产值17.95亿元；2005年名优茶产量已上升到4.7万吨，产值41.2亿元。5年来，产量和产值分别增长了0.66倍和1.29倍。名优茶的发展，促进了茶叶结构的调整，带动茶叶质量的提高，增加了茶叶生产的经济价值，支撑茶叶行业的稳步发展。预计在今后一个时期内，这种上升势头还将继续保持下去。

第三节　中国主要茶类及其基本品质特征

依据加工方法及其茶多酚类物质的氧化程度不同，中国现代生产的茶叶从初制的角度可分为绿茶、黄茶、白茶、乌龙茶(青茶)、黑茶和红茶6个大类。

一、绿　茶

绿茶是一种不发酵茶类。

绿茶加工工序如下。

杀青→揉捻→干燥

它是利用高温(锅炒或蒸汽)杀青，钝化了酶的活性，制止多酚类物质的酶性氧化，保持清汤绿叶的特色。在一般情况下，绿茶的品质在杀青工序中已基本形成，以后的工序只不过在杀青的基础上进行造型、蒸发水分、发展香气。因此，杀青工序是绿茶品质形成的基础。绿茶类的品质特征是清汤、绿叶，俗称三绿——干茶绿、茶汤绿、叶底绿。在内质上要求香气高爽、滋味鲜醇。但不同的花色品种，品质上仍有各自特色。

由于杀青和干燥方法不同，绿茶分为蒸青绿茶、炒青绿茶、烘青绿茶和晒青绿茶4类。

(一)蒸青绿茶

最古老的茶类。唐代出现蒸青散茶延续至今仍在不少地方保留着类似的制法。如湖北省的恩施玉露、江苏宜兴的阳羡茶等。如今日本生产的玉露茶、煎茶以及茶道贯用的“抹茶”等都是蒸青茶。

蒸青茶制法:除少量手工炒制外,目前以机制为主。其制作工艺流程如下。

鲜叶→蒸汽杀青→粗揉→中揉→精揉→烘干→成品

蒸青绿茶的品质特点是:干茶呈棍棒形,色泽绿,茶汤浅绿明亮,叶底青绿,香气鲜爽,滋味醇和清鲜。日本人称这种蒸青绿茶为具有真色、真香、真味的天然风味茶。

(二)炒青绿茶

在我国为产量最多、分布最广的一种茶。起始于明代(蒸变炒)。因成品的外形不同又分为以下4种:①长炒青。如江西婺源的婺绿炒青,安徽屯溪、休宁的屯绿炒青,浙江淳安、遂昌的遂绿炒青,浙江温州的温绿炒青等。精制加工后的产品统称为眉茶,主要作为外销。②圆炒青绿茶。即珠茶。是浙江特产。特点是外形浑圆紧结,香高味浓耐冲泡。主销西北非国家。③扁炒青绿茶。如龙井、大方等。产于浙江、安徽等省。④卷曲炒青绿茶。如碧螺春等。产于江苏省。

炒青类绿茶有长条形、圆形、扁形、卷曲形等不同形状,这些都是在杀青以后用各种不同造型手法制成。其基本工艺如下。

杀青→揉捻(或不揉捻,只在锅中进行造型)→炒干

炒青类茶叶因为是在炒锅中完成,因此有以下品质特点。

外形:色泽绿润,呈条、圆、扁或卷曲。要求紧结匀整。

内质:栗香居多,也有清香型。要求香气持久、滋味浓醇爽口、汤色绿亮、叶底黄绿明亮。

(三)烘青绿茶

简称烘青。通常直接饮用者不多,常用作窨制花茶的茶坯。另外,也有一些采摘细嫩芽叶制成毛峰茶,如黄山毛峰、太平猴魁、华顶云雾、永川秀芽等,都属此类。

烘青绿茶的基本制法如下。

杀青→揉捻造型→烘干

烘青绿茶的品质特点:一般是条索细紧完整,显峰毫;色泽深绿油润,细嫩者茸毛特多;香气清香,滋味鲜醇;汤色清澈明亮;叶底匀整,嫩绿明亮。

(四)晒青绿茶

主产于云南、四川、湖北、广西、陕西等省、自治区。除部分作散形茶饮用外,大部分晒青茶原料粗老,多用于制紧压茶。如青砖、康砖、沱茶等。晒青绿茶中,质量以云南大叶种所制的滇青为最好。以滇青茶为例,其制法如下。

杀青→揉捻(特别粗老者不揉捻晒干)→晒干

滇青茶品质特点:外形条索粗壮肥硕,白毫显露,色泽深绿油润,香味浓醇,富有收敛性,耐冲泡,汤色黄绿明亮,叶底肥厚。

二、红　茶

红茶是全发酵茶类。红茶的鲜叶原料与绿茶基本相同,只是不经高温杀青,而是采用萎凋、揉捻,然后经过发酵,使叶子变红以后烘干而制成。

红茶加工工序如下。

萎凋→揉捻(或揉切)→发酵→干燥

红茶品质特征:红汤红叶。

红茶可分为:小种红茶、工夫红茶和红碎茶等3大类。

(一)小种红茶

是福建省特有的一种条形红茶。是红茶历史上最早出现的一个茶类,因制法特殊,在烘干时采用松柴明火烘干,因此成茶有松烟香味。著名的小种红茶有正山小种、外山小种和烟小种。正山小种产于福建崇安县桐木关、星村;外山小种产于武夷山以外的福建省坦洋、政和、屏南、古田等地;烟小种为工夫红茶的粗老茶,经烟熏加工而成。

正山小种红茶的品质特征:外形叶色乌黑,条索紧直粗壮;内质香气高,微带松烟香;汤色红浓,滋味浓而爽口,活泼甘醇,似桂圆汤味。

正山小种红茶的制法如下。

萎凋→揉捻→发酵→过红锅→复揉→烟焙

(二)工夫红茶

是细紧条形红茶。产于全国10余个省、自治区,是中国传统出口红茶类,远销东、西欧等60多个国家和地区。著名的工夫红茶有安徽的祁红、云南的滇红、广东的英红、福建的闽红、江西的宁红、湖北的宜红等。

工夫红茶原料细嫩,制工精细,外形条索细嫩紧直、匀齐,色泽乌润,香气馥郁,滋味醇和而甘浓,汤色叶底红艳而明亮,具有形、质兼优的品质特征。

工夫红茶的制法如下。

鲜叶→萎凋→揉捻成条→发酵→烘干

(三)红碎茶

在加工时经切碎而制成颗粒形的红茶。印度、斯里兰卡主产这种茶叶,中国是20世纪60年代以后才大量生产的,是国际市场上的主产品。红碎茶冲泡时茶汁浸出快、浸出量大,适宜于一次性冲泡加糖加奶饮用,是国际上"袋泡茶"的主要原料。

红碎茶的基本制法如下。

鲜叶萎凋→揉切→发酵→烘干

红碎茶按外形形状可分为叶茶(OP、FOP)、碎茶(FBOP、BOP)、片茶(BOPF、F)和末茶(D)4大花色。叶茶呈短条状显毫,碎茶呈颗粒状,片茶呈皱折状,末茶呈砂粒状。红碎茶的品质要求是:叶色乌润(红而不枯),汤色红亮,滋味浓、强、鲜。中国的红碎茶因产区、茶树品种、初制工艺上的区别,品质风格也有明显差异。中国的红碎茶有四套标准样,一、二套样为大叶种地区生产,三、四套样为中、小种地区生产。

大叶种产区的红碎茶,一般干茶成品壮实,紧结匀齐显毫,汤色红艳,香气鲜浓(鲜爽),叶底红亮,滋味浓强,富刺激性。中小叶种茶区的红碎茶,干茶成品香气清香,滋味尚浓爽,但浓强度较差。

三、乌龙茶(青茶)

乌龙茶属半发酵茶类茶,是介于不发酵(绿茶)或全发酵(红茶)之间的一类茶叶,因其外形色泽青褐,因此也称青茶。乌龙茶冲泡后叶片上有红有绿。典型的乌龙茶叶片中间呈绿色,叶缘呈红色,素有"绿叶红镶边"之美称。这是由于乌龙茶制造过程中的摇青做青工序,使叶缘碰撞破损红变所致。

乌龙茶成品外形紧结重实,干茶色泽青褐,香气馥郁,有天然花香味;汤色金黄或橙黄,清澈明亮,滋味醇厚,鲜爽回甘。高级乌龙茶具有特殊的韵味,如武夷岩茶具有"岩韵"、铁观音具有"观音韵"、台湾冻顶乌龙具有"风韵"等品质风格。

乌龙茶产于福建、广东和台湾3省。在福建崇安县武夷山称闽北乌龙,多数是一种条形乌龙茶;产于福建安溪一带的,称闽南乌龙,多数呈半球形;产于广东潮州一带的,称潮州乌龙,呈条形,又称单枞乌龙等。台湾生产的乌龙茶,有半球形的,如冻顶乌龙;也有呈条形的,如文山包种茶。

乌龙茶加工的基本工艺如下。

鲜叶→晒青→做青(摇青↔晾青)→杀青→揉捻→烘焙→毛茶

做青是乌龙茶的加工最关键的工艺(过去的做青过程是在水筛上进行,用手转动筛子和两手搓叶,使叶缘相互摩擦,叶细胞破碎而红变;现在改用摇青机,转动摇青机使叶缘摩擦损伤)。乌龙茶的品质特征主要是在晒青、摇青的过程中形成的。

乌龙茶因产地不同,加工工艺可分为3种类型。

闽北与广东乌龙茶加工工艺基本相似,重晒青(或室内加温萎凋)、重摇青,即发酵程度相对较重;没有包揉造型工艺。

传统的闽南乌龙茶加工工艺晒青(加温萎凋)、摇青较轻,即发酵程度比闽北乌龙茶轻;有包揉造型工艺,即杀青→揉捻(热揉)→包揉→复包揉,包揉反复进行数次。

台湾和闽南仿台式(轻发酵)乌龙茶轻晒青(加温萎凋)、轻摇青,即发酵程度轻,基本上保持绿叶绿汤的品质特征;有包揉造型工艺,即杀青→揉捻(冷揉)→包揉→复包揉,包揉反复进行多次。主要是在日晒、做青过程形成,通过晒青发生生化转化的结果。

四、白　茶

白茶属于微发酵茶,是我国的特产,其他产茶国家都不产白茶。最早是福建省的福鼎于1885年生产银针;而生产白牡丹是福建省建阳的水吉,至今白茶只在福建的福鼎、福安、政和、松溪、建阳等部分地区生产。

白茶大部分是外销。银针过去销往俄罗斯、德国、法国和爱尔兰等地;白牡丹销往我国香港地区和东南亚国家。

白茶品质特点:白茶多用细嫩的大白茶芽叶为原料。成茶外表为白毫所披覆,呈白色,故称白茶。在初制技术上不炒不揉,只晾晒或结合烘干,以保持茶叶之原形。

白茶有芽茶和叶茶之分,共有4个花色品种。单芽制成称银针,叶片制成称寿眉或贡眉,芽叶不分离的称白牡丹。

白茶的品质特征以白牡丹为代表,外形芽叶连枝,叶态自然,叶背垂卷。两叶合抱心,绿叶夹银芽,形似牡丹花朵,故称白牡丹。由于白牡丹的芽呈银白色而芽毫显露,叶面是灰绿色,叶背满披白毫,故以“青天白地”来形容;白牡丹的外形要求芽叶完整连枝、肥壮,叶面波纹隆起,切忌断碎;内质香气清鲜,毫香显,滋味鲜醇;汤色杏黄,清澈明亮;叶底嫩绿或淡绿,叶脉微红。

以大白茶品种与水仙品种分别制成的白牡丹称大白或水仙白。两种产品特征有所差别。大白芽叶肥壮,叶色黛绿,香味清鲜甘醇;水仙白叶张肥厚,毫心长,叶色墨绿,香味清芬甜醇。

贡眉外形比白牡丹瘦小,白毫少,叶灰绿带黄色。寿眉不带毫芽,叶灰绿带黄色,香较低,味较淡,汤色浅,叶底较粗硬。

白茶的加工,由萎凋、烘焙2道工序完成。虽然白茶工艺简单,但鲜叶通过长时间的自然萎凋及加工处理,在适宜的温、湿、气、热条件下,其形态发生了深刻的物理与化学变化,形成了白茶特有的外形与内质品质特征。

(一)白毫银针的制法与品质特点

福鼎、政和两地制法不同。福鼎银针,亦称北路银针。特点是茶芽肥大,茸毛厚、水色晶莹。制法简单,是将鲜叶置于强日光下晒至七成干,然后文火烘至足干。政和所产银针亦称西路银针。其特点是茶芽瘦长,茸毛略厚,外形较福鼎差,但香气芬芳,滋味较好。其制法是将芽叶薄摊于筛子上,每筛半斤(250克),在通风处(或太阳下)晾晒至七八成干,然后在烈日下晒至足干。

(二)白牡丹和寿眉的制法与品质特点

白牡丹用水仙品种,采用一次性全阴干或半阴干半烘干法制成。它不揉、不炒,因此白牡丹的叶色灰绿带黄,稍呈银白光泽,夹以银白毫心,形如牡丹花的花朵。水色橙黄清澈,清香微甜。寿眉采用银针后,留下的单片或短小芽叶制成,制法与银针相同,只是原料不同而已。

五、黄　茶

黄茶属轻微发酵茶。黄茶有黄芽茶、黄大茶、黄小茶等花色品种。黄茶产于安徽、四川、湖南、浙江等地。由于鲜叶原料老嫩程度不同而分为以下几种:以单芽制成的黄茶有君山银针蒙顶黄芽等黄芽茶,以1芽2叶制的黄茶叫黄小茶或黄汤,以1芽4~5叶制的称黄大茶。

黄大茶主销山东、苏北;黄小茶、黄汤主销华北、辽宁营口,天津、北京次之。

黄茶共同的品质特点:黄汤黄叶,香气清悦,滋味醇厚。黄大茶是叶大梗长,成茶有自然金黄色,具有焦糖香气,色黄绿,叶尖呈黑绿色,开汤后叶底黄红色。黄小茶为黄汤,汤色黄而鲜亮,品质细嫩,叶底嫩黄。

黄大茶、黄小茶的制造:黄茶的制造工艺与绿茶基本相似,只是多了一个闷黄过程,即杀青→揉捻→堆积闷黄→干燥。

六、黑　茶

黑茶是一种后发酵茶。因初制成黑毛茶后,在再加工成紧压茶时仍有发酵,故称后发酵茶。

黑茶是我国主要茶类之一，因茶叶颜色呈黑色，故称为黑茶。

黑茶产制历史悠久。四川在11世纪时就用绿毛茶做色制成黑茶销往西北。湖南安化黑毛茶起始年代不明。但在安化县第五区苞藏园一家姓张的茶园里，现在还竖立着雍正八年(1730年)黑茶禁碑。按此推算，安化黑茶至少已有300年的历史了。

现在黑茶产地有湖南的安化、新化、桃园、常德、汉寿、益阳、武陵、宁乡，湖北的咸宁、蒲圻、通山、通城，四川的灌县、彭县、崇庆、汶川、安县、绵阳、北川，云南的凤庆、勐库、景东、景春、昌宁、临沧和下关以及广西苍梧等地。

黑茶一般原料较粗老，分为散茶和紧压茶2类。散叶茶有天尖、贡尖、生尖和普洱散茶、六堡茶等；紧压茶是黑毛茶的再加工产品，有花卷、茯砖、黑砖、青砖、沱茶、七子饼茶等。黑毛茶的品质特点一般是色泽乌黑油润；滋味醇厚，香气持久；汤色黄褐或橙黄；条索粗卷欠紧结。

黑茶的制造工艺分初制和压制2个部分。压制属紧压茶压制技术，本节不加论述。这里只介绍黑茶的初制。黑茶虽然产地不同，其种类繁多，但都有共同特点，即鲜叶原料较粗老，都有渥堆变色工序，这是形成黑茶的关键工艺。有的在杀青以后渥堆，如四川南路边茶的做庄茶；有的在揉捻以后湿坯渥堆，如湖南黑毛茶、广西六堡茶；也有的在晒干以后再加水发酵渥堆，如普洱茶。现以湖南黑毛茶和云南普洱茶为例，将其初制工艺和品质特点说明如下。

(一)湖南黑毛茶

湖南黑毛茶原产于安化，现在已扩大到益阳、桃江、宁乡、汉寿、临湘等地。

黑毛茶原料以青梗新梢为对象，一般要长到1芽4～5叶或对夹叶时才开采。黑茶采摘标准较粗老，故常用半月形的采茶刀套在手指上割采。

湖南黑毛茶初制工序如下。

杀青→揉捻→渥堆→复揉→干燥

湖南黑毛茶品质特点：外形叶张肥大，条索卷折，色泽油黑；汤色橙黄，香味醇厚，有松烟香味；叶底黄褐色。

(二)云南普洱茶

普洱茶是以云南大叶种茶树鲜叶为原料制造而成。制造工艺是先经杀青→揉捻→晒干制成晒青毛茶，称滇青；而后经洒水渥堆→晾干→筛分制成普洱茶。

渥堆是普洱茶加工的关键工序。晒青毛茶在泼水后，经若干天堆积发酵，形成普洱茶的品质特征：汤色浓，明亮(褐红色或棕红色)；滋味甘滑醇厚，香气独特陈香；叶底呈猪肝色。

思考题

1. 中国是茶的故乡和原产地。说说中国利用茶、栽培和加工茶的历史距今各有多少年？

2. 中国茶的加工方法在何时由蒸青法改为炒青法的？炒青法比蒸青法有什么优点？

3. 中国茶叶分哪几个大类？中国茶叶历史上最早出现的是什么茶类？最后出现的是什么茶类？

4. 中国的茶叶生产目前分哪几个茶区？产茶的有哪些省、自治区、直辖市及具体的县(市)？各茶区主要的产茶类别有哪些？

5. 绿茶生产按加工方法不同分哪几个茶类？

6. 红茶有几个类别？其加工方法有何异同？

7. 乌龙茶的绿底红镶边是怎样形成的？

8. 白茶的北路银针和西路银针的产区和制法有何不同？

9. 黄茶分哪几类？形成黄茶的关键工序是什么？

10. 黑茶产在哪几个省、自治区、直辖市？黑茶的产地不同，但其特点基本相同，其主要特征是什么？

第三章　茶叶标准

标准是企业生产、加工、贸易、检验和管理部门共同遵守的准则，也是促进技术进步、提高产品质量、降低生产成本、维护国家和人民利益不可缺少的共同依据。中国已制定的茶叶标准有茶叶产品标准、检验方法标准以及与茶叶行业有关的茶机标准、茶园中农药安全使用标准等多种。本章将对这些标准内容予以介绍。

第一节　标准基础知识

标准基础知识，包括标准的含义，标准在企业中的作用以及中国标准的分级和关系性质等。

一、标准的定义

标准是衡量事物的准则，是指统一的技术要求。标准的定义在国际标准化组织（ISO）和中国2002年颁布的“标准化和相关活动的通用词汇”中都有说明。

（一）ISO的定义

由有关各方根据科学技术成就与先进经验共同合作起草、一致或基本上同意的技术规范或其他公开文件，其目的在于促进最佳的公共利益，并由标准化团体批准。

（二）标准化和相关活动的通用词汇的定义（GB/T 20000.1—2002）

为了在一定的范围内获得最佳秩序，经协商一致制定并由公认机构批准、共同使用的和重复使用的一种规范性文件（注：标准宜以科学、技术和经验的综合成果为基础，以促进最佳的共同效益为目的）。

二、为什么要制定标准

目前，无论是各茶叶生产国还是消费国，大都通过经济立法的手段，把茶叶检验的标准作为政府经济法律或法规予以公布，在生产、加工、贸易工作中，以此为准绳和检验的依据，从而起到提高生产、促进贸易的作用。标准的制定，对企业将起到以下几方面的作用。

（一）建立企业最佳秩序

适合本企业特点的一整套标准，形成企业统一的标准化体系，通过标准化建立起企业正常的生产和管理秩序，提高企业的竞争能力。

（二）稳定和提高产品质量

产品质量和服务质量等是企业生命力和竞争力的关键因素。

（三）促进企业技术改造和技术进步

企业采用国际、国内先进技术标准是促进企业技术改造和技术进步的有效办法。

（四）保护企业自身和消费者的利益

企业根据标准生产合格产品，提高企业信誉；消费者购得合格产品，保护自身利益。

（五）评价茶叶质量的依据

审评茶叶不是评茶者的随意行为，根据规定标准审评，才能准确评价茶叶质量。

三、标准的分级依据、关系与性质

标准化法规定，中国标准实行国家标准、行业标准、地方标准和企业标准4级标准体制。

对需要在全国范围内统一的技术要求，应当制定国家标准。国家标准由国务院标准化行政主管部门制定。对没有国家标准而又需要在全国某个行业范围内统一的技术要求，可以制定行业标准。行业标准由国务院有关行政主管部门制定，并报国务院标准化行政主管部门备案，在公布国家标准之后，原该项行业标准即行废止。对没有国家标准和行业标准而又需要在省、自治区、直辖市范围内统一的工业产品的安全、卫生要求，可以制定地方标准。地方标准由省、自治区、直辖市标准化行政主管部门制定，并报国务院标准化行政主管部门和国务院有关行政主管部门备案，在公布国家标准或者行业标准之后，该项地方标准即行废止。

企业生产的产品没有国家标准和行业标准的，应当制定企业标准，作为组织生产的依据。企业的产品标准须报当地政府标准化行政主管部门和有关行政主管部门备案。已有国家标准或者行业标准的，国家鼓励企业制定严于国家标准或者行业标准的企业标准，在企业内部适用。若法律对标准的制定另有规定的，依照法律的规定执行。国家鼓励积极采用国际标准。

(一)国家标准

标准代号:GB,GB/T。

(二)行业标准

标准代号:××,××/T(农业为NY)。

(三)地方标准

标准代号:DB××/×××—××××,DB××/T×××—××××(浙江为DB33/T)。

(四)企业标准

标准代号:Q/×××,×××—××××。

企业标准代号/企业代号,顺序号—年号。企业标准需经县(含县)以上标准化行政主管部门备案,有效期3年。

标准按性质分:推荐性、强制性。

第二节　茶叶文字“标准”

茶叶文字“标准”主要有产品标准、方法标准及其他相关标准。

茶叶文字“标准”有其固定的格式和内容。

一、茶叶文字“标准”的内容

(一)封　面

“标准”的封面包括下面几项内容:①类型。②编号。③名称。④发布和实施日期。⑤发布单位。

(二)前　言

“标准”的前言包括下面几项内容:①制定目的。②引用标准的名称。③提出制定标准的单位及归口部门。④承担制定标准的起草单位及主要起草人员。

(三)正　文

“标准”的正文根据“标准”的类型不同有所不同。

1. 产品标准　①明确适用本标准的产品名称和范围。②制定本标准所引用的文件(标准)名称。③“标准”中所用名词的解释和定义。④产品基本要求。原料、产品级别、感官指标、理化指标、卫生指标、重量偏差。⑤检验方法。⑥检验规则。⑦产品标志、标签、包装、贮运。

2. 方法标准　①明确适用本标准的名称和范围。②制定本标准所引用的标准名称。③“标准”中所用名词的解释(术语)和定义。④试验方法。⑤应用本标准所用仪器及要求。⑥应用本标准所用试剂和试样的制备。⑦检验原理。⑧测定结果或评定结果的计算及误差要求。

二、“标准”的格式

制定标准的格式主要按照 GB/T 1.1—1993 标准化工作导则的要求进行。具体格式见本书第三篇第二章“附:茶业企业产品文字标准”。

目前中国已制定出茶叶及相关产品标准计有 52 项;茶及相关产品检验方法标准 83 项;其他相关标准预包装食品标签通则、茶机标准及食品包装标准等 36 项。

第三节　茶叶(实物)标准样

一、茶叶标准样的概念

茶叶标准样是指具有足够的均匀性、能代表茶叶产品的品质特征和水平、经过技术鉴定并附有感官品质和理化数据说明的茶叶实物样品。

为了使茶叶感官审评结果具有客观性和普遍性,设置茶叶标准样(实物标准样)是十分必要的。

感官审评是通过细致的比较来鉴别茶叶品质的优劣、质量等级高低,需要在有茶叶标准样的条件下进行比较、分析,才能得出客观、正确的结论,通俗地说:“不怕不识货,只怕货比货”。因此,感官审评一般“不看单个茶样”。

对照茶叶标准样进行茶叶感官审评,即为“对样评茶”。对样评茶具有评定茶叶质量等级(目前,用化学方法还难以做到)、茶叶品质优劣、鉴别真假茶(如真假西湖龙井茶)、确定茶叶价格(按质论价,好茶好价)等作用,用于茶叶收购、茶叶精制加工、产品调拨、进货和出口成交验收。

制定茶叶标准样有利于保证产品质量、保障消费者的利益、按质论价、监督产品质量,有利于企业控制生产与经营成本、提高茶叶产品在国内外市场上的信誉。

二、茶叶标准样

茶叶标准样主要分毛茶收购标准样和精制茶标准样(外销茶、内销茶、边销茶和各类茶的加工验收标准样)。

(一)毛茶收购标准样

在计划经济年代,毛茶收购标准样的制定、品质水平的审定或调整,由中央和地方两级管理。中央管理由中华全国供销合作总社负责,地方管理由省外贸局和省供销合作社负责。

现在全国性的毛茶收购标准样基本上无部门制定。地方一级的标准样也很少制定,个别地方由茶叶行业协会或质量技术监督局制定有一些名茶标准样。将来,茶叶实物标准样应由企业自己制定。

(二)精制茶标准样

精制茶标准样主要有外销茶、内销茶、边销茶和各类茶的加工验收标准样。

在外销茶方面,中国是绿茶出口大国,出口量居世界第一。出口主要绿茶品类为眉茶和珠茶,其标准见表 1-3-1。

表 1-3-1 出口绿茶花色、等级、茶号

花色	等级	茶号
特珍	特级	3115、41022、41025
	一级	9371
	二级	9370
珍眉	一级	9369
	二级	9368
	三级	9367
	四级	9366
贡熙	特级	9377
	一级	9389
	二级	9417
	三级	9500
珠茶	特级	3505
	一级	9372
	二级	9373
	三级	9374
	四级	9375
雨茶	一级	8147

续表 1-3-1

花　色	等　级	茶　号
秀　眉	特级	8117
	一级	9400
	二级	9376
	三级	9380
茶　片	初级	9200、34403

注：一级珍眉(9369)：条索紧细，匀整一致，色泽绿润，匀嫩多芽毫；浓烈嫩香，味厚爽；汤清澈明亮；叶底细嫩多芽，柔软明亮

(三)企业标准样的确定

按企业生产的茶叶种类、生产日期、级别进行排队，然后用国家标准样或行业标准样进行对比，品质水平相当的归入同级。在确定企业标准样时，同级茶叶，企业品质水平要高于行业标准或国家标准。

思考题

1. 什么是标准？中国已制定的茶叶标准有哪几种？
2. 企业制定标准的作用是什么？
3. 简述我国茶叶标准的分级依据、关系与性质。

第四章　茶叶感官审评设备与操作

茶叶感观审评源于人们的饮茶方式,并逐步发展成为一项强调专业技能的工作。但是,要顺利地开展工作,还必须注意审评时的操作程序、外部条件和各种影响因素。众所周知,即使是同一只茶叶,在不同的冲泡条件下,茶叶的风味表现也会出现差异,如果缺少一致的、统一的操作规范和设备,感官审评的结果就难以获得确认和重现。因此,特定的外部条件、统一的审评设备和规范的操作程序,是确保茶叶感官审评顺利完成的前提和保证。对审评条件的了解和对审评设备的使用熟练程度,也是评茶人员专业水平高低的一种反映。每一位评茶人员都需要通过不断实践和练习,才能做到全面了解、熟练运用。

第一节　审评设备

茶叶感官审评需要的设备主要涉及审评的环境和器具。通常情况下,进行审评的环境以及外部硬件条件相对固定。为规范审评外部条件,针对进行茶叶感官审评的场地条件,我国专门制定了相应的国家标准。茶叶感官审评室的选择和布局,应该注意符合相关标准的要求。

审评使用的专用设备很多,从审评准备、操作过程到结果统计分析各阶段均有要求。同时因为应用的目的不同,要求也有区别。对关键性的设备,如审评杯、碗等,甚至是体积大小的尺寸规格,都有标准和操作规范予以详细的规定,力求体现设备的一致性。而对某些辅助设备,如计时器、审评表等,则仅强调使用的功能或要素齐全,能满足审评需要即可,不作过多的限制。

一、审评室

专供茶叶感官审评的工作室,一般应置于二层楼以上,地面要求干燥。房屋采取南北朝向,室内墙壁和天花板为白色,水磨石地面或铺地板、瓷砖;由北面自然采光,无太阳光直射,室内光线应明快柔和,可装日光灯弥补阴雨天光线不足。室内左右(即东西向)墙面不开窗;背(南)面开门与气窗;正北采光墙面的开窗面积应不少于35%。室内保持空气流畅,各种设备无明显的杂异气味。四周环境要安静,无杂异气味和噪声源。北面视野宽广,有利于减少视力疲倦。审评室的面积应根据工作量而定。

若审评室自然采光不足,在干评、湿评台正上方1.5米处各安装双排2支40瓦日光灯也可,灯管长度不得小于茶样盘排列长度。除白色日光灯外,其他色调的灯具都不适合于审评室使用。

二、审评用具

审评室内应配备审评用具,包括审评杯、碗和汤碗、汤匙、电茶壶(烧水壶)、茶样盘、审评台、样茶橱、定时钟、天平、叶底盘或搪瓷盘、审评记录表等。

(一)审评盘

也称样盘、茶样盘,是用于盛装审评茶样外形的木盘。审评盘有正方形和长方形,用无气味的木板制成,上涂白漆并编号,盘的一角为一倾斜形缺口。正方形的审评盘,规格为长×宽×高=220毫米×220毫米×30毫米,也有采用规格为200毫米×200毫米×40毫米的。审评盘的框板采用杉木板,厚度为8毫米。底板以五夹板的为好,但不能带异味。

另外,还应备数只大规格的茶样盘,供拼配茶样和分样使用,长×宽×高=350毫米×350毫米×50毫米,在盘的对角处开缺口。

(二)审评杯

审评杯用于开汤冲泡茶叶及审评香气。审评杯为特制白色圆柱形瓷杯,杯盖有小孔,在杯柄对面杯口上有齿形或弧形缺口,容量为150毫升。审评毛茶有时也用200毫升审评杯,其结构除容量外与150毫升杯相似。审评青茶(乌龙茶)的杯为钟形带盖的瓷盏,容水量为110毫升。但也可用常规的审评杯碗。在某些紧压茶审评中,由于使用的茶样数量较大,因此审评杯的容积也相应较大,评茶杯也使用纯白瓷烧制,其中评茶杯高76毫米,外径95毫米,内径81毫米,容量310毫升,具盖,盖上有一小孔,在杯柄对面一侧的杯口上缘有一呈月牙形的小缺口。评茶碗高60毫米,上口外径117毫米,内径100毫米,容量380毫升。在对某些紧压成形前的茶样进行审评时,有时并无特定的要求,只要保持茶与水比例为1:50(克/毫升)即可。由于速溶茶需审评茶样的溶解状况,须使用透明玻璃器皿进行冲泡,如带有刻度的烧杯等,通常要求器皿容积不得小于200毫升。

(三)审评碗

审评碗用于审评汤色和滋味。审评碗为白色瓷碗,碗口稍大于碗底,容量一般为200毫升。审评杯、碗是配套的,用于审评精茶和毛茶的杯、碗若规格不一,则不能交叉匹配使用。审评青茶(乌龙茶)的碗比常规的审评碗略小。

审评碗也应编号。

(四)叶 底 盘

叶底盘用于审评叶底。叶底盘为木质方形小盘，规格为长 × 宽 × 高 = 100 毫米 × 100 毫米 × 20 毫米，漆成黑色。也有用长方形白色搪瓷盘用于开大汤评定叶底。

(五)样 茶 秤

常用感量为 0.1 克的托盘天平或电子天平。

(六)定 时 器

常规使用可预定 5 分钟自动响铃的定时钟(器)或用 5 分钟的砂时器。

(七)汤　碗

碗内放茶匙、网匙，用时冲入开水，有消毒清洗的作用。

(八)茶　匙

茶匙也称汤匙。用于取茶汤品评滋味的白色瓷匙。因金属匙导热过快，有碍于品味，故不宜使用。

(九)网　匙

网匙用于捞取审评碗中茶汤内的碎片末茶，用细密的 60 目左右不锈钢或尼龙丝网制作。不宜用铜丝网，以免产生铜腥味。

(十)水　壶

水壶是用于制备沸水的电茶壶，水容量 2.5 ~ 5 升。以铝质或不锈钢的为好，忌用黄铜或铁的壶煮沸水，以防异味或影响茶汤色泽。

(十一)吐 茶 桶

吐茶桶是盛装茶渣、评茶时吐茶汤及倾倒汤液的容器。用镀锌铁皮制成，桶高为 800 毫米，上直径为 320 毫米，中腰直径为 160 毫米，呈喇叭状。也可用塑料桶代替。

(十二)审 评 表

审评表是用于审评记录的表格。表内分外形、汤色、香气、滋味和叶底 5 个栏目，可设置计分栏。为了便于综合审评茶叶品质，表内常设总评一栏。此外，还有茶名及编号或批、唛、数量，审评人和审评日期、备注等内容。

(十三)干 评 台

检验干茶外形的审评台。在审评时也用于放置茶样罐、茶样盘、天平等。台的高度为 850 ~ 900 毫米，宽度为 600 毫米，长度视需要而定，台下可设抽斗。台面光洁，为黑色，无杂异气味。

(十四)湿 评 台

开汤审评茶叶内质的审评台。用于放置审评杯、碗、汤碗、汤匙、定时器等,供审评茶叶汤色、香气、滋味和叶底用。台的高度为850～900毫米,宽度为600毫米,长度视需要而定。台面为黑色(也有白色),应不渗水,沸水溢于台面不留斑纹,无杂异气味。

(十五)碗 橱

用于盛放审评杯、碗、汤碗、汤匙、网匙等。橱的尺寸可根据盛放用具数量而定。一般采用长×宽×高=400毫米×600毫米×700毫米。橱的高度上开设5格,设置5只抽屉。要求上下左右通风,无杂异气味。

(十六)茶样贮存桶

用于放置有保存价值的茶叶。要求密封性好,桶内常放生石灰作干燥剂。

三、审评用水

评茶用水的优劣,对茶叶汤色、香气和滋味影响极大,尤其体现在水的酸、碱度和金属离子成分上。水质呈微酸性,汤色透明度好;水质趋于中性和微碱性,会促进茶多酚加深氧化,色泽趋暗,滋味变钝。一般的井水偏碱性的多,江湖水大多数浑浊带异味,自来水常有漂白粉的气味。经蒸汽锅炉煮沸的水,常显熟汤味,影响滋味与香气审评。新安装的自来水镀锌铁管,含铁离子较多,泡茶易产生深暗的汤色,应将管内滞留水放清后再取水。此外,某些金属离子还会使水带上特殊的金属味,影响审评。评茶以使用深井水、自然界中的矿泉水及山区流动的溪水为好。为了弥补当地水质之不足,较为有效的办法是使用瓶装纯净水,能明显去除杂质,提高水质的透明度与可口性。

经煮沸的水应立即用于冲泡,如久煮或用热水瓶中开过的水继续回炉煮开,易产生熟汤味,有损于香气和滋味的审评结果。

第二节 茶叶审评操作

茶叶审评操作强调规范有序。其整个工作的核心,是用极有限的茶叶样品,体现整体茶叶的感官质量状况。为了排除各种误差、获得准确的结果,如何确保样品的代表性,是评茶人员要始终放在第一位考虑的。

一、取 样

取样又称抽样或扦样。是指从一批或数批茶叶中取出具有代表性样品供审评使用。茶叶品质只能通过抽样方式进行检验，因此样品的代表性尤其重要，必须重视检验的第一步工作——取样。为确保规范地完成取样工作，我国专门制定了相关的国家标准(GB/T 8302《茶　取样》)。

（一）取样数量

取样件数按下列规定执行：1～5件，取样1件；6～50件，取样2件；50件以上，每增加50件(不足50件者按50件计)增取1件；500件以上，每增加100件(不足100件者按100件计)增取1件；1 000件以上，每增加500件(不足500件者按500件计)增取1件。

（二）取样、分样步骤

1. 大包装茶　大包装茶在产品包装过程中取样时，应在茶叶定量装件时，每装若干件后(按取样数量规定)，用取样工具取出样品约250克。所取的原始样品盛于有盖的专用茶箱中，混匀，用分样器或四分法逐步缩分至500～1 000克，作为平均样品，分装于2个茶样罐中供审评用。

大包装茶在产品成件、打包、刷唛后取样时，应在整批茶叶包装完成后的堆垛中，从不同堆放位置随机抽取规定的件数。逐件开启后，用取样工具在每件的上、中、下位置处各取出有代表性的样品约250克置于有盖的专用茶箱中，混匀。再将茶叶全部倒在洁净的塑料布上。用分样器或四分法逐步缩分至500～1 000克，作为平均样品，分装于1～2个茶样罐中供审评用。

2. 小包装茶　小包装茶在产品包装过程中取样时，操作与大包装茶相同。

在包装后取样时，应在整批包装完成后的堆垛中，从不同堆放位置随机抽取规定的件数，再从各件内上、中、下位置处，取出2～3盒(听、袋)。所取样品保留数盒(听、袋)，盛于密闭的容器中，供进行单个检验。其余部分现场拆封，倒出茶叶混匀。再用分样器或四分法逐步缩分至500～1 000克，作为平均样品，分装于2个茶样罐中，供审评用。

3. 紧压茶　砖茶、饼茶取样时，应随机抽取规定的件数，逐件开启，再从各件内不同位置处，取出1～2个(块)，除供现场检查外，单重在500克以上的留取3个(块)，500克以下的留取5个(块)，盛于密闭的容器中，供审评用。

捆包的散茶取样时，应从各件的上、中、下部位采样，再用四分法或分样器缩分至所需数量。

（三）样品包装和标签

1. 样品包装　样品必须迅速装在清洁、干燥、密闭性良好的容器内。

2. 样品标签　每个样品的容器都必须有标签，详细标明采样地点、茶名、等级、日期、产地或牌号、批号、取样者以及其他有关交付的重要事项。

(四)操作注意事项

第一,在取样时如发现茶叶品质、包装或堆存情况等有异常表现时,可酌情增加或扩大取样数量,以保证样品的代表性。必要时应停止取样。

第二,在对小包装茶取样时,若总质量未达到平均样品的最小质量值时,应增加抽样件数。

第三,审评用的样品应有所需的备份,以供复验或备查之用。

第四,袋泡茶的拆封混样工作,在审评室内进行。

第五,采用四分法缩分茶样时,对混匀的茶样可先通过“十”字或对角划线,将茶样分为数量相当的 4 份,再分取相对的 2 份。如此重复进行缩分,直至获得需要的茶样量。

第六,若大包装茶叶经过搬动或较长时间的运输,尤其要注意取样应包括包装材料内的上、中、下各部位。

第七,取样、分样操作时,应注意环境的清洁状况,避免外来异味混入茶样。

第八,紧压茶、茶砖等茶类忌用电钻钻孔方法取样,以免重金属、油垢及钻孔烟焦味污染茶样。

二、通用型茶叶审评方法(即五因子审评)

取有代表性的茶样 150~200 克放入样盘中,评其外形。随后从样盘中撮取 3 克茶倒入审评杯内,再用开水壶中的沸水冲至杯满(约 150 毫升)为止。被评茶叶在审评杯内浸泡 5 分钟,随后将茶汤沥入审评碗内,评其汤色,并闻杯内香气。待汤色、香气评好,再用茶匙取近 1/2 匙茶汤入口评滋味,一般尝味 1~2 次。最后将杯内茶渣倒入叶底盘中,审评叶底品质。整个评茶操作流程为:取样→评外形→称样→冲泡→沥茶汤→评汤色→闻香气→尝滋味→看叶底。对其中的每一审评项目均应写出评语,有时还加以评分。毛茶开汤有时以 4 克茶、200 毫升容量审评杯冲泡 5 分钟的方式操作,总之保持茶与水的比例为 1:50。蒸青绿茶在开汤审评时有时会使用白瓷碗,每只茶样称取 2 份分别放入碗内。加沸水冲泡后一只碗在 2~3 分钟后用于嗅香气;另一只碗中的茶叶捞出后,供看茶汤、尝滋味,并评叶底。

第三节　茶叶感官审评的误差控制

茶叶感官审评是在一定的环境、设备条件下,依靠评茶人员自身的专业技能来完成的。在整个审评过程中,从审评环境、审评设备,到评茶人员自身,有许多因素会对最终的审评结果产生影响,导致审评结论出现偏差。充分了解产生审评误差的原因、有效控制审评误差,是一个合格的茶叶审评人员必须掌握的技能。

一、审评环境

审评环境是茶叶审评工作场所的基本构成要素之一。选择和规范审评的各种主要环境因素、建立满足审评需要的适宜工作环境,是进行审评工作的先决条件。

(一)温　度

审评环境温度一般以20℃~27℃为宜。过高的温度,不仅会造成审评人员的不适感、影响审评人员的正常心态,也会给审评操作带来不便,甚至造成失误。例如手上出汗,审评人员在称样和沥茶汤时就必须予以注意。而过低的温度,在造成审评人员感觉灵敏性下降的同时,也会因审评杯热量散失过快,影响茶叶的冲泡效果。实验还发现在低室温时,5分钟后冷的审评杯的茶汤温度会比经过烫杯的多下降约20℃。此外,某些茶叶的浸出成分会因温度过低而发生络合,改变茶汤的特征表现,如出现"冷后浑"。同时低温也限制了高沸点气体分子的扩散活动,使香气的表现产生变化。

如果审评室的温度不能达到审评要求,有条件的地方可以利用空调进行调节。但需要注意空调排放出的气流方向不能直接朝向湿评台,否则在进行多只茶样审评时,可能会导致冲泡时彼此间温度的不均衡,并干扰香气的审评。在夏季利用风扇降温,也同样需要注意气流对室内局部温度及香气审评的干扰。

(二)光　照

审评室要求光照充足、均匀,但不得有直射的阳光。强烈的阳光将导致光化学反应的发生,会改变茶叶的香气和滋味,造成茶叶风味的下降。不均匀的光线会影响审评人员对茶叶色泽的辨识,对外形、汤色和叶底审评也会产生影响。此外,不充足的光线,还容易使审评人员产生压抑感。

在自然光照不足时,可视需要用人工光源进行部分补充或全部以人工光源替代。此时必须注意光照的均匀性，而且不能使用白炽灯泡或类似的发光源，因为此类光源会导致茶叶颜色失真，与茶叶在自然光下的颜色表现出入极大，影响审评的结果。同样道理，审评室的窗户也不可使用有色玻璃。

（三）噪　声

审评环境必须保持安静。持续的噪声，对审评人员的生理和心理都会造成压力，且噪声程度越高，持续时间越长，审评人员的压力也会越大。相关的研究表明，强度超过 80 分贝的持续噪声，就能使人情绪失控，在有意无意之中，噪声会导致审评人员出现情绪波动，这必然不利于准确地进行茶叶感官审评。因此必须注意审评室的隔音密封性，并将外源声音音量控制在 60 分贝以下，这一点往往被忽视。

（四）异　味

审评环境受异味污染的原因有很多，除了异味随空气飘移污染外，在审评室内使用有气味的清洁剂，也是一个主要因素。并不是只有令人不快的刺激性臭味会造成污染，化学试剂、化妆品、清洁用品及各种外来的香气，都会干扰审评工作。

在建立审评室时，必须考虑到附近的环境不能存在强烈的气味，更不能在审评室内放置、使用有气味的物品。同时，还应注意保持审评室内空气的流通，审评室的门窗长时间关闭会造成空气质量下降，不利于审评工作。

二、审评设备

即使是对同一批茶，甚至同一只茶样，审评器具、用水及其他设备在材质、规格和使用方法上的差异，都可能使审评结果出现很大差异。

（一）正确选择器具

在通常应用的审评方法中，对各种审评器具均有相应的规定。使用规范的器具，才能正常表现出茶叶的感官品质，才能确保审评结果的重现，也才能使所有的审评术语和评分较为客观与合理。在同时审评多只茶样时，除了注意审评杯、碗的配套外，还需要考虑到瓷质材料在色度上的一致性。

（二）重视器具的清洁和维护

审评完毕后审评器具简单地用水冲洗，并不能彻底清除审评杯、碗中的茶汁，虽然当时肉眼不能发现，但杯、碗干透后出现深色痕迹，这必将会影响到以后的审评工作。

茶汤需要入口审评滋味，在多位审评人员同时审评时，有时限于时间、器具数量和效率等，不进行单独审评，此时更要注意自己使用器具的清洁卫生，如可以先将茶汤倒入小杯中再入口等，以免影响他人的审评。

一些评茶人员在审评时会选择纸杯供吐茶用，表面看来既清洁又便于审评后处理，但目前市售的一次性纸杯因材料的关系，多有化学物质的气味，反而会影响到审评的结果。

（三）了解冲泡用水的水质状况

审评时的冲泡用水除了要求透明洁净、无嗅无味外，还应注意水的酸碱度、硬度，及水中所含各种矿物质、离子的数量对审评的影响。这种影响不仅表现在茶汤的颜色方面，对香气和滋味的影响更甚。

一般来说，由于茶树在偏酸的环境中生长良好，因此用稍偏酸性的水冲泡，有利于茶叶品质的良好表现。而偏碱性的水，会使茶叶内含的黄酮类物质产生自动氧化，造成茶汤颜色加深变暗，滋味也失去鲜爽感。

水的硬度不仅影响其 pH 值，对茶叶内含物质的浸出率也有显著影响。硬水中高含量的钙会与多酚类物质结合，抑制茶多酚的溶解和浸出，影响茶汤滋味。

许多矿物质及溶解的金属离子，如果含量稍高（>0.1 毫克/升），常会使茶汤产生苦涩味，影响茶味的正常表现。如果用含铁量较高的水冲泡茶叶，或茶叶中混有含铁的杂质，还会使茶汤颜色变暗发黑。

三、审评操作

茶叶感官品质受时间、温度等的影响很大，开始审评后，必须依次尽快完成操作步骤。审评步骤是考虑了各种影响因素，并结合评茶人员的感官适宜性而建立的。规范有序的操作，是评茶人员专业技能水平的体现，也是获得正确审评结果的前提之一。

（一）养成编号和记录的良好习惯

对专业评茶人员而言，一只茶样的感官审评在数分钟内即可完成。但审评的结果可能不是当时就需要，没有审评记录仅凭记忆难以长期保持对细节的掌握。此外，对一只茶样的最终评价，是综合所有审评因子的表现后得出的，缺乏记录，有时会忽视某些审评因子的表现。同时审评多只茶样时，尤其是多位评茶人员共同参与审评时，常有移动样盘和审评杯、碗进行相互比较的情况出现，如果没有预先编号，容易引起位置顺序的混淆，进而影响审评的正常进程和结果。

（二）保持规范操作的一致性

审评多只茶样时，保持操作的一致性，不仅是对操作动作的要求，还包括对时间等因素的控制。在称取茶样时，样品的代表性是通过操作动作的规范一致来实现的。茶叶审评强调由同一个人完成冲泡和倒茶程序，就是为了确保每只茶样的冲泡时间一致。冲泡后也必须按冲泡的顺序倒茶。审评香气时，需要依次进行热嗅、温嗅和冷嗅，并以此综合评价茶叶香气，这同样要求保持操作的一致性，不可对不同的茶样分别处理，一嗅即过。

（三）充分考虑干扰因素，谨慎结论

感官审评的准确完成，建立在了解审评环境和把握各种影响因素的基础上。例如审评室内如果光线存在差异，在进行与颜色相关的审评程序时，就需要移动器具，互相换位，从多个角度进行比较。冬季进行审评时，如果室温偏低，审评前还需要用热水烫杯（应注意不可使水进入杯内），以此缓和冲泡过程中审评杯壁的热量散失，减少温度下降过快对审评的干扰。

茶叶各审评因子的感官表现，并不是孤立存在的，相互间也存在着很密切的关联性，从外形到汤色，再到香气、滋味，评茶人员在审评中应做到仔细地判断比较，如果某一因子的表现存在明显不同，就必须认真地查证，找出其中的原因。对记录下的评茶术语，也需要进行细致的检查，避免出现误差。

四、审评人员

茶叶感官审评最终是以人为中心来完成的，要消除审评可能出现的误差，评茶人员自身的因素应放在首位。除了针对工作、生活中的基本要求外，从技术角度看，同样有一些方面应予以注意。

（一）不因个人偏好影响审评结果

茶叶本身是一种偏好型消费饮品。我国茶叶种类繁多而特色各异，各地的饮用习俗也存在很大差异，在评审过程中，评茶人员必须注意评茶的目的是为了获得客观的结论，因此不能将地域习惯和个人爱好带入审评过程，并因此影响到审评的结果。

（二）坚持训练，克服感官疲劳

茶叶感官审评是一项需要评茶人员全神贯注、始终保持感觉器官高度敏感性的工作。在审评过程中，评茶人员产生生理和心理的疲劳是自然的。已有的研究发现，感觉器官产生疲劳致使敏感性降低，也是人体对环境的一种本能的适应，这种适应现象不利于审评工作的进行。审评人员有目的地进行长期针对性训练，可以提高感觉器官在相关方面的灵敏程度，而且也有助于在长时间、高密度的审评过程中保持感觉器官的敏感性。因此，评茶人员在日常的工作中，就需要针对自己的不足之处，坚持进行审评训练。只有经过长期的努力，才能提高感觉器官抵抗疲劳的能力，达到保持感觉器官敏锐的目的。

（三）积极交流，修正感官认识的系统性误差

简练、准确的品质术语便于评茶人员相互交流。评茶术语的熟练使用建立在对茶叶品质的系统化认识之上。这种系统化的认识最初会因每个人感觉器官的感受不同而存在差异，在使用含意相近的术语时，就可能引起理解上的混淆。因此，在掌握、运用评茶术语的过程中，积极开展交流，有助于取得对茶叶品质的共识，获得对术语一致、准确的理解，消除系统性的误差，从而建立规范、统一的茶叶评判体系。

思考题

1. 简述茶叶审评操作中“四分法”取样的操作过程。
2. 试述通用型茶叶审评方法的操作过程。
3. 为避免误差的产生，茶叶审评工作对环境有哪些要求？
4. 为何强调审评人员要坚持训练？

第二篇　中级评茶员技能要求

第一章　茶叶包装与标签

茶叶包装既是保持品质的重要手段，同时又是商品价值的重要组成部分。它是为了保护商品质量、直接关系到商品价值和商品声誉的问题，同时也是反映商品生产、科技和艺术发展的水平。

茶叶虽是干燥食品，它的贮藏性能比鲜活商品好得多，但仍是一种易变质的食品，若贮藏方法稍有不当，就会在很短的时间内失去风味。越是高档茶叶，越是难以保管。普通绿茶在贮放一段时间后，香气、汤色和滋味都会发生变化，这就是平常所说的新茶味消失、陈味显露。茶叶从生产到消费需要经过1次或多次贮藏和运输，因此，为了保证其品质，必须要采用一定的装置进行包装，使其与外界相隔离，来确保商品在保管和运输过程中的质量安全。

第一节　茶叶包装的目的

茶叶，特别是高档绿茶，在贮藏过程中，由于受水分、温度、湿度、光照、氧气等因素的影响，极易发生陈化变质，失去原有的新鲜风味。科学研究表明，茶叶的陈化变质主要是其内含化学成分在环境因素的影响下发生一系列化学变化所致，如水分的吸收、茶多酚和脂类物质的氧化、氨基酸和碳水化合物的反应、色素和香气成分的变化、维生素的氧化等。由于这些内含物质的变化，使茶叶在无保鲜的条件下极易发生陈化劣变，而要控制茶叶内含物质的变化，必须要对加工好的茶叶包装后再进行保鲜贮藏。因此，要保持茶叶品质，尤其是绿茶的品质，就必须采取低温、低湿、避光、缺氧和茶叶低水分的保鲜措施，这就需要对茶叶进行包装，来延缓其品质的变化。

实际上，茶叶包装是为了保护茶叶的特殊品质，选用适当的容器或材料、根据不同情况对不同的茶叶采用不同的技术处理、将茶叶与外界环境相隔离的一种装置，它是实现茶叶价值的重要手段之一，是茶叶生产和消费之间的桥梁。

在茶叶生产过程中，包装是最后一道重要的工序。在流通过程中，茶叶包装对保护茶叶、美化茶叶、宣传茶叶、提高茶叶品味以及茶叶的贮藏、运输、消费、使用等都起着很重要的作用，尤其是近些年来，通过包装外表的美化来增加商品茶的附加值和广告效应也已成为一种重要功能。

第二节　茶叶包装的要求

一、对茶叶本身的要求

（一）茶叶必须干燥

水分是茶叶内各种生化成分反应必需的介质和茶叶霉变的主要因素，也是微生物繁殖的必要条件。大量研究结果表明，对于包装贮藏的茶叶，当含水率超过6.5%时，存放6个月时就会产生陈气，而且含水率越高，陈化越快；当含水率超过7%时滋味就会逐渐变差；达8.8%时，就很可能发霉；超过12%时，霉菌大量孳生，霉味产生。在正常情况下，包装的茶叶的含水率应控制在6%以内，最高不超过7%。

（二）茶叶品质要正常

必须是无劣变、无异味、无非茶类夹杂物、正常品质的茶叶。

二、对包装材料的要求

包装材料是指制造货物的包装所使用的原材料。它既包括制造、贮藏和运输包装的材料，也包括销售包装的材料。不同的商品、不同的运输条件都有要求不同的包装材料，但作为茶叶的包装材料，无论是哪种，都必须达到以下要求。

（一）不得含有对人体健康有害的成分

茶叶是经沸水冲泡一定时间、使其内含可溶性有效成分浸出在茶汤中、然后采用直接饮用茶汤的方式来获取其营养的。在选择茶叶包装的过程中，应把原材料的安全性放在首位，必须选择对人体无毒害、安全可靠的原材料来加工茶叶包装，尤其是茶叶的内包装材料更为重要。

（二）具有一定的化学稳定性

作为茶叶包装的材料如果没有一定的化学稳定性，在包装、贮运过程中，会直接污染茶叶。如用高分子材料中的聚氯乙烯直接作为茶叶的内包装材料，在高温热封时会产生氯化氢气体污染茶叶，而且还容易造成茶叶的铅污染；又如用酚醛塑料和尿醛塑料作为茶叶包装材料，高温热封过程也将会产生对人体有害的苯酚、甲醛等。所以这些高分子材料不能被选择为茶叶的包装材料。

（三）加工性能要好

茶叶包装既要达到保护茶叶品质、又要起到美化和宣传产品的目的，因此必须要有加工、印刷性能好的材料，才能加工出使用价值高、美化与宣传效果好的茶叶包装。

（四）有优良的综合防护性能

茶叶的包装材料要有良好的阻气性、防潮性、遮光性等性能。茶叶是一种疏松多孔的结构体，特别容易吸湿、吸异气味。另外，高档绿茶在光的作用下使色泽发生变化。因此，作为茶叶包装材料必须有优良的综合防护性能才可能对茶叶品质起到保护作用。

（五）要有可靠的保护性能

在保证茶叶安全方面有很好的可靠性。

第三节　茶叶包装材料的选择

一、包装材料的种类

（一）纸包装材料

茶叶纸包装有纸质包装和纸盒（罐）包装 2 大类。

1. 纸质包装　纸质材料是最为原始的包装材料。开始用于茶叶包装的纸质材料是牛皮纸。由于纸质材料的透气性较好，所以纸质材料早期主要用来促进存放于灰缸中茶叶的后熟作用。刚加工好的茶叶，因为含水量较好，而且有青鲜气味，需要通过具有良好透气性的纸包装材料包装后，在一定的条件下完成其后熟作用才能使茶叶的品质得以保证。

2. 纸盒（罐）包装　随着贮藏技术的改进和包装业的发展，近些年来纸包装材料普遍加工成纸盒、纸罐等作为茶叶的外包装，目的主要是美化和宣传茶产品。但纸包装材料保鲜效果差，不能作为茶叶流通过程的小包装材料用。

近几年，市场上已出现了纸盒复合包装盒（罐），克服了纸盒易受潮的问题，并开发应用了磨砂、烫金等新工艺，使纸盒更加高档化。

（二）金属包装材料（主要是铁、铝、锡罐）

金属包装材料主要作为茶叶的外包装，是较普遍的包装材料，具有较好的化学稳定性和综合防护性能，加工性能也好，深受生产企业的欢迎。在目前的

茶叶包装中，金属材料中的锡质材料(主要是锡罐)由于价格昂贵，主要用于陈列茶叶的包装。马口铁和铝质材料制成的包装，都有较好的遮光、防水、防潮及阻气性能，而且价格适度，印刷性能也好，大多用于高档名优茶的包装；其中的铝质材料常和高分子材料压制而成的铝箔复合袋，是目前大众化包装和内包装中使用最广的包装材料。

(三)高分子包装材料(主要是塑料)

高分子包装材料是20世纪60年代随着石油工业的发展而发展起来的，目前已广泛应用于食品行业，在某种程度上已替代了传统的金属、纸质、玻璃等包装材料。用于茶叶包装的高分子材料主要有以下几种。

1. 聚乙烯薄膜(PE)　聚乙烯薄膜是目前市场上使用最多的一种包装材料。它的优点是价格便宜，热封性好；缺点是有异味，防潮、阻氧和保香性能是包装材料中最差的。聚乙烯薄膜可分低密度聚乙烯(LDPE)、中密度聚乙烯(MDPE)、高密度聚乙烯(HDPE)3种材料。密度越高结晶度越好，水蒸气和油脂的渗透能力越差；但透明度会较差，柔软、伸长率小，抗冲击性与耐低温性较差。不管哪种聚乙烯材料，都具有一定的防湿、耐低温、耐热封、无毒、价格便宜的优点。但是氧气的的透气率相对较高，对气体的侵入阻隔性也较差，因此作为茶叶包装材料应用时，一般采用聚乙烯作为内层材料，再外加1层或1层以上的高分子材料进行复合后使用，不单独作为名优茶的包装材料使用。

2. 聚丙烯薄膜(PP)　聚丙烯薄膜有双(横向、纵向)拉伸(OPP)和未拉伸(CPP)型2种。其中OPP可拉伸，机械强度、耐寒性和光泽度都较好，性能比聚乙烯稍好，但也达不到单独作为高档茶包装的要求。

3. 聚酯薄膜(PET)　PET是结晶度较好的、较坚韧的材料，强度高，稳定性好，承受的温差较大，但热封性能较差。因此单独使用较少，一般作为多层复合材料的外层材料。

4. 尼龙薄膜(NY)　NY有拉伸和非拉伸型2种。具有较好的强韧性、耐穿透性和耐磨性，但阻气性和防潮性较差(属高分子材料中最差的)，也不单独作为茶叶包装材料使用，一般用于多层包装材料的外层材料使用。

5. 聚偏二氯乙烯(PVDC)　PVDC材料透气、透水性能极差，从性能上可满足茶叶包装材料的要求，但价格较高，因此常与纸、铝箔或其他高分子材料制成复合材料后使用。

6. 玻璃纸　玻璃纸有普通玻璃纸(PVC)和防潮玻璃纸(PVDC)2种。是一种透明度较好、具有刚性的高分子材料，热封性极差，一般在茶叶中作为纸盒包装茶(主要是袋泡茶)的外包装材料。

7. 复合薄膜　从茶叶的包装要求来说，单层薄膜总是满足不了保护品质的要求，因此一般都是选择 2～3 种薄膜进行叠加复合后形成复合薄膜来作为茶叶的包装材料。

(四)玻璃包装材料和陶瓷包装材料

玻璃和陶瓷 2 种材料虽然具有较好的阻气、防水、防潮等性能，但由于易碎及不便运输、携带等缺点，大多作为商店或茶馆等场所陈列茶叶样品时使用。

二、包装材料的选择

茶叶包装既包括一个记件单位的包装，也包括若干单位包装组合成的一件大包装的规格。在通常情况下，市场上出现的茶叶包装形式主要有 2 种：一种是独立茶叶包装。此种包装没有内、外包装之分，基本上是用铝质材料/高分子材料(铝箔)或者用几层高分子材料压制而成的复合包装袋(一般有聚酯/聚乙烯、聚酯/聚丙烯、聚丙烯/聚乙烯、聚丙烯/铝箔/聚乙烯等)。这种包装成本低，印刷与阻气性能好，是目前在中、下档茶叶中使用量最大的包装材料。另一种是非独立茶叶包装，也就是平常所说的礼品包装。此种包装有内、外包装之分，一般情况下由内、中、外 3 层包装组合而成，即内包装是一个原色的铝箔袋或高分子复合袋，中层为纸质、马口铁或铝质罐，外层为纸质盒。为使消费者携带方便，往往在销售时再外加一个手提包装袋。这种包装成本较高，主要用于高档茶或礼品茶的包装中。在选择包装时，一般是按“好茶好包装，差茶差包装”的原则。

第四节　茶叶包装设计

随着市场经济的发展，茶叶包装的功能已不仅仅是保护茶叶品质和展示茶叶产品，而是更好地为产品的销售服务，对产品进行宣传，最终促进销售。包装设计在茶叶商品销售过程中显得越来越重要，特别是名优茶产品占市场主导地位的今天，企业为使自己生产的产品给消费者有独特的形象来促进销售，包装设计就成为最方便的最廉价的广告。

一、包装设计的内容

茶叶包装同其他包装一样，既要对产品品质保证有效，又要造型好、使用效果好。

(一)包装材料设计

要根据茶叶不同的形状、档次、品质特性等因素,选择较为合适的茶叶包装材料。

(二)包装造型设计

要根据包装物体积的大小、形状的不同来进行。

(三)包装结果设计

从包装材料的特性、茶叶个体的特点进行。力争使所设计的包装既注重牢固,又讲究携带、开启和使用的方便性。

(四)包装装潢设计

使设计的包装具有对产品进行宣传、美化和促进销售的目的。

二、包装色彩的设计

茶叶包装效果的好坏,最终是由包装色彩设计来体现的。在构成商品包装的诸因素中,色彩是最早、最直接、最愉快地触动人的反应,直接刺激消费者对商品的购买欲望。包装色彩设计,贵在创新。在琳琅满目的茶叶商品中,在市场特定的空间里,要进行商品间的竞争,造成“与众不同”的印象,就得使自己的包装设计与别样商品有较强的货架冲击力,来吸引人们的视线,这需要靠创新灵感来设计。

包装设计灵感不是突发奇想的,而是从客观存在的事物、精神营养的吸取来获得的。包装设计灵感一般来源于以下 4 个方面:①大自然色彩的灵感。②博物馆色彩的灵感。③听觉艺术色彩的灵感。④高科技色彩的灵感。

三、包装设计应考虑的因素

包装应考虑以下 4 个方面的因素。

(一)商标在包装上的应用

商标是商品包装最好的载体,是宣传商品的亮点,能促进商品的竞争力。

(二)正确理解高档包装,不能盲目追求华丽的包装行为

高档包装制品是企业在确定消费对象后,根据对市场价格和顾客消费心理的综合分析,在能满足消费者需求的情况下,做到成本最低的使用高档包装材料的一种包装制品。在流通领域中,同样的茶叶商品因包装不同,带来的效果和销售价格可以相差很多,因此导致目前市场上茶叶质量一般而包装过于豪华的现象,这使一些消费者失去了购买欲望而达不到促销商品的效果。

(三)消费群体的爱好

由于人的职业、兴趣爱好、审美观点、生活方式和个人经历不同,造成了对商品包装要求的不同,因此在设计包装时要考虑到这些因素。

(四)灵活运用包装

茶叶商品的包装形式多种多样,如近几年发展起来的小型包装,随着生活节奏的加快,很受消费者的欢迎,既体现出了茶叶的高档次,又使消费者携带和使用十分方便。

第五节　茶叶包装标志

在流通领域中,产品包装都必须要有标志,否则是不能作为商品进行销售的。食品产品标志也就是平常所说的食品标签,它包括容器上的文字、图形、符号以及其他说明。为了加强食品管理的规范化,防止和打击假冒、伪劣产品,保护生产者和消费者的利益,保护人民的身体健康,国家对食品标签的标志有严格的规定,并作为国家法规执行。我国包装标志按 GB 7718—2004《预包装食品标签通则》(见本节附件)实施。

茶叶包装标志一般独立包装标示在包装袋外侧,非独立包装标示在外包装(茶叶罐或茶叶盒)上。不管是哪种方式都必须符合《预包装食品标签通则》的基本原则、要求以及相关内容。

一、包装标志的基本原则

第一,所有内容不得用错误的、引起误解的或以欺骗的方式对产品进行描述或介绍,对茶叶的产地、历史、工艺、品质特点的描述要具有真实性。

第二,所有内容不得以直接或间接暗示的语言、图形、符号导致消费者对该产品或其某一方面特性与另一产品相混淆。

第三,所有内容必须符合国家法律、法规和相应产品标准的规定,如国家法令规定国旗、国徽不能作为商品的标记等。

第四,所有内容必须通俗易懂、准确、科学。

二、包装标志的基本要求

第一,应符合国家法律、法规的规定,并符合相应产品标准的规定。

第二,文字应清晰、醒目、持久,应使消费者购买时易于辨认和识读。

第三,所有内容应通俗易懂、准确,有科学依据。不得标示封建迷信、黄色、贬低其他产品或违背科学营养常识的内容。

第四，不得以虚假、使消费者误解或使用欺骗性的文字、图形等方式介绍产品，也不得利用字号大小或色差误导消费者。

第五，不得以直接或间接暗示性的语言、图形、符号，导致消费者将购买食品或食品的某一性质与另一产品相混淆。

第六，不得与包装物或容器分开。

第七，应使用规范的汉字，但不包括注册商标；同时可使用拼音或少数民族文字以及外文，但必须与汉字对应（进口食品的制造者和地址及国外经销者的名称和地址、网址除外），并不得大于相应的汉字（国外注册商标除外）。

第八，包装物或包装容器最大表面面积大于20平方厘米时，强制标示内容的文字、符号、数字的高度不得小于1.8毫米。

第九，如果透过外包装物能清晰地识别内包装物或容器上的所有或部分强制标示内容，可以不在外包装物上重复标示相应的内容。

第十，如果在内包装物或容器外面另有直接向消费者交货的外包装或大包装，可以只在外包装或大包装上标示强制标示内容。

三、包装标志的基本内容

（一）强制标示内容

1. 产品名称　产品名称应在标签的醒目位置。当国家或行业标准中已规定了1个或几个名称时，应选用这些名称中的1个或等效的名称。无上述规定的名称时，必须使用不使消费者误解或混淆的常用名称或俗名。

2. 配料表　茶叶基本是由单一原料制成的，在标签上可不标明。但如果在加工过程中，添加其他添加物，则必须按加入量的递减顺序一一排列；当加入量不超过2%时的配料可以不按顺序排列。

3. 配料的定量标示　在标签或说明书上特别强调添加了某种或数种有价值、有特性的配料或含量较低时，应标示所强调的配料量。

4. 净含量及固形物重量　必须标明净重量（克或千克）。在同一包装中如果含有几件小包装、并且分别包装几种产品时，则在注明总净量的同时，还应注明各种产品的小包装量及件数。

5. 制造者、经销者的名称和地址　必须标明该产品制造（或生产厂）、包装、分装或销售等依法登记注册的单位名称和地址；属依法独立承担法律责任的集团公司、集团公司的分公司（子公司），应标明其名称和地址。此外，为方便联系，最好能标上电话、邮政编码等。

6. 日期标志和贮藏说明　必须标明该包装内名优茶的生产日期和保质期(或保存期)。日期的标注顺序为年、月、日。保质期的标明可以采用“最好在××××年××月××日之前饮用”的说明。保存期的标明可以采用“××××年××月××日之前饮用”,也可以采用“保质期至××××年××月××日”或“保质期××个月”、“保存期××个月”、“保存期至××××年××月××日”的标注方法。

7. 产品标准号　应标示企业执行的国家标准、行业标准、地方标准或经备案的企业标准代号和顺序号。

8. 质量(品质)等级　已在产品标准(国家标准、行业标准、省市地方标准)中明显规定了质量(品质)等级的产品,必须在标志上标明该产品的质量等级。

(二)强制标示内容的免除

当产品包装物或包装容器的最大表面面积小于10平方厘米时,可以只标示产品名称、净含量、制造者(或经销商)的名称和地址。进口预包装食品应标示原产国的国名或地区区名,以及在中国依法登记注册的代理商、进口商或经销商的名称和地址;免除制造者的名称和地址。

(三)非强制性项目标示

1. 批号　有必要时标明。

2. 饮用方法　必要时标示开启方法、饮用方法、每日饮用量等对消费者有帮助的说明。

附:预包装食品标签通则

1　范　围

本标准规定了:

——预包装食品标签的基本要求(见本附件4);

——预包装食品标签的强制标示内容(见本附件5.1);

——预包装食品标签强制标示内容的免除(见本附件5.2);

——预包装食品标签的非强制标示内容(见本附件5.3)。

本标准适用于提供给消费者的所有预包装食品标签。

2　规范性引用文件

下列文件中的条款通过本标准的引用而成为本标准的条款。凡是注日期的引用文件,其随后所有的修改单(不包括勘误的内容)或修订版均不适用于本标准;然而,鼓励根据本标准达成协议的各方研究是否使用这些文件的最新版本。凡是不注日期的引用文件,其最新版本适用于本标准。

GB 2760　食品添加剂使用卫生标准

GB/T 12493　食品添加剂分类和代码

GB 13432—2004　特殊膳食用食品标签通则

3　术语和定义

下列术语和定义适用于本标准。

3.1

预包装食品　prepackaged foods

经预先定量包装,或装入(灌入)容器中,向消费者直接提供的食品。

3.2

食品标签　food label

食品包装上的文字、图形、符号及一切说明物。

3.3

配料　ingredient

在制造或加工食品时使用的,并存在(包括以改性的形式存在)于产品中的任何物质,包括食品添加剂。

3.4

加工助剂　processing aid

加工辅助物

本身不作为食品配料用,仅在加工、配制或处理过程中,为实现某一工艺目的而使用的物质或物料(不包括设备和器皿)。

3.5

生产日期　date of manufacture

制造日期

食品成为最终产品的日期。

3.6

包装日期　date of packaging

灌装日期

将食品装入(灌入)包装物或容器中,形成最终销售单元的日期。

3.7

保质期　date of minimum durability

最佳食用期　best before

最短适用日期　date of minimum durability

预包装食品在标签指明的贮存条件下,保持品质的期限。在此期限内,产品完全适于销售,并保持标签中不必说明或已经说明的特有品质。超过此期限,在一定时间内,预包装食品可能仍然可以食用。

3.8

保存期　use - by date

推荐的最后食用日期　recommended last consumption date, expiration date

预包装食品在标签指明的贮存条件下，预计的终止食用日期。在此日期之后，预包装食品可能不再具有消费者所期望的品质特性，不宜再食用。

3.9

主要展示版面　principal display panel

消费者购买预包装食品时，包装物或包装容器上最容易观察到的版面。

4　基本要求

4.1　预包装食品标签的所有内容，应符合国家法律、法规的规定，并符合相应产品标准的规定。

4.2　预包装食品标签的所有内容应清晰、醒目、持久；应使消费者购买时易于辨认和识读。

4.3　预包装食品标签的所有内容，应通俗易懂、准确、有科学依据；不得标示封建迷信、黄色、贬低其他食品或违背科学营养常识的内容。

4.4　预包装食品标签的所有内容，不得以虚假、使消费者误解或欺骗性的文字、图形等方式介绍食品；也不得利用字号大小或色差误导消费者。

4.5　预包装食品标签的所有内容，不得以直接或间接暗示性的语言、图形、符号，导致消费者将购买的食品或食品的某一性质与另一产品混淆。

4.6　预包装食品的标签不得与包装物（容器）分离。

4.7　预包装食品的标签内容应使用规范的汉字，但不包括注册商标。

4.7.1　可以同时使用拼音或少数民族文字，但不得大于相应的汉字。

4.7.2　可以同时使用外文，但应与汉字有对应关系（进口食品的制造者和地址，国外经销者的名称和地址、网址除外）。所有外文不得大于相应的汉字（国外注册商标除外）。

4.8　包装物或包装容器最大表面面积大于 $20cm^2$ 时，强制标示内容的文字、符号、数字的高度不得小于 1.8mm。

4.9　如果透过外包装物能清晰地识别内包装物或容器上的所有或部分强制标示内容，可以不在外包装物上重复标示相应的内容。

4.10　如果在内包装物（或容器）外面另有直接向消费者交货的外包装（或大包装），可以只在外包装（或大包装）上标示强制标示内容。

5　标示内容

5.1　强制标示内容

5.1.1　食品名称

5.1.1.1　应在食品标签的醒目位置，清晰地标示反映食品真实属性的专用名称。

5.1.1.1.1　当国家标准或行业标准中已规定了某食品的 1 个或几个名称时，应选用其中的 1 个，或等效的名称。

5.1.1.1.2　无国家标准或行业标准规定的名称时，应使用不使消费者误解或混淆的常用名称或通俗名称。

5.1.1.2　可以标示“新创名称”、“奇特名称”、“音译名称”、“牌号名称”、“地区俚语名称”或“商标名称”，但应在所示名称的邻近部位标示 5.1.1.1 规定的任意一个名称。

5.1.1.2.1　当“新创名称”、“奇特名称”、“音译名称”、“牌号名称”、“地区俚语名称”或“商标名称”含有易使人误解食品属性的文字或术语（词语）时，应在所示名称的邻近部位使用同一字号标示食品真实属性的专用名称。

5.1.1.2.2　当食品真实属性的专用名称因字号不同易使人误解食品属性时，也应使用同一字号标示食品真实属性的专用名称。如“橙汁饮料”中的“橙汁”、“饮料”，“巧克力夹心饼干”中的“巧克力”、“夹心饼干”，都应使用同一字号。

5.1.1.3　为避免消费者误解或混淆食品的真实属性、物理状态或制作方法，可以在食品名称前或食品名称后附加相应的词或短语。如干燥的、浓缩的、复原的、熏制的、油炸的、粉末的、粒状的。

5.1.2　配料清单

5.1.2.1　预包装食品的标签上应标示配料清单。单一配料的食品除外。

5.1.2.1.1　配料清单应以“配料”或“配料表”作标题。

5.1.2.1.2　各种配料应按制造或加工食品时加入量的递减顺序一一排列；加入量不超过 2% 的配料可以不按递减顺序排列。

5.1.2.1.3　如果某种配料是由 2 种或 2 种以上的其他配料构成的复合配料，应在配料清单中标示复合配料的名称，再在其后加括号，按加入量的递减顺序标示复合配料的原始配料。当某种复合配料已有国家标准或行业标准，其加入量小于食品总量的 25% 时，不需要标示复合配料的原始配料，但在最终产品中起工艺作用的食品添加剂应一一标示。

5.1.2.1.4　在食品制造或加工过程中，加入的水应在配料清单中标示。在加工过程中已挥发的水或其他挥发性配料不需要标示。

5.1.2.1.5　可食用的包装物也应在配料清单中标示原始配料。如可食用的胶囊、糖果的糯米纸。

5.1.2.2　各种配料应按 5.1.1 标示具体名称，但下列情况除外。

5.1.2.2.1　甜味剂、防腐剂、着色剂应标示具体名称，其他食品添加剂可以按 GB 2760 的规定标示具体名称或种类名称。当一种食品添加了 2 种或 2 种以上着色剂，可以标示类别名称（着色剂），再在其后加括号，标示 GB/T 12493 规定的代码。如，某食品添加了姜黄、菊花黄浸膏、诱惑红、金樱子棕、玫瑰茄红，可以标示为：“着色剂（102、113、012、131、125）”。

5.1.2.2.2　下列食品配料，可以按表 1 标示类别归属名称。

表 1

配　料	类别归属名称
各种植物油或精炼植物油，不包括橄榄油	“植物油”或“精炼植物油”；如经过氢化处理，应标示为“氢化”或“部分氢化”
各种淀粉，不包括化学改性淀粉	“淀粉”
加入量不超过 2%的各种香辛料或香辛料浸出物（单一的或合计的）	“香辛料”、“香辛料类”或“复合香辛料”
胶基糖果的各种胶基物质制剂	“胶姆糖基础剂”
添加量不超过 10%的各种蜜饯水果	“蜜饯”

5.1.2.3　当加工过程中所用的原料已改变为其他成分（指发酵产品，如酒、酱油、食醋）时，可用“原料”或“原料与辅料”代替“配料”、“配料表”，并按 5.1.2.1.2 标示各种原料、辅料和食品添加剂。

5.1.2.4　制造、加工食品时使用的加工助剂，不需要在配料清单中标示。

5.1.3　配料的定量标示

5.1.3.1　如果在食品标签或食品说明书上特别强调添加了某种或数种有价值、有特性的配料，应标示所强调配料的添加量。

5.1.3.2　同样，如果在食品的标签上特别强调某种或数种配料的含量较低时，应标示所强调配料在成品中的含量。

5.1.3.3　食品名称中提及的某种配料而未在标签上特别强调，不需要标示某种配料在成品中的含量。添加量很少，仅作为香料用的配料而未在标签上特别强调，也不需要标示香料在成品中的含量。

5.1.4　净含量和沥干物（固形物）含量

5.1.4.1　净含量的标示应由净含量、数字和法定计量单位组成。如“净含量 450g”，或“净含量 450 克”。

5.1.4.2　应依据法定计量单位，按以下方式标示包装物（容器）中食品的净含量：

a. 液态食品，用体积——L(l)（升）、mL(ml)（毫升）；

b. 固态食品，用质量——g（克），kg（千克）；

c. 半固态或黏性食品，用质量或体积。

5.1.4.3　净含量的计量单位应按表 2 标示。

表 2

计量方式	净含量 Q 范围	计量单位
体　积	$Q < 1000$mL	mL(ml)（毫升）
	$Q \geqslant 1000$mL	L(l)（升）

续表 2

计量方式	净含量 Q 范围	计量单位
质　　量	$Q<1000g$	g(克)
	$Q\geqslant1000g$	kg(千克)

5.1.4.4　净含量字符的最小高度应符合表 3 的规定。

表 3

净含量 Q 范围	字符的最小高度/mm
$5mL<Q\leqslant50mL$ $5g<Q\leqslant50g$	2
$50mL<Q\leqslant200mL$ $50g<Q\leqslant200g$	3
$200mL<Q\leqslant1L$ $200g<Q\leqslant1kg$	4
$Q>1kg$ $Q>1L$	6

5.1.4.5　净含量应与食品名称排在包装物或容器的同一展示版面。

5.1.4.6　容器中含有固、液两相物质的食品(如糖水梨罐头),除标示净含量外,还应标示沥干物(固形物)的含量。用质量或质量分数表示。

示例:糖水梨罐头

净含量:425 克

沥干物(也可标示为固形物或梨块):不低于 255 克,或不低于 60%

5.1.4.7　同一预包装内如果含有互相独立的几件相同的预包装食品时,在标示净含量的同时还应标示食品的数量或件数。不包括大包装内非单件销售小包装,如小块糖果。

5.1.5　制造者、经销者的名称和地址

5.1.5.1　应标示食品的制造、包装或经销单位经依法登记注册的名称和地址。有下列情形之一的,应按下列规定予以标示。

5.1.5.1.1　依法独立承担法律责任的集团公司、集团公司的分公司(子公司),应标示各自的名称和地址。

5.1.5.1.2　依法不能独立承担法律责任的集团公司的分公司(子公司)或集团公司的生产基地,可以标示集团公司和分公司(生产基地)的名称、地址,也可以只标示集团公司的名称、地址。

5.1.5.1.3　受其他单位委托加工预包装食品但不承担对外销售,应标示委托单位的名称和地址。

5.1.5.2　进口预包装食品应标示原产国的国名或地区区名(指香港、澳门、台湾),以及在中国依法登记注册的代理商、进口商或经销商的名称和地址。

5.1.6　日期标示和贮藏说明

5.1.6.1　应清晰地标示预包装食品的生产日期(或包装日期)和保质期,也可以附加标示保存期。如日期标示采用“见包装物某部位”的方式,应标示所在包装物的具体部位。

日期标示不得另外加贴、补印或篡改。

5.1.6.1.1　应按年、月、日的顺序标示日期。如 2004 01 15(用间隔字符分开);20040115(不用分隔符);2004 - 01 - 15(用连字符分隔);2004 年 1 月 15 日。年代号一般应标示 4 位数字;难以标示 4 位数字的小包装食品,可以标示 2 位数字。

5.1.6.1.2　应按下列方式之一标示保质期或保存期:

a)　用于保质期

“最好在××××年××月××日之前食用”或“最好在××××年××月××日之前饮用”;

“××××年××月××日之前最佳”,“××××年××月××日之前食用最佳”或“××××年××月××日之前饮用最佳”;

“此日期前最佳××××年××月××日”,“此日期前食用最佳××××年××月××日”或“此日期前饮用最佳××××年××月××日”;

“保质期(至)××××年××月××日”;

“保质期××个月[××日(天),×年]”。

b)　用于保存期

“××××年××月××日之前食用”,或“××××年××月××日之前饮用”;

“此日期前食用××××年××月××日”,或“此日期前饮用××××年××月××日”;

“保存期(至)××××年××月××日”;

“保存期××个月”[××日(天),×年]。

5.1.6.2　如果食品的保质期或保存期与贮藏条件有关,应标示食品的特定贮藏条件。

5.1.7　产品标准号

国内生产并在国内销售的预包装食品(不包括进口预包装食品)应标示企业执行的国家标准、行业标准、地方标准或经备案的企业标准的代号和顺序号。

5.1.8　质量(品质)等级

企业执行的产品标准已明确规定质量(品质)等级的食品,应标示质量(品质)等级。

5.1.9　其他强制标示内容

5.1.9.1　辐照食品

5.1.9.1.1　经电离辐射线或电离能量处理过的食品,应在食品名称附近标明“辐照食品”。

5.1.9.1.2　经电离辐射线或电离能量处理过的任何配料，应在配料清单中标明。

5.1.9.2　转基因食品

转基因食品的标示应符合国务院行政管理部门的规定。

5.2　强制标示内容的免除

5.2.1　下列预包装食品可以免除标示保质期：

乙醇含量10%或10%以上的饮料酒、食醋、食用盐、固态食糖类。

5.2.2　当包装物或包装容器的最大表面面积小于10cm^{2}时，可以只标示产品名称、净含量、制造者（或经销商）的名称和地址。进口预包装食品应标示原产国的国名或地区区名（指香港、澳门、台湾），以及在中国依法登记注册的代理商、进口商或经销商的名称和地址；免除制造者的名称和地址。

包装物或包装容器的最大表面面积计算方法见附录A。

5.3　非强制标示内容

5.3.1　批号

如有必要，可以标示产品的批号。

5.3.2　食用方法

如有必要，可以标示容器的开启方法、食用方法、每日（每餐）食用量、烹调方法、复水再制方法等对消费者有帮助的说明。

5.3.3　能量和营养素

如标示能量值、营养素含量，声称营养素含量水平、营养素含量比较、营养素作用，应符合GB 13432—2004的规定。

附录A

（规范性附录）

包装物或包装容器最大表面面积计算方法

A.1　长方体形包装物或长方体形包装容器计算方法

长方体形包装物或长方体形包装容器的最大一个侧面的高度（cm）乘以宽度（cm）。

A.2　圆柱形包装物、圆柱形包装容器或近似圆柱形包装物、近似圆柱形包装容器计算方法

包装物或包装容器的高度（cm）乘以圆周长（cm）的40%。

A.3　其他形状的包装物或包装容器计算方法

包装物或包装容器的总表面面积的40%。

如果包装物或包装容器有明显的主要展示版面，应以主要展示版面的面积为最大表面面积。

注：如果是瓶形或罐形，计算表面面积时不包括肩部、颈部、顶部和底部的凸缘

思考题

1. 茶叶包装材料有什么要求？
2. 茶叶包装设计应考虑哪些因素？
3. 简述茶叶包装标志的基本内容。

第二章　绿茶加工

绿茶是经高温杀青(或蒸青)后再经揉捻和干燥的一种茶叶,属于不发酵茶。绿茶品质色泽绿润、清香宜人,是我国生产和消费最大的一个茶类。我国是绿茶生产和出口大国,出口量占全世界绿茶贸易总量的80%以上。

第一节　绿茶产品分类和分级

绿茶的类型与级别主要是依据其制法和品质的差异而分的。

一、绿茶的类别

绿茶经摊放→炒青→揉捻→干燥等工序加工而成。

由于杀青方法不同分为炒青、蒸青,由于干燥方法不同分为炒青、烘青和晒青等。

(一)炒青型绿茶

其品种有:①眉茶:炒青、特珍、凤眉、秀眉、贡熙。②珠茶。③名优炒青茶:扁形的龙井、大方,针形的雨花茶,卷曲形的碧螺春。

(二)烘青型绿茶

其品种有:①普通烘青:闽烘青、浙烘青、徽烘青。②名优烘青:条形的黄山毛峰,片状的六安瓜片,尖形的太平猴魁,卷曲形的无锡毫茶,造型的绿牡丹。

(三)蒸青绿茶

其品种有:①出口日本的蒸青。②名优蒸青:恩施玉露。

(四)晒青绿茶

其品种有:滇青、川青、陕青。

二、绿茶的分级

我国绿茶不仅类型众多,而且产品十分丰富。各类绿茶都按品质分级,其绿茶的等级与产品品质和销售价格直接相关。

(一)大宗绿茶分级

1. 初制绿茶

(1)绿茶炒青茶　分为长炒青和圆炒青。长炒青分为一级、二级、三级、四级、五级、六级,圆炒青分为一级、二级、三级、四级、五级、六级。

(2)烘青茶　分为一级、二级、三级、四级、五级、六级。

(3)晒青茶　分为一级、二级、三级、四级、五级。

2. 精制绿茶　按形态和色、香、味的品质特征定花色,各花色按产品质量分级。

(1)珍眉　分为特珍一级、特珍二级,珍眉一级、珍眉二级、珍眉三级、珍眉四级和不列级。

(2)珠茶　分为特级、一级、二级、三级、四级、五级和不列级。

(3)雨茶　分为一级、二级。

(4)贡熙　分为特贡一级、特贡二级,贡熙一级、贡熙二级、贡熙三级和不列级。

(5)凤眉　不分级。

(6)秀眉　分为特级、一级、二级、三级。茶片不分级。

(7)烘青花茶坯　分为一级、二级、三级、四级、五级、六级。

部分茶叶分级及品质要求见前文表1-3-1所列。

(二)名优绿茶分级

在我国茶叶生产中,名优茶的比重越来越大,几乎支撑了整个茶叶产业。名优茶产品的分级主要依据现有的国家标准、行业标准、地方标准和企业标准进行分级。如龙井茶分为6个级别(表2-2-1),碧螺春分为5个级别(表2-2-2)。

表2-2-1　龙井茶等级及感官品质要求

项目		特级	一级	二级	三级	四级	五级
外观	扁平	扁平光润,挺直尖削	扁平光润,挺直	扁平挺直,尚光滑	扁平,尚光滑,尚挺直	扁平,稍有宽扁条	尚扁平,有宽扁条
	色泽	嫩绿鲜润	嫩绿尚鲜润	绿润	尚绿润	绿色稍深	深绿较暗
	整碎	匀整重实	匀整有锋	匀整	尚匀整	尚匀	尚整
	净度	匀净	洁净	尚洁净	尚洁净	稍有青黄叶	有青壳碎叶

续表 2-2-1

项目		特级	一级	二级	三级	四级	五级
内质	香气	清香持久	清香尚持久	清香	尚清香	纯正	平和
	滋味	鲜醇甘爽	鲜醇爽口	尚鲜	尚醇	尚醇	尚纯正
	汤色	嫩绿明亮，清澈	嫩绿明亮	绿明亮	尚绿明亮	黄绿明亮	黄绿
	叶底	芽叶细嫩成朵，匀齐，嫩绿明亮	细嫩成朵，嫩绿明亮	尚细嫩成朵，绿明亮	尚成朵，有嫩单片，浅绿尚明亮	尚嫩匀，稍有青张，尚绿明	尚嫩欠匀，稍有青张，绿色稍深
其他要求		无霉变，无劣变，无污染，无异味；产品洁净，不得着色，不得夹杂非茶类物质					

表 2-2-2 碧螺春等级及感官品质要求

级别		特级一等	特级二等	一级	二级	三级
外形	条索	纤细，卷曲呈螺，满身披毫	较纤细，卷曲呈螺，满身披毫	尚纤细，卷曲呈螺，白毫披覆	紧细，卷曲呈螺，白毫显露	尚紧细，尚卷曲呈螺，尚显白毫
	色泽	银绿隐翠鲜润	银绿隐翠，鲜润	银绿隐翠	绿润	尚绿润
	整碎	匀整	匀整	匀整	匀尚整	尚匀整
	净度	洁净	洁净	匀净	匀，尚净	尚净，有单张
内质	香气	嫩香清鲜	嫩香清鲜	嫩爽清香	清香	纯正
	滋味	清鲜甘醇	清鲜甘醇	鲜醇	鲜醇	尚醇
	汤色	嫩绿鲜亮	嫩绿鲜亮	绿明亮	绿尚明亮	绿尚明亮
	叶底	幼嫩多芽，嫩绿鲜活	幼嫩多芽，嫩绿鲜活	嫩，绿明亮	嫩，略含单张，绿明亮	尚嫩，含单张，绿尚亮

第二节 绿茶初制

绿茶初制是把鲜叶加工成产品的过程。主要工艺有：鲜叶摊放—杀青—揉捻—干燥。

绿茶品质由茶叶的外形、汤色、滋味、香气、叶底 5 个方面构成。各因子之间有一定的内在联系，它们的形成与鲜叶原料（如品种、栽培条件、采摘标准等）、制作方式、加工环境以及贮藏条件等相关。

一、名优绿茶加工

名优茶是名茶和优质茶的总称。其共同的特征是:采摘细嫩的鲜叶原料,通过精良的加工工艺和制作技术相结合,全面发挥茶叶原料的潜力,生产出外形美观及色、香、味俱佳的产品,再辅以精致的包装和文化的渲染而成。许多名茶具有地域上的限制,产量有限,因而成为稀缺产品。由于各个品种的产地不同、原料各异,因此其加工方法也不相同,其加工方法又可造就各自的外形特征。有的杀青后不揉捻,干燥后茶叶基本保持自然的形状,如君山银针、白毫银针等。有的杀青叶不经揉捻直接炒干,在炒干过程中运用巧妙的手法造型,如扁平光滑的高级龙井及一些炒青名茶等。

名优绿茶的制作工艺如下。

(一)摊　放

名优绿茶的原料应均匀薄摊在篾簟上或竹匾内,每平方米摊放 1 千克左右,摊放时间 4~12 小时。雨水叶适当延长。

(二)杀　青

1. 手工杀青　杀青锅有平锅和斜锅 2 种。杀青锅温应根据投叶量来确定。叶量少锅温相对低,叶量多则锅温高。生产上可掌握在以鲜叶落锅时有水爆声为宜,一般要求炒锅中心高温区为 260℃(外表面)。杀青时要求翻炒迅速,撩得净、抖得散、杀得透,不能使杀青叶滞留在锅底。杀青时间掌握适当,一般以 5~6 分钟为宜,待叶质柔软、叶色暗绿、手握不黏、略有清香时即可出锅。

2. 机械杀青　主要采用滚筒杀青机和微波杀青机杀青。30 型、40 型滚筒杀青机应用最多,多功能杀青机在生产上也广泛应用。杀青的方式同大宗茶生产。名优茶更强调外观色泽的翠绿表现,因此杀青时更应按高温、短时和快速冷却的要求操作。

(三)揉　捻

1. 手工揉捻　高级名优绿茶加工往往采用手工揉捻。根据手势不同可分为单把揉(推揉)和双把揉(团揉) 2 种。揉捻时用双手握住杀青叶在宽 60 厘米、长 120 厘米、孔径 0.15 厘米的篾垫上来回旋转搓揉,使茶叶在掌中能转动,或作直线运动(单把揉),或作圆周运动(团揉)。揉时先轻后重,先慢后快,适时还要解块 1 次。揉叶量可按操作人员手掌大小而定,只要能将杀青叶握住基本不漏叶为适量。用力大小可根据叶质老嫩而定、灵活掌握,揉捻时间和揉捻次数也要根据茶叶种类不同而异。

2. 机械揉捻　可用6CR系型揉捻机。如20型、25型、30型、35型以及45型都用于名优茶的加工。名优茶因鲜叶原料嫩度高，在加工中以空压和轻压为主；主要塑造茶叶的外形，茶汁不可外溢得太多，防止干燥后茶叶色泽偏暗。

（四）干　燥

目前，除少量高档烘青型名茶采用烘笼烘焙外，大量烘青茶采用烘干机烘干。

1. 烘笼烘焙　毛火采取高温、薄摊、勤翻、快烘烘干法。温度80℃～90℃，摊叶厚度1.5～2厘米，每隔3～5分钟翻烘1次，时间15～20分钟，烘至含水量为18%～25%，下烘摊晾0.5～1小时，摊晾时要匀摊；足火掌握低温、厚摊、少翻、慢烘的原则，温度为70℃～75℃，摊时厚度为4～5厘米，每隔10分钟左右翻1次，烘40～60分钟，烘至含水量4%～6%为适度。采用烘笼烘干必须防止烟味，生炭火时应取尽烟头，摊叶和翻叶时先将烘笼置于竹匾上，叶子摊好后双手轻拍烘笼两边，使碎末茶落于匾内，然后上烘以免碎末落入火中生烟、影响茶叶品质。

2. 机械烘干　采用自动烘干机、手拉百叶式烘干机以及盘式烘干机。烘干前期采用高温快烘方式，后期采用低温慢烘方式，以获得良好的色泽和香气。

二、大宗绿茶加工

（一）鲜叶摊放

鲜叶采后一般需摊放一段时间。摊放的目的一方面是随着水分散发，使叶色变深，叶质变软，可塑性增加，有利于造型；另一方面是通过摊放散发青气，生成更多对品质有利的成分，如氨基酸、可溶性糖增加，酯型儿茶素减少。

摊放的场所应选取清洁、阴凉、避免阳光直射的地方。一般应在蔑簟上进行摊放，厚度15～20厘米，每平方米约10千克，时间不超过10小时。做到早摊放、早付制、依次付制，摊放中间可翻拌，但要轻翻轻拌。

在多雨季节，采收大量鲜叶无法安排加工时，可以采取贮青的办法，以保证鲜叶的质量不变。贮青设备有贮青箱、自动箱式贮青设备和贮青槽，贮青槽应用较为广泛。用贮青槽贮存鲜叶，鲜叶厚度一般为80～100厘米。贮青时可采用间歇通风的方法，以防止叶温上升。贮存时间不超过24小时。

一般来说，鲜叶摊放应注意以下几点。

1. 正确掌握鲜叶摊放厚度　摊放过薄鲜叶水分散失快，时间相对就短，会影响鲜叶内含物的正常转化；摊放过厚，时间延长，叶堆温度升高，鲜叶易红变,影响制茶品质,甚至产生劣变。

2. 正确地适度摊放　摊放时应注意鲜叶状态,根据“嫩叶老摊,老叶嫩摊”的原则;摊放后嫩叶含水量应少些,老叶含水量略多。一般含水量在78%以上的鲜叶,失重率掌握在15%~20%为宜。鲜叶经摊放后,叶质变软、发出清香味时,可进入下一工序。

(二)杀　青

杀青是绿茶加工的主要工序之一。其主要目的是破坏酶的活性,制止多酚类物质的酶促氧化,同时散发部分青气,改变鲜叶内含成分的部分性质,以形成绿茶应有的色、香、味,而且还通过蒸发部分水分增加叶质的韧性,便于揉捻造型。

1. 杀青的品质管理　杀青品质的好坏将直接影响干茶的质量,抓好杀青叶的品质管理,是绿茶加工的重要环节之一。

(1)正确处理好温度、投叶量及杀青时间几个因子之间的关系

①温度　杀青对叶温的要求有一定的范围。高温杀青的主要标志就是在短时间内使叶温达到80℃以上,以尽快抑制酶活性,同时散发部分青气。但是锅温的高低又与投叶量密切相关。一般投叶量越多,锅温要求越高;投叶量越少,则锅温相对可以稍低。

②投叶量　一般嫩叶、雨水叶含水量相对较高,投叶量宜少;而老叶等含水量较少,投叶量可适当增加。如果投叶量过多,就可能会产生杀青不透,出现红梗红叶;投叶量过少而锅温又较高,则会出现焦边、焦叶和爆点现象,产生焦味,影响杀青质量。

③杀青时间　杀青要求“高温、短时”,在极短的时间内达到钝化酶活性的目的。一般杀青技术要求叶温在1~2分钟内升高到80℃以上,最长不能超过3~4分钟,否则就会出现红梗、红叶。

(2)杀青原则　杀青时采取“高温杀青,先高后低;抛闷结合,多抛少闷;老叶嫩杀,嫩叶老杀”的原则。

(3)杀青程度　灵活掌握杀青程度。杀青适度的指标是:叶色暗绿、梗弯曲不断;手捏叶质柔软,略有黏性;手握成团,略有弹性;青气消失,略带茶香。此杀青程度为适度。总之,杀青要适度。杀青不足,青气未除尽,滋味薄涩,而且容易产生红梗、红叶;杀青过头,杀青叶色泽变黄,香气钝熟或出现焦味,滋味不正。

2. 滚筒杀青机　目前大宗绿茶基本实行机械生产,按照机械性能可分为锅式杀青机、滚筒杀青机和汽热杀青机等几种。由于滚筒式杀青机具有产量

高、又能连续作业的特点，所以各地都普遍采用这一方式。

滚筒杀青机是一种连续作业的杀青机，其型号有多种，但设计原理基本相同，机械结构也大同小异。一般筒体直径 60～80 厘米，筒长 400～450 厘米，转速 27～28 转/分，从投叶到出叶全程一般 3～4 分钟。每小时投叶量春季嫩叶为 150～200 千克，老叶可适当增加。操作时炉灶生火后，即开启电机，使滚筒运转均匀受热。当筒体高温处微微泛红，或见火星跳动、筒体温度达 400℃左右时，即可开动输送带送叶。开始时快速加倍投叶，以免焦叶。待筒体出叶后，转为正常、均匀、适量连续投叶，并启动排气罩电动机，将水蒸气排出。在杀青过程中，视出叶口的杀青叶质量，及时调整投叶量。如杀青过度，可适当增加投叶量；反之，杀青不足，则适当减少投叶量。随时检查炉温，保持炉温恒定。停机前 0.5 小时应降低炉温，以免焦叶。具体操作还应根据鲜叶状况（如老嫩程度、含水量等）以及筒内蒸汽产生情况来控制筒温和投叶量。

（三）揉　捻

揉捻的目的是为了卷紧茶条、缩小体积，有利于炒干过程中整形，并适当破坏叶片组织，使茶叶内含成分容易泡出且耐冲泡。大宗茶加工基本上都采用机械揉捻。

1. 揉捻的品质管理　老叶热揉，嫩叶冷揉。老叶含较多的纤维素、糖、淀粉等物质，在一定含水量范围内，其黏稠性会随温度上升而提高。此外，叶片越老其角质层越厚，冷揉不易成条，应采用热揉。嫩叶纤维素含量低，又有较多的果胶等物质，揉捻时容易成条，一般采用冷揉。

（1）揉捻时间与压力　一般一、二级嫩叶，揉捻以无压揉捻为主，中间适当加轻压；而三级以下茶叶要求逐步加压，即开始无压，中间加压，最后又轻压或无压。压力要求遵循“先轻后重，逐步加压，轻重交替，最后不加压”的原则；同时在加压适当的前提下，时间必须保证，要求揉透而不断碎，既成条又不损毫尖。

（2）投叶量要适宜　投叶量过多，使杀青叶在揉桶内翻转困难，揉捻不匀，条索不紧，产生扁碎茶；投叶量过少，导致松散条过多，起不到揉捻应有的作用。

（3）掌握揉捻程度　揉捻均匀，成条率高。三级以上原料成条率要求在 80%以上，三级以下的原料则要求在 60%以上；组织破碎率达到标准。一般要求绿茶揉捻叶的组织破碎率为 45%～55%；茶汁黏附在揉捻叶表面，手摸有黏湿的感觉。

2. 机揉方法

(1)揉捻机型　目前绿茶加工使用的揉捻机一般均为中型或大型揉捻机型,型号较多,主要有6CR-40型、45型、58型和55型以及65型(按揉捻机的揉桶直径分型)。

(2)投叶量、揉捻时间和压力　揉捻时掌握合适的投叶量、揉捻时间和压力。此外还要根据叶子的老嫩和杀青叶的情况,适当掌握冷揉和热揉的关系。

①投叶量　投叶量依机型而定,45型揉捻机投叶量为15千克/桶左右,而55型揉捻机投叶量为35千克/桶左右。对于嫩度差、叶质老的茶叶,投叶量可少一些;而嫩度好的原料,投叶量应多些。还要看杀青叶的杀青程度。杀青时间短、杀青叶含水量高的,投叶量不宜过多;反之,投叶量可略多些。

②揉捻时间和压力　揉捻加压的原则为"轻—重—轻",揉捻时间为30~60分钟。不同级别的原料其揉捻时间及压力调节是不一样的。一、二级原料,揉捻时间为20~30分钟,压力调节为无压5分钟→轻压10~20分钟→无压5分钟;而三级原料揉捻时间为30~35分钟,压力调节为无压5分钟→轻压10分钟→中压10分钟→无压5分钟;四、五级原料揉捻时间为35~45分钟,压力调节为无压5分钟→中压10分钟→重压15分钟→无压5分钟。原料较嫩如加压过重、时间过长,则芽尖易断碎,影响质量;而对于较老的原料,如果不予重压而时间又达不到要求,则揉捻叶条索不完整,成条率低。

(3)揉捻机转速　揉捻机转速以45~55转/分为好。转速过快,易产生扁片,断头茶多;转速过慢,则会导致条索不紧,工效低。

(4)解块分筛　揉捻后的茶叶必须及时地进行解块分筛。一般嫩叶采取一次揉,揉后解块分筛;三级以下老嫩不均匀的青叶分2次揉捻,中间解块分筛1次,头子复揉。

(四)干　燥

干燥的目的是整理条索,塑造外形,发展茶香,增进滋味,蒸发水分,达到足干,便于贮藏。绿茶干燥一般采用晒干、炒干和烘干3种方式。①晒青绿茶采用晒干,方式最简单,但易受天气的影响,品质常有日晒味,现只用于普洱毛茶加工。②烘青绿茶干燥以烘焙为主。③炒青绿茶以炒为主,以烘为辅。只有少数名茶需一次炒干,一般要进行多次干燥。

1. 炒青绿茶的干燥　长炒青干燥分3次炒干。根据整形要求的不同可分为二青、三青、煇锅3个过程。由于各个环节所采用的干燥方式不同,炒青绿茶干燥的加工作业呈多样化现象,有全炒、全滚、烘→炒→滚、炒→滚、滚→炒→炒等。经过不同机型及作业的对比试验认为,在各组合中以烘→炒→滚工艺最好，条索完整，碎茶少，制茶质量高。

(1)二青烘干　烘二青时，采用烘干机作业。一般进风温度为 110℃～120℃，叶层厚 2～3 厘米。二青烘干必须严格掌握原料的含水量。烘叶过干，在下一干燥作业时易断碎；烘叶含水量过高，下道作业翻炒困难，也会影响品质。一般适宜的烘叶含水量范围为 35%～45%，这样有利于炒紧条索。

(2)炒二青　二青叶烘干摊晾后，再用锅式炒干机炒二青。每锅投叶量 12 千克左右。锅温 100℃～110℃，控制叶温在 48℃左右，炒至含水率为 20% 左右时出锅。嫩叶稍摊晾后，二青叶即可拼锅炒三青。

(3)炒三青　经炒二青后，由 2～2.5 锅的二青叶合为 1 锅(约 20 千克)进行炒三青，至含水量为 9%～10%时出锅。

(4)滚炒　经炒三青后的叶子，再用瓶式炒干机进行煇锅至足干。一般 110 型的炒干机每筒投叶量约 40 千克，投叶量以炒时有少量叶子滚出为度。时间为 60～90 分钟，除开始 10 分钟内温度可稍高外，主要以低温长炒为主，炒至茶叶含水率为 5%～6%时即可出筒。

2. 烘青绿茶的干燥　烘青绿茶的干燥通常分毛火和足火二次干燥，中间摊晾回潮，采用烘干机烘干。

采用手拉百页式烘干机，毛火进口温度 110℃～120℃，摊叶厚度为 1 厘米左右，每隔 2～3 分钟自下而上拉动手柄，使上一层茶顺序落入下一层。注意落叶要干净，时间 12 分钟左右，烘至含水量为 18%～25%、手触茶叶以稍感到刺手为适度。下烘摊晾回潮 0.5～1 小时，厚度为 10 厘米，叶子回软后即可进行足火。足火时进风温度为 100℃～110℃，摊叶厚度为 1～2 厘米，每隔 3 分钟也由下而上提动手柄，使茶叶顺序下落，时间 16 分钟左右，至含水量为 4%～6%、以手捏茶叶即成粉末为适度。

如采用自动烘干机，摊叶应稍厚，为 2～3 厘米，毛火时进口温度为 120℃，而足火则为 110℃。

3. 干燥工艺的品质管理　绿茶干燥采用分次烘干，温度先高后低，中后期做到低温长炒，这样做成的干茶色泽绿润，香气鲜爽清高，汤色清澈，叶底鲜翠。同时分次干燥，能促使茶叶均匀干透，对提高品质也有一定的好处。

炒青绿茶干燥方法很多，不同方法利弊不一，生产上要科学选配。一般全炒型茶叶条索紧结，色深绿起霜；但芽尖断碎，碎末茶特多。全滚型茶叶可克服以上弊病，有条索完整、锋苗好的效果；但条索松泡，色泽深暗、偏黄，香气低闷。

正确掌握干燥程度，以用手捻茶叶能成为粉末为宜。特别要注意茎梗含水率不可太高,以免茶叶返潮变质。

第三节　绿茶精制

茶叶精制的目的有5个:一是整理外形,利用各种筛分设备处理,使茶叶长短适当、大小一致,达到外形整齐美观的要求;二是按原料嫩度、品质差别划分品级,达到品质划一、好坏分清的要求;三是剔除混在茶叶中的夹杂质、异物,提高净度;四是适度干燥,提高香气,便于贮存;五是成品并拼,调剂品质,统一规格。总之根据标准或客户的需求调整产品品质。

一、精制前的毛茶处理

(一)毛茶验收、定级、归堆

毛茶由于来自不同产地、不同季节、不同等级,品质参差不齐,与商品茶品质规格差距很大。为了有利于简化毛茶加工工序、节约劳力、降低成本、提高产品品质,对于购进厂的毛茶严格掌握验收、定级、归堆、拼配付制,从而充分发挥毛茶的最高经济价值。在毛茶收购进厂时,必须及时验收,对毛茶外形、内质进行品质审评和水分验收,评定级别。对来自不同产地的毛茶分堆贮存,不同季节的毛茶分开堆放;剔出劣变茶,另行堆放处理;毛茶含水量若超过9%,立即复火干燥。

(二)毛茶拼配付制

为保证全年各级花色的成品茶前后出厂品质基本一致,在毛茶付制之前要做好以下5项工作。一是熟悉和掌握毛茶加工执行标准茶样的品质规格要求,严格按照规格要求进行并配,保证成品茶的品质。二是掌握不同地区的毛茶品质特征,对不同地区来源的毛茶适当并配,互相取长补短,充分发挥毛茶的经济价值。三是掌握不同季节毛茶品质特征,根据春、夏、秋茶的不同品质,按一定比例进行拼配,使全年前后出厂成品茶的品质,保持基本一致。四是必须根据客户对产品的品级要求和交货日期、原料进厂情况和加工技术设备等条件,合理安排生产。五是根据原料情况制定出分级制率,保证发挥原料的经济效益。

二、精制的主要作业及作业机械

(一)筛分作业

通过不同类型筛分机筛分之后,将毛茶中长短、粗细等不同类型的茶条分开，再分别整理成大小及粗细近于一致、符合一定规格要求的各种筛号茶。主要机械有平面圆筛机和抖筛机2种。

1. 平面圆筛机　这是分离条形茶长短和圆形茶大小的筛分机械，用于区分茶叶的长短和大小。平面圆筛机借助偏心机构带动筛床平面回转运动，使得筛分的茶叶在筛床倾斜6°30′的筛网上滑动，长短、大小尺寸小于筛孔尺寸的茶叶穿过筛孔下落，大于筛孔尺寸的茶叶沿筛网面从高处滑到低处，集中到出茶口处出茶。筛网大小规格可根据不同作业要求进行更换不同尺寸的筛网。平面圆筛机按筛网布置方式可分为多层筛和单层筛，目前茶叶加工多采用多层筛。平面圆筛机通过分筛、撩筛、割脚工序，分离成一定规格筛号茶。

2. 抖筛机　往复抖筛机用于区分条形茶的粗细和圆形茶的长圆，并能套去圆身茶头，抖去筋梗。往复抖筛机筛面与水平面之间有一定的倾斜角度；筛床由曲轴和连杆带动，在弹簧钢板的弹力下，作前后往复抖动。茶叶因筛床的交变加速度在筛床上有轻微的上下跳动，因而使筛网上的茶叶能直立起来，细小茶垂直穿过筛孔落到筛下，粗大的在筛面上向出口移动，从而分出茶叶的粗细和抖头抽筋。抖筛机应用在不同的工序上，其作用不同，生产上通常称为抖筛、紧门、抖筋和打脚。

(二)切断与轧碎作业

切断与轧碎作业主要是将筛分出的毛头茶和抖筛出的头子茶进行解体，切粗为细、切长为短，加工成规格的茶条。

1. 齿切机　齿切机由辊齿轴、齿板、进茶斗等部分组成。齿切机工作时，进茶斗中的茶叶由进茶门落入齿轴处，由于旋转的齿轴与固定的齿形齿刀的相对运动，将大块或长条茶切断完成切茶过程。

2. 辊筒式切茶机　有单辊式和双辊式2种，均由辊筒、切刀、进茶斗、进茶挡板、出茶滑板、切刀安全装置和机架组成。切茶机辊筒表面布满大小相同的矩形凹坑，作业时，经进茶漏斗落下的茶叶，由进茶挡板导入2个转速相同、方向相背的辊筒凹坑中，随辊筒旋转并被带向与辊筒相距0.5～1.5毫米的切刀而被横向切断，再由出茶滑板导出茶叶。

(三)风选作业

风选作业是利用茶叶因不同重量、不同体积、不同形状等在风力场中的落点不同而分离不同质量的茶叶，达到各级茶叶品级分明、软硬均匀、又不走料、符合一定规格要求的目的。风选具有定级和清洁2个作用。定级风选分粗选和精选2个步骤，按照各级茶叶的轻重、好坏把不同品质的茶叶分离定级。清洁是成品茶匀堆前，利用风力除掉茶叶中的茶末、黄片、杂质以及砂、石、金属和轻飘的灰末。

茶叶风选机按风力进入形式可分为送风式和吸风式 2 种。送风式风选机,风机位于设备的前端向分茶箱内正压吹入风力,茶叶在正压状态下运动,风速较匀、呈层流状态;缺点是作业时茶尘土等向机外飞扬。吸风式风选机,风机位于设备的尾端向分茶箱内吸风,茶叶在负压状态下运动。分茶箱的密封性要求高,以保证风力的均匀。优点是作业时茶尘土不向外飞扬,能保持加工环境相对清洁卫生。

风选机主要由风机、风管、喂料装置、风箱组成。工作时,待选的茶叶由喂料装置均匀地送入风箱入口处,在风力作用下,茶叶和其中的杂物轻重不一、落点不一,从而在不同的距离段内得到不同轻重的茶叶和杂物,达到茶叶定级取料的目的。

(四)拣剔作业

拣剔的目的是淘汰夹杂物、纯净品质,将正茶中的杂物茶梗、茶筋、茶籽等非茶类夹杂物拣剔去除,增进茶叶外形美观。拣剔以机器拣剔为主,手工为辅。茶叶拣梗机按工作原理可分为阶梯式、静电式和光电式 3 种。

1. 阶梯式茶叶拣梗机　它利用茶叶与茶梗的长度不同这一物理性状来拣剔茶梗。该机由机架、传动机构、拣床 3 大部分组成。拣梗机工作时,传动机构带动连杆,使弹簧扁钢定向振动,从而使整个拣床产生振动。拣床上的多槽板前低后高,呈阶梯状排列。由于拣床不断前后振动,使茶叶在拣床上纵向排列成行,沿着倾斜的多槽板向前移动,经过前后两块多槽板的间隙时,较短而又弯曲的茶叶在未碰到拣梗轴以前,刚一接近间隙,重心已超过多槽板边缘而翻落在沟槽内,进入下一层多槽板,继续进行拣剔;较长而平直的茶梗,则因重心比较偏后,故能保持碰到拣梗轴以前不前倾,由拣梗轴送越过槽沟,使茶叶和茶梗分离。

2. 静电式茶叶拣梗机　静电拣梗机有高压静电拣梗机和摩擦静电拣梗机之分,主要用于拣去茶叶的细筋梗及杂色的细筋梗。

高压静电式茶叶拣梗机利用茶叶和茶梗含水率的差异,在静电场作用下感应电量和受电极吸引力不一致,含水率高的茶梗被吸附,从而与含水率低的茶叶分离。主要适应茶叶与茶梗长度无明显差别的茶类。

摩擦静电式拣梗机由塑料辊、羊毛辊、喂料装置、传动装置、拣板等组成。作业时塑料辊和羊毛辊(片)平行紧靠,塑料辊旋转摩擦产生静电,在塑料辊周边产生静电场,当茶叶被移动到电场中时,含水率高的茶梗感应电量大,易被塑料辊吸附出,达到茶叶与茶梗分离的目的。塑料辊、羊毛辊(片)之间摩擦力大小是获得不同强度电场的调节器，以适应不同的待拣茶叶。

3. 光电式茶叶拣梗机　光电式茶叶拣梗机由茶叶排队装置、光箱、控制电路和机架组成。光电式茶叶拣梗机工作时，茶叶由排队装置均匀稳定流入光箱，因光箱内茶叶和茶梗的色泽不同，在光箱内的光线照射下产生不同的光脉冲信号，光脉冲经过转换成电脉冲信号，不同电脉冲信号经过放大鉴别后，控制电磁阀的动作，当茶梗输送到电磁阀处时，电磁阀打开压缩空气喷嘴，将茶梗吹出，达到茶叶与茶梗分离的目的。光电式茶叶拣梗机首先在日本应用，我国 20 世纪 80 年代开发成功。

（五）干燥作业

在茶叶精制加工中，按不同的干燥目的，分为复火干燥和补火干燥工序。

1. 复火　茶叶因干度不够，为了使茶身紧缩干脆，便于筛分切碎、风选及拣剔付制，一般须经烘干机复火干燥。在精制过程中，根据茶叶的含水率不同而采取生做生取、生做熟取的做法。对于含水量超过 10% 以上的毛茶，须先经复火，采取熟做熟取的做法。绿毛茶经毛分粗选后，都要进行锅炒干燥，车色磨光上色。其目的是便于成品工段精选，筛分取料，风选定级。

2. 补火　茶叶在匀堆装箱前，对各筛号茶半成品定级茶，还要进行锅炒干和车色，称为补火。目前，毛茶加工干燥机械有炒锅机、滚炒机和烘干机。

（六）拼配、匀堆装箱作业

匀堆装箱是精制加工的最后一道工序。将各筛号茶根据品质要求进行拼配匀堆，使各筛号茶拼配在一起，符合产品规格要求。

成品拼配是根据产品品质和规格的要求、选配一定比例数量的筛号茶进行拼配，使各种不同品质筛号茶能取长补短，相互调剂，使整批产品均匀一致，保证各级成品都能符合出厂要求。

拼配按标准样茶的品质要求来决定各花色、各级成品、各筛号的比例，这是一项技术性很强的工作。

1. 检样审评　匀堆之前，还要进行小样拼配，对照标准样或客户样，按外形和内质的各项因子逐项审评比较。发现某项因子高于或低于标准样，还必须适当调整。

2. 匀堆装箱　根据各批花色级别的各不同筛号茶，按一定比例数量，通过匀堆机或人工均匀地匀堆并和一起，成为一种花色级别成品茶。然后过磅，装箱、密封。

三、精制技术

精制过程是从毛茶加工为成品茶所经过的各作业工序构成的流水作业线全称。习惯上也叫筛制路线或筛制程序,也可称为生产程序。各地精制加工的目的和原理、筛制路线基本一致,只是因原料、设备和技术条件不同,在做法上还不完全一致。

(一)眉茶精制工艺

典型的眉茶采用“单级交叉付制,多级收回”的原则,要求正茶批批做清,副茶、脚茶基本做清。绿毛茶加工筛分路线分本身路、长身路和圆身路 3 路。采用 6 号抖筛分路,通过 6 号筛的归本身路,未通过的归圆身路。

本身路茶坯以做珍眉为主,圆身路以做贡熙为主。

1. 本身路工艺

(1)抖筛分路　取 6 孔筛下的毛茶。

(2)第一次平圆筛分　分出 5,6,7,8,9,10,11 共 7 个号头的长身筛号茶。24 孔底再进入 40 和 80 孔圆筛分为粗末、细末和茶灰。

①粗选定坯　各筛号茶进行风选,风选机 1 ~ 4 号口依次分为二、三、五、七共 4 个级别的珍眉初坯,5 口和 6 口茶可并入七级初坯,选口茶做绿片。

②复火车色　5,6,7 号粗坯分别上电热滚筒机复火,温度为 110℃ ~ 120℃,热、冷车各 35 分钟。8 号以下粗坯上滚炒,叶温 80℃ ~ 90℃,时间 60 ~ 80 分钟,炒后除二级和三级的 8 号撩取撩头付拣外,其余可以不付拣,直接上圆筛机风选,做珍眉类半成品,等候匀堆。11 号粗坯过风选时,硬的做特珍,软的做绿片。

③紧门取筋和切抖　二级和三级珍眉分别紧门取筋,五级和七级粗坯不紧门。取二级珍眉用 14,8.5 或 9 孔筛,取三级用 14,8.8 孔筛。穿过 14 孔的叫丝筋,穿过 9 孔或 8 孔的是本身珍眉,紧门的头子茶为珍眉头。珍眉头过筛网 8 孔的切抖机反复切抖,抖头做贡熙,抖脚做三级以下切头珍眉,熟火后复套。

(3)第二次筛分　前工序的各类茶坯和经过复火的五级、七级珍眉初坯,分别过平圆机第二次筛分。珍眉用 6,7,9,12 孔筛;丝筋用 7,8,10,12 孔筛。分出 5,6,7,8 号珍眉和丝筋及挫脚。珍眉头贡熙过 4,6 孔小圆筛机筛分。4 孔面交切抖机复切抖。4 孔底 6 孔面为 5 号贡熙。各号丝筋要先经风选吹去较轻的做特针。取二级筋正口和三级筋正子口,二级筋和三级筋分别用 16 孔和 18 孔的抖筋机抖取筋里筋。

①撩筛　各号珍眉，筋和筋里筋分别过撩筛，撩头上并挫脚集中另做。5号和8号撩头不并，做一筛号，5号筋的撩头付切，切后做特针。

②精选定级　风选机各出口茶的级别，根据身骨的软硬决定上升和下降。如二级珍眉粗坯精选时，1～4口茶可依次定为二级珍眉正口、二级珍眉正子口、五级珍眉、六级珍眉或七级珍眉。正口和正子口还要复选。筋精选时，身骨硬的做珍眉，软的做特针。二级珍眉里筋精选时，正口取三级珍眉，其余做特针；三级珍眉的粗坯的8号撩头因含细筋嫩梗较多，硬的取二级、三级珍眉，软的做特针或低档珍眉。

③拣剔　一级、二级贡熙和高、中档珍眉的7号正口茶直接手拣，其余的付阶梯拣、电拣，拣不净的再手拣。含筋梗不多的珍眉可先撩后拣。拣头或切头应先撩后拣。

④补火车色　珍眉和贡熙和各筛号茶分别补火车色，叶温65℃～90℃，时间60～85分钟。含水率为5%～5.5%。

⑤割脚清风　补火后产生部分碎茶，珍眉过小圆筛割脚，贡熙过抖筛机打脚，再上风选机清风，清风后待拼。

2. 圆身路工艺

(1)烘干　6号抖筛上的毛茶头上烘干机烘干，风温80℃～100℃。

(2)切抖　反复切抖，筛网均为7孔。抖头取贡熙，抖脚取珍眉。

(3)第一次平圆筛分　筛网组合为4,4.5,6孔，分出4,5,6各号贡熙。4孔头交切抖机复切。4,5,6号贡熙分别过撩筛，撩头上拼，4号撩头付切抖。

①粗选定坯　风选机1～3口茶，分别为2,3,5各号贡熙粗坯，4号以后做五级或五级以下，选口茶取绿片。

②复火车色　各级粗坯分别上电热滚筒复火，温度110℃～120℃，炒后车色。

③紧门打脚　复火后产生长身茶和碎茶，紧门打脚，取三级以下珍眉。

(4)第二次筛分　取4,4.5,6孔筛网，分出4号头及4.5和6号茶。4号头和复火的头里头贡熙分加切抖，筛网用8孔。抖后过撩筛，撩后入4号。头里头用3孔撩筛，复切到合规格为止。头里头独做一个筛号。

①精选定级　5,6号贡熙粗坯精选时，圆结度好的提取一级贡熙，4号初坯最高只能取二级贡熙。头里头做三级以下贡熙。

②拣剔　一级、二级贡熙手拣，三级以下机拣后再手拣。

③补火车色　采用70℃～90℃叶温、60～85分钟车色，茶叶含水率控制在5%～5.5%。

④紧门打脚清风　紧门打脚的贡熙,并入珍眉。

3. 匀堆　本身路和圆身路的茶坯加工完毕就可拼配匀堆。根据出厂标准样或客户来样拼配小样,然后对照标样。如小样品质符合标准样或客户样,就可匀堆装箱出厂。现将出厂的外销绿茶花色筛号的组成列于表 2-2-3。

表 2-2-3　外销绿茶花色筛号茶组成

花色级别		筛　号	匀堆组成
珍眉	一级	5~8	本身 5~7 号和 8 号撩头,珍眉正口和正子口
	二级	5~9	本身和砻头,5~7 号正口,正子口,5~7 号筋,8,9 号中下段茶
	雨茶	6~10	与三级珍眉相似,只是以 6 号为面张,可多搭下段茶
	三级、四级	5~10	本身路和切头,5~7 号正口,正子口,5,6 号筋,5~7 号二级、三级贡熙筛脚
	五级以下	5~10	5~10 号茶
贡熙	一级	5~6	5~6 号珍眉头茶和毛净头
	二级	4~6	4,5,6 号珍眉头和头净头
	三级以下	4~8	4,5,6 毛净头和头里头
特针	三级	7~11	各号筋和筋里筋,8 号撩头,少数嫩筋电拣头,8~11 号碎茶
秀眉	绿片	9~11	9~11 号片,粗末

(二)珠茶精制加工

珠茶精制加工分珠茶路和雨茶路。

1. 珠茶路　珠茶路分生取、炒车、熟(净)取和匀堆装箱 4 个工段。

(1)珠茶生取工段　包括毛茶筛分、头子切分、撩筛和风扇 4 个工序。

①筛分　毛茶投料分筛,通过平面圆筛机,分筛出一级、二级,三级至六级,七级到级外茶。分筛后,5 孔面的头子茶上风扇关砂付切,4~10 孔茶上风扇分级,12,16,24 孔茶上风扇分级作内销茶处理。36 孔茶为茶末,80 孔以下为茶灰。

②头子茶切分　一级至四级毛茶 5 孔头子经风扇后分轻、重、均用滚切机轧切;五级毛茶经风扇分轻、重,重茶用滚切,轻茶用齿切;六级和茶朴均用齿切。

③撩筛　通过小平面圆筛机撩筛,进一步把面张较粗大的茶叶撩出,使各

孔茶颗粒大小列为一致。

撩筛口网配置:4孔茶配3,16孔口网;4.5孔茶配4,16孔口网;5孔茶配4.5,16孔口网。

④风扇 撩筛后的各级各孔茶叶,通过分扇分级。一级重应关净砂面;二级以下以剥摊为主,进一步分清等级。经风扇后,一级5~8孔原身、轧身,分级、分孔、分轻重分别出工段,交炒车工段处理;作内销茶的各孔茶,直接上飘筛机处理。

(2)炒车工段 炒车通常用联合炒车机,下筒为滚炒,上筒为车色。炒车时要掌握好炒车温度。

(3)净取工段 经炒车后的各孔茶,形状粗细、大小发生了变化,碎茶、筋梗增加,须经撩筛、风扇、抖筛、拣剔等工序,做净各孔茶。

①撩筛 分清各孔茶的颗粒大小,割净下段茶的茶末、茶灰、面张、撩头、复撩,须尽量筛清茶叶。撩头基本上是糊块茶,交生取轧切。撩筛后,重坯交净取撩扇工段,轻坯交熟取撩,5孔轻重撩头回炒车机炒车。12~24孔也上扇,36孔茶末,80孔以下茶灰。撩后的轻身茶还需经复撩,进一步割净碎、末茶后,各孔茶外形颗粒大小匀齐,便于风扇取料。

②风扇 经风扇,各级各孔茶轻重进一步分清,等级定正,便于抖筛和净撩。

③抖筛 进一步分清各级各孔和长、圆,取净雨茶,提高珠茶的圆紧度。

④拣剔 上机拣茶叶,在第一、第二道拣槽达到净梗为止,第三道达到净茶为止。

⑤净撩和净扇取 第三次撩筛和风扇,使珠茶分出外形颗粒大小、身骨轻重,最后定型。

2. 雨茶路 经珠茶路抖筛后的重、轻抖底,长短混杂,体积细长,与珠茶外形颗粒圆结不同,需单独加工。

(1)筛分 分清长短、粗细,碎末割净,便于定级。筛后头子上并复撩,各孔筛底风扇定级取料,筛脚下并复撩。

(2)风扇 风扇定级,初步确定各筛号等级。并漏取净圆茶,扇净轻片,使雨茶条索规格匀齐、轻重一致。

(3)机拣 与珠茶机拣目的相同。

(4)撩筛 机拣后的雨茶经过撩筛,撩出不合格的长茶,达到长短一致。

(5)风扇 上扇净取茶。

(6)手拣 上手拣茶。

3. 拼配、匀堆、装箱　将各种不同筛号茶,按一定比例进行拼配成一个成品茶。通过拼配,达到成品质量要求,符合出厂标准。再通过机械化匀堆装箱。

思考题

1. 我国绿茶产品如何分类分级?
2. 名优绿茶的制作工艺有哪些主要程序?
3. 精制绿茶有哪些作业程序?使用什么机械来完成?

第三章　绿茶审评

中国绿茶无论是生产规模、总体加工水平，还是消费量，都是世界第一。在今后相当长一段时间里，其他国家和地区仍难于对其地位进行挑战。种植地域广阔，茶树品种繁多，加工技术精湛，是我国绿茶产品花色丰富的重要原因。

绿茶的分类同样取决于加工技术。从进入市场的消费种类看，绿茶分为普通绿茶和名优绿茶 2 类。普通绿茶（即大宗绿茶）又可分为初制茶（有时称毛茶）和精制茶。精制茶主要供出口，是在初茶产品的基础上经过筛分、风选、拣剔、拼配等工序进一步加工的产品。但精制茶的品质特点在很大程度上仍取决于初制茶。初制绿茶包括炒青、烘青、蒸青和晒青。其中炒青又可分为长炒青、圆炒青、扁炒青等。长炒青的精制产品是眉茶；圆炒青的精制产品是珠茶；普通烘青茶精制后是窨制花茶的茶坯；晒青绿茶部分就地销售，部分成为压制茶的加工原料。近年来蒸青绿茶在我国的产量逐渐增大，其加工方式和产品有别于其他绿茶，目前多数产品仍供出口。

名优绿茶最早是指具有很高知名度的茶叶产品。这些产品或因独到精湛的加工技术；或因优良突出的品质特征；或因特殊的历史渊源和人文背景而在一定的地区范围内出现，对当地的消费习性甚至生活方式能产生很大影响力，这种影响力反过来又促进了这些名优茶的生产和发展。

我国的名优茶生产是在 20 世纪 90 年代进入大发展时期的。当时国际市场茶价疲软，致使总体水平属低档产品的出口中国茶首当其冲地面对降价的形势，数年之中，出口量和利润持续下滑；与此同时，由于我国国内人民生活水平日益提高，已不再满足于原先种类单一的饮用消费品，客观上对茶叶质量提出了新的需求；此外，自 20 世纪后期国家放开了对茶叶产销的统筹统管后，市场的竞争日趋激烈。在这样的形势下，茶叶生产、经营者惟有及时调整生产结构，才能求得生存和发展，因此发展名优茶、提升茶叶产值已是大势所趋。回顾这一时期，谁发展名优茶起步早，谁受益就早。

由于涉及的内涵太广，名茶的概念目前仍无明确统一的定义。有人认为在市场上价格卖得最贵的就是名茶，有人认为获得了茶叶评比大奖的就是名茶。而就普遍认识来讲，名茶的含义目前主要还是从质量的角度来确定的，即精工细作，特色突出，品质上乘。通常意义上的优质茶，指的是品质介于名茶和大宗(普通)茶之间的一类产品。

名优茶在内销的几大茶类中均有,而不是一些人认为的只有绿茶才有名优茶产品。之所以人们一谈到名优茶,首先想到的就是绿茶,主要是因为我国国内市场以绿茶消费为主,而且名优绿茶的发展最快,产销量最大,故影响也最大。

名优茶和品牌茶是两个概念,二者有一定的联系,但并不能完全等同。品牌茶的概念是在市场中形成的。作为一个具有系列规格的品牌茶,也许其中仅有一小部分才能被称为名茶;而名茶要成为品牌茶,必须形成一定的生产规模,并为市场接受和认可。由于参加专业性、权威性的茶叶评比并获奖,如"中茶杯"、"中绿杯"等,能使企业获得很好的宣传,并扩大产品的知名度,这就使许多企业将这样的参评作为提升产品品牌的重要工作。因而名优茶审评有许多时候是与茶叶评比相结合的。这样的评比有一个显著的特点,就是评语与评分结合使用,既对评比的茶叶排序,又将茶叶品质量化。

第一节　审评技术

一、审评操作

绿茶审评项目包括外形、汤色、香气、滋味和叶底。在现行的审评方法行业标准中(NY/T 787 和 SB/T 10157),基本的规定均为内质审评开汤按 3 克茶、150 毫升沸水冲泡 5 分钟的方式进行操作,毛茶开汤有时也以 4 克茶、200 毫升沸水冲泡 5 分钟的方式操作。总之需保持茶与水的比例为 1∶50。蒸青绿茶在开汤审评时有时会使用白瓷碗,每只茶样称取 2 份分别放入 2 只碗,加沸水冲泡后,一只碗在 2 ~ 3 分钟后用于嗅香气;另一只碗中茶叶捞出后,供看茶汤、尝滋味,并评叶底。

绿茶审评的操作流程如下。

取样→评外形→称样→冲泡→沥茶汤→评汤色→闻香气→尝滋味→看叶底

(一)外形审评

茶叶外形审评的内容很多,包括形态、色泽、整碎、肥瘦、大小、净度、粗细、长短、嫩度(级别)以及茶叶的产区、品种、茶别(生产日期)等。对包装茶和某些再加工茶而言,还包括用材、文字、色彩、代码、重量等。

茶叶外形中,有上述内容任一项不足的,即可视为存在"缺陷"。但茶叶种类不同，要求也就存在不同。例如，茸毫多对毫形绿茶如碧螺春、大毫茶而言是一大优点，但对扁形绿茶龙井来说却是明显的缺点。

审评茶叶外形的方法是先把茶样倒入一只样盘，再将茶样徐徐倒入另一只空样盘内，这样来回倾倒 2～3 次，使其充分拌和，即可观察茶叶外形，做出判断。对已进行拼配的茶叶，有时还需要通过“把盘”，检视其拼配比例是否恰当。

（二）汤色审评

审评汤色的内容包括茶汤的色度、亮度和清澈度。审评汤色时，不同的季节、气温、光线以及汤温等，都会影响到茶叶汤色表现的结果。

在相同的温度和时间内，变色幅度大叶种大于小叶种，嫩茶大于老茶，新茶大于陈茶。冬天冲泡后的水温下降幅度比其他季节大，汤色变深的程度也比其他季节更深。因此，一般在 10 分钟内观察汤色，能较好地评判茶叶的原有汤色；如时间拖长，则很容易出现误判，把较浅的茶汤误评为明亮，或把较亮的汤色误评为欠亮，导致结论不准确。

决定茶汤色泽的主体物质是茶多酚。鲜叶中的茶多酚是无色或近于无色的，在制茶与存放过程中，茶多酚因氧化导致颜色由浅变深，最后可变得黄暗，这是茶多酚极度氧化的结果。

（三）香气审评

审评香气是指嗅闻冲泡后茶叶散发的香味状况，包括纯异、香型、浓淡、鲜陈、持久性等。最适合于人闻茶香的叶底温度是 45℃～55℃；超过 60℃就感到烫鼻；但低于 30℃时就觉得低沉，甚至对有烟气等异气味难以鉴别。

闻香时的每个嗅香程最好是 2～3 秒，不宜超过 5 秒或小于 1 秒。审评时宜将整个鼻部探入杯内，这样使鼻子接近叶底，既可扩大接触香气面积，又能增强嗅觉对气味的捕捉能力。呼吸换气不能把肺内气体冲入杯内，以防异气冲淡杯内茶香的浓度而影响审评效果。

审评茶叶香气，在冬天要快，在夏天过 3～5 分钟即应开始嗅香。

如因评茶人员感冒等造成鼻子堵塞，可在茶杯中倒入沸水，鼻子对准茶杯吸杯内蒸发出来的热水气，减缓鼻塞程度。吸热水气的时间可长可短，感到鼻路畅通即可。

评茶人员对茶叶香气的感觉，是由鼻腔上部的嗅觉感受器接受茶香的刺激而发生的。人们的嗅觉虽很灵敏，但嗅觉也很易适应刺激，即嗅觉的敏感时间也是有限的。

(四)滋味审评

滋味是指人的味觉能感受辨别的茶汤味道,包括汤质的纯异、浓淡、醇涩、鲜陈、爽滞等内容。舌的不同部位对滋味的感觉并不相同。舌尖对滋味的甜度最敏感,舌中对滋味的鲜爽度判断最敏感,舌根则对苦味最敏感。

评滋味时,茶汤温度、数量、分辨时间、吸茶汤的速度、用力大小以及舌的姿态等,都会影响审评滋味的结果。

最适合评茶要求的茶汤温度是45℃~55℃。如高于70℃就感到烫嘴;低于40℃的就显得迟钝,感到涩味加重、浓度提高。

从汤匙里吸茶汤要自然,速度不能快。把茶汤吸入嘴内后,舌尖顶住上层门齿,嘴唇微微张开,舌稍向上抬,使汤摊在舌的中部,再用口慢慢吸入空气,茶汤在舌上微微滚动,吐出茶汤。若初感有苦味的茶汤,应把茶汤压入舌的基部,进一步评定苦的程度。

对疑有烟味的茶汤,应把茶汤送入口后嘴巴闭合,用鼻孔吸气,把口腔鼓大,使空气与茶汤充分接触后再由鼻孔把气放出。这样来回2~3次,对烟味茶的评定效果较好。

茶汤送入口内,在舌的中部回旋2次即可,较合适的时间是3~4秒。一般需尝味2~3次。

对滋味很浓的茶尝味2~3次后,需用温开水漱漱口,把舌上高浓度的滞留物洗去后再复评。否则会麻痹味觉,影响后面的审评效果。

(五)叶底审评

叶底是指茶叶经冲泡后留下的茶渣。叶底审评包括茶叶嫩度、色泽、整碎、大小、净度等内容。

在评定叶底嫩度时,常会产生2种错觉:一是易把芽叶肥壮、节间长的某些品种误评为茶叶粗老;二是陈茶色泽暗,叶底不开展,与同等嫩度的新茶比时,也常把陈茶评为茶老。

二、审评要点

某些特定的绿茶产品,可以对照实物标准样评定等级。但由于标准样为陈茶,仅在嫩度和形态等方面有可比性,只涉及外形审评的部分内容,因此全面了解茶叶品质,仍离不开内质审评的项目。

(一)普通初制绿茶

1. 外形审评　外形审评的内容包括嫩度、形态、色泽、整碎、净杂等。一般嫩度好的产品具有细嫩多毫、紧结重实、芽叶完整、色泽调和及油润的特点,而嫩度差的低次茶呈现粗松、轻飘、弯曲、扁条、老嫩不匀、色泽花杂、枯暗欠亮的特征。劣变茶的色泽更差，而陈茶一般都是枯暗的。

审评初制绿茶外形，需要通过把盘，分出上、中、下三段茶，逐层检查其特征。通常上段茶(面张茶)轻、粗、松、杂，中段茶重、实、细、紧，下段茶体小、断、碎。这三段茶比例适当为正常。如面张茶和下段茶多，而中段茶少，称为“脱档”，表明茶叶质量有问题。

2. 内质审评　内质审评的重点虽然在叶底的嫩度和色泽，但其他项目的审评仍需要兼顾。质量好的初制绿茶汤色清澈明亮，而低档茶汤色欠明亮，酸馊劣变茶的汤色浑浊不清，陈茶的汤色发暗变深，杂质多的茶审评杯底会出现沉淀。

初制绿茶香气以花香、嫩香、清香、栗香为优，淡薄、熟闷、低沉、粗老为差。有烟焦、霉气者为次品或劣变茶。

滋味审评以浓、醇、鲜、甜为好，淡、苦、粗、涩为差。出现烟焦味、霉味或其他被沾染的异味，表明已是劣变或残次茶。

审评叶底以原料嫩而芽多、厚而柔软、匀整、明亮的为好，以叶质粗老、硬、薄、花杂、老嫩不一、大小欠匀、色泽不调和为差。如出现红梗红叶、叶张硬碎、带焦斑、黑条、青张和闷黄叶，说明品质低下。叶底的色泽以淡绿微黄、鲜明一致为佳，其次是黄绿色。而深绿、暗绿表明品质欠佳。

(二)普通精制绿茶

1. 眉茶审评

(1)外形审评　在外形审评中，形态(条索)是决定其规格的主要因素，需从松紧、粗细、长短、轻重、空实、有无锋苗入手：以紧结圆直、完整重实、有锋苗为好；条索不圆、紧中带扁、短秃的次之；以松扁、弯曲、短碎、轻飘的为差。色泽评比颜色、枯润、匀杂：以绿润起霜为佳，色黄枯暗为差。整碎看三段茶的拼配比例：以比例恰当，匀正、匀齐为好，忌下段茶、上段茶过多而脱档。净度侧重梗、筋、片、朴的含量；净度差表现为条松色黄，夹有老叶、茶梗、茶籽、石头和砂、泥等茶或非茶夹杂物。

(2)内质审评　汤色审评亮暗、清浊，以黄绿清澈明亮为好，深黄次之，橙红暗浊为差。

香气审评纯度、高低和长短：以清香或栗香高长为好，带烟焦气或其他异气的为差。

滋味审评浓淡、醇涩、爽钝：以浓厚爽口、回味带甜的品质为好，浓而不爽的稍逊，淡薄、粗涩的品质差，带烟焦味或其他异味的为劣次品。

叶底审评嫩度和色泽:嫩度看芽头含量,比较叶张厚薄、柔硬。以芽多叶柔、厚实、嫩匀为好,反之则差。色泽看亮暗、匀杂。以色绿匀亮为好,色暗花杂为差。

2. 珠茶审评

(1)外形审评　珠茶外形审评形态(颗粒)、匀整、色泽和净度。颗粒应评判圆紧度、轻重、空松实:以颗粒紧结、圆滚如珠、重实匀正为佳,颗粒粗大、呈朴块状、带扁块、空松的产品为差;匀整看各段茶的拼配比例是否匀整;色泽比润枯、匀杂,以墨绿光润为好,乌暗为差;净度看梗、片、朴的含量。

(2)内质审评　汤色审评颜色、深浅和亮暗:以黄绿明亮为好,深黄发暗、浑浊者为差。

香气审评纯异、浓淡、醇涩:以香高纯为好,香气低淡次之,香气欠纯、带钝、带烟气、闷熟气为差。

滋味审评与眉茶的内容相似。以味浓醇厚为好,粗涩为差,欠纯带烟味、闷味最劣。

叶底审评嫩度和色泽:嫩度看芽头量和叶张的匀整度,以盘花芽叶或芽头嫩张比重大的好,大叶、老叶、摊张比重大的为差;色泽评比基本与眉茶相同,但珠茶的颜色允许比眉茶稍黄。

3. 蒸青绿茶审评

(1)外形审评　蒸青绿茶外形审评色泽和形状。色泽看颜色、鲜暗、匀杂,以翠绿调匀者好,黄暗花杂者差;形状看条形(索)的松紧、匀整、轻重和芽尖的含量:条形以细长棍棒形、挺直重实、紧结匀整、芽尖显露且完整为好,条形折皱、弯曲、松扁的次之,外形断碎、下段茶多的最差。

(2)内质审评　汤色审评颜色、亮暗、清浊:以清澈明亮、色呈浅绿清澈、鲜绿为好,青绿浅黄绿色次之,深黄、暗浊、泛红的品质欠佳。

香气审评高低、纯异、香型:以鲜嫩带花香、海藻香、清香为上品,带青草气、烟焦气为差。

滋味审评浓淡、甘涩:以浓厚、新鲜、甘滑调和、有清鲜海藻味为好,以涩、粗、熟闷味为差。特别注意应调和温雅,不带刺激性为宜。

叶底审评侧重色泽:以青绿色为宜,黄褐及红梗红叶均为次品。

(三)名优绿茶

名优绿茶审评要求面面俱到。虽然各审评因子在最后会有所侧重(这种侧重通过评分时各因子的换算系数比例大小来体现),但不能忽视任何因子。同时,审评对品质的要求也更加严格。

1. 外形审评 名优绿茶的形态多姿多彩。为追求新颖独特,一些普通茶叶中从未出现过的造型也为名优茶所拥有,如环形、创新的束花形等。有的名优绿茶扁平光滑,有的又满披茸毫;有的名优绿茶色泽翠绿,有的以黄绿作为特征。因此审评外形尤其要注意造型、色泽、匀度、整碎度以及应有的特色。

2. 内质审评 名优绿茶的茶汤颜色对温度十分敏感,因此汤色审评应尽可能地快。应注意的是部分嫩度极佳的而又多茸毫的茶叶,如无锡毫茶,其茸毫极易在冲泡后随着茶汤沥入审评碗中,使茶汤的明亮度和清澈度受影响,这其实是品质好的表现,而非弊病。

审评名优绿茶,尤其要注意香气的类型和持久性。强调香气新鲜、香型高雅悦鼻、余香经久不散为好。

名优绿茶滋味强调鲜和醇的协调感,而不是越浓越好。国外认为能喝出香味的茶是好茶,这一观点有一定道理,表明香气成分在茶汤中的浓度大,易被评茶人员察觉。

名优绿茶审评叶底应注重芽叶的完整性、嫩度和匀齐度。这是由于名优绿茶的嫩匀整齐具有很强的观赏性,相对于人宗(普通)茶,叶底本身也能成为品质的直观体现。

三、各类绿茶品质特征

(一)长炒青

在过去数十年的发展中,长炒青产品的等级划分出现过多次变化和调整,目前一般分为 6 级 12 等。品质一般要求外形条索细嫩紧结带锋苗,色泽绿润,汤色绿明,香高持久,滋味浓爽,叶底嫩匀、绿亮。

由于品种和制作技术的差异,不同地区的长炒青茶在品质上有明显的区别。20 世纪我国曾根据一些传统的、有一定知名度的炒青茶品质特点,按主要产地划分,确定了屯(溪)、婺(源)、遂(昌)、舒(城)、杭(州)、温(州)、平(水)7套炒青茶的品质水平,其中前 6 套均为长炒青茶(资料来自 GH 016—1984,目前已废止)。

(二)圆炒青

用于制作珠茶的圆炒青以前仅浙江有生产。历史上因绍兴的平水镇是最大的精制和贸易集散地而有“平炒青”之称。圆炒青的品质特征是外形颗粒圆结重实,色泽墨绿油润,汤色黄绿明亮,香气纯正,滋味浓厚,耐泡,叶底完整黄绿明亮。圆炒青也分 6 级 12 等。圆炒青目前在国内其他地方也有生产,但产品的总体质量仍与原产地有差别。

(三)扁炒青

扁炒青可称为目前国内消费的知名度影响最大的炒青茶类。历史上扁炒青产于安徽、浙江2省,目前国内大部分产茶区均有生产。其特点是外形扁平挺直、匀齐光洁,色泽嫩绿或翠绿,香气清高,滋味醇爽,叶底嫩匀成朵。扁炒青以杭州西湖区产品最为知名,史称“西湖龙井”。浙江省已申报确定了龙井茶产地保护措施,依产地定名为西湖龙井、钱塘龙井和越州龙井。

安徽的大方茶生产历史悠久,以歙县老竹最著名,多作为窨花的茶坯。其特点是扁直,棱角明显,色泽褐绿有光泽,显栗香,滋味浓爽,叶底厚软黄绿。

(四)烘　青

普通烘青茶香气一般不如同样嫩度的炒青高,因此适合与许多香花植物的香气配合,形成协调的香型。故大部分烘青经精制后作为窨制花的茶坯。

1. 烘青毛茶　品质特征一般表现为外形条索尚紧结、完整,显露锋毫,色泽深绿油润,汤色清澈明亮,香气清高,滋味鲜醇,叶底匀整绿亮。

2. 烘青茶坯　品质特征是外形条索紧结细直,显锋苗,平伏匀整,深绿油润,香气清纯,汤色和叶底较毛茶更黄,内质风味醇和。

(五)晒　青

晒青茶以云南所产品质特色最为突出,称之滇青。其外形条索粗壮,带白毫,色泽深绿,香呈日晒风味,汤色黄绿,滋味浓而富有收敛性,叶底肥厚。

晒青不经堆积工序而压制加工的产品有沱茶和饼茶,而堆积后的再加工产品属于黑茶。

(六)蒸　青

国内所产普通蒸青茶,品质特点是外形条索细紧、挺直呈棍棒形;色泽深绿或鲜绿油润,富有光泽;汤色澄清,清香纯正,带海藻气;滋味醇和略涩;叶底显青绿。

(七)眉茶、珠茶

眉茶经长炒青精制并分级拼配而成,成品花色众多而品质各异。经圆炒青精制的珠茶现分为6级。

在贸易中为求便捷,眉茶和珠茶常以唛号代称各类各级产品。

各类眉茶和珠茶的感官品质特征已有国家标准(GB/T 14456)予以确定。

(八)名优绿茶

名优绿茶从普通绿茶中发展而来,但也具有其自身的特点。名优绿茶的制作方法很多,生产者也力求在加工中体现出独到之处。名优绿茶的规格品质通常由国家、地方、相应的行业或企业予以规定。品质特点的共同之处是:

造型富有特色,色泽绿润鲜亮,匀整;香气高长新鲜;滋味鲜醇;叶底匀齐,芽叶完整,规格一致。名优绿茶与普通绿茶的差异主要表现在以下几个方面。

1. 名优绿茶对原料的要求有别于普通茶 许多名优绿茶对原料要求十分严格,如紫芽、虫害芽、病变芽等均不采摘。嫩度也远优于普通茶。

2. 名优绿茶制作精细程度高于普通茶 大部分名优绿茶都是以手工方式或手工与机械相结合的方式来加工的。目前高档名优绿茶尚无加工全程均使用机械来完成的产品,虽然这是生产的发展方向。这主要是因为名优茶的制作要求高,既要考虑造型,同时又要兼顾色泽、整碎度、风味等方面,而现在的加工机械尚不能全面做到这一点,所以加工出的产品往往不能同时兼具各项优点。

3. 名优绿茶品质通常优于普通茶 由于在生产的诸环节中均进行了严格要求,因此名优绿茶品质的优异也就成为必然了。

四、绿茶常见感官品质状况

(一)外　形

1. 形态 针形、扁形、条形、珠形、片形、颗粒形、团块形、卷曲形、花朵形、尖形、束形、雀舌形、环钩形、粉末形、晶形。

2. 色泽 嫩绿、翠绿、深绿、墨绿、黄绿、嫩黄、金黄、灰绿、银白、暗绿、青褐、暗褐。

(二)汤　色

嫩绿、浅绿、杏绿、绿亮、黄绿、黄、黄暗、深暗。

(三)香　气

毫香、嫩香、花香、清香、栗香、茶香、高香。

(四)滋　味

浓烈、浓爽、浓厚、浓醇、浓鲜、鲜、鲜醇、清鲜、鲜淡、醇爽、醇和、平和。

(五)叶　底

1. 形态 芽形、条形、雀舌形、花朵形、整叶形、碎叶形、末形。

2. 色泽 嫩绿、嫩黄、翠绿、黄绿、鲜绿、绿亮、青绿、黄褐。

五、绿茶常见品质弊病的原因分析

(一)普通绿茶

1. 脱档 上、中、下三段茶比例失当。

2. 异味污染 茶叶有极强吸附性,易被各种有味物质污染而带异味。常见异味有烟味、竹油味、木炭味、塑料味、石灰味、油墨味、机油味、纸异味、杉木味等。

3. 生青　原料摊放、杀青、揉捻不足的茶叶常表现出的一种特征。

4. 苦味　部分病变叶片加工出的产品所表现的特征。

5. 涩味　夏季加工的茶叶因茶多酚转化不足而表现的一种滋味特征。

6. 爆点、焦斑　叶片在炒制过程中局部被烤焦或炭化而形成的斑点。

7. 红梗红叶　原料采摘、杀青不当导致叶茎部和叶片局部红变的现象。

8. 焦味　加工过程中叶片在高温下被炭化后散发的味道。

9. 陈味　茶叶失风受潮、品质变陈后具有的一种不良味道。对绿茶而言,有此味即为次品茶。

10. 霉味　茶叶因大量生长霉菌而散发的一种味道。有此味的茶叶已失去饮用价值。

11. 花杂　原料嫩度不一所致。

12. 水闷味　雨水叶或未及时烘干的半成品堆闷时间过久而形成的一种令人不快的味道。

13. 日晒味　原料或成品经阳光烤晒所致的一种风味特征。除晒青外,其他绿茶带日晒味表明品质已低下。

14. 灰暗　低温长炒,茶汁黏附于叶表,在加工过程中与机具长时间摩擦而造成的色泽弊病。

(二)名优绿茶

1. 色泽深暗　除了使用紫芽原料外,名优绿茶色泽的深暗多是由于加工技术不当造成的。

2. 造型无特色　由于外形给人的感受是第一的,因此造型缺乏特色而与普通茶相同是名优绿茶的大忌。

3. 风味淡薄　部分名优绿茶为追求嫩度和造型,往往使用单芽加工,这可能会造成香气、滋味的淡薄。

4. 香味生青　名优绿茶的制作中为追求绿色,不经摊放或适度揉捻,降低了茶叶内含物质的转化程度,常会出现生青的风味。

5. 异味污染　名优绿茶在加工、贮藏过程中处理不当所致。

第二节　绿茶常用感官审评术语

绿茶是我国广泛生产和消费的一大茶类,花色、规格繁多,与其他国家相比，在我国使用的、表述绿茶感官品质特征的审评术语是最多、最全面的。需要注意的是，部分审评术语能够在多个审评因子的表述中出现，且部分审评术语可以组合使用，这相应扩大了审评术语的使用范围。此外，部分审评术语在应用于不同茶类的品质表述时，会具有不同的含义。因此评茶人员需要通过长期坚持不懈的审评实践和交流，才能熟练正确地运用审评术语。本节列出部分常用的绿茶感官审评术语，供参考。

一、外形评语

细嫩：芽叶细小，显毫柔嫩。多见于春茶期的小叶种高档茶，也用于叶底审评。

细紧：条索细，紧卷完整。用于上档条形绿茶。

细长：紧细苗长。用于上档条形绿茶。

紧结：茶叶卷紧结实，其嫩度稍低于细紧。多用于中、上档条形茶。

扁平光滑：茶叶外形扁直平伏，光洁平滑。为优质龙井茶的主要特征。

扁片：粗老的扁形片茶。扁片常出现在扁茶中。

扁瘪：茶叶呈扁形，质地空瘪瘦弱。多见于低档茶与朴片茶。

糙米色：嫩绿微黄的颜色。①用于描述早春杭州狮峰地区生产的特级“西湖龙井”的外形色泽，与茶叶的自然品质有关；②制作龙井茶在辉锅时温度过高，使茶叶色泽变黄，人为地形成糙米色，其品质欠佳，带老火或足火的香味。

嫩匀：细嫩，形态大小一致。多用于高档绿茶。也用于叶底审评。

嫩绿：浅绿新鲜，似初生柳叶的颜色，富有生机。为避免重复，对同一只茶审评时，一般不连续使用。也用于汤色、叶底审评。

枯黄：色黄无光泽。多用于粗老绿茶。

枯灰：色泽灰，无光泽。多见于粗老绿茶。撩头茶经多次轧切后，常表现色泽枯灰，只能作低档茶拼配使用。

陈暗：色泽失去光泽变暗。多见于陈茶或失风受潮的茶叶。也用于汤色、叶底审评。

肥嫩：芽叶肥，锋苗显露，叶肉丰满不粗老。多用于高档绿茶。也用于叶底审评。

肥壮：芽叶肥大，叶肉厚实，形态丰满。多用于大叶种制成的各类条形茶。也用于叶底审评。

匀净：大小一致，不含梗朴及夹杂物。常用于采、制良好的茶叶。也用于叶底审评。

灰暗:色泽灰暗无彩。如炒青茶失风受潮后,色泽即变灰暗。

灰绿:绿带灰白色。多见于辉炒过分的绿茶。

灰白:色泽浅灰泛白。如绿茶辉炒充分,即有此特点。

银灰:茶叶呈浅灰白色,而略带光泽。多用于外形完整的多茸毫、毫中隐绿的高档烘青型或半烘半炒型名优绿茶。

露梗:茶叶中显露茶梗。多见于采摘粗放、外形毛糙带梗的茶叶。

露黄:在嫩茶中含较老的黄色碎片。多用于拣剔不净、老嫩混杂的绿茶。

墨绿:干茶色泽呈深绿色,有光泽。多见于春茶的中档绿茶或炒制中茶锅上油太多所致。

绿润:色绿鲜活,富有光泽。多用于上档绿茶。

短碎:茶条碎断,无锋苗。多因条形茶揉捻或轧切过重所致。

卷曲:茶条呈螺旋状弯曲卷紧。

粗老:茶叶叶质硬,叶脉隆起,已失去萌发时的嫩度。用于各类粗老茶。也用于叶底审评。

粗壮:茶身粗大,较重实。多用于叶张较肥大、肉质尚重实的中下档茶。

毛糙:茶叶外形粗糙,不够光洁。多见于制作粗放之茶。如眉茶精制过程中,不经辉炒的茶叶,就显得毛糙。

松散:外形松而粗大,不成条索。多见于揉捻不足的粗老长条绿茶。

松泡:茶叶外形粗松轻飘。常用于下档条形茶。

重实:茶叶以手权衡有沉重感。用于嫩度好、条索紧结的上档茶。

茸毫:茶叶表层的茸毛。其数量与品种、嫩度和制茶工艺有关。常见于芽叶肥嫩、多毫的名优绿茶。

老嫩混杂:在同级茶叶或鲜叶中老嫩叶混合和不同级别毛茶拼配不清等而产生。也用于叶底审评。

规格乱:茶叶外形杂乱,缺乏协调一致感。多用于精茶中外形大小或长短不一的茶。

花杂:茶叶的外形和叶底色泽杂乱,净度较差。也用于叶底审评。

颗粒:细小而圆紧的茶叶。用于描述绿碎茶形态及颗粒紧结重实的茶叶。

身骨:描述茶叶质地的轻重。茶叶身骨重实,质地良好;身骨轻飘,则较差。身骨的轻重取决于茶叶的老嫩,“嫩者重,老者轻”。

上段茶:也称“面张茶”。同一只(批)的茶中体型较大的茶叶。在眉茶中通常将通过筛孔4~5孔茶称为上段茶。

下段茶:同一只(批)茶叶中体型较小的部分。通常指10孔以下的茶叶。

中段茶:茶身大小介于上段茶与下段茶之间,通常指6~8孔茶。

起霜:绿茶表面光洁,带有银灰色光泽。用于经辉炒磨光的精制茶。

夹杂物:混杂在茶叶中无饮用价值的非茶类物质。如泥沙、木屑、铁丝及其他植物枝叶等。

焦斑:在干茶外形和叶底中呈现的烤伤痕迹。常见于炒干温度过高的炒青绿茶或杀青温度过高的制品。也用于叶底审评。

黄头:外形术语。色泽发黄,粗老的圆头茶。

轻飘(飘薄):质地轻、瘦薄、容量小。常用于粗老茶或被风选机吹出的轻质茶。

爆点:绿茶上被烫焦的斑点。常见于杀青和炒干过程中锅温过高,叶表面被烫焦成鱼眼状的小斑点。

盘花卷曲:茶条卷曲盘绕,形如圆珠。

片茶:梗、叶分离的单片叶茶。

二、汤色评语

明亮:茶汤清澈透明;叶底鲜明,色泽一致。也用于叶底审评。

鲜明:新鲜明亮。也用于叶底审评。

清澈:洁净透明。多用于高档烘青绿茶。

黄亮:颜色黄而明亮。多见于香气纯正、滋味醇厚的上、中档绿茶或存放时间较长的名优绿茶。也用于叶底审评。

黄绿:色泽绿中带黄,有新鲜感。多用于中、高档绿茶。也用于叶底审评。

嫩黄:浅黄色。多用于干燥工序火温较高或不太新鲜的高档绿茶。也用于叶底审评。

泛红:发红而缺乏光泽。多见于杀青温度过低或鲜叶堆积过久、茶多酚产生酶促氧化的绿茶。也用于叶底审评。

红汤:绿茶汤色呈浅红色。多因制作技术不当而造成。

浅薄:汤色浅淡,茶汤中水溶物质含量较少、浓度低。

浑浊:茶汤中有较多的悬浮物,透明度差。多见于揉捻过度或酸、馊等不洁净的劣质茶。

起釉:指不溶于茶汤而在表面飘浮的一层油状薄膜。多见于粗老茶表层含蜡质和灰尘多,或泡茶用水含三价铁多,水的 pH 值 >7。

三、香气评语

嫩香:柔和、新鲜幽雅的毫茶香。多用于原料幼嫩、采制精细的高档绿茶。

清香:多毫的烘青型嫩茶特有的香气。多用于高档绿茶。

板栗香:又称嫩栗香。似熟板栗的甜香。多见于制作中火功恰到好处的高档绿茶及个别品种茶。

季节香:在某一特定时期生产的茶叶具有的特殊香气。如秋茶香。

地域香:具有特殊地方风味的茶叶香气。如云南红茶特殊的糖香、西湖龙井茶独有的清香,皆属地域香。

高锐:香气高锐而浓郁。多用于高档茶。

高长:香高持久。多用于高档茶。

清高:清纯而悦鼻。多见于杀青后,经快速干燥的高档烘青和半烘半炒型绿茶。

海藻香(味):茶叶的香气和滋味中带有海藻、苔菜类的味道。多见于日本产的上档蒸青绿茶。也用于滋味审评。

浓郁:香气高锐,浓烈持久。

香高:茶香浓郁。多用于高档茶。

香短:香气保持时间短,很快消失。

钝熟:香气、滋味熟闷,缺乏爽口感。多见于茶叶嫩度较好,但已失风受潮或存放时间过长、制茶技术不当的绿茶。也用于滋味审评。

高火香:炒黄豆似的香气。干燥过程中温度偏高制成的茶叶,常具有高火香。

纯正:香气正常、纯正。表明茶香既无突出的优点,也无明显的缺点。用于中档茶的香气评语。

粗青气(味):粗老的青草味(气)。多用于杀青不透的下档绿茶。也用于滋味审评。

焦糖气:足火茶特有的糖香。多因干燥温度过高、茶叶内所含成分开始轻度焦化所致。

粗老气(味):茶叶因粗老而表现的内质特征。多用于各类低档茶,一般四级以下的茶叶带有不同程度的粗老味(气)。也用于滋味审评。

烟焦气(味):茶叶被烧灼但未完全炭化所产生的味道。多见于杀青温度过高、部分叶片被烧灼释放出的烟焦气味在制茶叶时被吸收所致。也用于滋味审评。

纯和:香气纯而正常,但不高。

火香:焦糖香。多因茶叶在干燥过程中烘、炒温度偏高造成。在不同的茶叶销区,“火香”的褒贬含义不同。如山东一带认为稍有火香的绿茶香气好,而江、浙、沪地区则相反。

酸馊气:香气异味。腐烂变质茶叶发出的一种令人不快的酸味。在红茶初制中制作不当的部分尾茶可发生酸馊气。

水闷气(味):陈闷沤熟的令人不快的气味。常见于雨水叶或揉捻叶闷堆不及时干燥等原因造成。也用于滋味审评。

焦气(味):茶叶异味。鲜叶在高温下快速失去水分变焦化时产生的异味。见于炒干温度过高的绿茶。审评中也常可见已变硬变黑的叶底。也用于滋味审评。

生青:如青草的生腥气味。因制茶过程中鲜叶内含物缺少必要的转化而产生。多见于夏、秋季的粗老鲜叶用滚筒杀青机所制的绿茶。也用于滋味审评。

平和:香味不浓,但无粗老气味。多见于低档茶。也用于滋味审评。

青气:成品茶带有青草或鲜叶的气息。多见于夏、秋季杀青不透的下档绿茶。

老火:焦糖香、味。常因茶叶在干燥过程中温度过高、使部分碳水化合物转化而产生。也用于滋味审评。

足火香:茶叶香气中稍带焦糖香。常见于干燥温度较高的制品。

陈闷:香气失鲜,不爽。常见于绿茶初制作业不及时或工序不当。如二青叶摊放时间过长的制品。

陈熟:指香气、滋味不新鲜,叶底失去光泽。多见于制作不当、保存时间过长或保存方法不当的绿茶。也用于滋味审评。

陈霉气:茶叶霉变而产生的气味。多见于含水率>10%、又处在适合霉菌生长的环境,在绿茶中出现陈霉气味,为次品劣变茶。也用于滋味审评。

陈气(味):香气滋味不新鲜。多见于存放时间过长或失风受潮的茶叶。也用于滋味审评。

钝熟:香气、滋味术语。茶叶香、味缺乏鲜爽感。多用于存放时间过长、失风受潮的绿茶。

四、滋味评语

茶味:指冲泡后茶叶本身具有的滋味。常用于与其他物质拼合的茶叶审评。

鲜爽:鲜美爽口,有活力。

鲜醇:鲜爽甘醇。

鲜浓:茶味新鲜浓爽。

嫩爽:茶味嫩鲜爽口。

浓爽:味浓而鲜爽。

浓醇:味浓而醇正。

浓厚:茶味浓度和强度的合称。

清爽:茶味浓淡适宜,柔和爽口。

清淡:茶味清爽柔和。用于嫩度良好的烘青型绿茶。

柔和:滋味温和。用于高档绿茶。

醇厚:茶味厚实纯正。用于中、上档茶。

醇正:味道纯正厚实。

生味:因鲜叶内含物在制茶过程中转化不够而显生涩味。多见于杀青不透的绿茶。

生涩:味道生青涩口。夏、秋季的绿茶如杀青不匀透,或花青素含量高的紫芽种鲜叶为原料等,都会产生生涩的滋味。

浓涩:味道浓而涩口。多用于夏、秋季生产的绿茶。杀青不足及半生不熟的绿茶,滋味大多呈浓涩,品质较差。

粽叶味:一种似经蒸煮的粽叶所带的熟闷味。多见于杀青时间长且加盖不透气的制品。

收敛性:茶汤入口后,口腔有收紧感。

味淡:由于水浸出物含量低,茶汤味道淡薄。多见于粗老茶。如用修剪枝叶制得的茶叶一般味很淡。

平淡:味淡平和,浓强度低。

苦涩:茶汤味道既苦又涩。多见于夏、秋季制作的大叶种绿茶。

青涩:味生青,涩而不醇。常用于杀青不透的夏、秋季绿茶。

味浓:茶汤味道浓,口感刺激性强。多用于夏、秋季大叶种绿茶。但味浓对绿茶而言不一定是好茶,尤其是名优绿茶,忌滋味过浓。

乏味:茶味淡薄,缺少浓强度。

走味:茶叶失去原有的新鲜滋味。多见于陈茶和失风受潮的茶叶。

苦味:味苦似黄莲。被真菌危害的病叶。如白星病或赤星病叶片制成的茶带苦味;个别品种的茶叶滋味也具有苦味的特性,用紫色芽叶加工的茶叶,因花青素含量高,也易出现苦味。

味鲜:味道鲜美,茶汤香味协调。多见于高档绿茶。

熟味:茶味缺乏鲜爽感,熟闷不快。多见于失风受潮的名优绿茶。

火味:干燥工序中锅温或烘温太高,使茶叶中部分有机物转化而产生似炒熟的黄豆味。

辛涩:茶味浓涩不醇,仅具单一的薄涩刺激性。多见于夏、秋季的下档绿茶。

酸味:含有较多氢离子的茶汤所带的味道。

粗淡(薄):茶味粗老淡薄。多用于低档茶。如"三角片"茶,香气粗青,滋味粗淡。

粗涩:滋味粗青涩口。多用于夏、秋季的低档茶。如夏季的五级炒青茶,香气粗糙,滋味粗涩。

五、叶底评语

鲜亮:色泽新鲜明亮。多见于新鲜、嫩度良好而干燥的高档绿茶。

绿明:绿润明亮。多用于高档绿茶。

柔软:细嫩绵软。多用于高档绿茶。

单薄:叶张瘦薄。多用于生长势欠佳的小叶种鲜叶制成的条形茶。

叶张粗大:大而偏老的单片及对夹叶。常见于粗老茶的叶底。

红梗红叶:绿茶叶底的茎梗和叶片局部带暗红色。多见于杀青温度过低、未及时抑制酶的活性,致使部分茶多酚氧化成水不溶性的有色物质,沉积于叶片组织中。

芽叶成朵:芽叶细嫩而完整相连。

红蒂:茎叶基部呈红色。多见于采茶方法不当或鲜叶摊放时间过长,以及部分紫芽种制成的绿茶。

生熟不匀:鲜叶老嫩混杂、杀青程度不匀的叶底表现。如在绿茶叶底中存在的红梗红叶、青张与焦边。

青暗:色暗绿,无光泽。多见于夏、秋季的粗老绿茶。

青张:叶底中夹杂色深较老的青片。多见于制茶粗放、杀青欠匀欠透、老嫩叶混杂、揉捻不足的绿茶制品。

青褐:色暗褐泛青。一般用于描述下档绿茶。

花青:叶底蓝绿或红里夹青。多见于用含花青素较多的紫芽种制成的绿茶。

靛青：又称“靛蓝”。冲泡后的茶叶呈蓝绿色。多见于用含花青素较多的紫芽种所制的绿茶。汤色浅灰、香气偏生青、味浓涩的夏茶比春茶更多见。

瘦小：芽叶单薄细小。多用于施肥不足或受冻后缺乏生长力的芽叶制品。

摊张：摊开的粗老叶片。多用于低档毛茶。

黄熟：色泽黄而亮度不足。多用于茶叶含水率偏高、存放时间长或制作中闷蒸和干燥时间过长以及脱镁叶绿素较多的高档绿茶的叶底色泽。

焦边：也称烧边。叶片边缘已炭化发黑。多见于杀青温度过高、叶片边缘被灼烧后的制品叶底。

舒展：冲泡后的茶叶自然展开。制茶工艺正常的新茶，其叶底多呈现舒展状；若制茶中温度过高、使果胶类物质凝固或存放过久的陈茶，叶底多数不舒展。

卷缩：开汤后的叶底不展开。多见于陈茶或干燥过程中火功太高导致叶底卷缩；条索紧卷，泡茶用水不开，叶底也会呈卷缩状态。

第三节　品质记录与结果判定

一、品质记录

品质记录包括2方面的内容，即评语和评分。根据需要，评语和评分既可以单独使用，也可以结合运用。通常评茶人员使用品质记录表（又称为审评表）记录审评各因子的术语表述和分数，表格的格式也视需要而确定。一张完整的品质记录表，除了具有各因子的术语和分数记录栏外，还应记录与该次审评相关的工作状况，以及与茶样有关的情况。如样品编号（名称）、批次、审评人员、审评时间、对照的标准、综合评定结果等。

对样评茶常常在茶叶贸易中被运用。其依据是产品标准或协商样品。在对照茶叶产品标准审评时，既可以使用产品实物标准样，也可以对照文字标准中相关茶叶的感官品质要求进行审评比较。对样评茶包括定性审评和定量审评2类。

在进行定性审评时，可通过逐项比较审评后各因子的表述术语，获知目标样和对照样的差异状况；或与文字标准对照，并由此得出综合的评判结果。

某些情况下，也可以使用评分的方法进行对样评茶（即定量审评）。这类审评的要点在于，对照样可以先确定一个等级最低分和基准分（基准分通常设为零）。审评时首先给目标样各因子的审评结果分别打分，此时可不必使用详细的术语表述，而是根据与对照样比较后品质水平的相当或高低程度，参照等级分和基准分给出相应的分数。随后，将各因子的得分分别与相应的品质系数相乘，并将结果相加，最后得到的值即为目标样的总分。

二、结果判定

（一）综合评定法

这一审评方法通常在大宗茶的审评中使用，即分别评价茶叶的外形和内质，再视茶类要求得出最终的结果。运用综合评定法的目的是：①根据茶叶品质的优次，按照市场的行情确定其价格，同时通过审评发现茶叶品质存在的优缺点，并提出改进意见，指导生产。②通过评判，确保生产出的茶叶具有稳定的质量水平。

使用综合评定法审评茶叶，要先分清茶类，要明确该类茶的品质要求和审评的侧重点。在审评时既要抓住重点，又要全面分析，才能得出正确的结论。

（二）七（五）档制法

七（五）档制法通常在大宗茶审评中使用。这一审评方法以实物标准样或文字标准为对照，对各个因子逐项进行对比，再根据茶样的高低程度分别打分或判别级差。其判别标准见表2-3-1。

表2-3-1　七（五）档制法审评法

与标准样对照	七档制（评分）	五档制（等级差）
高	+3	比标准样高半等
较高	+2	
稍高	+1	比标准样高1/4等
相当	0	和标准样大体相符，高低幅度不超过1/4等
稍低	-1	比标准样低1/4等
较低	-2	
低	-3	比标准样低半等

根据传统的评茶计价原则，要求外形、内质并重，各半计价分别定等。标准样通常为最低界限样，每一级分设2个等，逢双等设立标准样。在外形和内质审评因子中，分别确定主要因子和次要因子。判别依据是：一项主要因子低，或二项主要因子稍低，或二项次要因子低，或一项主要因子稍低加一项次

要因子低均判为不符合该等级标准，降为下一等级。

（三）名优茶评比记分法

名优茶评比记分一般采用百分制，即对各审评因子分别按百分制记分，将各因子的得分分别与相应的品质系数相乘，再将各个换算后的得分相加，就获得该只茶样的最后得分。

在审评中记分时，可以将各因子按品质的优、中、次分为3档，分别以94，84，74为中准分。在此基础上分别根据品质增减，幅度不超过5分。也可以采用百分倒扣的方式，即将每项因子中最好的定为100分，其余依次按品质差异分别减分。

思考题

1. 试述长炒青茶的基本品质要求。
2. 简述绿茶滋味审评的内容与影响因素。
3. 名优绿茶易出现哪些品质弊病？
4. 名优茶评比计分方法是如何进行的？

第三篇　高级评茶员技能要求

第一章　茶叶贮藏技术

茶叶从生产、运输到销售，直到家庭的饮用，都要经过贮藏的过程。茶叶的贮藏要起到保持原有的品质、均衡供应和调节市场的作用。由此可知，茶叶的贮藏是茶叶生产和销售过程不可缺少的重要环节。

第一节　茶叶贮藏保管的重要性

茶叶的品质，通常是指茶叶的外形和内质2个方面，也就是指色、香、味、形等4大因子。具体地说，茶叶品质是由茶叶中所含有的各种化学成分和物理特性所决定的。茶叶品质的好坏，取决于内在有效化学成分的含量、组成及其比例是否适当。

茶叶在贮藏过程中，由于受外界条件的影响，如果保管不当，茶叶的品质常会发生陈化变质，轻者降低饮用价值，重者不堪饮用，失去了茶叶的使用价值，经济遭受重大损失。因此，要使茶叶品质得到保证，首先要弄清楚茶叶中的主要化学成分的性质及其变化规律，再用科学的贮藏保鲜技术来减缓茶叶内这些有效成分的变化。

第二节　茶叶中的主要化学成分与品质的关系

茶叶中的化学成分，到目前为止经过分离鉴定的已知化合物已超过500余种，其中有机化合物有450种以上。茶叶化学成分虽然很复杂，但归纳起来最主要的是有机成分中的水分、灰分、茶多酚、蛋白质和氨基酸、生物碱、芳香物质、糖类和色素等。这些物质都影响到茶叶的品质。

一、水　分

茶鲜叶中水分含量一般为75%～78%，经过加工制成干茶以后，绝大部分的水分都已蒸发散失，干茶的含水量一般为4%～6%。成品茶的含水量越高，贮藏保管过程中就越容易发生茶叶品质的变化。当成品茶含水量超过12%时，茶叶内部各种化学反应不仅可以继续进行，而且还能吸收空气中的氧气，使微生物不断孳生，茶叶就会很快变质或发霉。因此，生产上要求毛茶含水量应掌握在6%以下，经过精制加工后的茶含水量要控制在4%～6%。

二、灰　分

茶叶经高温灼烧后残留下来的无机物质统称为灰分。一般占干物质总量的4%～7%。灰分的含量与茶叶品质有密切的关系。灰分含量过多是茶叶品质差或是混入泥沙杂质的缘故。灰分中能溶于水的部分称为水溶性灰分。一般在茶嫩叶中水溶性灰分的含量较高，茶叶品质也越好；相反，鲜叶原料越老，水溶性灰分含量减少，茶叶品质也差。因此，茶叶中水不溶性灰分含量的高低，是区别鲜叶原料老嫩和茶叶品质好坏的标志之一。

三、茶 多 酚

茶多酚是茶叶中多种酚类物质的总称。

过去茶多酚又称茶鞣质、茶单宁，因其大部分能溶于水，所以又称水溶性鞣质。茶多酚的总含量约占鲜叶干物质的1/3，是茶叶内含可溶性物质中最多的一种。茶叶品质的很大部分取决于多酚类化合物的组成、含量、比例以及其转化产物的类型，从而获得不同茶叶的品质特征，它对茶叶色、香、味的形成影响很大，对人体生理也有重要作用。

茶多酚是茶叶中30多种多酚类物质的总称，主要由儿茶素、黄酮类物质、花青素和酚酸等4大类物质所组成。其中儿茶素（即黄烷醇类）含量最多，一般占多酚类化合物总量的70%～80%，它是形成不同茶类的主要物质，具有强烈的收敛性，苦涩味较重。黄酮类物质又称花黄素，多以糖苷的形式存在于茶叶中，分别为黄酮和黄酮醇类。花青素又称花色素，具明显的苦味。在高温干旱季节花青素易形成并累积，因此夏茶具有明显的苦涩味，对品质不利。酚酸的含量很少，味苦涩。

四、蛋白质和氨基酸

茶叶中的蛋白质由谷蛋白、白蛋白、球蛋白和精蛋白所组成，其中以谷蛋白所占比例最大，能溶于水的是白蛋白，它对茶汤的滋味有积极作用。

茶叶中氨基酸的种类很多，主要有茶氨酸、天门冬氨酸、谷氨酸、精氨酸、丝氨酸等。其中茶氨酸占氨基酸总量的50%以上，嫩芽与嫩茎中所占的比例最大。因为氨基酸极易溶解于水,具有鲜爽味,因此它决定着茶汤的品质的鲜爽度。鲜叶在加工过程中,部分蛋白质也能分解成氨基酸,具有花香和鲜味,对茶的滋味、香气的形成起着重要的作用。绿茶品质的香高、味醇与氨基酸含量较多有关系。

五、生 物 碱

茶叶中的生物碱主要有咖啡碱、可可碱和茶叶碱 3 种。以咖啡碱含量最多,一般为 3%～4%。其他 2 种含量很少。茶鲜叶原料越嫩,咖啡碱含量越高,品质越好。

六、芳香物质

茶叶中芳香物质含量低,但种类很多。主要有中低沸点和高沸点 2 类。中低沸点芳香物质如青叶醇等具有强烈的青草气,存在于鲜叶中,因此杀青不足的绿茶往往具有青草气;而高沸点的芳香物质,如苯甲醇、苯乙醇、茉莉酮和芳樟醇等,都具有良好的花香,它们主要是鲜叶经加工后形成的。因此,加工技术是形成茶叶良好香气的关键。

七、糖　类

糖类物质也叫碳水化合物,包括纤维素、半纤维素、淀粉和果胶等物质。茶叶中糖类物质有可溶性糖和不溶性糖 2 类。其中的可溶性糖除了构成茶汤的滋味外,还参与香气的形成,如有的茶叶具有的甜香、焦糖香和板栗香就是在加工过程中糖类的变化及其与多酚类、氨基酸等物质相互作用而形成的。

八、色　素

茶叶色素包括叶绿素、叶黄素、胡萝卜素、花青素、黄酮类物质以及其他茶多酚的氧化产物(主要是茶黄素、茶红素和茶褐素)等。叶绿素、叶黄素和胡萝卜素不溶解于水,也称脂溶性色素;黄酮类物质、茶青素、茶黄素、茶红素和茶褐素能溶于水,因此也叫水溶性色素。脂溶性色素对干茶和叶底的色泽有很大的影响,而水溶性色素决定着茶汤的汤色。

叶绿素是绿茶中的主要色素,它是形成绿茶干茶色泽的主要因素。茶叶中叶绿素的含量一般为 0.3%～0.8%。叶绿素主要是由蓝绿色的叶绿素 a 和黄绿色的叶绿素 b 所组成,长在树上的鲜叶叶绿素 a 要比叶绿素 b 的含量高 2～3 倍,因此通常是深绿色的;但是幼嫩的叶子叶色较淡,有时会呈黄绿色,这是叶绿素 b 比叶绿素 a 含量高的缘故。在绿茶加工过程中,叶绿素将随着加工过程的变化而发生一系列的化学变化,使茶叶的色泽逐渐变深,最终形成了绿茶干茶的色泽。

第三节　茶叶品质变化的原理

茶具有很强的吸湿性、氧化性以及吸收异味的特性,从而导致茶叶在贮藏过程中不断陈化、吸潮、霉变、串味、变质等。茶叶的变质存在内、外 2 个方面的因素:一是茶叶本身因素;二是茶叶贮藏的温度、湿度、光线等环境因素的影响。因此,保持茶叶品质,要从内、外 2 个方面入手,才能达到事半功倍之效。

一、茶叶品质变化的原因

贮运过程中,茶叶品质陈化变质的原因是很多的,但归纳起来主要有以下几个方面。

(一)水分的变化

水分是茶叶内各种成分生化反应必需的介质,也是微生物生长繁殖的必要条件。

一般成品茶的含水率为 4% ~ 6%,在这个含水量之内,茶叶的化学反应缓慢,微生物无法孳生。但当茶叶含水量超过 12%时,茶叶内部化学反应会加速进行,微生物开始孳生,茶叶很快就会发生变质或霉变。

(二)茶多酚的氧化

在自然条件下,茶多酚是一种极易氧化的物质。绿茶在贮藏过程中外形色泽会由绿变黄,由润变枯;茶汤色变褐,甚至变红;滋味迟钝,失去茶叶的正常风味。这些都是茶多酚自动氧化的结果。

绿茶由于在加工过程中酶活性的破坏,茶多酚的含量比其他茶类要高,因此在贮藏过程中,绿茶比其他茶类更容易发生品质的下降。

(三)维生素 C 的氧化

绿茶中的维生素以维生素 C 含量最多,并且嫩茶的维生素 C 含量比老茶要多,高级绿茶中的维生素 C 含量可达 0.5%以上。维生素是绿茶品质变化的重要化学指标,绿茶在贮藏过程中,若贮藏不当,或受外界环境条件的影响,维生素 C 会发生氧化反应,使绿茶的外形色泽和汤色褐变。在绿茶中,当维生素 C 含量的保留率低于贮藏前含量的 60%时,绿茶品质下降就明显了。

（四）氨基酸、蛋白质和可溶性糖的变化

在茶叶贮藏的过程中，由于蛋白质能和多酚类化合物结合，形成不溶性的聚合物，使可溶性多酚类化合物减少，所以在一定程度上影响了茶叶的滋味。氨基酸还可与可溶性糖发生反应，形成不溶性的聚合物，所以茶叶经一定时间的贮藏后品质的鲜爽度会下降。另外，由于氨基酸在一定的温、湿度条件下，能自动氧化、降解和转化，从而影响成茶的品质。

茶叶中的氨基酸是重要的呈味物质，它决定了茶汤的鲜爽度。在茶叶贮藏过程中，氨基酸和可溶性糖反应，形成不溶性的聚合物，使茶汤汤色变浑，鲜爽度下降；另外氨基酸在一定的温、湿度条件下，能自动氧化、降解和转化，使茶叶失去了鲜爽风味。

（五）色素的变化

在茶叶的贮藏过程中，色素的变化主要是绿茶中的叶绿素。叶绿素及其转化产物是形成绿茶干茶色泽和茶汁汤色的重要成分之一。叶绿素本身就是一种极不稳定的物质，在光和热的作用下，易产生置换和分解反应，使翠绿色的叶绿素脱镁反应生成褐色的脱镁叶绿素而使干茶色泽发生变化。当这种脱镁叶绿素的比例达到70%以上时，茶叶就会出现显著的褐变。

（六）香气成分的变化

香气是茶叶品质成分中种类最多、最复杂的一类物质。茶叶在贮藏过程中，除了茶叶本身的香气成分会不断下降以外，氨基酸及其转化产物、氨基酸与儿茶素的作用也会使茶叶的香气发生变化，随着时间的推移，新茶特有的清香会丧失，陈味逐渐被显露。这一现象的产生，是因为茶叶原有香气成分去失和一些陈味物质的产生与增加而引起的。研究认为，构成绿茶香的主要成分是正壬醛、顺-3-己烯己酸酯、吲哚和一些尚未知的成分。这些成分在茶叶的贮藏过程中，随着时间的推移，明显减少。与此同时，也产生了一些新化合物，而呈现出茶叶的陈味。除此之外，在茶叶的贮藏过程中，β-紫罗酮及5,6-环氧-β-紫罗酮、二氢海葵内酯等胡萝卜素转化衍生而成的成分，也有不同程度的增加。随着时间的延长，香气不断下降，新茶特有的清香丧失，陈味逐渐显露。

（七）脂类物质变化

茶叶中的脂类物质包括甘油脂、糖类、磷脂和一些不饱和脂肪酸，它们在空气中会与氧发生缓慢的氧化作用，生成醛类与酮类物质，从而产生酸败臭的气味，使茶叶显陈、酸败、汤色变深。在茶叶的贮藏过程中，这些脂类物质都是一些不稳定的化学成分，由于受高温、光照、氧气的影响，游离脂肪酸含量会不

断增加，从而不断产生有陈味的醛、酮、醇等挥发性成分，使得茶叶饮用价值和商品价值降低。因此，脂类物质的氧化是引起绿茶陈化和香气劣变的最重要的原因之一。

(八)环境条件的影响

茶叶内含成分的变化必须在适宜的湿度、温度、氧气、光照等因素及其相互作用下才能进行，因此环境条件是茶叶发生陈化、变质的外在因子，只有当内、外因子共存时茶叶品质才发生变化。

二、茶叶品质变化的预防

变质、陈化是茶叶各种内含化学成分在一定的环境条件下发生氧化、降解和转化的结果，主要是温度、水分、氧气、光照等因素的影响。因此，要防止茶叶在贮藏和流通过程中的陈化变质，必须达到以下各项要求。

(一)茶叶必须干燥

水分是茶叶内各种生化成分反应必需的介质，也是茶叶发生霉变的主要因素和微生物繁殖的必要条件。通常情况下，茶叶含水量越高，陈化越快。含水量超过6.5%时，存放6个月就会产生陈气；含水量超过7%时滋味就会逐渐变差；含水量达8.8%时，短时间内很可能发霉；含水量超过12%时，霉菌大量孳生，霉味产生。因此，对价格高的名优茶，含水率以4%～5%为佳，应控制在6%以内，最高不超过7%。

(二)控制茶叶贮藏的环境条件

1. 低氧环境　空气中大约80%是氮气，20%是氧气。氧气几乎能和所有元素化合成为氧化物。茶叶在贮藏过程中，茶叶中的茶多酚、维生素C、类脂、醛类、酮类等物质都会自动氧化，氧化后的产物大多对茶叶品质不利。有研究表明，茶叶在含氧量为1%和10%的不同环境中贮藏，品质有明显的差异。在茶叶贮藏中采用在包装容器内充入氮气，或用其他方法吸走氧气，可使包装容器内的含氧量下降到最低。名优茶包装容器内氧气含量控制在0.1%以下(即基本无氧状态)茶叶品质才有保证。

2. 低湿环境　湿度是指茶叶贮藏环境的空气相对湿度和茶叶本身的含水量。茶叶是疏松多毛细管的结构，在茶叶的表面到内部有许多不同直径的大小毛细管，贯通整个茶叶，同时茶叶含有大量亲水性的果胶物质，所以很容易吸湿变潮。茶叶在贮藏过程中，各种成分的变化以及霉菌的产生与环境空气相对湿度及茶叶含水量密切相关。据试验，茶叶含水量3%、在5℃温度条件下贮藏4个月，干茶色泽几乎不变；含水量7%、在25℃温度条件下贮藏的茶叶，其干茶色泽变化较大；而含水量3%、在25℃温度条件下贮藏的茶叶与含水量7%、在5℃温度条件下贮藏的茶叶，两者无明显差异。贮藏环境的空气相对湿度越高，茶叶吸湿返潮越快；茶叶含水量越低，吸湿越快。当在空气相对湿度40%的环境中贮藏时，茶叶的平均含水量仅为8%左右；当在空气相对湿度80%的环境中贮藏时，含水量一天就可增加10%以上，直到茶叶含水量上升到21%左右。控制环境湿度对保持茶叶品质具有较大的作用，茶叶应贮藏在空气相对湿度30%～50%的环境中。

3. 低温贮藏　茶叶在贮藏过程中的品质变化是茶叶内含成分变化的结果，环境温度越高，反应速度越快，变化越激烈。一般说来，温度每升高10℃，绿茶色泽褐变的速度要加快3～5倍。在贮藏过程中，影响茶叶品质的有效成分含量，随着环境温度的增高而减少，尤其是对茶叶香气有良好作用的成分减少越多。由此可见，温度是茶叶贮藏中影响品质的主要因素之一。低温贮藏是茶叶贮藏的有效方法。一般来说，在0℃～5℃范围内，茶叶可在较长时间内保持原有色泽；在10℃～15℃时，色泽变化较慢，保色效果也较好。名优茶的贮藏温度通常应控制在5℃以下，最好是贮藏在－10℃以下的冷库或冷柜中，能较长时间保持名优茶的色泽和风味。

4. 避光保存　光线能够促进植物色素或脂类物质的氧化，特别是叶绿素受光照的影响更大。茶叶在贮藏过程中若受到光照的影响，色素和脂类等物质将会产生光氧化反应，产生令人不快的异臭气味。特别是在受紫外线影响时，茶叶中一些芳香物质发生反应，产生日晒味，导致茶叶香气、色泽的劣变。

综上所述，茶叶的保鲜条件是：茶叶含水量低于6%、避光、脱氧（容器内含氧量低于0.1%）、低湿（空气相对湿度低于50%）、低温（5℃以下）以及卫生干净的加工及贮藏条件。

第四节　茶叶保鲜贮藏技术

一、茶叶保鲜贮藏方法

自古以来，人们就在生产实验中创造了许多保持茶叶品质的有效方法。如传统的木炭、石灰、硅胶除湿保鲜法，就是将茶叶放到内置木炭、石灰或硅胶的瓦坛、铁罐和铁箱等比较密封的容器内，这是最原始也很有效保持茶叶品质的贮藏方法，目前在许多厂家仍在使用。近些年来，充氮包装贮藏、除氧包装贮藏和低温冷藏等保鲜技术得到了更为广泛的应用。归纳起来，茶叶的贮藏方法有以下几种。

(一)常温贮藏法

常温贮藏常用防潮性能较好的铝箔复合袋、各种金属罐、玻璃器具以及茶箱、茶袋等贮藏。由于茶箱、茶袋的防潮性能差,只在初、精制茶厂大批量茶叶调拨货时使用,一般常温贮藏 2~3 个月茶叶品质就会有很大变化。用复合袋、金属罐和玻璃器具包装的茶叶,要求茶叶含水量控制在 3% 以内,这样茶叶变质程度较轻。但在这样的含水量范围的茶叶品质得不到保证,茶太干易断碎,成本也高,因此目前很少使用。但常温贮藏的茶叶,如果能控制好适当的含水量,所用容器的气密性好,结合其他方法保存,效果也不错。不过在 30℃以上高温季节就不能保证茶叶品质,尤其是色泽褐变无法防止。

(二)灰缸贮藏法

灰缸保存法是将生石灰、木炭或硅胶置入待存茶叶的密封容器(一般是灰缸)内,利用生石灰、木炭或硅胶具有很好的吸湿性来吸收灰缸内有效空间和茶叶中的水分,从而降低灰缸内空气的相对湿度,以达到延缓茶叶保管过程中品质陈化、劣变。这是最古老、最传统的保管方法,在各种保管茶叶的方法中,它具有操作方便、成本低等优点。

(三)脱氧包装保鲜贮藏法

脱氧包装保鲜法是采用脱氧剂(或除氧剂)放入装有茶叶的密封容器内,利用脱氧剂吸收包装物内的氧气,去除氧气,从而延缓茶叶因氧化作用而产生的品质陈化、劣变。一般在常温下容易与氧反应形成氧化物的物质均可作为脱氧剂的基材,但从安全卫生、吸氧性能、价格等因素考虑,现在市场上的脱氧剂主要以活性铁粉为基材的较多。脱氧剂在包装容器内可与氧气发生反应,消耗容器内的氧气,一般封入脱氧剂 24 小时后,容器内的氧气浓度可降低到 0.1% 以下。当容器内渗入微量氧气时,仍能发生反应并吸收这些氧气,所以能长时间保持茶叶处于无氧状态。但利用脱氧剂贮藏时,容器的密封要求较高,不能有丝毫的漏气,否则达不到应有效果。

脱氧保鲜法最适宜在绿茶、尤其是在名优绿茶中使用。有研究表明,名优绿茶用脱氧剂进行品质保鲜贮藏,香气和滋味均优于充氮保鲜法贮藏,尤其是维生素 C 变化甚微,在 80 天内基本无变化;而充氮保鲜法在同样时间内则损失率为 15.4%。脱氧保鲜法对茶叶品质保鲜效果非常明显,并且使用方便、价格低廉,是近些年来全国各大产茶区使用最为广泛的一种保鲜技术。

(四)抽气充氮保鲜贮藏法

抽气充氮包装法是气体置换技术中的一种,它是采用氮气来置换包装袋内的空气。首先要抽去氧气,使其包装物内形成真空状态,然后再充入氮气,最后严密封口,从而阻止在贮藏过程中茶叶化学成分与氧气发生反应,达到防止茶叶的陈化、劣变为目的的方法。氮气是一种隋性气体,本身具有抑制微生物生长繁殖的功能,也可达到防霉保鲜的目的。有研究表明,当含水量低于6%的绿茶,采用铝箔包装抽气充氮,经6个月的贮藏后维生素C的含量可保持在96%以上,所以保鲜效果是十分明显的。但是,由于抽气充氮包装具有体积大、易破碎、运输不便等缺点,目前在实际生产中还很少使用,技术未能推广。

(五)低温保鲜贮藏法

低温保鲜贮藏法是通过改变环境温度,降低茶叶内含化学成分的氧化反应速度,最终达到减缓茶叶品质陈化、劣变的一种贮藏保鲜技术。在茶叶品质保鲜过程中,目前采用的低温保鲜贮藏方法,主要是通过制冷机组来降低贮藏容器或茶叶贮藏场所的温度来实现的,其中使用最广、成本最低的为冷库保鲜法。冷库类型主要有土建式和组合式2大类。土建式冷库一般来说结构较简单,成本较低,但是由于它具有较大的空间,所以存在着空间内不同的温区差异,因此在保鲜过程中,要设置通风、通气空间或采用框架存放茶叶进行贮藏。而组合式冷库则结构合理,保温性能好,操作和使用方便而灵活,但成本相对较高。

用低温保鲜贮藏法来保持茶叶的品质,经过多年的生产实践证实是有效的,冷库的库房温度保持在-18℃~2℃范围内均能达到品质保鲜的目的。对绿茶而言,当温度选择在5℃以下、经8~12个月的贮藏,绿茶品质能保持基本不变;在-10℃以下贮藏,可保持2~3年品质基本不变。

二、各种茶叶保鲜贮藏方法的注意事项

(一)常温贮藏法

第一,常温贮藏的干茶含水量应控制在5%左右。

第二,包装物必须具有很好的防潮性能,包装袋材料最好用2~3层的高分子复合材料。

第三,包装袋封口要严密。

第四,贮藏时间不宜过长,一般以3个月为宜。

(二)灰缸贮藏法

第一,存放入灰缸前的干茶含水量应控制在6%以下。

第二,灰缸内的空气相对湿度要低,应控制在60%以下。

第三，包装物必须具有良好的透气性，最好用牛皮纸包装。

第四，灰缸贮藏的时间不宜过长，一般以 6～8 个月为宜。

第五，梅雨季过后需更换石灰 1 次。

（三）脱氧包装保鲜贮藏法

第一，茶叶必须干燥，在进行包装前的干茶含水量必须严格控制在 6%以下。

第二，首先选用阻气性好的复合薄膜或其他容器，其氧气透过率应 > 20 毫升/米^2 24·一个大气压。

第三，由于脱氧剂规格型号的不同，因此使用有效容器的体积也不同。在使用过程中，应根据容器的大小选择不同规格型号的脱氧剂。

第四，在容器中放入脱氧剂后，必须严格密封，否则将会降低使用效果；复合薄膜必须采用宽边封口机进行封口，不能有漏气现象。

第五，在使用脱氧剂前，最好要计算一下茶叶包装数量的多少，将脱氧剂一次性使用完毕。若一次用不完，被拆封后的脱氧剂必须在 2 小时内用原包装严密封口，以免失效。

（四）抽气充氮保鲜贮藏法

第一，适用范围为碎末茶少的形状茶（碎末茶会被抽入抽气设备而影响设备寿命）。

第二，包装容器体积大、易破损，容器必须牢固。

第三，贮运时包装容器不能相互叠压。

（五）低温保鲜贮藏法

第一，所用冷库的除湿效果要好，空气相对湿度应控制在 60%以内（50%以下更佳）。并要用防潮性能好的包装材料对茶叶进行包装，这样才能使茶叶处于干燥状态。

第二，茶叶是导热性能较差的物质，冷库存放时应该分层堆放，每件之间要留一些间隙，使冷空气在库内有足够的循环空间，以便茶叶能均匀快速降温。

第三，茶叶出库后，不能升温过快，要逐步升温，然后进入常温，以免引起茶叶品质急剧下降。茶叶出库后，分成小包装，并与脱氧、抽气充氮包装方法相结合，这样更有利于保持茶叶品质。

思考题

1. 简述引起茶叶品质变化的主要原因。
2. 目前茶叶保鲜贮藏技术主要有哪几种？
3. 低温保鲜贮藏法应注意哪些事项？

第二章　茶业企业标准的制定与应用

标准化法规定,企业生产的产品,在没有国家标准、行业标准和地方标准时,应制定企业产品标准,作为生产和产品质量的判定依据。国家严禁企业无标生产;为提高产品质量、促进技术进步,国家鼓励企业制定严于国家标准、行业标准或地方标准的企业产品标准。企业还可以制定对国家标准、行业标准的选择或补充的标准,设计、采购、工艺、半成品等方面的技术标准,生产、经营活动中的管理和工作标准。

第一节　文字标准制定

一、企业文字标准的制定原则

贯彻国家和地方的有关法律、法规和政策,严格执行强制性标准;保证安全、卫生,充分考虑市场需求,保护消费者利益,保护环境;有利于企业技术进步,保证和提高产品质量,改善经营管理,增强经济效益和社会效益;积极采用国际标准和国外先进标准;鼓励采用推荐性国家标准、行业标准;有利于合理利用国家资源、能源,推广先进科技成果。

二、企业标准代号、编号方法

企业标准的编号应按国家质量技术监督局颁布的《企业标准化管理办法》规定执行(图 3-2-1)。

三、标准编写依据

以下述文件为依据进行编写。

第一,GB/T 1.1—2000《标准化工作导则　第一部分:标准的结构和编写规则》。

此标准从 2001 年 6 月 1 日起已正式实施,代替 GB/T 1.1—1993《标准化工作导则　第一单元:标准的起草与表述规则　第一部分:标准编写的基本规定》和 GB/T 1.2—1996《标准化工作导则　第一单元:标准的起草与表述规则　第二部分:标准出版印刷的规定》。

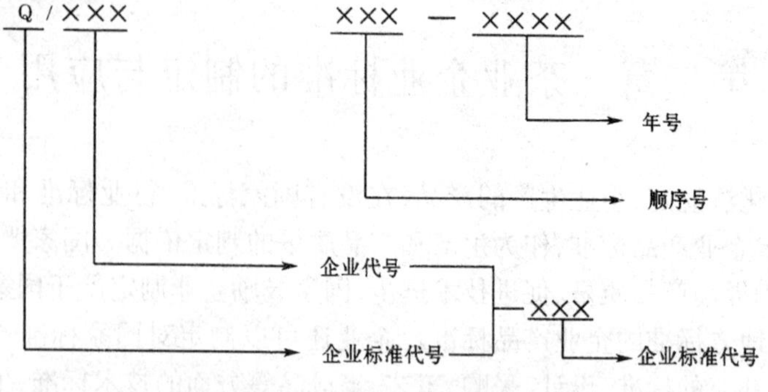

图 3-2-1　企业标准代号、编号方法

第二，GB/T 1.3—1997《标准化工作导则　第一单元：标准的起草与表述规则　第三部分：产品标准编写规定》。

四、企业标准制定程序

(一)计划阶段

企业标准制(修)定、实施和管理等工作应列入企业的年度计划。

(二)成立标准编写小组

该程序可视具体情况取舍。对于一些简单标准可不成立编写小组。对于一些复杂的标准应成立编写小组，并指定专人负责。

(三)开展调查研究，收集资料

充分调研和收集资料，尽量扩大信息占有量，可以使起草工作少走弯路，节省时间、人力、物力、财力，提高工作效率，缩短周期。

调研的重点是：①国际标准、国外先进标准和国内有关标准；②国内生产和贸易现状；③有关产品的样本和技术数据；④最新科研成果及推广应用情况；⑤本企业生产、经营、管理和产品质量等实际状况；⑥与待制定标准有关的法律、法规等。

这一程序非常重要、必不可少，且工作量非常大，其直接关系到标准的“三性”(科学性、先进性、适应性)。

(四)分析、研究和验证

对上一程序的工作进行分析、研究和验证，初步拟定标准内容方案。包括标准的水平定位及标准的结构、内容和参数等。如果是产品标准，还应根据企业生产、销售等实际情况确定茶叶质量分等、分级，明确各质量等级茶叶的品质水平。

(五)制定茶叶实物标准样

在制定产品标准时,应根据上一程序确定的茶叶质量分等、分级要求,按茶叶实物样制定程序和方法制定好茶叶实物标准样。并将制定完成的实物标准样送茶叶质量检测部门进行实际检测,明确标准中各待定参数的实测值。

(六)编写标准征求意见稿及其编制说明

1. 起草标准征求意见稿　一切准备工作都做好后,标准制定程序进入标准的文字起草阶段。按照GB/T 1.1—2000《标准化工作导则　第一部分:标准的结构和编写规则》等标准的规定,起草标准征求意见稿。如产品标准按GB/T 1.1—2000《标准化工作导则　第一部分:标准的结构和编写规则》和GB/T 1.3—1997《标准化工作导则　第一单元:标准的起草与表述规则　第三部分:产品标准编写规定》编写。

2. 编写编制说明　标准本身是一个很简练的技术文件,是编制组大量工作的结果,在征求意见或审定时,专家只看结果往往不清楚前因后果。因此,编制说明主要要写清楚以下几项内容:①工作简况(主要是工作过程等)。②标准编制原则和确定标准主要内容(如技术指标、参数、公式、性能要求、试验方法、检验规则等)的论据(包括试验、统计数据);修订标准时,应增列新旧标准水平对比。③主要试验(或验证)的分析、综述报告,技术经济论证,预期经济效果。④采用国际标准或国外先进标准的程序,以及与国际、国外同类标准水平的对比情况等。⑤与有关的现行法律、法规和强制性标准的关系。⑥重大分歧意见的处理经过和依据。⑦贯彻标准的要求和措施建议。⑧其他应予以说明的事项。

(七)征求意见

标准草稿虽然是经过标准编制人员在收集大量资料、验证分析和反复推敲的基础上编写完成的,但智者千虑必有一失,集思广益对完善标准是非常有必要的。因此,标准草稿起草完成后,还应印发给企业内部的有关部门或外面的专家征求意见。产品标准还应征求经销单位意见。征求意见的时间一般为2个月。征求意见时发送的材料主要有:标准征求意见稿(标准草稿)、编制说明和征求意见表(表3-2-1)。

表 3-2-1　××××标准征求意见表

标准名称:××××　　　　　　　　　起草单位:××××

联系人:×××　　电话:××××　　通讯地址:××××

提出意见单位(盖章):×××　　　　　提出意见人(签字):××××年×月×日

序　号	标准章条编号	意见内容

(八)提出标准审定稿

标准审定稿应是被认为已成熟的、经审查后可定稿的标准稿。

提出标准审定稿一般应经过下列程序。

第一,对征求来的意见进行归纳、整理,逐条由起草人提出处理意见,然后经标准起草小组集体讨论、确定(表 3-2-2)。

表 3-2-2　意见汇总处理表

共××页第××页

标准名称:××××　起草单位:××××　承办人:×××　电话:××××　××××年××月××日

序　号	标准章条编号	意见内容	提出单位	处理意见	备　注

说明:①发送"征求意见稿"的单位数,×个

②收到"征求意见稿"后,回函的单位数,×个

③收到"征求意见稿"后,回函并有建议或意见的单位数,×个

④没有回函的单位数,×个

(注:上述说明附在最后一页下面)

对意见的处理大致有下列 5 种情况:采纳,部分采纳,不采纳,对此应说明理由或根据,待试验后确定和由标准审查会决定。

第二,根据处理意见修改标准征求意见稿和编制说明。

条文、图表有增删时,应注意条文、图表顺序号的更改;条文中有引用这些条文、图表的其顺序号也要相应修改。同时,对标准的编写说明也要作修改。

第三,标准审定稿完成后,要确定标准用会审或函审形式审查。如确定会议形式审查时,还应提出参加审查会的单位和专家名单。

(九)审　查

标准审查的形式通常有会议审查和函审2种。

一般下列情况的标准宜用会审：①对于标准内容较多、技术经济意义较大的标准，如茶叶产品标准等。②标准内容比较复杂，主要技术要求不易下结论，需要集中权威人士来商讨决定的标准。其余的可函审。

下面主要介绍会议审查。

标准审查会是对标准内容的全面审核与肯定。从标准的标题(名称)起直至最后一个附录都要严格审定。标准中的原则性、政策性问题和重大技术性问题，以及所有的分歧，都应在会上通过讨论、协商取得一致。如须表决，必须有出席会议代表的3/4同意才能通过。标准起草人不能参加表决。

1. 会议审查要提供的文件　①标准审定稿；②标准编制说明及有关附件；③审定稿意见汇总处理表。

通常标准起草人应在会议审查前1个月将上述材料寄给参加会议的代表。会议审查时，标准起草单位和起草人应做好如下工作：①标准起草和编制说明汇报；②负责对专家提出问题的答疑；③认真做好标准审查中的会议记录和整理出会议纪要。

2. 审查重点：　①任务完成情况；②三性水平；③是否符合标准化工作导则；④与其他标准、法律、法规相协调一致的情况；⑤对标准水平进行评估(处于什么水平)；⑥可操作性及效益情况；⑦对标准审定下结论(通过与否)。

3. 审查原则　①客观、公正；②实行专家负责制(组长、副组长)；③与国内外标准协调一致问题(可适当考虑)；④能很好地利用(适用性)；⑤逐字逐句对标准文本进行审定。

4. 会议纪要　标准审查会结束前，应通过会议纪要。纪要应附参加审查会的单位和人员名单。纪要应如实反映审查情况，应包括以下内容的审查结论：①标准编制原则和确定标准内容的论据。修订标准时应有新旧标准水平对比。②主要试验(或验证)的分析、综述，技术经济论证，预期经济效果。③与国内外同类标准水平的对比情况。④与有关现行法律、法规及强制性标准的关系。⑤重大分歧意见的处理。

(十)标准的发布、备案

标准审查会之后，标准起草小组应进行以下工作。

第一，依标准审查会的审查意见和决议，对标准内容进行细致修改，使标准内容符合审查会的要求；对标准全文重新审核，使之前后连贯、语句通顺、概念清楚、无文字错误；条文序号如有变动，应顺序改正；最后形成标准备案稿。

第二，完成备案材料。备案材料见表 3-2-3。

表 3-2-3　标准备案材料表

序　号	材料种类
1	标准申报单
2	标准正式文本
3	编制说明及有关附件
4	标准审定意见（会议纪要）
5	专家签名表

企业标准经企业技术负责人批准后编号、发布、实施。

企业的产品标准应在发布 30 日内向所属的行政主管部门和当地县级以上标准化行政主管部门备案。

（十一）宣　贯

标准宣贯内容：①介绍标准制定修订的原因、过程及意义；②介绍标准的主要特点；③解释标准的内容；④标准实施过程中的问题及解决办法、措施；⑤介绍相关标准。

另外，标准发布之后，一般每隔 5 年左右将根据技术的发展和实际使用过程中反映的问题进行复审，对需要修订的及时进行修订。因此，标准起草人在标准发布实施之后还要注意收集汇总实施过程中发现的问题和意见，为下一步修订作准备。

第二节　茶叶标准样品制备

一、茶叶标准样品的制备程序

茶叶标准样品的制备程序通常为：原料的选留、原料的制备、拼配小样、拼配大样、包装与标签、保管和换配。

茶叶标准样品的制备依据是文字标准确定的茶叶感官品质要求、企业实际生产情况和国内外市场需求。

二、茶叶标准样品的制备方法

(一)原料的选留

茶叶标准样原料茶的选取,是正确制定茶叶标准样品的基础。原料茶选留是否适当,不仅关系到制定出的茶叶标准样品是否正确合理,而且还关系到生产者、经销者和消费者的利益。

根据各质量等级茶叶品质规格要求,选择采制正常、外形和内质有代表性的茶叶,其稳定性和均匀性应符合标准样品的预期要求;选取的原料茶感官品质、理化品质和安全卫生指标应符合产品的质量要求;原料茶的数量应按计划选好留足,以保证满足使用需要。

选好的原料茶应装入密封性能好的容器内,存放场所应干燥、阴凉和无异味。

(二)原料的制备

制备工艺和选用的加工工具应保证原料的均匀性和稳定性,应防止容器和环境对原料的污染;将制备原料对照所拼质量等级的基准样进行品质评定,剔除不符合要求的原料。

(三)拼配小样

在同级原料中选定 1~2 唛具有该等级规格均匀的单样作为基本样,通过单样反复调剂,直至外形和内质符合基准样的要求。

(四)拼配大样

对照小样试拼小堆样,进行品质水平均匀性试验,符合要求后再拼大样。

(五)包装与标签

标准样品分装要求均匀一致;应有合格的包装形式,便于保管和使用;包装容器上应有标准样品标签,标明标准类别、性质、编号、名称、等级、适用范围(地区)、使用年度、发布(制定)日期和发布单位等。

(六)保　管

茶叶标准样品应有专人负责保管,存放环境应干燥、阴凉和无异味,防止标准样茶变质。

(七)换　配

茶叶标准样品有效期为 1~3 年。具体依据茶叶产品文字标准规定。

茶叶标准样品到期后应及时换制新的茶叶标准样品。

附：茶业企业产品文字标准

茶业企业产品文字标准现以浙江珠茶有限公司企业标准为例加以介绍。

一、茶业企业产品文字标准示例封面设计

封面设计如图 1 所示。

Q

浙 江 珠 茶 有 限 公 司 企 业 标 准

Q/ZJZC 008—2006

珠 茶

Gunpowder tea

2006-02-08 发布　　　　2006-05-01 实施

浙江珠茶有限公司 发布

图 1　茶业企业产品文字标准封面设计

二、前　言

本标准由浙江珠茶有限公司提出。

本标准主要起草单位:浙江珠茶有限公司。

本标准主要起草人:×××、××、×××。

三、正　文

(一)范　围

本标准规定了珠茶的术语和定义、要求、试验方法、检验规则、标志、标签、包装、贮藏和运输的要求。

本标准适用于浙江珠茶有限公司生产的珠茶。

(二)规范性引用文件

下列文件中的条款通过本标准的引用而成为本标准的条款。凡是注日期的引用文件,其随后所有的修改单(不包括勘误的内容)或修订版均不适用于本标准,然而,鼓励根据本标准达成协议的各方研究是否可使用这些文件的最新版本。凡是不注日期的引用文件,其最新版本适用于本标准。

GB 191　包装贮运图示标志

GB 2762　食品中污染物限量值

GB 2763　食品中农药最大残留限量

GB/T 4789.3　食品卫生微生物学检验　大肠菌群测定

GB/T 5009.12　食品中铅的测定方法

GB/T 5009.19　食品中六六六、滴滴涕残留量的测定

GB/T 5009.20　食品中有机磷农药残留量的测定方法

GB/T 5009.94　植物性食品中稀土的测定

GB/T 5009.103　植物性食品中甲胺磷和乙酰甲胺磷农药残留量的测定

GB/T 5009.106　植物性食品中二氯苯醚菊酯残留量的测定

GB/T 5009.110　植物性食品中氯氰菊酯、氰戊菊酯和溴氰菊酯残留量的测定

GB/T 5009.146　植物性食品中有机氯和拟除虫菊酯类农药多种残留的测定

GB 7718　预包装食品标签通则

GB/T 8302　茶　取样

GB/T 8304　茶　水分测定

GB/T 8305　茶　水浸出物测定

GB/T 8306　茶　总灰分测定

GB/T 8310　茶　粗纤维测定

GB/T 8311　茶　粉末和碎茶含量测定

GB 11680　食品包装用原纸卫生标准

NY/T 787　茶叶感官审评通用方法

NY 5244　无公害食品　茶叶

《定量包装商品计量监督管理办法》(国家质量监督检验检疫总局第 75 号公告)

(三)术语和定义

下列术语和定义适用于本标准。

圆炒青　round panfired green tea

用茶树[*Camellia sinensis* (L.)K]新梢的芽、叶、嫩茎,经过杀青、揉捻、干燥、锅炒车色等工序后,制成的圆形炒青绿茶。

珠茶　gunpowder tea

以圆炒青为原料,经特定精制工序加工,可供饮用的茶叶产品。

(四)要　求

4.1　基本要求

4.1.1　产品具有珠茶固有的自然品质特征,品质纯正,无劣变。

4.1.2　产品应洁净,不含非茶类夹杂物。

4.1.3　不着色,不添加人工合成的化学物质和香味物质。

4.2　实物样

珠茶按品质分为 7 级,即:特级、一级、二级、三级、四级、五级和不列级。

各质量等级珠茶设一个实物标准样,实物样为各质量等级珠茶品质的最低界限,每 2 年更换 1 次。

4.3　感官品质

各级珠茶的感官品质应符合表 1 规定的品质特征。

表 1　珠茶感官品质特征

等级	颗粒	整碎	色泽	净度	汤色	香气	滋味	叶底
特级	细圆重实	匀称	绿润起霜	洁净	黄绿明亮	高纯	浓厚	绿亮,嫩软较完整
一级	圆紧重实	匀称	绿润	洁净	黄绿尚明亮	较高纯	醇厚	黄绿,柔软较完整
二级	圆结	尚匀称	尚绿润	略有黄头	黄亮	纯正	醇和	黄绿,较肥软
三级	圆整	匀齐	黄绿	有嫩茎梗	黄较亮	平和	尚醇和	黄尚匀,尚软
四级	圆实	尚匀齐	黄绿	稍带扁块,略有茎梗	黄尚亮	尚平和	有粗味	黄尚匀,稍粗老
五级	粗圆	尚匀	灰黄	带黄扁块、老梗	黄欠亮	有粗气	粗淡	黄暗尚匀,粗老
不列级	圆扁	尚匀	灰黄	带朴片老梗	深黄	粗老气	粗涩	黄暗,粗老稍硬

4.4 理化指标

各级珠茶的理化成分指标应符合表2的规定。

表2 珠茶理化成分指标 (%)

项 目	理化成分指标
水 分	≤7.0
水浸出物	≥34.0
总灰分	≤6.5
粗纤维	≤16.0
粉 末	≤1.0

4.5 安全卫生指标

各级珠茶的安全卫生指标必须符合表3的规定。

表3 安全卫生指标

项 目	指 标	备 注
铅(mg/kg)	≤5	以Pb计
稀土(mg/kg)	≤2.0	以稀土氧化物总量计
六六六(BHC)(mg/kg)	≤0.2	—
滴滴涕(DDT)(mg/kg)	≤0.2	—
溴氰菊酯(deltamethrin)(mg/kg)	≤10	—
顺式氰戊菊酯(esfenvalerate)(mg/kg)	≤2	—
氟氰戊菊酯(flucythrinate)(mg/kg)	≤20	—
氯氰菊酯(cypermethrin)(mg/kg)	≤20	—
氯菊酯(permethrin)(mg/kg)	≤20	—
乙酰甲胺磷(acephate)(mg/kg)	≤0.1	不得在茶叶中使用
杀螟硫磷(fenitrothion)(mg/kg)	≤0.5	—
甲胺磷(methamidophos)(mg/kg)	< LOD[a]	不得在茶叶中使用
对硫磷(parathion)(mg/kg)	< LOD[a]	—
甲基对硫磷(parathion - methyl)(mg/kg)	< LOD[a]	—
大肠菌群(coliform bacteria)(个/100g)	≤300	—

注:1.a为指定检验方法的检出限量

2. 检验项目可根据产品质量安全状况和监督抽检工作需要调整

4.6　包装净含量允差

定量包装规格由企业自定。单件定量包装珠茶净含量允许短缺量见表4。

表4　净含量允许短缺量

定量包装珠茶标注净含量(Q_n)(g)	允许短缺量(T)	
	Q_n的百分比(%)	g
0~50	9	—
50~100	—	4.5
100~200	4.5	—
200~300	—	9
300~500	3	—
500~1000	—	15
1000~10000	1.5	—
10000~15000	—	150
15000~50000	1	—

(五)试验方法

5.1　取样

按GB/T 8302规定执行。

5.2　感官指标检验

按NY/T 787规定执行。

5.3　理化指标检验

5.3.1　水分

按GB/T 8304规定执行。

5.3.2　水浸出物

按GB/T 8305规定执行。

5.3.3　总灰分

按GB/T 8306规定执行。

5.3.4　粗纤维

按GB/T 8310规定执行。

5.3.5　粉末茶

按GB/T 8311规定执行。

5.4　安全卫生指标的检测

5.4.1　铅

按GB/T 5009.12规定执行。

5.4.2　稀土

按 GB/T 5009.94 规定执行。

5.4.3　六六六和滴滴涕

按 GB/T 5009.19 规定执行。

5.4.4　杀螟硫磷、对硫磷和甲基对硫磷

按 GB/T 5009.20 规定执行。

5.4.5　甲胺磷和乙酰甲胺磷

按 GB/T 5009.103 规定执行。

5.4.6　氯菊酯

按 GB/T 5009.106 规定执行。

5.4.7　顺式氰戊菊酯、氯氰菊酯和溴氰菊酯

按 GB/T 5009.110 规定执行。

5.4.8　氟氰戊菊酯

按 GB/T 5009.146 规定执行。

5.4.9　大肠菌群

按 GB/T 4789.3 规定执行。

5.5　净含量检测

用符合计量要求的称重衡器称取去除包装的产品，与产品标示值对照进行检测。

5.6　包装标签检验

按 GB 7718 规定执行。

(六)检验规则

6.1　组批规则

产品均应按批(唛)为单位，同批(唛)珠茶的品质规格应一致。

6.2　交收(出厂)检验

6.2.1　每批产品交收(出厂)前，生产单位应进行检验，检验合格并附有合格证的产品方可交收(出厂)。

6.2.2　交收(出厂)检验内容为感官品质、水分、总灰分、粉末、净含量和包装标签。

6.2.3　安全卫生指标为交收(出厂)定期抽检项目。

6.2.4　水浸出物、粗纤维为交收(出厂)抽检项目。

6.3　型式检验

6.3.1　型式检验是对产品质量进行全面考核，有下列情形之一者，应对产品质量进行型式检验。

a)因人为或自然因素使生产环境或加工工艺、茶叶原料发生较大变化；

b)国家质量监督机构或主管部门提出型式检验要求。

6.3.2　型式检验即对本标准规定的全部要求进行检验。

6.4　检验结果判定

6.4.1　感官检验中，有高于或低于标准的情况不能抵补，如有三项因子稍低或一项因

子较低，另一项因子稍低，判为该批产品不合格。

6.4.2　安全指标检验不合格，不得作为饮用产品销售。

6.4.3　交收检验时，按6.2.2条规定的检验项目进行检验，其中有一项检验不合格，均判为不合格产品。

6.4.4　型式检验时，技术要求规定的各项检验，其中有一项不符合技术要求的产品，均判为不合格产品。

6.5　复验

对检验结果产生异议时，应对留存样进行复检，或在同批（唛）产品中重新按GB/T 8302规定加倍取样，对不合格的项目进行复检，以复检结果为准。

（七）标志、标签

7.1　标志

7.1.1　产品标志要醒目、整齐、规范、清晰、持久。

7.1.2　产品出厂应按要求编制唛号。唛号刷于外包。唛号纸加注件数净重，贴于箱盖或置于包装袋中。

7.2　标签

珠茶产品的包装标签必须按照GB 7718规定，或贸易进口国规定要求执行。

（八）包装、贮藏、运输

8.1　包装

8.1.1　包装必须符合牢固、整洁、防潮、美观的要求，能保护茶叶品质，便于装卸、仓贮和运输。

8.1.2　同批次（唛）茶叶的包装材料、净质量必须一致。

8.1.3　包装材料

8.1.3.1　与茶叶接触的包装（含大小包装）材料必须是食品级包装材料。

8.1.3.2　内包装材料应具有防潮、阻氧等保鲜性能，无异味，必须符合食品卫生要求，不受杀菌剂、防腐剂、熏蒸剂、杀虫剂等物品的污染，并不得含有荧光染料等污染物。

8.1.3.3　包装材料应遵循不污染环境的原则，宜选用容易降解或再生的材料。包装用纸必须符合GB 11680规定。

8.2　贮藏

8.2.1　珠茶产品严禁与有毒、有害、有异味、易污染的物品接触。

8.2.2　贮茶仓库必须清洁、防潮、避光和无异味，周围环境清洁卫生，远离污染源。

8.2.3　使用干燥剂除湿时，要避免茶叶与干燥剂直接接触，并定期更换。干燥剂必须无毒、无异味。

8.2.4　入库的珠茶标志和批次号系统要清楚、醒目、持久。应建立齐全的仓库管理档案，详细记载出入仓库的珠茶批号、数量和时间。

8.2.5　保持仓库的清洁卫生，搞好防鼠、防虫、防霉工作。禁止吸烟和吐痰。

8.3　运输

8.3.1 运输工具必须清洁卫生，干燥，无异味。严禁与有毒、有害、有异味、易污染的物品混装、混运。

8.3.2 装运前必须进行珠茶的质量检查，在标签、批号和货物三者符合的情况下才能运输。

8.3.3 包装贮运图示标志必须符合 GB 191 规定。

思考题

1. 简述茶业企业标准制定的程序。
2. 企业标准代号与编号方法是什么？
3. 怎样才能开好标准审查会？
4. 简述茶叶标准样品的制备方法。

第三章　乌龙茶加工

乌龙茶又称青茶，是我国6大茶类之一。乌龙茶属半发酵茶，是我国的特有茶类，起源于福建，而后由福建传入台湾和广东。

近几年来，由于乌龙茶的茶味醇厚、香气诱人，赢得不少人的喜爱，销量大增，大有成为绿茶之后的第二大茶类的发展趋势。

第一节　乌龙茶初制加工

据文献资料记载，半发酵乌龙茶制法大约起始于明代中末期。释超全(1625~1711)在《武夷茶歌》和《安溪茶歌》中形象地描述了乌龙茶的制作过程。乌龙茶发展至今，主要产区分布在福建、广东、台湾等省，并形成一定的地域特征，可将其划分为福建乌龙茶、广东乌龙茶和台湾乌龙茶。

一、乌龙茶初制工艺

乌龙茶具有天然花果香香气和特殊的香韵，与其当地的茶树品种、加工工艺、生态条件等因素关系密切。从工艺角度看，制工精细，尤其是特有的做青技术，有效控制青叶的酶性氧化，而后通过炒青适时制止了酶性氧化，促使青叶以非酶性氧化状态进入了造型和干燥，是形成其独特的品质风格的重要因素。

各地乌龙茶加工方法不同，如摇青、浪青、室内搅拌、揉捻、包揉、干燥等技法存在差异。但归结起来乌龙茶初制的基本工艺流程大体上是一样的，即为鲜叶→晒青或萎凋→做青→炒青→造型与干燥。

(一)鲜叶采摘技术原理

1. 适制乌龙茶的品种特点

(1)主要适制的乌龙茶品种　适于加工乌龙茶的品种主要有铁观音、本山、黄棪、毛蟹、梅占、奇兰、福建水仙、凤凰水仙、肉桂、凤凰单枞、岭头单枞、八仙、大叶乌龙、矮脚乌龙、青心乌龙、台茶12号、台茶13号、悦茗香、黄奇、丹桂、茗科1号等。此外还有珍稀品种大红袍、铁罗汉等。

(2)生物学特点　适制乌龙茶的品种，鲜叶表皮都有较厚的角质层。角质层外被有蜡质层，蜡质层的主要成分是高碳脂肪酸和高碳一元脂肪醇。在鲜叶加工过程中，蜡质层分解与转化，产生香气成分，这是乌龙茶香气来源之一。不同品种蜡质层的花纹不同。据严学成研究，水仙品种上表皮蜡质层呈花纹状，铁观音为花痕状。

适制乌龙茶的茶树品种，叶的下表皮细胞大都具有腺鳞(除大叶乌龙外)，见表3-3-1。腺鳞有分泌芳香物质的功能，是乌龙茶香气的又一来源。此外，乌龙茶鲜叶叶片气孔的密度和大小也因品种不同而异，这也不同程度地影响着做青时间的长短及香型的变化。

表3-3-1　部分乌龙茶品种的叶片结构

品　种	叶　厚(微米)	角质层厚(微米)	气孔数 12.5×10	气孔大小 长(微米)×宽(微米)	腺　鳞
梅　占	280	2	130～145	40×36	有
水　仙	240	2	136～148	40×48	有
大叶乌龙	260～270	2	152～168	40×36	无
毛　蟹	340～360	2	155～197	44×32	有
铁观音	280～300	2	181～208	40×32	有
本　山	320～360	2～3	201～208	40×36	有
奇　兰	268～275	1.5	263	40×36	有
黄　棪	380～400	2	339～341	40×36	有

(3)主要生化成分状况　乌龙茶各品种间的内含化学成分有明显的差异。据福建省安溪县茶叶科学研究所和中国茶叶研究所对水仙、铁观音、黄棪、毛蟹等13个乌龙茶品种鲜叶的主要生化成分分析，其结果是：茶多酚总量为21.14%～30.71%；游离氨基酸总量为2.02%～2.99%；酚氨比值为8.5～14.6，介于绿茶品种和红茶品种之间；儿茶素总量为141.71～199.62毫克/克，其中非酯型儿茶素为47.98～87.29毫克/克，酯型儿茶素为87.5～122.64毫克/克；水浸出物总量为34.86%～44.41%。品种间内含物的差异，为乌龙茶品质区别形成奠定了生化基础。

2. 鲜叶采摘要求

(1)新梢成熟度　采摘乌龙茶鲜叶，一般以芽梢停止生长(形成驻芽)后为宜，鲜叶要求比较成熟。成熟的叶片内部结构具有如下特点：①叶绿体趋向衰老，衰老的叶绿体出芽退化产生原质体，使类胡萝卜素增加。②叶肉细胞分化，叶绿体片层清晰并具有1个至多个的巨型淀粉粒，随淀粉粒的扩大，使基质充满淀粉，从而形成造粉体。此外，在较成熟的叶片中脂类颗粒(称亲锇颗粒)增多，这种生理结构在1芽1叶的嫩梢中是没有的。这些能溶于乙醚的脂类物质和大量的淀粉，是乌龙茶初制中形成浓郁香气和滋味醇厚的物质基础。

(2)*鲜叶采摘时间*　对年生产而言，鲜叶质量有季节性变化。据研究，香气组分总量以春季高，夏季次之，秋季少。但香气中良好型的组分比例以春季鲜叶较高，萜烯醇类尤为突出；秋季次之。一年中以凉爽、晴朗的秋、冬季气候制茶最好，春季次之，暑季最差。

对日生产而言，鲜叶质量有日变化和晴雨变化之分。从气候条件看，晴天鲜叶品质优于雨天。据研究，雨季鲜叶中绿原酸增加，鲜叶品质变劣，致使制茶香气不佳；而干旱季节或晴朗天气的鲜叶，绿原酸含量少，沉香醇及其氧化物、香叶醇等单萜烯类物质增加。

晴天中以午青(9～15时采)最佳；晚青次之；早青，尤其是露水青，香气最差。这与鲜叶中所含的香气物质、香气前导物有关。据报道，在凉爽、晴朗的气候条件下，叶片气孔常处于关闭状态，使代谢中叶绿素含量降低，造成叶绿体紊乱，从而降低了乙酸盐途径的代谢，这时膜外的亮氨酸途径便起主导作用。亮氨酸途径所形成的萜烯类物质比乙酸盐途径多，香气成分相对较多。

(3)*鲜叶采后养护*　鲜叶采后，因受水分、温度、氧气、损伤情况等影响，其质量处于动态变化之中。由于乌龙茶加工过程中通过对青叶水分和损伤程度的有效控制来实现品质的形成，如果鲜叶早期失去水分偏多，或是嫩叶部分因搬运不当损伤，会引起水分传输途径受阻，提前红变，做青走水不正常，产生死青。因此，对鲜叶的采后保鲜尤为重要，通过采取贮青养护措施，避免青叶失鲜红变。

(二)晒青技术原理

1. 晒青作用

(1)*水分控制*　晒青是第一道工序。将鲜叶置于弱光下，使叶温迅速提高，蒸发适量水分，促进酶的活性和叶内成分的化学变化，散发青草气，为做青创造必要条件，对乌龙茶品质形成有重要的作用。晒青是一种日光萎凋方式，萎凋程度较轻，质量好坏会影响下一工序的操作和成茶的质量。

(2)*香气诱导*　在晒青过程中可以观察到叶态的变化、气味的变化，当青气散发后淡弱的清香露出，这种香气在做青中会再现。据日本竹尾忠一、山西贞等研究结果认为，采用日光萎凋(即晒青)处理的，叶中苄基氰、吲哚含量较鲜叶增加。日光萎凋的鲜叶除芳樟醇、香叶醇外，其他32种成分均有增加。日光萎凋还使氧化沉香醇(吡喃型)、三烯辛醇、香叶醇、苯甲醇等香气成分呈线性增加。杨贤强(1991年)及周巨根(1986年)研究认为,日光萎凋或人工光照可使氨基酸及芳香醇、醛、酸类物质随萎凋进展而增加,其中有对香气贡献十分重要的萜烯醇类。脂肪族醇、乙烯酯大量增加,并增加了11种挥发性成分的检出,从而为乌龙茶香气形成提供了先质。可见晒青是诱导,它激发了乌龙茶香气前导物或香气物质的产生,为做青过程中高香物质的形成及特殊香型的构成提供了必要的物质基础。

2. 晒青要求

(1)晒青程度 制造乌龙茶的鲜叶晒青程度以叶面光泽消失、叶质柔软、嫩叶叶缘稍卷、呈轻萎凋状为适度。其晒青表现为手持新梢基部,顶部2叶下垂,梗脉水分尚足,减重率为5%~15%。具体因品种而异,但须叶色稍暗、青气减退、清香显露。一般而言,黄棪、奇兰等品种减重率为5%~8%,毛蟹、铁观音等品种减重率为8%~10%,水仙等品种减重率为10%~12%。晒青不足,成茶青涩味明显;晒青过度,鲜叶失水过度,叶子紧贴筛面,部分幼芽叶微泛红,成茶的色、香、味、汤较差。

(2)晒青时间 晒青是利用光、热、风等自然条件综合效应来进行的。在当地一般选择下午3时以后,弱光为宜。光照过强,氨基酸、脂肪醇、醛、酸对香气产生负效应。但随着科技理念的进步,遮阳网产品出现,产区开始利用遮阳网来调整自然光强,这样晒青的时间就相对可以根据当天茶青进厂和产量多少进行安排。

(3)技术处理 晒青是做青的基础。生产实践表明"看青晒青、看天晒青"经验之科学所在。看青意指品种、鲜叶种植地条件、树龄、采摘情况、肥培条件等在鲜叶的综合体现;看天意指当季、当天气候现状,如温度、湿度、风力等,综合考虑确定晒青过程控制与结果。

(三)做青技术原理

做青是制造乌龙茶的重要工序,是决定乌龙茶品质的关键。做青是摇青与晾青多次反复交替的作业过程,其目的是有效控制青叶水分的变化和酶性氧化的变化。做青程度因地区、品种、季节等因素而有所差异。

1. 做青作用

(1)水分传输 做青是摇青、晾青多次交替反复的工艺过程,其间水分变化与乌龙茶品质关系密切(林学诗1990年,刘用敏1990年,李宗桓1986年)。在晾青过程中,由于晒青叶经受搬动、并筛、抖动等振动作用,促进梗脉里的水分往叶肉细胞输送,使原来晒青叶的萎软状态消失,转现复苏现象。叶片呈现新鲜鲜叶的状态,这种现象俗称"还阳"。还阳过程中水分和可溶性物质的输送，俗称“走水”。随后又由于叶片水分蒸发速度大于梗的水分往叶片输送的速度，叶片又萎软下来，俗称“退青”。还阳与退青的交替现象是青叶水分传输过程的一种特有现象（张天福等1990年）。本质上是茶梢体内外水分的移动和平衡问题，它属于能学问题。

郭雅玲等（1994年）选用水势和含水量来衡量做青水分变化，探讨水势作为做青水分变化度量的可能性和工艺生理意义。水势作为做青水分参数，能表明做青过程茶梢体内水分的流向和限度，反映工艺对水分变化的影响，并在一定程度上阐明还阳、退青现象有着特殊的工艺基础和生理基础，同时也表明做青中茶梢所发生的生理过程比较复杂。摇青作为茶梢体内外水分传输和扩散的外源驱动力，通过摇青，第二叶与梗的水势达到一个动平衡高点，进入晾青由于梗、叶失水速率不一，叶失水降低水势、牵动梗水分流向叶片，到晾青结束时梗、叶间水势处于动平衡低点，下一次的摇青破坏前一个水分动平衡，产生新的水分动平衡；摇青和晾青的多次交替过程，茶梢在失水状态下，其体内水分进行多次的调整，水分不断形成动态平衡。这一动态平衡使水作为溶媒和溶剂，牵动一系列叶内反应。

（2）香味形成　水分参与各种生理过程和生化反应。引起叶水势变化的内在原因主要是膨压和细胞液浓度的变化。生化反应中的吸水反应和放水反应不时地改变水分浓度、多酚类物质的氧化还原、抗坏血酸的氧化反应、一些香气物质（异戊烯醇、反-2-己烯醇、异戊萜烯、茉莉酮等）的形成。

据叶宝存（1997年）总结提出，摇青可使乌龙茶香气成分显著增加，如己酸-顺3-己烯酯、苯甲酸-3-己烯酯、顺茉莉酮、苯乙腈、α-法呢烯、橙花叔醇、茉莉内酯、异丁子香酚、苯乙酸和吲哚均明显增加。摇青程度的轻重直接影响着发酵程度，从而使香气成分有明显差异。如摇青、发酵较轻的安溪铁观音与摇青、发酵较重的台湾乌龙茶相比较，安溪铁观音的香气成分中橙花叔醇、茉莉内酯和吲哚含量较多，而在台湾乌龙茶中则未检出或很少检出。台湾乌龙茶含量较多的香气成分是沉香醇、氧化沉香醇、香叶醇、苯甲醇。因此，做青方法不同，所形成的乌龙茶香韵风格也不同。

2. 做青要求

（1）做青程度　做青适度标准：当摇青叶叶缘呈现朱砂红、叶面青色（或黄绿）、叶脉透明、叶缘背卷呈汤匙状、外观挺硬、嫩叶手摸柔软如绸、散发出浓郁的桂花香（或兰花香）即为适度，应立即炒青。

不同地区也有所差异。武夷岩茶以绿叶红边呈三红七绿（水仙红边深暗，略呈焦红色）、叶面背卷呈汤匙状、叶色砂绿蜜黄、花果香甜浓郁及嫩叶手摸叶面挺滑、柔软如绸为做青适度；而安溪的做青程度以红边显现、叶面有红点、嫩叶手摸有滑感、青气退、茶香起、叶子挺硬即为做青适度。

摇青不足，汤味涩口，苦而不甘；摇青过度，香气低沉，叶低死红不活，外形色枯。

(2)做青环境　做青在青间进行。青间阴凉较密闭，室温20℃～26℃，空气相对湿度65%～80%，便于控制温、湿度；若室温低于20℃时，则需加温，以促进做青叶内含物的化学变化；当室温超过29℃时，应采取降温措施，以控制化学变化进程。

据郭雅玲等（1996年）研究，空气相对湿度61%～88%区域制优率约58%，温度17.5℃～26℃区域制优率约64%；温度和空气相对湿度同时在17.5℃～26℃与61%～88%区域制优率约88%。品质优是指风格突出、花香显露或清高、滋味醇厚甘爽。在做青水分系统中，温、湿度条件直接影响整个做青系统的水分平衡，对做青技术效应有一定的制约，在技术正常条件下，温、湿度是品质高低的影响因素。

(3)技术处理　做青是乌龙茶品质形成的关键。生产实践表明“看青做青、看天做青”经验之科学所在。看青意指品种、鲜叶种植地条件、树龄、采摘情况、肥培条件，以及前一工序晒青程度等在青叶的综合体现；看天意指当季、当天气候现状，如温度、湿度、风力等，北风天与南风天对青叶水分的散失有着不同的效果，综合考虑确定做青过程控制与结果。不同品种做青的时间、摇青的强度等都不同，如黄棪的摇青总转次一般低于铁观音、毛蟹等品种，才能形成品质的品种特征。

做青在某种程度上影响了茶梢（青叶）体内水分子间的内聚力，改变水分状态，使茶梢水分变化进入一种特殊的工艺有序机制（郭雅玲等，1996年）。因此，尽管当今对做青环境的温、湿度可以控制，但看青做青仍是优质乌龙茶加工不可忽略的重要技术因素。

（四）炒青技术原理

当做青达到要求时转入炒青。炒青是利用高温破坏酶的活性，固定做青形成的品质，抑制多酚类化合物的酶性氧化；进一步散发青气，增进茶香，蒸发水分，使叶质变软，便于揉捻。

1. 炒青作用

(1)固定做青香味　炒青能使低沸点的具青草气的芳香物质挥发。在水热的作用下，做青叶内含物发生一系列复杂的变化。如叶绿素的进一步破坏，叶子的青叶醛、青叶醇及正己醇等低沸点青气大量挥发，高沸点的芳香物质逐渐显现等。香气固定并进一步熟化与纯化,使乌龙茶的香气优雅清纯。

(2)奠定造型基础　通过炒青,促使做青叶在短时间内散发水分,叶质变柔软,有可塑性,为揉捻造型奠定基础。

2. 炒青要求

(1)炒青程度　当叶色转暗、叶质柔软、富有黏性、青气消失、茶香显露时即为适度。炒青过程中失水量比绿茶杀青失水量要少得多,为15%~30%。具体看做青叶含水率高低以及是直接揉捻还是直接包揉而定。符合炒青程度的叶子具有悦鼻的、类似成熟水果的香味,这种香气的形成,必须要有做青的过程中已形成的香气为基础,同时也必须要有高温杀青的条件。如果炒青温度低、炒青不足,叶内水分不易蒸发,青气不能得到挥发,制成的茶叶外形不乌润,内质汤暗浊,味苦涩,青气重,香气不高;但火温过高也不利,如温度过高会产生焦味。

(2)炒青机具　生产上炒青机具大都使用锅式和间隙式滚筒杀青机,效果较好。使用滚筒杀青机时,筒温较绿茶高,为250℃~330℃;采用锅式杀青机炒青,以高温、快速、短时多闷为原则,温度的高低控制还受投叶量多少的影响。

(五)造型与干燥技术原理

乌龙茶的外形主要在做青、炒青后完成。主要有3类,即条形、卷曲形和珠圆形。颗粒形碎茶生产量很少。在造型过程中,制品即转入了非酶性氧化过程,色、香、味化学成分在此条件下进一步形成。

1. 造　型

(1)揉捻　闽北乌龙茶和广东单丛等产品保持单独的揉捻工序。揉捻是乌龙茶形成外形的重要工序。由于乌龙茶的原料比红、绿茶成熟,揉捻叶含水量较少,因此必须采取热揉、少量重压、短时、快速的方法进行。否则,杀青叶冷却反变硬发脆,揉不成条,投叶多,时间长则产生水闷气。

闽南乌龙茶和台湾乌龙茶在揉捻后继续造型,转入包揉或热团揉,外形向卷曲形方向发展。

(2)包揉　紧卷、重实、圆结的外形在包揉或团揉中完成。在外力作用下,茶条进一步紧卷成卷曲状。搓揉使叶细胞损伤加大,茶汁挤出,在温热作用下物质互相作用与转化,可增进茶汤浓度与滋味。要反复进行包揉和松包,其间逐次加热除去水分,促使逐渐成形。常用的机具有速包机、球茶机和松包机等。

2. 干燥　通过干燥散失水分,发展香气,并将各种水溶性物质相对稳定下来，以形成乌龙茶特有的香气、滋味和易于贮藏。

(1)发展香气 在热力的作用下，茶叶中一些不溶性物质发生热裂作用和异构化作用，对增进滋味醇和、香气纯正有很好的效果。加热还引起脂类物质的降解，并使萜烯类物质发生一系列化学反应，产生多种具高香的萜烯类化合物，从而构成乌龙茶的优雅香气。

(2)干燥水分 蒸发水分、固定品质、紧结条形、发展香气，对提高青茶品质有良好作用。如岩茶毛火时，采用高温快速烘焙法，使茶叶通过高温转化成一种焦脆香味；足火后的茶叶还要进行文火慢炖的吃火过程，对于增进汤色、提高滋味醇度和辅助茶香熟化等都有很好的效果。

(3)干燥设备 干燥设备主要有热风方式的各类链板式烘干机、手拉式烘干机、提香机等。香型的形成与干燥温度的控制有关，烘干与吃火的时间长短因品种而异，一些特殊的火功香在此阶段产生。

综上所述，乌龙茶对鲜叶要求严格，嫩梢要求一定的成熟度，以具备较多的香气前导物，然后通过晒青、摇青促进香气的分解与释放，形成乌龙茶香味成分；再通过晾青或包揉，促进内含物的自动氧化与转化，使叶内可溶物质增加，这是乌龙茶滋味浓厚或醇厚的物质基础。

二、武夷岩茶初制工艺

武夷山位于福建省武夷山市城南 10 公里，是隔闽赣 2 省的武夷山脉的支脉，地处北纬 27°32′36″ ~ 27°55′15″，东经 117°24′12″ ~ 118°02′50″。武夷山以山水奇伟而得名，素有“奇秀甲于东南”之称，是历史悠久的名山。特别是武夷岩茶的出现，更为这“碧水丹山”之乡(武夷特有称号)、三三六六之胜(九曲溪和三十六峰)增添了新的诗意。武夷岩茶与武夷山堪称一体，“好山，好水，出好茶”，武夷是“茶以山名，山以茶而名”。

武夷岩茶为历史名茶，属乌龙茶类。创制于明末清初，产于武夷山市。著名主产区位于慧苑坑、牛栏坑、大坑、流香涧、悟源涧一带。

(一)武夷岩茶初制工艺特点

武夷岩茶指在独特的武夷山自然生态环境条件下选用适宜的茶树品种进行繁育和栽培、用独特的传统加工工艺制作而成、具有岩韵(岩骨花香)品质特征的乌龙茶。

1. 鲜叶采摘特点 采摘以新梢芽叶伸育已达完熟，而形成驻芽(亦称无芽鲜叶)，采 3 ~ 4 叶(对夹叶亦采)，俗称“开面采”。一般掌握中开面采为宜，即第一叶伸展平坦、叶面积小于第二叶而达 2/3 左右的。全年 3 季，品质以春茶最优,秋茶次之,夏茶较差。

采摘优质名丛或品种有特殊要求,雨天不采,露水叶不采,烈日下不采,前1天下大雨不采(久雨不晴例外)。当天采摘时间在上午9~11时最佳,下午2~5时次之。茶青要严格分开,不同名丛、不同品种、不同产地(不同岩、山阴山阳)、不同批次均需分开,有专职师傅负责处理,分别付制,不得混淆。

2. 焙制特点　对不同原料鲜叶,根据不同情况灵活运用技术。其根据为:一是鲜叶含水量多少;二是品种特性;三是鲜叶老嫩程度;四是气候阴晴;五是前工序适度掌握之差异;六是前后工序衔接时间有否矛盾。

焙制工序分为:鲜叶→萎凋→做青→杀青→揉捻→烘培5大部分。

传统工艺较为复杂:鲜叶→萎凋(日光、加温)→晾青→摇青与做青→炒青→初揉→复炒(炒熟)→复揉→水焙→簸→晾索→毛拣→足火→团包→炖火→成茶。

(二)武夷岩茶初制技术

1. 鲜叶采摘

(1)采摘要求　当新梢顶叶小开面至中开面时,以中开面为最适宜,采摘2~4叶嫩梢及采摘层上的幼嫩对夹叶。合格的茶青应肥壮、完整、新鲜、均匀。开采期为春茶在谷雨前后开采,夏茶在小满前后开采,秋茶在立秋以后开采。

(2)采摘方法　每季萌发的新梢,确定合理的留养高度为采摘面高度,并以此为水准从树冠中往外采。高于额定采摘面以上的新梢芽叶应全部采摘,低于额定采摘面以下的新梢芽应全部留养。

(3)运输与贮存　茶青应用清洁卫生、透气良好的篮篓进行盛装,不得压紧。运输时应避免日晒雨淋,不与有毒有味物品混装。茶青采摘后4小时内送到茶厂;不能及时送到茶厂的茶青应注意保质保鲜,合理贮存。茶青盛装、运输、贮存中,应轻放、轻翻。

2. 晒　青

(1)晒青技术　晒青是利用光能与热能促进叶片水分蒸发,使鲜叶在短时间内失水,形成梗、叶细胞基质浓度增大,细胞膜透性增强,促进酶的活化,加速叶内物质的化学变化。春茶通常在上午11时前和下午2时后进行晒青,这时阳光较弱,气温较低(不超过34℃),不易灼伤叶片。

手工晒青用水筛。水筛直径90~100厘米,筛孔0.5厘米见方。取鲜叶0.3千克于水筛中,两手持筛旋转,而后将水筛置于青架上沥水。晒青历时10~60分钟不等,视阳光强弱、气温高低、鲜叶含水量多少而灵活掌握。其间翻拌 1~2 次，翻拌时全程不用手接触叶子，以免损伤青叶造成死青。晒青适度时，将两筛晒青叶合并，重约 1 千克，用手轻轻抖松摊平，移入青间晾青。水仙品种叶片肥厚，节间长而粗壮，极易损伤，晒青时以不翻拌为宜，采用二晒二晾，以防青叶灼伤。

大规模生产用竹席或晒青布晒青，每平方米摊叶 0.5~1.5 千克，厚薄均匀。竹席或晒青布通透性不如水筛，所以晒青时间长，其间翻拌 1~2 次。翻拌时将晒青席(布)四角掀起，青叶自然集中，再用手抖撒均匀。晒青适度后，将晒青叶置于水筛内，移入青间晾青，或置于青间地面的竹席上摊晾散热。

(2)加温萎凋　由于产茶季节会遇到雨季，加温萎凋是解决晒青的技术途径之一。生产上常用的技术方法有 2 种。

①萎凋槽热风萎凋　槽内摊叶厚 15~20 厘米，平均每平方米摊叶 8~10 千克，每槽可投叶片 150~200 千克。热风温度 35℃~38℃，风量要大，中间停机翻拌 1~2 次，经 1~1.5 小时完成萎凋。萎凋叶下机前鼓冷风(即自然风)10~15 分钟，使叶温下降，以代替晾青，防止高温做青而导致死青。

②综合做青机萎调　在阴雨天做青可直接用综合做青机加温萎凋。热风温度为 32℃~34℃，每隔 30 分钟翻拌 1 次，历时 2~4 小时。

(3)晒青标准　感官标准为青叶顶下第二叶明显下垂、叶面大部分失去光泽，顶叶和梢头明显弯垂，且大部分青叶达此标准，失水均匀。叶质柔软，青气减退，青香显露，减重率为 10%~15%，晒青适度叶含水率为 70%左右。

3. 做青　青间室温度 21℃~27℃，空气相对湿度 70%~85%。若室温低于 20℃时，则需加温，以促进做青叶内含物的化学变化；当室温超过 29℃时，应采取降温措施，以控制化学变化进程。

(1)手工做青　将萎凋叶薄摊于水筛上进行手工做青操作。每筛首次放茶青 0.5~0.8 千克，往复操作摇青→晾青程序 6~8 次；摇青次数从少到多，逐次增加；每次摇青次数视萎凋叶变化情况而定，一般以摇至青味显露，再参考其他因素进行调整。第三次摇后将叶摊成凹形，以控制做青叶失水速度、提高叶温、促进内含物转化。晾青时间逐次加长；摊叶厚度也逐次加厚，可通过 2 筛并 1 筛或 3 筛并 2 筛的办法增加摊叶厚度。直至达到成熟标准后结束做青程序。

(2)综合做青机做青　萎凋叶装进综合做青机至其容量的 2/3 左右。按吹风→摇动/吹风→静置的程序重复进行 6~10 次，历时 6~9 小时。吹风时间每次逐渐缩短，摇动和静置时间每次逐渐增长。直至达到成熟标准后结束做青程序。

(3)做青叶判断　总的要求是看青做青。看青做青主要是指做青操作的时间和程度的控制以及做青环境的控制。影响因素主要有茶青原料、气候、做青环境、设备和方式等。

看气味变化。茶青在做青过程中气味变化主要表现为:青香→清香→花香→果香。看叶态变化。主要表现为:叶软、失去光泽→叶渐挺,红边渐现→汤匙状,红边扩展。做青适度的基本标准为青叶呈汤匙状绿底红镶边,茶青梗皮表面呈失水皱折状,香型为花果香。茶青出现上述表现时即时进行下一炒青工序。

叶片较厚和大叶品种,宜轻摇,走水时间长,多停少动;叶薄和小叶种需少停多动,摇青加重,到后期方需注意发酵到位。茶青较嫩时,做青前期走水期需加长,总历时也更长,注意轻摇,多吹风;茶青较老时,做青总历时缩短,注意防止香气过早出现和做过头。萎凋偏轻时,用综合做青机做青可用加温补充萎凋,并注意多吹风多走水,重摇轻发酵,并延长做青时间,调整好温、湿度。

4. 炒青与揉捻

(1)手工炒青与揉捻　岩茶炒青主要的是把前阶段萎凋做青过程已形成的品质相对地固定起来,并起纯化香气的作用。高温下完成团炒、吊炒、翻炒3次主要动作才能达到品质要求。起锅后趁热迅速于特制的“十”字状阶梯形的揉捻笠上揉捻,然后复炒。复炒时间极为短促,是补炒青不足。再加热,促进香韵和味韵的形成,起到极其重要的作用。复炒后趁热适当复揉条索更为美观。

(2)机械炒青与揉捻　大生产上主要使用滚筒杀青机(110型和90型)。进青前筒温升至230℃以上。可以手感判断,手背朝筒中间伸入1/3处明显感觉烫手即可。每次进青量25~20千克。杀青时间为4~5分钟。至青气尽、清香显、叶质柔软、有黏性、减重率达40%~50%即可。炒青叶下机后趁热揉捻。

机揉用35型、40型乌龙茶揉捻机。此机型棱骨高锐,有利于揉叶成条。每桶投叶8~10千克。趁热揉捻,经6~20分钟,视叶子老嫩而定。揉捻时间不宜过长,以免产生璜味。揉至茶汁外露、茶条紧直时下机解块。

(3)炒青叶判断　成熟标准为叶色转暗,叶质柔软,富有黏性;青气消失,茶香显露,手抓茶叶握紧后无水溢出且有黏手感,即为适度。出叶时需快速,特别是最后出锅的尾量更需快速,否则易过火变焦、碎末,俗称“拉锅现象”。杀青火候需要掌握前、中期旺火高温,后期低火直至出锅。

5. 烘　焙

(1)烘焙特点　岩茶烘焙过程十分细致。第一道烘焙俗称“抢水焙”，高温快速。手工烘焙在毛火后经摊晾拣剔，时间长达 5 ~ 6 小时，俗称“晾索”，使内含物进行充分的非酶性氧化和转化，使滋味趋向浓醇。因此，烘焙是岩茶色、香、味特有风格形成的重要环节。烘焙时，须分毛火与足火。对足干叶再行文火慢焙，俗称“炖火”或“吃火”，以增加岩茶色度与耐泡度，使茶汤更醇厚，香气进一步熟化。

(2)机械烘干　采用烘干机完成烘焙。毛火温度 120℃ ~ 150℃，历时 10 ~ 15 分钟，下机毛火叶含水率 20% ~ 25%，经 30 ~ 60 分钟摊晾后足火。足火温度 100℃ ~ 110℃，历时 15 ~ 17 分钟即达足干，毛茶含水率 6%。水仙等品种梗、叶粗大肥厚，含水量大，烘温可较高；奇种等节间短、叶质薄、含水少的品种，烘温可酌情降低，时间适当缩短。

三、安溪铁观音初制工艺

安溪县位于福建省东南部，晋江西溪上游，地处北纬 24°50′ ~ 25°26′，东经 117°30′ ~ 118°18′。安溪县属戴云山脉。境内兰溪水长流，凤山钟灵秀，长年朝雾夕岚，气候温和，雨量充沛，素有“茶树天然良种宝库”之称。

安溪铁观音为历史名茶，属乌龙茶类。创制于清乾隆年间，原产于安溪县西坪乡(现为西坪镇)。

(一)安溪铁观音鲜叶特点

1. 品种特点　铁观音品种植株灌木型，中叶类，迟芽种。铁观音树姿披张，分枝稀疏斜生。叶椭圆形，叶厚质脆，浓绿油润，侧脉明显，叶尖渐尖下垂，叶缘隆起、向背呈波状，锯齿粗而钝。据安溪县茶科所分析，铁观音鲜叶化学成分含量为:茶多酚总量 21.14%，氨基酸 2.22%，酚氨比值为 9.523。水浸出物总量 36.29%。儿茶素总量 149.71 毫克/克，其中酯型儿茶素 89.07 毫克/克，非酯型儿茶素 60.64 毫克/克。

2. 鲜叶采摘特点　制作铁观音的鲜叶采摘要求比较成熟的新梢，当新梢形成驻芽时，采 2 ~ 4 叶嫩梢(以驻芽 3 叶最好)，俗称开面采。开面采依嫩梢成熟度不同，又分大开面、中开面、小开面，以中开面嫩梢对铁观音品质的形成最为有利。

4 月底至 5 月初采春茶，6 月下旬采夏茶，8 月上旬采暑茶，10 月上旬采秋茶。

(二)安溪铁观音初制工艺特点

铁观音制作,大规模生产采用机械制法,家庭制茶采用传统手工制法,工序基本相似,经摊青→晒青→晾青(或静置)→摇青→炒青→揉捻→初烘→初包揉→复烘→复包揉→足干等十几道工序。

1. 晒　青

(1)分清时段　各时段的茶青分别处理。早青,先进厂鲜叶,薄摊于竹匾(当地称“笳苈”)上,以散发热量,保持鲜叶的新鲜度,称摊青,待下午一起晒青。午青,晴朗天气,通常在下午4~5时晒青,此时太阳西斜,阳光较弱,有利于晒青程度的控制,不至灼伤叶片。晚青,进厂时,太阳已下山,不能晒青,可将鲜叶薄摊,置通风处萎凋,或将鲜叶摊于晒场上,利用地面余热,促进水分蒸发,有助于摇青的进行。

晒青时将摊放叶收拢薄摊于笳苈内,每苈0.5~1千克,置阳光下照晒25~30分钟,其间翻拌1~2次,使晒青叶失水均匀。大量晒青用青席,每平方米摊叶1~1.5千克。

(2)晒青判断　铁观音叶质肥厚,主脉粗壮,含水分较多,叶面角质层稍厚,水分散发较慢,因此,晒青时间较长,晒青程度应稍足。晒至叶面失去光泽、叶色转暗绿、叶质柔软、以手持叶梢基部其顶2叶下垂为度。晒后青气减退,略有清香,减重率7%~10%。晒青程度掌握宁轻勿重,以防死青。晒青适度,将晒青叶2苈并1苈,并轻翻散热,将叶摊均后移入青间,晾青30~60分钟,待晒青叶冷却后开始做青,以防热闷或红变。

2. 做　青

(1)做青特点　做青是摇青与晾青多次反复交替进行的过程。摇青间要求一定的温度和湿度,以温度21℃~24℃、空气相对湿度70%~75%为宜。从铁观音做青规律看,摇青转数要逐次增加,静置时间要逐次延长,摊叶厚度要逐次增厚,发酵程度要逐次加深。看青做青是制茶经验的高度总结,也是品质形成不可或缺的。

(2)手工摇青　用半球形大竹筛,称“吊筛”。每次投叶5~6千克,可在筛上加一横杠,用绳索悬挂其中,离地高度以方便操作为准。一人持筛作往复、上下抖动,叶子在筛内跳动翻滚,叶与筛壁或叶与叶之间相互碰撞摩擦,叶缘损伤均匀。

(3)机械摇青　采用电动圆筒摇青机(单筒或双筒),圆筒直径80厘米,长150厘米,容叶量30~40千克,转速28~30转/分。也有变速的摇青机,转速6~22转/分,根据下叶量多少和红边程度来调整转速。

(4)做青判断　到达做青终点的标准是：青叶花香浓郁，嫩叶叶面背卷或隆起，红点明显，叶色黄绿，叶缘红色鲜艳，叶柄青绿色，呈“青蒂绿腹红镶边”。铁观音等中叶种，角质层较厚，应掌握“发酵中”，即红边充足、香气大起、花香浓郁时炒青，品质最佳；即为做青适度应及时炒青，防止香气减退和发酵过度。夏季气温高，青叶不宜厚堆，以防发热红变。

3. 炒青　炒青以高温短时、多闷少透、炒熟炒透为原则，为揉捻造型创造条件。铁观音揉捻采用热揉、重压、快速的方法，至叶初步紧卷成条即可。炒青时，投叶速度与投叶量要均匀，以防炒青不足或过度。以炒熟炒透、不生不焦为原则。炒至叶色转暗绿，叶张皱卷，手握炒青叶有黏感，叶质柔软，炒青适度，减重率约30%。

4. 揉捻、包揉与烘培　炒青叶经初揉、初焙和初包揉而后足火，在烘焙与包揉交替中完成内含物的非酶性氧化过程。烘焙时，茶条水分渐减，随包揉的加强逐步塑造铁观音特有的外形与内质。

揉后初烘，高温、快速，使叶受热，可塑性增强，韧性加大，便于包揉造型。包揉用包揉机，待青叶初步成卷曲状下机复烘、复包揉，复烘、复包揉可反复多次。复包揉是进一步塑造紧曲外形和提供湿热条件下的内质转化的过程，至外形卷曲重实。最后一次包揉后，球包紧扎，使紧结外形得以固定，俗称“定形”。包揉除有造型作用外，对铁观音的香、味与色泽的发展也有重要影响。干燥采用低温慢焙。

至茶香清纯、花香馥郁、茶色油润起霜、达足干时下焙，摊晾后装袋贮运。机烘温度为90℃～100℃，历时20～25分钟，一次完成。

四、凤凰单丛初制工艺

广东省潮安县位于韩江三角洲平原与山地的过渡地段，北纬23°26′～24°00′，东经116°22′～116°29′。北部以凤凰山为屏障，南麓有乌岽山、大质山、万峰山等。历史上潮安茶区集中在北部山区，今凤凰镇。凤凰单丛茶是历史名茶，因采制单株(丛)而得名。

(一)凤凰单丛鲜叶采摘特点

1. 品种特点　系凤凰水仙群体中品质特异单株。中叶类，叶长椭圆形，叶色黄绿，有蜡质，富光泽，叶质厚软。春茶1芽2叶干样约含氨基酸1.6%、茶多酚33.8%、儿茶素总量17.8%、咖啡碱4%。富含芳香类化合物，具有制出花蜜香型浓郁的物质基础。

2. 采摘特点　茶农有“三不采”的规定，即太阳过大不采，清晨不采，下雨天不采。一般在午后2时开始采茶，采摘时要做到轻采轻放，采一个放一个，茶青不能紧压，随采随运；下午4～5时结束，立即晒青。

(二)凤凰单丛初制工艺特点

制作流程包括晒青→晾青→做青→炒青→揉捻→干燥等工序。每个工序须看茶青质地、气候变化等因素灵活掌握。

1. 晒青　将茶青均匀摊放在竹筛上，避免叶子重叠。于下午4～5时置于阳光下晒15～20分钟，晒时叶子不得翻动，以防损伤红变。

通常情况晒青程度以叶色转暗绿失去光泽、叶脉柔软、叶片贴筛、略有芳香为适度，减重率约10%。晒青过度，晒伤嫩叶造成“死青”，做青时不会“复活”，从而影响成茶品质，如茶汤苦涩而香气低沉，成茶外观无光泽而干枯；晒青不足，成茶青草气味重，汤色浑浊滋味苦。

2. 晾青　晾青是把已晒青适度的鲜叶移入室内进行摊晾，降低叶温，防止水分过度蒸发。方法是将2～3筛晒青叶并成1筛，晾青时间一般以20～35分钟为宜。

3. 做　青

(1)做青特点　做青包括碰青或摇青与静置2个反复交替进行的工序，是形成色、香、味的关键过程。做青房以温度23℃～25℃、空气相对湿度75%～80%较为理想。选择在晚上7～8时后，天气凉爽、气温暖和时做青较为适合。

碰青是此种茶加工的重要技术措施。碰青手势要轻，手心向上，五指分开；注意勿贴筛底，轻捧叶片抖动翻接，翻成圈状凹形堆，让其均匀透气。碰青原则为先少碰后多碰、先轻碰后重碰，碰青时间2～6分钟。碰青后静置1～2小时。

高档茶全部采用碰青，全程5～6次。中档茶及产量大的茶厂则采用碰青和摇青相结合，一般第一、二次用碰青，第三、四次用摇青，第五、六次则用摇笼摇青。具体视实际情况可以碰、摇青6次或7次。做青从晚上7～8时至第二天清晨，需10～12小时。

(2)做青判断　以嗅到清香为宜，即青叶青花味消失，果花香明显。外观色泽叶面黄绿，表现是叶柄变柔软，叶脉水分消失，呈龟背状或呈汤匙状，叶脉在灯下是透明的；叶片边缘达到二成或三成红，呈银珠红、绿背、珠砂点。手翻动叶子有“沙沙”响声。

4. 炒青　炒青以“高温、快速、多闷、少透”为原则。使用2炒方法，中间结合揉捻，即2炒2揉。

手工炒青用平锅。第一次炒青温度130℃～140℃，时间4～5分钟；第二次炒青温度稍低，以 120℃左右为宜，时间 5 分钟左右。注意温度要适当。温度过高易产生焦边焦叶，影响香气滋味；温度太低则易产生红梗红叶，造成青涩、香低味浊等。

炒青适度判断：叶色转黄绿，叶片皱卷柔软，手握略有黏手感，能成团，折梗不断；鼻闻无青草味，微显茶香，香味清纯。

5. 揉捻　由于单丛数量少，因此以手工杀青手工揉捻。揉捻原则是要热揉、快揉，先轻揉后重揉，5 分钟后再复炒复揉。也可用小型揉茶机揉捻，时间不超过 10 分钟。第一次揉后解块再炒 1 次，并稍散热，即进行第二次温揉，揉捻方法同第一次，揉捻时间为 7 ~ 10 分钟，至茶条紧结为适度。

6. 干燥　当地干燥一般用炭火烘干，须 3 ~ 4 次，中间摊晾 2 ~ 3 次，全程需要 3 ~ 4 小时。第一次烘干温度 95℃左右，烘至五六成干；第二次烘干温度 80℃ ~ 90℃，烘至七八成干；第三次烘干温度 60℃ ~ 70℃，烘至九成干；最后一次足火烘干，温度 50℃ ~ 60℃，烘至足干，即成毛茶。

五、台湾乌龙茶初制工艺

台湾乌龙茶系清代由福建传入台湾，以后逐渐发展起来的。花色品种有冻顶乌龙茶、文山包种、木栅铁观音、椪风茶、金萱、翠玉、四季春等，在外形上有条形、半球形、球形等，发酵程度上有轻重之分。现以冻顶茶为例介绍台湾乌龙茶。

台湾省南投县位于北纬 23°26′ ~ 24°17′，东经 120°36′ ~ 121°20′。山多平原少，有"山岳县"之称。中央山脉、玉山山脉、阿里山脉贯穿此县，山林茂密，郁郁苍苍，植茶得天独厚。冻顶茶产于南投县西南方的鹿谷乡，属半球形的包种茶。

(一)冻顶乌龙茶鲜叶采摘特点

1. 采摘时间　自 3 月中旬至 11 月中旬，一年采四季。春茶 3 月中旬至 5 月上旬，夏茶 5 月下旬至 8 月中旬，秋茶 8 月中旬至 10 月下旬，冬茶 10 月下旬至 11 月中旬。

上午 10 时前采的茶青为早青，上午 10 时以后至下午 3 时以前采的茶青为午青，下午 3 时以后采的茶青为晚青。3 种茶青分别放置、加工。

2. 采摘要求　茶青的成熟度选择以开面后 1 ~ 2 天、嫩梢下 2 ~ 3 叶叶片尚未硬化时为理想。茶青进厂后须薄摊散热，以免发热红变，特别是初秋高温季节。

(二)冻顶乌龙茶初制工艺特点

冻顶乌龙茶属中发酵(做青程度约40%)、轻焙火型。采制工艺十分讲究,鲜叶为青心乌龙等良种芽叶,经日光萎凋(晒青)、晾青、室内萎凋(静置与搅拌)、炒青、揉捻、初烘、多次反复团揉(包揉)、复烘、焙火等工序制成。

1. 日光萎凋　将鲜叶薄摊于筛笏上或麻布埕上,每平方米0.4~0.6千克。置于弱光下,温度以30℃~35℃为佳,不超过40℃,以免发生晒伤红变死青现象。

萎凋以手触摸茶青有如摸天鹅绒的柔软之感、并散发一种清香、第二叶失去光泽为适度。

2. 室内萎凋　室内萎凋即静置与搅拌,是品质形成的关键工序。将茶青移入青间,温度23℃~25℃,静置1~2小时,令茶青水分继续散发,叶态有萎缩。散发清香时开始第一次搅拌,时间要短,动作要轻,以免积水。搅拌次数全程以3~5次为宜,并要逐渐增加搅拌时间和加长静置时间,最后一次搅拌后静置到青味消失、清香气渐强为此工序完成。

3. 炒青　炒青温度140℃~160℃,时间5~7分钟,至无青气味,叶片柔软、清香显露即为适度。减重率35%~40%。使用圆筒式炒青机炒青时,当温度计显示260℃~280℃时即可投叶炒青,每筒投叶量10~15千克。时间4~6分钟。该机设有排湿通气装置,一般投叶后约2分钟,见筒内蒸汽扩散时可鼓风1~1.5分钟,做到透、闷结合,适时排气,避免水闷味出现。经过3~4分钟后,原有"啪啪"声渐弱,青味渐失,继而出现悦人的茶叶熟香气味,手握炒青叶成团,不易弹散,有黏性,茶梗及叶脉柔软,揉之不出水,没有刺手感,即为适度。

4. 揉捻与解块　炒青叶下机后,用双手翻动1~2次,热气消散后,即可投叶揉捻。揉捻时间3~5分钟,当揉叶完全卷曲、紧结成条、茶汁适度挤出附着于茶条表面时即为适度。揉捻过程应视揉叶量调整压力,揉捻结束前先松压,条索才能紧结完整,便于布球整形。

揉叶下机后可用松包机或解块筛分机解块或用人工进行解块,以散发部分水分和热量,避免揉叶因闷热过久而变质,解散团块还有利于干燥均匀。通常在解块后30分钟应进行初烘。

5. 初烘　初烘机具可用自动烘干机或烘笼。烘干机进口风温为110℃~150℃,摊叶厚2~3厘米,历时约15分钟。初烘要求迅速去除部分水分,增强茶条可塑性,便于包揉整形,含水率为30%~35%。

初烘叶以手感微刺手为度。下机后立即将茶条均匀摊放在筛笏上使之散热、回潮,促使茶条内部水分分布均匀。经摊晾回润后再行团揉(布包揉),容易卷曲成形且碎茶少。

6. 整形 整形的基本过程是:炒热→速包→松包→速包→球茶机包球,共需时 10~15 分钟。经过 2 个回次后可省去球茶机作业,重复炒热→速包→松包→速包→静包定形作业 4~6 回次,这样全程 6~8 回次。

此工序为球形或半球形外形的成形过程,作业特点是炒热整形。选用的配套机具有圆筒式炒青机、速包机、松包机、球茶机;配备一些包揉布和特制茶袋,布质要求卫生、柔软、光滑、韧性好、耐磨,大小为 78 厘米 × 78 厘米见方巾。速包机、球茶机对布包叶量、体积大小有一定要求,叶量过多或过少均不利于成形。故整形前须先将初烘叶称重分装,一般每包 6~8 千克。

速包程度起初不宜过紧,以免产生扁条、团块;前期静包时间不宜长,以防闷热。随炒热次数的增加,速包程度渐紧,静包定形时间渐长。通常在茶条已紧结成球形或半球形、茶坯已冷却时,可束紧布巾固定 60 分钟左右,使其成为紧缩的球形,而后即行解包,进入复烘足干。

7. 复烘足干 通过复烘足干去除多余水分,防止茶叶劣变,促进茶叶紧结外形、发展香味。通常用自动式烘干机或手拉式烘干机或烘笼均可。采用 2 次干燥方法。烘干机进口风温 105℃~110℃,摊叶厚 2~3 厘米,烘时 24 分钟左右。下烘叶立即摊晾 30~60 分钟,避免外干内湿。而后再行足干,使茶叶水分控制在 5%左右,手捻成粉末,外观色泽油润,干嗅茶香明显。下机后冷却,及时装袋,待精制加工。

第二节 乌龙茶精制加工

一、乌龙茶精制产品类型

(一)福建乌龙茶主要精制产品

1. 武夷岩茶主要级型

(1)武夷水仙 特级、一级、二级、三级、四级。

(2)武夷奇种 特级、一级、二级、三级、四级。

(3)武夷肉桂 特级、一级、二级。

(4)名丛类 大红袍、铁罗汉、白鸡冠、水金龟等。

2. 闽北水仙与闽北乌龙

(1)闽北水仙 特级、一级、二级、三级、四级。

(2)闽北乌龙　特级、一级、二级、三级、四级。

3. 闽南乌龙茶主要级型

(1)安溪铁观音　特级、一级、二级、三级、四级。

(2)闽南色种　特级、一级、二级、三级、四级。

(3)黄金桂　特级、一级。

(4)闽南水仙　特级、一级、二级、三级、四级。

(5)永春香橼　特级、一级、二级、三级、四级。

此外,还有流香、一枝春、老丛水仙、八仙、白芽奇兰等。

茶业企业参照精制加工规格,根据来料加工特点,制定企业标准的产品。在精制过程中产生的副茶,如碎茶、茶片、茶梗等也都有一定的规格。

(二)广东乌龙茶主要精制产品

1. 单丛茶

(1)凤凰单丛　特级、一级、二级、三级、四级。

(2)岭头单丛　特级、一级、二级、三级、四级。

此外,还有黄枝香单丛等。

2. 凤凰水仙　特级、一级、二级、三级、四级。

3. 饶平色种　特级、一级、二级、三级、四级。

此外,还有石古坪乌龙等。

茶业企业参照精制加工规格,根据来料加工特点,制定企业标准的产品。在精制过程中产生的副茶,如碎茶、茶片、茶梗等也都有一定的规格。

二、乌龙茶精制技术特点

(一)精制加工的目的和要求

将毛茶再经过筛分、风选、拣剔、烘焙、匀堆等工序,所制成的茶叶称为"精制茶"。通过精制,达到整齐外形、划分等级、剔除劣杂、适度干燥、调剂品质等目的。经过规范生产线加工的精制茶具有安全卫生、品质稳定、滋味醇厚甘爽、耐冲泡等优点。因此,毛茶经过了精制过程,提升成了有品牌保证的茶叶产品。

(二)精制加工的特点

精制加工的基本原理与技术主要是根据毛茶性状,采取相应的取料方法和毛茶调理技术,设计精制程序,通过精制作业,实现产品规格化、标准化。

与绿茶产品、红茶产品不同的是在乌龙茶精制过程中,体现品种特征,尤其是品种外形特色的保留。因此在精制线路的设计上要做到以下几点:一是注意外形的完整,采用梗、叶分离及拣剔措施,减少切轧作业。二是发挥烘焙作业优势,形成特殊的火功香。三是在取料上,特级、一级产品以春茶为主要原料,三级、四级产品以夏暑茶为主要原料;在年加工中留有适量春茶等作为保质茶,以平衡全年产品质量的稳定性。

目前,福建乌龙茶的精制工艺水平达到茶叶投料后依次经筛分、风选、去砂石、人工拣剔、静电去发、烘焙、匀堆、金属拣剔、装箱入库等程序,实现了立体化流水生产线。

三、不同花色品种的精制工艺

(一)武夷岩茶

1. 武夷岩茶传统手工焙制产品　由于初制比较精细,因而毛茶加工比较简单。水仙与奇种按内质各分为头、二、三堆,分别经手工筛分,分出大号、二号、三号、四号及下身茶5种。下身茶略加扬簸,弃去轻片,做"焙茶"处理。其他即可打堆为成品茶,精制率一般在90%~95%。若茶叶水分过高或火功不足,打堆后包装前须进行1次补火,以保护品质。

2. 机制武夷岩茶　因初制过程未经扬簸、拣剔,故毛茶加工比较复杂。岩毛茶加工以筛拣为主,不宜切轧,一般采用单级拼合付制、单级收回。极品茶或品种茶则单独付制。

3. 精制流程

(1)取料要求　毛茶加工前,先做好定级归堆和拼配。毛茶进厂后,取样对照标准样复评,审定品质优次,分清等级,按品种、季别、产地(或岩别)分别归堆,同时检测毛茶水分,凡含水率超过10%者,必须进行补火。若毛茶不能及时加工,需放置稍久(如10天以后)付制者,必须先补火方能进仓,以防品质劣变。

(2)毛茶拼配　应对照加工标准样,根据当年岩毛茶质量情况,适当调整用料幅度,拟定当年的拼配方案。品质搭配一般是:特级岩茶以1~2等毛茶为原料;一级岩茶选用2~3等毛茶为原料;二级岩茶以4~5等毛茶为原料;低级岩茶以夏、秋季茶为主,拼以适量同级春茶。经小样试拼后确定拼配方案,车间根据拼配方案试拼合格后方可投料生产。

(3)精制作业　武夷岩茶外形壮实,条索完整,加工中配置的筛网网孔应适当放大。其加工程序一般经滚筒圆筛→梗、叶分离→初、复平圆→风选→拣剔→打堆→复火→匀堆装箱等。在精制线路上主要有本身路、下盘路和轻身路等。而后根据产品规格,将正身各号茶、轻身各号茶、下身各号茶经拼配、复火、匀堆、过磅装箱即为成品茶。

(二)安溪铁观音

1. 进厂验收　安溪各乡镇所产铁观音毛茶在品质上有地域差别,品质优势不同,在季节上也有差异。因此在毛茶进厂时应按产地、季节、等级分别归堆。

2. 取料与调理　根据铁观音产品要求,在取料上一般高级铁观音以春茶拼配,中级茶以春、夏茶为主,低级茶以夏茶为主。各级留有保质茶,以稳定质量。毛茶先行合理拼配、调剂品质。

3. 加工方法　采用多级拼合付制、单级收回的方法。在加工程序上主要有:筛分→风扇→拣剔→复火→摊晾→匀堆→装箱→过磅等。

与岩茶不同。筛分作业所配置的筛网为圆孔筛;在拣剔作业上,要用手工辅助拣剔,达到净茶无梗、片。对各级各筛路外形接近的筛号茶拼合成几个小堆,分别复火。复火温度控制依级别而定。高级茶火候轻,以体现铁观音的馥郁花香;中级茶火候适中;低级茶火候饱足,以利于去除粗老味、产生火功香,增加醇度和耐泡度。完成烘焙后,进入摊晾、匀堆、装箱作业,按试拼配方案将各级筛路茶上贮茶斗,电脑自动控制匀堆机,充分混合均匀,自动装箱、过磅、封口、刷唛或进行小包装。

(三)凤凰单丛茶

1. 精制工序　毛茶加工一般采用单级付制、单级收回、分别归堆、收回同级成品的方法。加工过程分为筛分→风选→拣剔→干燥→匀堆→装箱等工序。

2. 精制要点　筛分时先用抖筛分粗细,后用圆筛分筛号。分出的一号茶条形粗大,直接拣剔;二号茶再上圆筛筛分;三号茶上风选。在拣剔作业中拣出粗老茶头、茶梗、黄片和夹杂物。完成拣剔的半成品,按级别分别上烘干机烘焙。烘焙温度的控制和上烘次数因级别和季节而异,一般宜用低温多次烘焙以保持香气。每次烘后下叶应薄摊散热,凉透后再上烘,足干水分为3%~4%。匀堆装箱作业应按等级拼配小样,以香气为主,参考滋味、汤色的优次,取长补短,符合级型茶产品规格。

第三节　乌龙茶品质特征

乌龙茶香味独特,具天然花果香气和品种的特殊香韵。它是由适制乌龙茶的茶树品种,在得天独厚的自然环境栽培下,采获其鲜叶,经精细加工而成。

是特定生态、品种与加工技术综合作用的结果。

乌龙茶依产地和品质风格不同，可分为闽北乌龙茶、闽南乌龙茶、广东乌龙茶、台湾乌龙茶等。武夷岩茶、安溪铁观音、凤凰单丛、冻顶乌龙茶是相应于上述4个区域的典型茶例。

一、福建乌龙茶主要品种花色及其品质特征

(一)武夷岩茶

产于武夷山，山多岩石，茶树生长在岩缝中，岩岩有茶，故称“武夷岩茶”。外形条索肥壮紧结匀整，带扭曲条形，俗称“蜻蜓头”；叶背起蛙皮状砂粒，俗称“蛤蟆背”；色泽油润带宝光。内质香气馥郁隽永，具有特殊的岩韵，俗称“豆浆韵”；滋味醇厚回甘，润滑爽口；汤色橙黄，清澈艳丽；叶底柔软匀亮，边缘朱红或起红点，中央叶肉浅黄绿色，叶脉浅黄色。耐泡5次以上。

现行的国家标准GB 18745武夷岩茶，将武夷山2 798平方公里行政区域范围内种植的武夷岩茶良种(即岩茶原料)划分为2个产区：武夷岩茶名岩产区和武夷岩茶丹岩产区。岩茶的名称与茶树品种、生长环境特点、采摘时间、品质特点等有一定的联系，故名称颇多。

1. 武夷水仙　用水仙品种制成的为武夷水仙。武夷水仙为传统的外引品种，种植在武夷茶区将近百年。武夷水仙品质特性优良稳定。外形条索肥壮、重实，叶端扭曲，主脉宽大扁平；色泽绿褐油润或青褐油润。内质香气浓郁清长，有特有的兰花香；滋味浓厚、甘滑清爽、喉韵明显；汤色清澈浓艳，呈深金黄色；叶底肥厚软亮，红边鲜明。耐冲泡。

2. 武夷奇种　以菜茶或其他品种采制的称为“武夷奇种”。奇种亦称武夷菜茶，是武夷山原始的有性群体茶树品种。奇种为产品名。成茶的品质特征是外形条索紧结、重实，端稍扭曲；色泽乌褐较油润。内质香气清高细长；滋味清醇甘爽、喉韵较显；汤色金黄明亮；叶底柔软较匀齐，红边稍显。

3. 武夷肉桂　武夷肉桂是20世纪80年代选育推广的品种，以香气辛锐浓长似桂皮香而突出。肉桂外形条索匀整卷曲；色泽褐禄，油润有光。内质干茶嗅之有甜香，香气浓郁持久，以辛锐见长，有蜜桃香或桂皮香，佳者带乳香；滋味醇厚鲜爽清强、回甘快且持久；汤色金黄清澈；叶底黄亮柔软，红边明显。

4. 武夷名丛　在名岩产区，正岩中如天心、慧苑、竹窠、兰谷、水濂洞等岩中选择优良茶树单独采制成的岩茶称为“单丛”，品质在奇种之上。单丛加工品质特优的称为“名丛”，如“大红袍”、“铁罗汉”、“白鸡冠”、“水金龟”称4大名丛。其基本的特征是：外形条索紧结、壮实，色泽油润稍带宝色。内质香气较

锐、浓长，清幽；滋味醇厚、回甘快、岩韵显、杯底有余香；汤色深橙黄，清澈明亮；叶底软亮匀齐，红边显。

大红袍既是茶树名，又是茶叶商品名。其成茶以无性繁殖的大红袍茶叶为主，并辅之于恰好的火功技术（用武夷岩茶传统的焙制方法），它既保持母树大红袍茶叶的优良特性，又有其特殊的香韵品质。大红袍茶的品质特征是：外形条索扭曲、紧结、壮实，色泽青褐油润带宝色。内质香气馥郁，有锐、浓长、清幽之感；滋味浓而醇厚、鲜滑回甘、岩韵明显，杯底余香持久；汤色深橙黄，且清澈艳丽；叶底软亮、匀齐，红边鲜明。

（二）闽北水仙与闽北乌龙

1. 闽北水仙　主产区分布在福建北部的建阳、建瓯等地，采用水仙品种加工而成。外形条索紧结沉重，叶端扭曲；色泽油润，俗称“鳝皮黄”。内质香气浓郁，具有兰花清香；滋味醇厚鲜爽；汤色清澈显橙红。

2. 闽北乌龙　主产区分布在福建北部的建阳、建瓯等地，采用乌龙等品种加工而成。外形条索紧细重实，色泽乌润。内质香气清高细长，滋味醇厚。

（三）闽南乌龙茶

主产区分布在福建南部泉州地区的安溪、永春等地和漳州地区的平和、诏安、华安等地以及漳平县等地。

1. 安溪铁观音　铁观音既是茶名，又是茶树品种名，因身骨沉重如铁，外形美似观音而得名。是闽南乌龙茶中的佳品。品质特征是外形条索圆结匀净，多呈螺旋形，身骨重实；色泽砂绿翠润，青腹绿蒂，俗称“香蕉色”。内质香气清高馥郁，汤色清澈金黄，滋味醇厚甘鲜，“音韵”明显；叶底开展，肥厚软亮匀整。耐冲泡，7泡尚有余香。

铁观音于1723～1736年创制，系由铁观音茶树品种单独采其鲜叶制作而成，是闽南青茶品质风格的代表。其外形紧结，成茶色泽鲜润，富光泽。内质香气清幽细长，胜似幽兰花香；汤色金黄明亮。饮之齿颊留香，甘润生津，香味具有独特的风格，俗称“观音韵”。铁观音成茶内含成分丰富，尤以香气挥发物含量高，大多是带有鲜花香气味的物质，其中主要有橙花叔醇、顺-茉莉内酯、顺茉莉酮、β-紫罗酮、苯乙腈、苯甲醇、2-苯基乙醇、法尼烯、乙酸卞酯、苯乙醛、沉香醇及其氧化物、苯甲酸、(Z)-3-已烯酯、吲哚等。铁观音的香气种类丰富，其中橙花叔醇含量多，顺-茉莉内酯和二氢茉莉内酯的含量也较高。

2. 黄棪　也称黄金桂。黄金桂品质具有“一早二奇”的特点。一早即萌芽、采制、上市早；二奇即外形“黄、匀、细”，内质“香、奇、鲜”。成茶外形条索紧结卷曲，色泽黄绿油润，细秀匀整美观。内质香气高强清长，香型优雅，有“露在其外”之感，俗称“透天香”，滋味清醇鲜爽；汤色金黄明亮；叶底柔软，黄绿明亮，红边鲜亮。

3. 闽南色种　主要的出口茶之一。闽南色种包括本山、毛蟹、梅占、奇兰、桃仁等多个乌龙茶品种配制而成。其外形紧结，色泽油润。内质香气清锐细长，滋味醇厚甜鲜，汤色金黄，叶底软亮匀整。

不同品种具有各自的品质特色。

(1)本山　外形条索稍肥壮、结实、略沉重，枝尾部稍大，枝骨细，红亮，称“竹仔枝”；色泽乌润，具青蒂绿腹红边的三节色，砂绿细。内质香气高长，带兰花香、桂花香；滋味醇厚鲜爽，有回甘，轻微酸甜味；叶底叶张略小，叶尾稍尖，主脉略细，稍浮白。

(2)毛蟹　外形条索结实、弯曲、螺状，头大尾小，枝头皮少量不整齐，芽部白毫显露，称为“白心尾”；色泽乌绿，稍有光泽。内质香气高而清爽，称“清花味”，或仿似茉莉花香；滋味清醇略厚；叶底叶张椭圆形，叶齿深密锐，如锯齿向下钩，叶脉主根稍浮，叶略薄，红边尚明。

(3)梅占　外形条索肥壮卷曲、圆结，色泽乌绿稍润，砂绿粗带燥。内质香气粗浓；滋味浓厚欠醇和；汤色橙黄、深黄；叶底叶张硬挺，红边较显(叶柄长，叶蒂宽、叶脉肥、叶长椭圆顺尖、叶齿浅锐)。

(4)奇兰　外形条索细瘦，稍沉重，叶蒂小叶肩窄，枝身较细，少量枝头皮不整齐；色泽黄绿、乌绿，尚乌润，砂绿沉细不明显。内质香气清高，似兰花香；滋味清醇，稍甘鲜；水色清黄、橙黄；叶底叶脉浮白，稍带白龙骨，叶身头尾尖如棱，叶面清秀。

4. 安溪大叶乌龙　外形条索肥壮，圆结沉重，叶蒂稍粗，叶梗枝长，梗身曲节；枝皮绿微紫色，砂绿粗燥。内质香气高浓，带焦糖香味，或栀子香味；滋味醇浓，稍鲜爽；叶底肥厚，叶面光滑，叶长椭圆形，部分倒卵形。

5. 闽南水仙　主产区是福建永春。具有“汤黄亮、香气足、泡水长”的特点。优良的茶树品种、精心采摘及精湛的制作工艺，形成闽南水仙的独特品质。外形条索肥壮紧结略卷曲；色泽砂绿油润间蜜黄，匀整美观。内质香气清高，兰花香显露；滋味醇厚甘滑；汤色金黄，清澈明亮；叶底肥厚软亮，红边鲜明匀整。

6. 永春佛手　也称永春香橼，别名香橼、雪梨。原产福建安溪金榜骑虎岩，无性繁殖系品种，是我国特有的茶树良种，系灌木大叶型，现在永春种植面积大。成茶品质具有条索肥壮紧卷似牡蛎干，沉重；色泽青褐乌油润。内质香气浓长，品种特征近似香橼香，显幽长；滋味醇甘厚；汤色橙黄明亮；叶底柔软黄亮，红边鲜明，叶张圆而大。

7. 平和白芽奇兰 产于福建大芹山、彭溪岩壑之处，具山骨风韵。外形条索紧结、匀整；色泽青褐油润。内质香气清锐，品种特征香突出，似兰花香幽长；滋味醇爽，溢品种香；汤色橙黄明亮；叶底软亮。

8. 诏安八仙 主产于福建南部诏安县，气候温暖如春，采摘时间早，上市早，还产冬片。成茶外形条索较紧直，壮结；色泽青褐油润露黄。内质香气独特，似杏仁香；滋味浓强带苦甘；汤色橙黄明亮；叶底软，黄亮。

(四)漳平水仙茶饼

传统茶饼外形呈小方块状，边长约为5厘米×5厘米，厚1厘米左右，形似方饼；干色乌褐油润，干香纯正。内质香气高爽，具花香且香型优雅，有兰花香型、桂花香型等；滋味醇正甘爽且味中透香；汤色橙黄，清澈明亮；叶底肥厚黄亮，红边鲜明。现行的漳平市制定水仙茶饼标准规格边长约为3.8厘米，方便冲泡。

(五)新品种

新创品种有丹桂、茗科1号、杏仁、黄奇、悦茗香、黄观音、九龙袍等。其品质特征因产地不同而有所差异。

二、广东乌龙茶主要品种花色及其品质特征

(一)单丛茶

单丛茶分为凤凰单丛和岭头单丛(又名白叶单丛)。

1. 凤凰单丛 凤凰单丛是国家级良种凤凰水仙品种(华茶17号)之优异单株，历经数百年历代茶农单株选优、单株培育、单株采制而得名。凤凰各品种当地群众习惯以茶树叶型、树型及其成茶香型来对各种单丛予以冠名，如黄枝香单丛、桂花香单丛、玉兰香单丛、蜜兰香单丛等。

(1)凤凰单丛茶品质特点　外形条索紧结较直；色泽黄褐呈鳝鱼皮色，油润有光，并有朱砂红点。内质具有独特的自然花香；滋味浓醇甘爽，山韵突出；汤色清澈黄亮；叶底边缘朱红，叶腹黄亮。耐冲泡。

(2)几种主要香型特点　桂花香单丛茶具桂花香山韵；黄枝香单丛茶具黄枝花香山韵，耐冲泡；芝兰香单丛茶具芝兰香山韵，耐冲泡；玉兰香单丛茶具玉兰花香山韵，耐冲泡；米兰香单丛茶具小叶米兰花香韵，耐冲泡。

2. 岭头单丛 岭头单丛出自凤凰水仙群体品种。1961年广东省潮州市饶平县岭头村在该村1957年种植的凤凰水仙品种茶园中，发现一棵特早、芽叶黄绿的茶树，以后连续3年对这株茶树单独采制，样品经县、地等专家审评

鉴定，认为该茶树质量稳定，具有花蜜香特点，品质达单丛级别，可与凤凰单丛媲美。1981 年经广东省农业厅审定，将该株茶树单列为一个品种，定名为“岭头单丛”，1988 年审定为省级良种。

岭头单丛茶品质特点是：外型紧结尚直，色泽黄褐油润。内质具有独特的蜜香，清高持久；滋味醇厚，鲜爽，回甘力强；汤色橙黄，清澈明亮；叶底黄绿腹朱边。耐冲泡，耐贮藏。

（二）石古坪乌龙

石古坪乌龙要求外形条索细紧结，色乌润带青。内质香气清高持久，有特殊的花香味；滋味鲜醇爽滑，有独特山韵；汤色浅黄清澈；叶底青绿，叶缘一线红。

（三）凤凰水仙

潮安茶因主要产区为凤凰乡（广东省原潮安县属），一般以水仙品种结合地名而称为“凤凰水仙”。外形条索肥壮匀整，色泽灰褐乌润。内质香气清香芬芳；汤色清红，滋味浓厚回甘；叶底厚实，红边绿心。

三、台湾乌龙茶主要品种花色及其品质特征

台湾全省分有北部、桃竹苗、中南部、东部、高山 5 大茶区。其中高山茶区是指台湾省各产茶区内、海拔高度在 1 000 米以上的地区，如阿里山、玉山、雪山、中央山脉和台东山脉。目前台湾省种植较多、品质较优的茶树品种有青心乌龙、青心大方、硬枝红心、四季青、青心柑子、铁观音、武夷、阿萨姆、台茶 7 号、台茶 8 号、台茶 12 号、台茶 17 号等 14 个品种。

台湾乌龙茶从福建传入。乌龙茶是台湾的主要茶类，年产量占台湾省茶叶总产量的 65%。其中以包种为多，约占 70%。台湾包种茶所用鲜叶原料的茶树品种以青心乌龙为主。优良品质的包种茶条索卷绉、曲而稍粗长，外观深绿色，带有青蛙皮般的灰白点，干茶具有兰花清香。冲泡后，茶香芬芳扑鼻，汤色黄绿清澈，茶汤滋味有过喉圆滑甘润之感，回甘力强。具有“香、浓、醇、韵、美”5 大特点。包种茶因其具有清香、舒畅的风韵，所以又称其为“清茶”（中国茶经 235）。

（一）冻顶乌龙茶

冻顶乌龙茶主产于台湾省南投县鹿谷乡，属“半球形包种茶”。外形呈半球形或球形，色泽青绿润。内质香气显花香；滋味滑润甘醇，喉韵感觉好，有特别的山头韵味。典型冻顶乌龙茶的特征是喉韵十足，带明显的人工焙火韵味与香气，饮后令人回味无穷。

此外还有松柏长青茶、竹山(或杉林溪)乌龙茶、梅山乌龙茶、玉山乌龙茶、阿里山珠露、阿里山乌龙茶、龙泉茶、金萱茶、翠玉茶、四季春、高山茶等。其外观呈紧结墨绿之半球状。

(二)金　萱

外形紧结呈半球形状或球状,色泽翠润。内质香气具有特殊的品种香,其中以表现牛奶糖香者为上品;滋味甘醇;汤色蜜绿明亮。选用台茶 12 号制作。

(三)翠　玉

茶区分布在坪林、宜蘭、台东和南投一带。外形紧结呈半球形状或球状,色泽翠润。内质香气有似茉莉和玉兰,以后者明显;滋味醇;汤色蜜绿明亮。选用台茶 13 号制作。

(四)文山包种茶

主产于台湾省台北文山地区。文山是古地名,包括当今的坪林、石碇、深坑等地。茶园位于山凹,采摘精细,属轻发酵茶类。外形条索自然弯曲,色泽深绿油润。内质香气清新花香;滋味爽口活泼,入口清香飘逸,口鼻感受强烈,先苦后回甘。讲究香气务必要清扬,滋味要甘醇活泼。

(五)白毫乌龙茶

白毫乌龙茶又名椪风茶、东方美人茶、香槟乌龙茶。白毫乌龙茶是产于夏季的台湾省新竹县北埔、峨嵋及苗栗县头份等地的青心大冇品种。限用手采茶青,且惟有经小绿叶蝉感染者才能制成较佳品质之白毫乌龙茶,是台湾新竹、苗栗特产。典型的白毫乌龙茶品质特征,外观艳丽多彩,具明显的红、白、黄、褐、绿 5 色相间特征,形状自然卷缩、宛如花朵。内质香气带有明显的天然熟果香;滋味似蜂蜜般的甘甜;茶汤鲜艳橙红;叶底淡褐有红边,叶基部呈淡绿色,叶片完整,芽叶连枝。

思考题

1. 安溪铁观音的初制工艺特点是什么?
2. 试述乌龙茶初制技术原理。
3. 比较福建乌龙茶与台湾乌龙茶的品质差异。

第四章 乌龙茶审评

中国乌龙茶主要产区分布在福建、广东、台湾3省。各区域有其著名的名茶,如福建的武夷岩茶、安溪铁观音,广东的凤凰单丛、岭头单丛,台湾的冻顶乌龙、文山包种等,品质风味独特。在审评中要重视区域特征和品质特征的把握,掌握好核心品质。注意分辨同样的品种,在不同的地理位置品质风味上的某些差异,学习和掌握乌龙茶审评的基本方法,按照技术规范要求,科学判断和评价乌龙茶品质。

第一节 乌龙茶品质鉴定

乌龙茶品质鉴定是乌龙茶质量管理中的重要组成部分,是技术、标准、茶学基础、食品感官分析等的综合体现,所以不仅要重视基本功训练,在应用中特别要加强技术质量标准方面的理论学习和技术规范的实训,以提高审评人员的综合素质和技术水平。

一、乌龙茶审评技术方法

(一)乌龙茶审评基本方法

乌龙茶的审评方法与红绿茶有所不同,习惯用钟形有盖茶瓯冲泡。其特点是:用茶多,用水少,泡时短,泡次多。审评时也分干评和湿评,通过干评和湿评,达到识别品种和评定等级优次。

1. 干评外形 以条索、色泽为主,结合嗅干香。条索看松紧、轻重、壮瘦、挺直、卷曲等。色泽以砂绿或密黄油润为好,以枯褐、灰褐无光为差。干香则嗅其有无杂味、高火味等。毛茶外形因品种不同各具特色,如水仙品种的外形肥壮,主脉呈宽、黄、扁;黄棪外形较为细秀;佛手外形重实呈海蛎干状,色泽油润。

2. 湿评内质 湿评以香气、滋味为主,结合汤色、叶底。冲泡前,先用开水将杯盏烫热。称取样茶5克,放入容量110毫升的审评杯内,然后冲泡。冲泡时,由于有泡沫泛起,冲满后应用杯盖将泡沫刮去,杯盖用开水洗净再盖上。第一次冲泡2分钟即可嗅香气,第二次冲泡3分钟后嗅香气,第三次以上则5分钟后嗅香气。每次嗅香时间最好控制在5秒钟内。每次嗅香后再倒出茶汤，看汤色、尝滋味。一般高级茶冲泡4次，中级茶冲泡3次，低级茶冲泡2次，以耐泡有余香者为好。

(1)嗅香气　主要嗅杯盖香气。在每泡次的规定时间后拿起杯盖，靠近鼻子，嗅杯中随水汽蒸发出来的香气。第一次嗅香气的高低，是否有异气；第二次辨别香气类型、粗细；第三次嗅香气的持久程度。以花香或果香细锐、高长的见优，粗钝低短的为次。仔细区分不同品种茶的独特香气，如黄棪具有似水蜜桃香、毛蟹具有似桂花香、武夷肉桂具有似桂皮香、凤凰单丛具有似花蜜香等。

(2)看汤色　以第一泡为主，以金黄、橙黄、橙红明亮为好，视品种和加工方法而异。汤色也受火候影响，一般而言火候轻的汤色浅，火候足的汤色深；高级茶火候轻汤色浅，低级茶火候足汤色深。但不同品种间不可参比，如武夷岩茶火候较足，汤色也显深些，但品质仍好。因此，汤色仅作参考。

(3)尝滋味　滋味有浓淡、醇苦、爽涩、厚薄之分，以第二次冲泡为主，兼顾前后。特别是初学者，第一泡滋味浓，不易辨别。茶汤入口刺激性强、稍苦回甘爽，为浓；茶汤入口苦，出口后也苦而且味感在舌心，为涩。评定时以浓厚、浓醇、鲜爽回甘者为优，粗淡、粗涩者为次。

(4)评叶底　叶底应放入装有清水的叶底盘中，看嫩度、厚薄、色泽和发酵程度。叶张完整、柔软、肥厚、色泽青绿稍带黄、红点明亮的为好，但品种不同叶色的黄亮程度有差异。叶底单薄、粗硬、色暗绿、红点暗红的为次。一般而言，做青好的叶底红边或红点呈朱砂红，猪肝红为次，暗红者为差。评定时要看品种特征，如典型铁观音的典型叶底出现"绸缎面"，叶质肥厚。

乌龙茶对品质要求着重香气和滋味，且重视耐泡次数。由于乌龙茶品质类别多，又重视品种特征，审评比较复杂，只有勤学多练、经常审评，才能提高鉴别能力，提高审评技术。

(二)广东单丛茶审评方法

参照《广东单丛茶品质特征及审评技术要点》介绍如下。

第一，审评杯使用纯白瓷烧制的110毫升工夫茶盖杯、碗。要求大小和色泽必须一致。

第二，取混合均匀样品于干茶盘中，作审评外形用。称取5克混合均匀样于盖杯内，茶、水比为1∶22。

第三，用100℃沸水注入盖杯内，采用3次冲泡法(选用广东省的审评方法，3次冲泡时间与国家标准有所不同)。第一次浸泡1分钟，第二次浸泡1.5分钟，第三次浸泡2分钟。每次分别嗅盖杯香气，将茶汤沥入汤碗中，品评汤色和滋味。最后一次嗅杯底香和茶渣香。

第四,将茶渣移入叶底盘,检查其叶底。

第五,各类单丛茶审评品质因子参考系数见表 3-4-1。

表 3-4-1　广东省历年名优茶评分标准的加权评分法　(%)

项　目	外形	香气	汤色	滋味	叶底
凤凰单丛茶	20	35	5	35	5
岭头单丛茶	20	32	5	38	5
龙珠单丛茶	25	35	5	30	5

第六,3 种单丛茶审评技术掌握的区分点:①外形。审评凤凰单丛茶和岭头单丛茶,对外形条索紧结、匀净度和色泽各因子的要求是一致的,综合评定外形占 20%。对龙珠单丛茶审评中考虑新产品的创意是注重球形,使用提高单丛茶的外形品相、有利于产品包装美饰、适合市场上畅销的抽真空包装。因此该茶评审外形占 25%,比重大于条形单丛茶。②香气。凤凰单丛茶与岭头单丛茶因各品系不同,其各自成品茶的香气体现为:凤凰单丛茶是浓郁花香型,岭头单丛茶是独特蜜香型。综合市场消费卖点评定,对凤凰单丛茶的香气更有所侧重。因此,香气评定凤凰单丛茶占 35%,比重大于岭头单丛茶。③滋味。单丛茶的滋味醇爽,一直是历代茶农和茶叶科研者致力改善提高品质的重点。凤凰单丛茶以其独特的花香已被国内外许多原来不饮单丛茶的消费群体所认识喜爱。但是有相当部分消费者希望单丛茶能减少苦涩味。滋味的浓淡、醇爽、回甘是与茶树产地、鲜叶采制、加工、气候等因素密切相关。偏爱岭头单丛茶的消费者是钟爱其滋味醇厚、鲜爽,回甘力强。在茶区生产中春季通常是岭头单丛茶制高、中档茶的季节,品质最佳;凤凰单丛茶在秋高气爽的秋、冬季节更有利于高香品质的产制,但是该季节滋味醇厚感稍次于春茶。因此,审评中对岭头单丛茶滋味要求醇厚,回甘力强;对凤凰单丛茶要求具有自然花香,滋味鲜醇,高档茶应有山韵风格。

(三)台湾青茶品质审评方法

参照《中国名茶志》中台湾冻顶茶品质鉴定方法予以介绍。

1. 冻顶茶品质审评方法　冻顶茶审评取茶样 3 克于审评杯中,冲入 150 毫升 100℃开水。条形茶浸泡时间 5 分钟,球形茶浸泡时间 6 分钟。将茶汤倒入审评碗中,即看汤色、闻审评杯中叶底茶香并做记录。

2. 优良茶比赛评审标准表　见表 3-4-2,表 3-4-3。

表 3-4-2　半球形茶（冻顶茶与高山茶等）评审标准

项　目	评分(%)	细　目	审查内容说明
外　观	20	形状	条索半球形，紧结整齐，干燥充分，无焦状，幼枝嫩叶，红梗、片末已清除
		色泽	鲜艳墨绿带丽色，调和清净不掺杂，金黄红边色隐存，银毫白点蛙皮生
汤　色	20	汤色	澄清鲜艳蜜绿，澄清明丽水底光，琥珀金黄非上品，碧绿青翠亦纯青
香　味	60	香气	清香扑鼻飘而不腻，源自茶叶入口穿鼻，一再而三者为上乘
		滋味	浓厚新鲜无异味，青嗅苦涩非珍品，入口生津富活性，落喉甘滑韵味强

表 3-4-3　条形茶（文山包种茶等）评审标准

项　目	评分(%)	细　目	审查内容说明
外　观	20	形状	条索紧结整齐，叶尖卷曲自然，幼枝嫩叶，粉末黑点未生
		色泽	鲜艳墨绿带丽色，调和清净不掺杂，金黄红边色隐存，银毫白点蛙皮生
汤　色	20	汤色	澄清鲜艳蜜绿，澄清明丽水底光，琥珀金黄非上品，碧绿青翠亦纯青
香　味	60	香气	清香扑鼻飘而不腻，源自茶叶入口穿鼻，一再而三者为上乘
		滋味	圆滑新鲜无异味，青嗅苦涩非珍品，入口生津富活性，落喉甘滑韵味强

二、乌龙茶常用评茶术语

（一）干茶形状评语

蜻蜓头：茶条肥壮，叶端卷曲，紧结似蜻蜓头。

螺钉形：茶条拳曲如螺钉状，紧结、重实。

壮结：茶条壮实而紧结。

扭曲：叶端折皱重叠的茶条。

（二）干茶色泽评语

砂绿：色似蛙皮绿而有光泽，优质青茶的色泽。

青褐：色泽青褐带灰光，又称宝光。

鳝皮色：砂绿蜜黄似鳝鱼皮色。

蛤蟆背色：叶背起蛙皮状砂粒白点。

乌润：乌黑而有光泽。

三节色：茶条尾部呈青绿色，中部呈黄绿色，边缘淡红色，故称三节色。

枯燥：干枯无光泽。按叶色深浅程度不同有乌燥、褐燥之分。

（三）汤色评语

金黄：茶汤清澈，以黄为主带有橙色。

橙黄：黄中微带红，似橙色或橘黄色。

橙红：橙黄泛红，清澈明亮。

清黄：茶汤黄而清澈。

红汤：浅红色或暗红色。常见于陈茶或烘焙过头的茶。

（四）香气评语

浓郁：带有浓郁持久的特殊花果香。

馥郁：比浓郁香气更雅。

浓烈：香气虽高长，但不及浓郁或馥郁。浓烈与强烈同义。

清高：香气清长，但不浓郁。

清香：清纯柔和，香气欠高但很幽雅。

甜香：香气高而具有甜感。

闷火、郁火：青茶烘焙后，未适当摊晾而形成的一种令人不快的火功气味。

猛火、急火：烘焙温度过高或过猛的火候所产生的不良火气。

（五）滋味评语

岩韵：指在香味方面具有特殊品种香味特征。为武夷岩茶特有。

音韵：指在香味方面具有特殊品种香味特征。为铁观音茶特有。

浓厚：味浓而不涩，浓醇适口，回味清甘。

鲜醇：入口有清鲜醇爽感，过喉甘爽。

醇厚：浓纯可口，回味略甜。

醇和：味清爽带甜，鲜味不足，无粗杂味。

粗浓：味粗而浓，入口有粗糙辣舌之感。

青涩：涩味且带有生青味。

（六）叶底评语

柔软、软亮：叶质柔软称为“柔软”，叶色发亮有光泽称为“软亮”。

绿叶红镶边：做青适度，叶缘珠红明亮，中央浅黄绿色或青色透明。

青张：无红边的青色叶片。

暗张、死张：叶张发红、夹杂暗红叶片的为“暗张”，夹杂死红叶片的为“死张”。

三、常见品质缺陷的原因分析

（一）生　青

做青、杀青不足。

（二）青　涩

做青、杀青不足。

（三）苦　涩

走水不良。

（四）发 酵 气

摇青不匀，老嫩叶差异大。

（五）渥 红 味

做青过度。

（六）淡　薄

晾青过度，原料偏粗老。

（七）粗　淡

原料偏粗老。

（八）璜　味

包揉温度偏高、时间过长。

（九）青　闷

摇青不足，走水不畅。

（十）欠　纯

品种混杂等。

（十一）枯　燥

原料粗老等。

（十二）乌　燥

火功不当。

（十三）乌　褐

季节、水分控制等不良。

（十四）异 杂 味

其他物质污染。

(十五)浑 浊

杀青、揉捻、包揉、水分问题。

四、地理标志产品品质要求

(一)武夷岩茶

按 GB 18745 武夷岩茶,将产品分为水仙、奇种、肉桂、大红袍、名丛。其产品规格见表 3-4-4,表 3-4-5,表 3-4-6,表 3-4-7,表 3-4-8。

表 3-4-4 武夷水仙各级产品的感官指标

项目		级别			
		特级	一级	二级	三级
外形	条索	壮结	壮结	壮实	尚壮实
	色泽	油润	尚油润	稍带褐色	褐色
	整碎	匀整	匀整	较匀整	尚匀整
	净度	洁净	洁净	较洁净	尚洁净
内质	香气	浓郁鲜锐,特征明显	清香特征显	尚清纯,特征尚显	特征稍显
	滋味	浓爽鲜锐,品种特征显露,岩韵明显	醇厚,品种特征显,岩韵明	较醇厚,品种特征尚显,岩韵尚明	浓厚,具品种特征
	汤色	金黄清澈	金黄	橙黄稍深	深黄泛红
	叶底	肥嫩软亮、红边鲜艳	肥厚软亮、红边明显	软亮,红边尚显	软亮,红边欠匀

表 3-4-5 武夷奇种各级产品的感官指标

项目		级别			
		特级	一级	二级	三级
外形	条索	紧结重实	结实	尚结实	尚壮实
	色泽	翠润	油润	尚油润	尚润
	整碎	匀整	匀整	较匀整	尚匀整
	净度	洁净	洁净	较洁净	尚洁净

续表 3-4-5

项目		级别			
		特级	一级	二级	三级
内质	香气	清高	清纯	尚浓	平正
	滋味	清醇甘爽,岩韵显	尚醇厚,岩韵明	尚醇正	欠醇
	汤色	金黄清澈	较金黄清澈	金黄稍深	橙黄稍深
	叶底	软亮匀齐,红边鲜艳	软亮较匀齐,红边明显	尚软亮匀整	欠匀稍亮

表 3-4-6　武夷肉桂各级产品的感官指标

项目		级别		
		特级	一级	二级
外形	条索	肥壮紧结,沉重	较肥壮结实,沉重	尚结实,卷曲,稍沉重
	色泽	油润,砂绿明,红点明显	油润,砂绿较明,红点较明显	乌润,稍带褐红色或褐绿
	整碎	匀整	较匀整	尚匀整
	净度	洁净	较洁净	尚洁净
内质	香气	浓郁持久,似有乳香或蜜桃香或桂皮香	清高幽长	清香
	滋味	醇厚鲜爽,岩韵明显	醇厚尚鲜,岩韵明	醇和,岩韵略显
	汤色	金黄清澈明亮	橙黄清澈	橙黄略深
	叶底	肥厚软亮匀齐,红边明显	软亮匀齐,红边明显	红边欠匀

表 3-4-7　武夷大红袍产品的感官指标

项目		要求
外形	条索	紧结、壮实,稍扭曲
	色泽	带宝色或油润
	整碎度	匀整
内质	香气	锐,浓长或幽,清远
	滋味	岩韵明显,醇厚,回味甘爽,杯底有余香
	汤色	清澈艳丽,呈深橙黄色
	叶底	软亮匀齐,红边或带朱砂色

表 3-4-8 武夷名丛的感官指标

项目		要求
外形	条索	紧结、壮实
	色泽	较带宝色或油润
	整碎度	匀整
内质	香气	较锐，浓长或幽，清远
	滋味	岩韵明显，醇厚，回甘快，杯底有余香
	汤色	清澈艳丽，呈深橙黄色
	叶底	软亮匀齐，红边或带朱砂色

(二)安溪铁观音

按 GB 19598 安溪铁观音，将产品分为 2 个系列：浓香型设特级、一级、二级、三级、四级，清香型设特级、一级、二级、三级。其产品规格见表 3-4-9，表 3-4-10。

表 3-4-9 安溪铁观音(浓香型)的感官指标

项目		级别				
		特级	一级	二级	三级	四级
外形	条索	肥壮，圆结重实	较肥壮，结实	稍肥壮，略结实	卷曲，尚结实	尚弯曲，略粗松
	色泽	翠绿、乌润，砂绿明	乌润，砂绿较明	乌绿，有砂绿	乌绿，稍带褐红点	暗绿，带褐红色
	整碎	匀整	匀整	尚匀整	稍整齐	欠匀整
	净度	洁净	净	尚净，稍有嫩幼梗	稍净，有嫩幼梗	欠净，有梗片
内质	香气	浓郁、持久	清高、持久	尚清高	清纯平正	平淡，稍粗飘
	滋味	醇厚鲜爽回甘，音韵明显	醇厚，尚鲜爽，音韵明	醇和鲜爽，音韵稍明	醇和，音韵轻微	稍粗味
	汤色	金黄，清澈	深金黄，清澈	橙黄、深黄	深橙黄、清黄	橙红、清红
	叶底	肥厚，软亮匀整，红边明，有余香	尚软亮，匀整，有红边，稍有余香	稍软亮，略匀整	稍匀整，带褐红色	欠匀整，有粗叶及褐红叶

表 3-4-10 安溪铁观音(清香型)的感官指标

项目		级别			
		特级	一级	二级	三级
外形	条索	肥壮,圆结,重实	壮实、紧结	卷曲、结实	卷曲,尚结实
	色泽	翠绿润,砂绿明显	绿油润,砂绿明	绿油润,有砂绿	乌绿,稍带黄
	整碎	匀整	匀整	尚匀整	尚匀整
	净度	洁净	净	尚净,稍有细嫩梗	尚净,稍有细嫩梗
内质	香气	高香、持久	清香、持久	清香	清纯
	滋味	鲜醇高爽,音韵明显	清醇甘鲜,音韵明显	尚鲜醇爽口,音韵尚明	醇和回甘,音韵稍轻
	汤色	金黄明亮	金黄明亮	金黄	金黄
	叶底	肥厚软亮,匀整,余香高长	软亮,尚匀整,有余香	尚软亮,尚匀整,稍有余香	尚软亮,尚匀整,稍有余香

五、几种地方标准产品品质要求

(一)闽北水仙

按 DB 35/T 121.10 闽北水仙成品茶。感官品质指标见表 3-4-11。

表 3-4-11 闽北水仙的感官品质指标

项目		级别				
		特级	一级	二级	三级	四级
外形	条索	壮结、重实	壮结	尚紧结	粗壮稍松	粗松
	色泽	油润,具鳝黄条	油润	欠油润	稍带褐色	色褐,稍枯
	整碎	匀整	尚匀整	尚匀整	尚匀整	稍欠匀整
	净度	洁净	匀净	尚匀净,略夹细梗	尚匀净,夹细梗	稍欠匀净,有梗片
内质	香气	浓郁,鲜爽	清香细长	清纯	稍淡	稍淡带粗
	滋味	鲜醇浓爽	醇厚	尚浓	欠浓,稍粗	淡带粗
	汤色	金黄清澈	橙黄,清澈	深橙黄	浓红	暗红
	叶底	肥厚,黄亮,红边鲜艳	肥厚,软亮,红边明显	软亮,红边尚明显	欠软亮,红边欠明显	粗硬,稍杂,带暗张

(二)八仙茶

按DB 35/T 97.9 八仙茶成品茶。感官品质指标见表3-4-12。

表3-4-12 八仙茶成品茶的感官品质指标

项目		级别				
		特级	一级	二级	三级	四级
外形	条索	紧结、重实	紧结、重实	紧实	尚卷结	粗松成条
	色泽	乌褐,色润	乌绿,色润	乌黑,尚亮	乌赤,欠匀	枯燥黄或暗黑
	整碎	匀整	匀整	尚匀整	匀整度差	带短梗小片叶
	净度	净	净	净	尚净	欠匀整,带短梗
内质	香气	浓郁锐长,品种香幽雅	浓郁锐长,品种香突出	香气清爽,品种香明显	香气纯正,有品种香	香气粗短,品种香不明
	滋味	醇厚鲜爽	浓郁甘爽	浓厚爽	味浓带爽	浓带涩感
	汤色	金黄艳亮	金黄明亮	橙亮清澈	深黄或带橘红	青黄或带红欠清澈
	叶底	柔软明亮,红边鲜明	柔软,红边鲜明	较柔软,带红点	叶色浅黄	红、青条,叶质较硬挺

(三)白芽奇兰茶

按DB 35/T 147.9 白芽奇兰茶。感官品质指标见表3-4-13。

表3-4-13 白芽奇兰茶茶叶的感官品质指标

项目		级别				
		特级	一级	二级	三级	四级
外形	条索	紧结、重实	紧结、壮实	卷结	比较卷结	较粗松
	色泽	乌润	乌绿尚润	乌黑尚润	乌赤,欠匀	稍枯
	整碎	匀整	匀整	尚匀整	欠匀整	较断碎
	净渡	洁净	洁净	尚洁净	尚洁净,稍带细梗	带短梗,稍欠洁净

续表 3-4-13

项目		级别				
		特级	一级	二级	三级	四级
内质	香气	浓郁幽长，品种香突出	清高细长，品种香明显	香气清纯，品种香显	香气纯正，有品种香	香气粗短，品种香弱
	滋味	醇厚、爽	醇厚	醇和	醇和，火香足	稍涩，有火香
	汤色	金黄明亮	金黄尚亮	橙黄清澈	深黄或带橘红	稍带红，欠清澈
	叶底	柔软明亮	柔软尚亮	色浅黄，较柔软，稍带红点	欠柔软，叶色浅黄	较硬挺，较花杂

(四)佛手茶

永春佛手茶产品感官品质指标见表 3-4-14。

表 3-4-14　永春佛手茶的感官品质指标

项目		级别				
		特级	一级	二级	三级	四级
外形	条索	壮结重实	略壮结	尚壮结	稍粗松	粗松
	色泽	乌油润	尚油润	稍带褐色	褐色	枯褐
	整碎	匀整	匀整	尚匀整	欠匀整	欠匀整
	净度	匀净	匀净	尚匀净	带细梗、轻片	带细梗、轻片
内质	香气	浓郁幽长，品种特征极显	清高，品种特征明显	清醇，有品种特征	纯正	平淡，略粗
	滋味	醇厚甘爽，品种特征极显	醇厚，品种特征明显	尚醇厚，品种特征尚显	纯和	平淡，略粗
	汤色	金黄，清澈明亮	金黄，清澈	尚金黄，清澈	橙黄	橙黄泛红
	叶底	肥厚软亮，匀整，红边明显	肥厚软亮，匀整，红边明显	尚软亮	稍花杂粗硬	粗硬，暗褐

(五)单丛茶

1. 凤凰单丛茶产品品质指标　见表 3-4-15。

表 3-4-15　凤凰单丛的品质指标

等　级	成品茶外形	成品茶内质
特　级	紧结壮直,完整匀齐;褐(乌)润有光;不含梗、片、碎末	花香细腻、清高持久,味鲜爽回甘有清花香味;汤色金黄、清澈明亮;叶底柔软鲜亮,淡黄红边
一　级	紧结壮直,匀齐;褐(乌)亮油润;不含梗、片、碎末	花香清高持久,味浓醇爽口有明显花香;汤色金黄明亮;叶底柔软,淡黄明亮
二　级	壮结尚匀齐,色泽鲜润,稍带梗、片	清香尚长,味醇厚尚爽有花香味;汤色清黄;叶底欠匀,淡黄尚亮
三　级	尚紧结、匀齐,色泽尚润,稍带梗、片	清香低短,味浓稍粗涩;汤色深黄;叶底暗杂
四　级	稍粗,欠紧结或疏松,参差不齐,黄褐欠润至无光泽,夹杂梗、片	微香带杂,味粗或硬涩,汤色深黄或泛青;叶底青暗稍杂

注:1. 自然花香为凤凰单丛特征香气;叶底色泽有多种呈色,要求亮度好

2. 引自广东省食品工业标准化技术委员会《优质产品标准》,广东省企业产品标准 QB/44050067814—2000 资料综合

2. 岭头单丛茶产品品质指标　见表 3-4-16。

表 3-4-16　岭头单丛的品质指标

等　级	成品茶外形	成品茶内质
特　级	紧结稍弯,完整匀齐;黄褐油润;不含梗、片、碎末	花蜜香细腻、清高持久,味鲜醇回甘带花蜜香味;汤色橙黄、清澈明亮;叶底柔软鲜亮,红度匀
一　级	紧结稍弯曲,匀齐;黄褐油润;不含梗、片、碎末	蜜香细锐持久,滋味醇厚甘爽有花蜜香味;汤色橙黄明亮;叶底柔软,红度匀尚鲜亮
二　级	尚紧结匀齐;乌褐或赤褐,尚润;匀欠净	蜜香尚显,滋味浓醇有蜜味、尚爽;汤色橙红尚亮;叶底红度尚匀亮
三　级	欠紧结匀净,青褐或赤褐欠润,含少量梗、片	有蜜香、欠鲜爽,滋味浓涩有蜜味;汤色橙红;叶底红度尚匀欠亮
四　级	稍粗,欠紧或粗松,欠匀;色枯,夹杂梗片	微蜜香带杂,微粗涩带杂;汤色深红或泛青;叶底红度不匀,带花杂

注:1. 花蜜香为岭头单丛特征香味,叶底红度指绿腹红边即三分红七分绿

2. 引自广东省食品工业标准化技术委员会《优质产品标准》,广东省企业产品标准 QB/44050067814—2000 资料综合

第二节　出口乌龙茶品质感官审评方法

根据中华人民共和国出入境检验检疫行业标准 SN/T 0737—1997 出口乌龙茶品质感官审评方法实施。

一、审评方法操作

按外形审评和内质审评。称取混匀的试样 5 克，置于评茶杯中，注满沸水，加盖浸泡 2～4 次。第一次浸泡 2 分钟，第二次浸泡 3 分钟，第三、四次浸泡各 5 分钟。每次分别审评其盖香，并将茶汤沥入评茶碗中依次审评其汤色和滋味；最后将杯中茶渣移入叶底盘中，检视其叶底。

二、审评项目和审评因子

（一）审评项目

外形，内质。

（二）审评因子

条索，整碎，净度，香气，滋味，叶底。色泽、汤色作为参考因子，不评分。

三、评　分

采用 5 分制加权评分法。

（一）评分权数

乌龙茶各品质审评因子的权数分配见表 3-4-17。

表 3-4-17　审评因子的权数分配表　（总权数：1）

审评项目	外形				内质			
审评因子	条索	整碎	净度	色泽	香气	滋味	叶底	汤色
权　数	0.1	0.1	0.1	评语	0.3	0.3	0.1	评语

（二）基准分与等级最低分

1. 基准分　指对茶叶贸易成交样或各级标准规定的界限分。此分作为对样审评时的基准。乌龙茶贸易成交样或各级标准样基准分均规定为零。

2. 等级最低分　指某一等级乌龙茶品质最低水平的评分。具体规定见表 3-4-18。

表 3-4-18　乌龙茶品质等级最低分

等　级	特　级	一　级	二　级	三　级	四　级	五　级	不列级
最低分	100	90	80	70	60	50	40

(三)评分方法

对照贸易成交样或各等级标准样茶,按下述评分规定对出口青茶的外形和内质的各品质因子分别进行评定。

1. 对照贸易成交样或等级标准样评分　高,5 分;较高,3 ~ 4 分;稍高,1 ~ 2 分;相符,0 分;稍低, - 1 ~ - 2 分;较低, - 3 ~ - 4 分;低, - 5 分。

2. 评分结果记录表　见表 3-4-19。

表 3-4-19　出口乌龙茶感官审评结果记录表

品名:××××　　(等级标准样或贸易成交样评分)

项目及因子		外形				内质			
		条索 0.1	整碎 0.1	净度 0.1	色泽 评语	香气 0.3	滋味 0.3	叶底 0.1	汤色 评语
对照样	茶号								
加权评分									
基准分或等级最低分									
总　分									
评　定									
审评员		复核员				审评日期			

(四)评分结果计算

评分结果按下式计算。

总分 = Aa + Bb + Cc + Dd + Ee + Ff

式中:

A,B,C,D,E,F——分别代表条索、整碎、净度、香气、滋味、叶底 6 项品质审评因子的评分;

a,b,c,d,e,f——分别代表以上 6 项品质审评因子相应的权数。

四、结果评定

(一)对照贸易成交样评分的结果评定

对照贸易成交样审评的茶叶,其所得评分若等于或小于成交样基准分 - 1

分者,评定为不合格。

(二)对照等级标准样茶评分的结果评定

对照等级标准样茶审评的茶叶,其所得评分加上该等级标准样茶的实际评分,即为该批茶叶的等级分。该等级分若等于或小于其等级最低分 -1 分者,评定为不合格。

(三)单项品质审评因子评分等于或小于 -5 分的结果评定

凡对照贸易成交样或等级标准样审评的茶叶,若其中一单项品质审评因子评分等于或小于 -5 分者,无论其最后得分高低,均评定为不合格。

综上所述,影响乌龙茶品质的形成因素是诸多的,审评过程要重视基础知识和基本技能的强化。再者,目前茶区也面临品种的更新换代、传统工艺与现代科技的结合、新产品的产生,使不少审评工作者都深有体会。审评人员必须经常到产区学习,关注国内外市场变化,向茶农师傅和前辈专家学习;在实践中熟悉产地、品种、制作、品质风格等情况;到市场消费者中倾听、收集信息;在审评工作中努力提高技能,善于分析总结,使审评技术扎实过硬。

思考题

1. 乌龙茶内质审评项目和内容有哪些?
2. 乌龙茶外形的审评要点是什么?
3. 武夷水仙一级的感官品质要求是什么?

第五章 红茶加工

红茶是加工过程理化变化最大的茶类,有全发酵茶之称。红汤红叶是红茶品质的基本特征。

红茶始于明末清初。最早产于福建崇安(现武夷山市),后传入闽北诸县、江西修水、祁门和湖北宜昌等地。19世纪中叶以后,中国红茶生产技术传播到印度、斯里兰卡、印尼、肯尼亚等亚非各国和部分拉美国家。红茶是目前世界上生产和消费量最多的一个茶类,占世界茶叶总销量的70%以上。

第一节 红茶加工原理与方法

红茶虽有条茶和碎茶之分,但其加工工序基本相同:即萎凋→揉捻(切)→发酵→干燥。各工序的主要作用和目的如下。

一、萎 凋

萎凋是红茶初制的第一道工序,也是形成红茶品质的基础工序。萎凋既有物理方面的失水作用,也有内含物质的化学变化的过程。

(一)萎凋的目的

通过萎凋,使鲜叶发生以下2方面变化:一是蒸发部分水分,降低茶叶细胞的张力,使叶、梗由脆变软,增加芽叶的韧性,便于揉捻成条;二是由于水分的散失而引起茶梢中的内含物质的一系列化学变化,为形成红茶色、香、味的特定品质奠定物质变化的基础。

(二)萎凋的方法与技术

萎凋方法有室内自然萎凋、日光萎凋、萎凋槽萎凋、萎凋机萎凋及各种形式的加温萎凋。目前,普遍采用萎凋槽萎凋。

1. 萎凋槽萎凋的优点 以人工控制的半机械化设备进行加温萎凋,具有结构简单、操作方便、造价低、工效高、节省劳力、降低制茶成本等优点。

2. 萎凋槽的基本结构和萎凋技术 各地使用的萎凋槽规格及材料不尽相同,但其基本结构和原理是一样的。其基本结构是由空气加热炉灶(或蒸汽散热器)、鼓风机、风道、槽体和盛叶框帘等部分组成。用鼓风机把热空气变成气流并强制它从叶层空隙间通过,以供应鲜叶水分蒸发消耗的热能,并及时吹散叶表面水汽分子，提高空气干燥能力，实行人工控制的萎凋。萎凋时主要掌握好温度、风量、摊叶厚度、翻抖、萎凋时间等外部条件。

3. 萎凋程度　萎凋程度的掌握，对制茶品质和后续工序关系极大。如萎凋不足，鲜叶细胞紧张状态未消除，叶质硬而脆，揉捻时芽叶易断碎，茶汁稀薄易流失，发酵进展不均匀而且难掌握，制成毛茶条索短碎多片末，香低味青涩，汤色浑浊，叶底花杂带青；如萎凋过度，芽毫枯焦，叶质干硬，揉捻时茶汁不出，不易紧卷，发酵不匀，毛茶松泡多扁条，色泽灰枯不显毫，香味淡薄，汤色、叶底暗杂。因此，萎凋必须适度，过度与不足均对毛茶品质不利。

二、揉捻(切)

揉捻(切)是工夫红茶和红碎茶塑造优美外形和形成内质的重要工序。工夫红茶要求外形条索紧结美观、内质滋味浓厚，这取决于叶片卷紧程度和细胞组织破坏程度。

(一)揉捻(切)的目的

通过揉捻，使萎凋叶发生以下 3 种变化：一是使叶细胞组织破坏，茶汁外溢；加速多酚类化合物的酶促氧化，为形成红茶特有的内质奠定基础。二是使叶片揉卷成紧直条索，缩小体形，塑造美观的外形。三是茶汁溢聚于叶条表面，冲泡时易溶于水，增加茶汤浓度，并形成光泽的外形。揉切是将茶叶通过机械方式强烈解体，通常采用强烈挤揉、机械锤击或撕切卷曲等作用方式，将茶叶塑造成不同形状或不同大小的颗粒，是红碎茶加工的特有工序。

(二)揉捻(切)的方式

目前我国广泛采用机械揉捻的方法，揉捻(切)机类型较多。如大型的 90 型双动、90 型单动揉捻机(即揉桶内径为 90 厘米，下同)，中型的 65 型、50 型揉捻机，小型的 40 型揉捻机等；揉切机有转子式揉切机、锤击机、C.T.C 揉切机几种类型。

(三)揉捻(切)的技术

揉捻(切)效果的好坏与投叶量、揉捻时间与次数、加压与松压、解块筛分以及控制揉捻室温度、湿度等条件有关。揉捻(切)通过不同机型联装组成连续化生产方式。揉捻时间的长短受揉捻机性能、叶量多少、叶质老嫩、萎凋质量、气温高低等条件因素的影响，在保证揉捻质量前提下，允许有一定灵活性。每次揉捻后进行解块筛分。

加压与松压：压力轻重是影响揉捻质量的一个主要因素。根据叶子在揉桶中运动翻转成条的规律，一般掌握“轻、重、轻”的原则。但老叶最后不必轻压，以免回松条索。加压和松压要逐渐加重或减轻，不要突然改变压力。加压轻重程度要根据具体情况灵活掌握，如“嫩叶轻压、老叶重压”，“轻萎凋叶轻压、重萎凋叶重压”。加压应分次进行，每次加压 7～10 分钟、减压 3～5 分钟，加压与减压交替进行。揉捻开始一段时间或第一次揉捻不加压，使叶片初步成条，逐步加压收紧茶条。一般揉捻结束前一段时间应减压，使条形收圆、叶汁回收。

三、发　酵

发酵是形成红茶色、香、味品质特色的关键性工序。良好的发酵才能形成较多的茶黄素和茶红素，才能形成更多的滋味和香气物质。

发酵方法一般是将揉捻叶放在发酵框或发酵车里，进入发酵室发酵。发酵要掌握满足茶多酚酶性氧化聚合反应所需的适宜温度、湿度和氧气量。

（一）温　度

对发酵质量的影响较大，包括气温与叶温 2 个方面。气温的高低直接影响叶温高低。发酵过程中，多酚类化合物氧化放热，使叶温提高。叶温有一个由低到高再低的变化规律。发酵的叶温以保持在 30℃为宜，气温则以 24℃～25℃为佳。气温和叶温不宜过高也不宜过低。如叶温过高、超过 40℃，发酵变化过分激烈，使毛茶香低味淡、色暗，严重损害品质。所以在高温季节里要采取降温措施，摊叶要薄，以利于散热降温。温度过低，发酵时间延长，内质转化不能全面发展，因此在叶温过低时，就应加厚叶层以利于保温，必要时采取其他的加温措施。

（二）湿　度

湿度对于发酵也是一个不可忽视的条件。实践表明，保持 90%以上的高湿有利于提高多酚氧化酶的活性，有利于茶黄素的形成和积累；反之，含水量很低的叶子，发酵时湿度又小，茶褐素积累过多，造成汤色和叶底变暗，滋味淡薄。因此，发酵要求相对湿度达到 95%，这就要采取喷雾或洒水等增湿措施。

（三）通气供氧

发酵中需消耗大量氧气。制造 1 千克红茶，在发酵中耗氧达 4～5 升。在缺氧条件下，发酵不能正常进行。同时，发酵也释放二氧化碳，从揉捻开始到发酵结束每 100 千克叶子可释放 30 升的二氧化碳。

（四）摊叶厚度

摊叶厚度影响通气和叶温。摊叶过厚，通气条件不良，叶温增高快，热量不易散发；摊叶过薄，叶温不易保蓄。

四、干　燥

干燥是鲜叶加工的最后一道决定品质的工序。干燥一般采用烘干，分2次进行。第一次称毛火，第二次称足火。毛、足火中间需摊晾。

（一）干燥的目的

通过干燥达到以下3种目的：一是利用高温迅速钝化酶的活性，制止酶促氧化，使发酵的品质固定下来。二是蒸发水分、缩紧茶条，固定外形，保持足干，有利于保持品质。三是散发大部分的低沸点的青草气味，激化并保留高沸点的芳香物质，获得红茶特有的甜香味。

干燥过程中，热化学作用占主导地位。掌握毛火高温快烘，减少不利于品质的变化；足火低温慢烘，促进香味的发展。如祁红突出的蜜糖香与在60℃～70℃的温度下慢慢烘焙有密切的关系。

（二）干燥的方法

有烘笼烘焙和烘干机烘焙等。烘笼烘焙是用竹制烘笼，以木炭加热烘焙，设备简单，烘茶质量高，特别是香气好；但生产效率低，劳动强度大，能源浪费大，成本高，不能适应大规模生产。目前，一般茶厂均已改用烘干机烘焙。

第二节　工夫红茶的初制

工夫红茶要求鲜叶细嫩、匀净、新鲜。采摘标准以1芽2～3叶为主。鲜叶进厂后，严格地对照鲜叶分级标准进行检验分级，分别加工付制。

一、萎　凋

通常采用萎凋槽萎凋。萎凋时掌握好温度、风量、摊叶厚度、翻抖、萎凋时间等外部条件。

（一）温　度

一般鼓风气流温度控制在35℃左右，最高不超过38℃。槽体前后温度要比较一致，才能获得较好的萎凋质量和提高生产效率。从萎凋质量看，温度偏低比温度偏高的质量好。气流温度超过38℃甚至40℃以上，虽然可以缩短萎凋时间、提高效率，但鲜叶失水过快，理化变化激烈，萎凋不匀，芽叶尖端和叶缘枯干，甚至发生红变，尤其是大叶种的鲜叶，此种弊病更为显着。因此，尽管在采摘高峰期，鲜叶量多，只能增加设备，不能采取高温快速萎凋。掌握温度高低，要根据具体情况灵活控制。一般在夏、秋季节自然气温较高，空气相对湿度较小,就不必加温,只鼓风,既节省燃料,又提高品质;雨水叶和露水叶,要先鼓冷风,吹干表面水后再加温,以免闷热损害鲜叶。萎凋过程中,温度掌握要"先高后低"。萎凋前期温度可稍高,随着萎凋的进展温度要逐步降低,下叶前10~15分钟停止加温,只鼓冷风,降低叶温。为使萎凋失水均匀,在萎凋过程中可每隔1小时停止鼓风10分钟,效果较好。

(二)风　量

一般萎凋槽长10米、宽1.5米,盛叶框边高20厘米,有效摊叶面积15平方米。此种规格的萎凋槽采用7号轴流风机,功率2.8千瓦,转速每分钟1 440转,风量每小时16 000~20 000立方米,风压3.3~4千帕(25~30毫米汞柱),这种风量基本能满足萎凋要求。风既是热量传导的介质,又能及时吹散叶表水蒸气。风量不足,影响水分散失的速度;风量过大,叶层出现"空洞",特别是大叶种的鲜叶更易红变,萎凋不匀。风量大小应根据叶层厚薄和叶质柔软程度而定,即根据叶层通气性能的大小加以适当调节。20世纪80年代后,国外大型萎凋槽技术在一些大型茶厂使用,萎凋槽不仅尺寸大,有1.8~2米宽、18~20米长,而且风机的风量大,达到每小时36 000立方米。

(三)摊叶厚度

每条15平方米的小型萎凋槽,摊叶量240千克左右;36平方米的大型萎凋槽可以摊放1 500千克左右的鲜叶,是小槽的5~7倍。嫩叶薄摊,老叶厚摊。小叶种一般摊放厚度20厘米左右,大叶种18厘米左右。摊放时要把叶子抖散摊平,使叶子呈蓬松状态,保持厚薄一致、松紧度一致,以利于通风均匀。

(四)翻　抖

萎凋槽摊叶较厚,各层叶子失水程度不一,为使萎凋均匀和加速萎凋,在萎凋中应适当翻抖。一般在每小时停风时翻抖1次。要注意翻透,上层抖翻到下层,摊平抖松,增加叶层间通气性。动作要轻,以免损伤芽叶。雨水叶、露水叶在萎凋前段时间可每30分钟翻抖1次。如果萎凋槽前后萎凋不一致,可把槽内的茶叶前后调换一下。

(五)萎凋时间

一般都以达到萎凋适度为终止时间。用萎凋槽萎凋,根据各地试验结果,以8~12小时达到萎凋适度品质较好。

萎凋适度的经验判断:根据萎凋叶的物理特征来判断。即叶形萎缩,叶质柔软,茎脉失水而萎软,曲折不易脆断;手捏叶片有柔软感、无摩擦响声;紧握叶子成团,松手时叶子能够松散;叶色转为暗绿,表面光泽消失;鲜叶的青草气减退,透出萎凋叶特有的清香。

不同季节萎凋程度掌握不同。一般地区春季雨多湿重，鲜叶含水量高，春茶萎凋叶含水量掌握偏低，为60%～62%；夏季温高湿低，鲜叶含水量低，夏茶萎凋叶含水量应偏高，为62%～64%。

云南工夫红茶主产区凤庆、临沧等地，各季气候情况与一般地区不同。春茶期，尤其是春茶前、中期，属于干季，温高湿低，鲜叶含水量低，室内自然萎凋白天只需5～6小时。为防止萎凋过度，春茶萎凋程度"宁轻勿重"，含水量62%～64%。夏茶正处雨季，雨多湿重，鲜叶含水量高，萎凋程度掌握"宁老勿轻"，含水量60%～62%。祁红适度的萎凋含水量为58%～64%，春茶偏低，58%～61%；夏、秋茶略高，61%～64%。

二、揉　捻

(一)投 叶 量

工夫红茶揉捻采用不同型号的揉捻机进行。由于揉捻机型号和性能不同、叶子老嫩不同，投叶量多少不一。按揉桶直径大小，投叶量参数见表3-5-1。

表3-5-1　揉桶直径与投叶量

项　目	区　分			
揉桶直径(厘米)	90	65	55	45
每桶投叶量(萎凋叶千克)	140～160	55～60	30～35	15～16

投叶量太多或太少都影响揉捻质量和效率。嫩叶可适当多投些，老叶则少投些。投叶时，按揉桶容量先投入萎凋叶2/3或3/4，机器启动3～5分钟后再投入剩余的萎凋叶。

(二)揉捻时间和次数

大型揉捻机(如90型)一般揉捻90分钟。嫩叶分3次揉，每次30分钟；中等的叶子分2次揉，每次45分钟；较老的叶子可延长揉捻时间，为135分钟，分为3次揉，每次45分钟。中小型揉捻机(如65型或45型)，一般揉捻60～70分钟，分2次揉，每次30～35分钟；较老的叶子可适当延长时间。

(三)加　压

以祁红为例，用90型揉捻机揉捻。细嫩叶子(特级、一级)：第一次揉捻30分钟不加压；第二、第三次揉捻各30分钟，分别加压10分钟，减压5分钟，重复1次。一般叶子(二至四级)：第一次揉捻45分钟不加压；第二次揉捻45分钟，加压10分钟，减压5分钟，重复2次。

(四)解块筛分

解散团块、散发热量、降低叶温、筛分大小、初步分级,分别使各号茶都能揉紧条索,使发酵均匀。筛分也是解决叶子老嫩不匀、影响揉捻发酵质量的一种措施。解块筛分机筛网:上段4孔/英寸(2.54厘米,下同),下段3孔/英寸。

使用小型揉捻机,嫩叶一般只解块不筛分,老叶不必解块及筛分,直接进行发酵。

四级以下的叶子,第一次揉捻30分钟不加压;第二次揉捻30分钟,加压、松压各2次,每次加压10分钟、松压5分钟。

(五)揉捻程度

揉捻充分是发酵良好的必要条件。如揉捻不足,叶子细胞破坏不充分,将使发酵不良。一般检查揉捻程度应为:叶片细胞组织破坏率达80%以上;叶片90%以上成条,条索紧卷;茶汁充分外溢、黏附于叶表面,用手紧握,茶汁溢而不成滴流。

三、发　酵

工夫红茶发酵的叶温以保持在30℃为宜,气温以24℃~25℃为佳。如气温和叶温过高,应保持叶温不超过40℃为宜。空气相对湿度保持在90%以上。发酵场所必须保持空气新鲜流通,提供发酵所需的氧气量。

(一)摊叶厚度

一般为8~12厘米。嫩叶和小型叶要薄摊,老叶和大型叶要厚摊;气温低时要厚摊,气温高时应薄摊。但无论厚摊或薄摊,摊放时叶子要抖松,不能压紧,以保持发酵时通气良好。发酵过程中应翻抖1~2次,以利于通气。

(二)发酵时间

从发酵开始计算,一般为3~5小时。但发酵时间的长短因发酵条件、揉捻程度、叶质老嫩而差异很大,不能单看时间的长短,应以发酵程度为准。

(三)发酵标准

在实际生产中,都是根据发酵叶的香气和叶色的变化作综合判断,以发酵适度为标准。

发酵适度:青草气消失,出现一种新鲜的、清新的花果香,叶色红变。春茶黄红色,夏茶红黄色。嫩叶色泽红匀,老叶因变化困难常红里泛青,叶温到达高峰开始平稳时即为发酵适度。

在实际生产中,发酵程度都掌握适度偏轻。这是由于发酵叶进入干燥后,叶温受烘干温度的影响逐步上升,酶促氧化在这一短暂的时间内异常激烈地进行，直到叶温上升到破坏了酶的活性后酶促氧化才会停止。再由于湿热条件的作用，多酚类化合物的非酶促氧化仍在进行，到足干时才基本停止。所以在掌握发酵程度上一般都要适度偏轻。

四、干　燥

一般茶厂均采用烘干机干燥。烘干机干燥时应控制好烘干温度、风量、烘干时间和摊叶厚度、干燥程度等。

（一）温　度

自动烘干机的毛火温度以进风口测量为 110℃～120℃为宜，不超过 120℃；足火温度 85℃～95℃，不超过 100℃。毛火与足火之间要进行摊晾，摊晾时间一般为 40 分钟左右，不应超过 1 小时。

（二）风　量

在一定条件下，适当增加风量，可提高干燥效率。一般适宜的风速为每秒 0.5 米。有的烘干机在顶部增加抽风装置，及时排除湿气，提高干燥效率达 30%～40%，并提高干燥质量。毛火风量应较大，足火要适当减少风量。

（三）烘干时间

一般毛火应高温短时，以 10～15 分钟为宜；足火应低温慢烘，时间应适当延长，以 15～20 分钟为宜，使香味充分发展。

（四）摊叶厚度

适当增加摊叶厚度，可以提高干燥效率，充分利用热能，但过厚则适得其反。摊叶过薄明显降低干燥效率。摊叶厚薄需根据实际情况掌握。一般应为"毛火薄摊、足火厚摊，嫩叶薄摊、老叶厚摊，碎叶薄摊、条状或粗叶厚摊"。总之要保证通气性良好均匀和热能利用率高，既保证干燥质量，又提高干燥效率。摊叶厚度毛火 1～2 厘米，足火可加厚至 3～4 厘米。

（五）干燥程度

干燥后含水量指标，毛火茶含水量 20%～25%，足干茶含水量应为 4%～5%。

实际生产中，以经验掌握，毛火茶达到七八成干，叶条基本干硬，嫩茎稍软；足火达到足干，茶梗一折即断，用手指碾茶条成细碎粉末。

一般烘干操作技术参考指标见表 3-5-2。

表 3-5-2　自动烘干机操作技术参考指标

烘　次	进风温度（℃）	摊叶厚度（厘米）	烘干时间（分）	摊晾时间（分钟）	含水量（%）
第一次	110~120	1~2	10~15	40~60	20~25
第二次	85~95	3~4	15~20	30	4~5

第三节　红碎茶加工

红碎茶加工方式较多，通常以揉切机械不同而称为不同的加工方法，如转子机制法、锤击机制法、C.T.C(切、撕、拉的英文缩写)制法等。

一、萎　凋

红碎茶要求适度轻萎凋，通常萎凋叶的含水量在68%左右较好。适度轻萎凋可以增强发酵时的多酚氧化酶活性，有利于茶黄素的形成和积累；适度轻萎凋的叶子含水量相对较高，为各种化学反应提供了较充足的反应介质，有利于各种生化反应的形成。

红碎茶适度轻萎凋，并不是缩短萎凋时间。萎凋时间过短，很多化学物质不能充分转化，例如蛋白质、多糖等的水解是要经历一定的时间才能完成，所以萎凋时间过短对红碎茶香气、滋味物质的形成不利。红碎茶萎凋时间应在8小时以上。

红碎茶各种制法对萎凋叶含水量要求不一样。转子机制法对萎凋叶的含水量要求为59%~61%，C.T.C制法对萎凋叶含水量要求为65%~70%，锤击机加C.T.C制法的萎凋叶含水量要求为68%~72%。尽管萎凋叶的含水量要求不同，但均需有一段萎凋时间，使叶内的化学成分产生一定的变化。

二、揉　切

揉切是区别各种制法的工序。由于揉切的机械不同，工艺技术亦相应不同，其产品的外形、内质亦有差别。

(一)转子揉切法

转子揉切法的切碎是采用卧式转子机完成的：萎凋叶经过揉捻，卷紧成条后投入转子机进茶口，由螺旋推进器推至切碎区，通过挤压、绞切切碎，再从机尾排出。采用转子揉切法茶叶在转子机中的时间短，绞切挤压力大，颗粒较平切紧结，尾茶较少，一般为6%~10%，经济效益较高。

目前，转子机的型号较多，按转子结构分有叶片棱板式、全螺旋滚切式、螺旋绞切式、球形挤切式等。各种型号转子机的结构又有不同筒径之分，揉切性能和机组配套也不尽相同，各地的揉切工序有很大的差别。最常用的揉切工序有以下几种。

1. 揉捻机与转子机组合　普通揉捻机揉条、解块筛分后，进入转子揉切机切后筛分，筛头经多次反复揉切。这种组合揉切，要求萎凋程度适当偏重，揉捻时间较长，一般需70分钟才能完成一个作业流程。所制得的产品，外形颗粒较紧结，色泽也较乌润，但香气和滋味往往显得钝熟。目前我国红碎茶区采用这种组合的揉切比较广泛。在大叶种地区，春茶一般先以90型揉捻机揉条30~40分钟，然后进行解块筛分，筛底提取毫尖茶，筛面茶进转子机切3~4次；夏、秋茶，揉条后如无毫尖茶可提，则可全部由转子机切碎。小叶种中、下档鲜叶原料制红碎茶，萎凋后经90型揉捻机揉条30~40分钟，再用转子机连续切3~4次，每次切后只解块、不筛分。揉切叶经发酵后立即烘毛火，烘后的毛火茶用平面圆筛机筛出团块茶，团块茶经打碎后再过筛，然后分别打足火。

2. 转子机组合　为了便于揉切作业连续化，用30型转子搓揉机代替90型揉捻机，解块散热后，又进入转子揉切机切后筛分，筛头反复揉切。转子揉切机具有强烈、快速的揉切效果，提高成品鲜爽度，并能节省设备、厂房投资，降低成本。但是茶坯在转子机中因强烈挤压和绞切而产生高温，在短短的几分钟内使叶温升高5℃~10℃，对发酵带来不利的影响。

目前部分大型红碎茶厂常用的机具配套为：采用30型卧式（或洛托凡）搓揉机揉捻，第一切采用大型转子机，第二切采用中型转子机，第三切采用小型转子机，其转子机作业线配备的型号分别为27型、20型和16型，生产效率高，颗粒较紧结，成茶鲜强度好。

萎凋适度的叶子，由输送带输入卧式搓揉机后，即可进入连续流水线作业，一次完成。

（二）C.T.C机揉切法

C.T.C机的主要工作部件是一对相向运动、速比为1/10的三角棱齿辊，茶坯通过喂料辊进入两辊相交的切线位置上，由于茶叶被强力压入齿辊之间的微小间隙，加之齿辊上的三角棱齿作用，茶叶被高速搓撕碾碎成为颗粒，茶叶表皮被撕，叶肉裸露，茶汁外溢，细胞组织受扭曲或损伤，揉切作用强烈而快速，为发酵创造条件。因揉切时间短，瞬间升高的叶温在敞开的输送带上即可散失，因而经3次C.T.C机切碎的在制品仍保持鲜绿色。

通常采用洛托凡揉切机与三联C.T.C组成揉切生产线。产品具有颗粒紧结重实、香味浓强鲜爽、汤色红亮、叶底红匀鲜活的特点,是当今世界上最受欢迎的一种加工方法。

C.T.C机制法首先要求有优质的鲜叶原料,一般要求在3级以上。低于3级的鲜叶,生产的产品多片末,外形欠佳,品质低下,并易损坏齿辊。其次,对萎凋叶含水量要求较为严格,适宜采用轻萎凋,萎凋叶含水量以控制在68%左右为宜。如在海南省用云南大叶种鲜叶生产,萎凋含水率掌握在65%~68%为好。

采用C.T.C揉切工艺,成品的精制率高、花色少,便于精制。

三、发　酵

发酵是形成红茶品质的关键性工序,因此适时地掌握发酵程度是非常重要的。

(一)温　度

温度对发酵的速度和质量影响是最大的。20℃温度条件下发酵,茶黄素的积累比在40℃温度条件下发酵要高得多,所以要求发酵温度掌握在25℃左右为宜。

(二)供氧量

供氧量是影响发酵质量的又一重要因素。发酵过程中耗氧量大,发酵时单位时间的耗氧量比揉切、萎凋和鲜叶都大得多。另外,发酵过程中放出大量的热量,也必须增加通气量来进行排除。所以要采用增湿供氧的透气发酵。

(三)湿　度

发酵时保证90%以上的湿度,一可以降低叶温,二可以维持较高的酶活性。

(四)发酵方式

1.发酵车发酵　通常采用发酵车透气发酵。即在发酵叶层中不断地吹入潮湿空气,以达到增氧增湿的目的。发酵装置由水分化雾器、低压离心风机、矩形风管及多辆发酵车组成,每辆小车分2层,中隔是有孔眼的铝板,上层盛叶斗可装载约30千克的萎凋叶,下层接上主风管后即可导入低温高湿的空气,进行控温发酵。

2.发酵机发酵　在百页板发酵床下通入20℃~26℃温度的潮湿空气,发酵叶均匀地摊在百叶板上,摊叶厚度10厘米左右,发酵时间在20~60分钟内连续可调。发酵机上设有翻叶装置,在发酵过程中将发酵叶翻动2~4次。采用这种发酵装置，不仅发酵均匀、茶叶的鲜爽度好、收敛性强，而且可连续作业。

（五）发酵程度

一般根据不同的揉切机具、不同的叶片品种、不同的季节和不同的温、湿度条件，以及后续的烘干条件灵活掌握。实际生产中，发酵程度通过感官和叶相来断定，以叶色开始红变呈黄或黄红色、青草气味消失、透出清香或花果香为适度。采用转子机加工的揉切叶，发酵程度相应偏重一点；而 C.T.C 揉切叶和 L.T.P 揉切叶适宜采用轻发酵。在海南用 C.T.C 工艺加工，发酵的叶相为：茶叶青草气消失，叶色由青绿转为黄绿，部分呈橙红色。发酵时间 30～90 分钟。

四、干　燥

干燥分 2 段进行。先在高温充分排湿的情况下迅速停止酶的活性，使有效的品质成分固定下来。然后在稍低的温度下充分干燥至含水量 4%～5%，达到挥发香气、保持品质的目的。

干燥时，由于红碎茶体型细小，茶坯含水量较高，因此一般使用大功率的干燥机。如在有条件的大型茶厂，使用马歇尔式干燥机，或国内新型（或改造型）热输送带式干燥机。输送带进口温度为 120℃，烘箱进口温度为 95℃。红碎茶干燥有一次干燥和二次干燥 2 种。转子机制法的茶，一般一次干燥；C.T.C茶使用热输送带式干燥机以一次干燥较好；而用国内其他干燥机时以二次干燥为宜。

（一）一次干燥

热输送带式干燥机的输送带进风温度可达 120℃～130℃。当发酵叶遇此高温时，发酵便迅速终止，同时大量蒸发水分。进入机体烘箱后，由于分层引进热风，百页板的各层温度较为均匀，茶坯继续蒸发水分，在 15～25 分钟内，含水量可降至 5%。一次干燥的毛茶色泽乌润。

（二）二次干燥

作业分 2 次进行。第一次为“打毛火”，进风口温度 110℃～115℃，采用薄摊，快速或中速，争取毛火茶干度达到八成干，即含水量为 15%～25%。下机摊晾散热，使茶坯内水分重新分布，冷却至室温再进行第二次干燥，称“足火”。足火温度宜稍低，进风口温度为 85℃～90℃，摊叶可稍厚，时间稍长，烘至足干（一般含水量为 5%左右）。下机后摊晾装袋（箱），或即行归堆精制。

(三)流化床干燥

用流化床干燥的优点之一是茶叶在烘箱内被由下而上的一股热喷流托住,呈一种漂浮层在箱体内由前向后缓缓移动。由于茶叶被热风吹起上下翻动,热交换快,效率高。在流化干燥过程中,颗粒经摩擦变小,筋毛吹出。单位面积的出茶量比链板式高 10~20 倍,每千克茶煤耗也可降到 0.5 千克标准煤以下。流化床干燥机的另一优点是没有运动部件和链条,维修量少,使用费低;烘程短,只有 10 分钟;茶叶的茶黄素含量高,茶汤鲜爽。但颗粒粒度小,色显灰。针对存在的问题,改一段流化为三段流化,即机内温度先高后低,第一段进口部分为 120℃,中间段为 105℃,后段为 80℃。一次干燥,烘干时间为 16~20 分钟,接近链板式烘干机,可改善茶叶外形色泽。

思考题

1. 红茶加工的基本工艺有哪些?各工艺的作用是什么?
2. 红碎茶揉切有哪些方法?其优缺点是什么?

第六章　红茶审评

红茶分为工夫红茶、小种红茶和红碎茶。由于制法不同,所形成的品质与要求也不同,审评的侧重点亦不同。在商业贸易上审评红茶中的毛茶、精茶,需对照标准样进行评定,常采用比标准样“高”、“低”、“相当”之类的评语。从纯制茶技术角度审评红茶品质,一般不采用标准茶样,仅从审评中指出茶叶品质的优缺点,以供改进生产为目的。

第一节　工夫红茶的品质特点

具有代表性的工夫红茶是祁红工夫和滇红工夫。

一、祁红工夫

祁红工夫的品质特点为外形细紧,苗锋良好,色泽乌黑油润。内质香气浓郁带糖香,滋味醇和回甘;汤色红亮;叶底红匀细软。审评祁红工夫毛茶和精茶,在对照各级标准样的基础上,重点抓住嫩度与条索的紧实程度。身骨空松轻飘、色泽枯灰、汤色浅薄(红)、香气粗糙、滋味薄涩、叶底青暗是低、次产品的特征。不同季节所产的祁红工夫,春茶嫩度好,色泽乌润,香味柔和,品质较好;夏、秋茶汤色、叶底较为红亮,但香味的鲜醇度不如春茶,总的品质比春茶差。祁红工夫分为一至七级。在初制中萎凋和揉捻较重,各级成茶外形都较紧结,其中一至三级茶苗锋较好,四至五级茶也较紧实,六至七级茶较短秃。各级茶的嫩度与紧结度都好于同级烘青级坯茶,祁红工夫是我国小叶种工夫红茶中最好的产品(在商业贸易中审评毛茶和精茶,都需对照标准样定级、定价)。

二、滇红工夫

滇红工夫是产于云南的红茶。其品质特点为:外形肥壮显露金毫,色泽棕褐。内质香气浓郁,滋味浓醇回甘;汤色红艳;叶底肥软,红匀明亮。滇红工夫茶多酚含量高,茶味浓而耐泡,经3次冲泡还有茶味。对毛茶和精茶的审评以标准样为基础,抓住嫩度是重点,嫩度是滇红内在品质的客观标准。其精茶在嫩度基础上,净度也很重要,一、二级茶显露芽锋,不应含有茶梗与朴片。

三、宁红工夫

宁红工夫主产于江西省修水县，武宁、铜鼓县亦有生产。宁红工夫的品质与祁红工夫很接近，高档茶外形紧结，苗锋修长，色泽乌润。内质甜香高长，滋味甜醇；汤色红亮；叶底红亮。

四、浮红工夫

浮红工夫主产于江西省浮梁县、景德镇市，彭泽县也有少量生产。产区与祁红接壤，品质也与祁红接近。在外销时，常将宁红工夫、浮红工夫归并为祁红工夫。

五、宜红工夫

宜红工夫主产于湖北宜昌市、恩施市，属中小叶种工夫红茶。外形细紧带金毫，色泽乌润。内质甜香高长，滋味浓醇；汤色红亮；叶底红亮。

六、川红工夫

川红工夫主产于四川宜宾市。1950 年开始生产，最高年产量 3 500 吨。所产红茶每年 4 月间即进入国际市场。川红工夫之珍品——“早白尖”，品质优异。1979 年首批川红工夫一级，每吨售价 7 320 美元，高于国内同级工夫红茶价格数倍。川红工夫的总体品质，属中小叶种工夫红茶，外形较壮实，香味较厚实。

七、闽红工夫

闽红工夫产于福建省，有政和工夫、白琳工夫、坦洋工夫之分。由于各品种产区和茶树品种不同，品质有较大差异。

（一）政和工夫

主产于政和县。其中政和大白茶的品质良好，外形肥壮，多茸毫，色泽带乌棕，香味厚实。小叶种制的茶条索紧结，香味纯和。

（二）白琳工夫

主产于福鼎市，为小叶种工夫红茶。外形细长弯曲，色泽乌中带黄；内质香味纯正，汤色浅红。

（三）坦洋工夫

分布在福安、拓荣、寿宁、霞浦等地，现大多改产烘青。

八、湖红工夫

湖红工夫主产于湖南安化、桃源、涟源、邵阳、平江、浏阳、长沙等县(市)。1988 年产量达到 5 000 吨以上,后随市场变化,有所下降。湖红工夫属小叶种工夫红茶。

九、越红工夫

越红工夫主产于浙江绍兴、诸暨等县(市),属小叶种工夫红茶。外形较细紧,内质香味纯和。年产量 7 000 ~ 8 000 吨,以内销为主。总体品质稍低于上述产区的条红。

审评上述 9 大类主要工夫红茶,如作贸易样审评,应各自对产区标准样的外形进行评定。内质以不显陈茶的标样为依据,一、二级茶香味应带甜醇,三、四级茶较醇厚,五、六级茶较纯和。各级茶均不带非茶夹杂物和杂异气味。如作名优茶评比,首先不要考虑该工夫红茶产于何处,也不要受产区框架影响,应根据其实有品质进行审评。如果事先框定某工夫红茶一定优于另一种工夫红茶,那常会做出不公正的评定。

十、小种红茶

小种红茶是工夫红茶的一种,分正山小种和外山小种。正山小种又称桐木关小种、星村小种;外山小种别名人工小种、烟小种、假小种。正山小种外形粗壮紧直,身骨重实,无毫茶,色泽褐红。内质具有松烟香,有似桂圆香,滋味甘甜厚实;汤色尚红;叶底暗红。现在,人工小种已停产。正山小种之“正山”表明是真正的高山地区所产之意。

小种红茶外形较松,色泽黑而枯。内质具有松枝燃烧不完善的烟熏气,滋味醇厚,带桂圆香味;汤色红褐。审评中重点抓住松烟香的纯正浓郁程度,带柴烟气味的为劣质产品。

第二节　红碎茶的花色名称

红碎茶在国外称“Black tea”。我国在 20 世纪 70 年代称分级红茶,随后改称红碎茶,也称切细红茶。目前年产的红碎茶分为 C.T.C 茶和传统茶。肯尼亚几乎全生产 C.T.C 茶,印度大多是 C.T.C 茶。世界红茶总产量中大多属 C.T.C 茶。现在,我国生产 C.T.C 茶仅占国内红碎茶总量的 2%左右,只有云南和海南有部分茶厂还有生产，其他红碎茶的产区大多生产传统茶。红碎茶的花色名称见表 3-6-1。

表 3-6-1　红碎茶花色名称

类　别	花色名称	英文名称	简　称
叶茶类	花橙黄白毫	Flowery orange pekoe	FOP
	橙黄白毫	Orange pekoe	OP
	白毫	Pekoe	P
碎茶类	花碎橙黄白毫	Flowery broken orange pekoe	FBOP
	碎橙黄白毫	Broken orange pekoe	BOP
	碎白毫	Broken pekoe	BP
片茶类	碎橙黄白毫片	Broken orange pekoe fanning	BOPF
	白毫片	Pekoe fanning	PF
	橙黄片	Orange fanning	OF
	片	Fanning	F
末茶类	茶末	DUST	D

第三节　红茶审评方法

一、传统红茶审评

(一)工夫红茶

采用“通用型茶叶感官审评”方法。贸易上评茶应根据产区从属于哪一套标准，对照标准样评定外形和叶底的嫩度，而香气、滋味和茶汤色泽不以陈样为依据。有的茶叶生产者不标定级别，只标茶号或价格。遇到这样的茶叶，应先看是大叶种还是中小叶种，再参照标准样的级别定级，有了级别，才有品质、价格的概念。

可根据茶叶实有品质下评语，也可定分数。若是质量检验部门在市场或出厂抽样检验，则仍须采用相应的标准样为依据。

工夫红茶共分 8 级，即特级、一级、二级、三级、四级、五级、六级、七级。

对一级工夫红茶评分，可参考表 3-6-2 进行。评分品质系数按表 3-6-3 换算。

表 3-6-2　一级工夫红茶各品质因子定分参考标准

因子	级别	品质特征	给分
外形	甲	细紧露毫有锋苗，色乌润或显棕褐金毫	94 ± 4
	乙	细紧稍有毫，尚乌润或尚棕润	84 ± 4
	丙	细紧，尚乌润	74 ± 4
汤色	甲	红亮	94 ± 4
	乙	尚红亮	84 ± 4
	丙	欠红亮	74 ± 4
香气	甲	嫩甜香	94 ± 4
	乙	有甜香	84 ± 4
	丙	纯正	74 ± 4
滋味	甲	鲜醇甜和	94 ± 4
	乙	醇厚	84 ± 4
	丙	尚醇厚	74 ± 4
叶底	甲	柔软见芽，紫铜色	94 ± 4
	乙	尚嫩匀，暗红色	84 ± 4
	丙	欠匀，多筋，暗褐色	74 ± 4

表 3-6-3　红(精)茶品质因子权数　(%)

茶别	外形	汤色	香气	滋味	叶底
工夫红茶	35	10	20	20	15
小种红茶	30	10	25	25	10

(二)传统红碎茶

根据传统红碎茶的外形，可简单地命名其花色名称(表 3-6-4)。

表 3-6-4　传统红碎茶花色分类表

茶叶形态	国内名称	英文简称(国外)
较完整的毫尖茶	叶茶一号	FOP
较完整的嫩茎茶	叶茶二号	OP
细小重实含毫尖的碎茶	碎茶一号	FBOP
颗粒较细的碎茶	碎茶二号	BOP_1

续表 3-6-4

茶叶形态	国内名称	英文简称(国外)
颗粒稍大的碎茶	碎茶三号	BOP$_2$
颗粒较大的碎茶	碎茶四号	BOP$_3$
质较轻的细碎茶	碎茶五号	BOPF
较粗硬的梗朴	碎茶六号	BP
质地较轻的茶片	片茶	F
细碎呈砂粒状的碎茶	末茶	D

二、红碎茶审评

(一)普通红碎茶

根据我国红碎茶的品质,分为 4 大产区,4 套标准样,即一、二、三、四套样。

1. 一套样红碎茶　产于云南省,是用云南大叶种制作的红碎茶。其品质特点是:外形重实,叶茶露金毫,碎茶颗粒紧结,色泽棕褐。内质香气浓郁,滋味浓醇;汤色红亮;叶底红匀。评审一套样红碎茶的侧重点是汤色明亮与香味鲜爽度。因大叶种茶叶组织较疏松,在制茶与成茶贮存过程中茶多酚易氧化,所以香味易变钝,茶汤易变暗。

一套样的优点是:嫩度好,滋味浓,亦耐冲泡。但它的香味个性较强,发酵稍重即显示云南红碎茶的个性,俗称“云南味”。大叶种红碎茶花色见表 3-6-5。

表 3-6-5　大叶种红碎茶花色

类　别	一套样	二套样
叶　茶	叶茶一号(FOP)	叶茶一号(FOP)
	叶茶二号(OP)	叶茶二号(OP)
碎　茶	碎茶一号(FBOP)	碎茶一号(FBOP)
	碎茶二号(BOP$_1$)	碎茶二号(BOP$_1$)
	碎茶三号(BOP$_2$)	碎茶三号(BOP$_2$)
	碎茶四号(BOP$_3$)	碎茶四号(BOP$_3$)
	碎茶五号(BOPF)	碎茶五号(BOPF)
		碎茶六号(BP)

续表 3-6-5

类　别	一套样	二套样
片　茶	片茶一号(F)	片茶一号(F_1)
	片茶三号(PF)	片茶三号(F_2)
末　茶	末茶一号(D_1)	末茶一号(D_1)
	末茶三号(D_2)	

注:水分≤6%,灰分≤6.5%,40孔下茶≤2%

2. 二套样红碎茶　主产于广东、广西和海南3个省、自治区。二套样的品质特点:外形色泽棕润,颗粒重实。内质香气新鲜高锐,滋味浓强鲜爽;汤色红亮;叶底红明。它是我国红碎茶品质全面、质地较好的一种。其部分高档产品的香气接近印度茶,且“中和性”强,适合于国际大茶类拼合使用,较有利于出口。我国对红碎茶的品质要求基于二套样,是提高红碎茶品质的总目标。

从制茶技术角度评审二套样品质,可参照表3-6-6进行。

表 3-6-6　二套样红碎茶各品质因子定分参考标准

因　子	级　别	品质特征	给　分	品质权数
外　形	甲	颗粒重实,匀称,色棕润	94±4	
	乙	颗粒尚重实,色棕	84±4	
	丙	颗粒欠重实,色花杂	74±4	
汤　色	甲	红亮,富有活力	94±4	
	乙	尚红亮	84±4	
	丙	欠红亮	74±4	
香　气	甲	新鲜高锐	94±4	
	乙	醇正	84±4	
	丙	熟闷	74±4	
滋　味	甲	浓爽,富有收敛性	94±4	
	乙	浓厚	84±4	
	丙	欠爽或青涩	74±4	
叶　底	甲	嫩匀红亮	94±4	
	乙	尚嫩,红亮	84±4	
	丙	欠嫩,暗褐润	74±4	

二套样分设叶茶一号、叶茶二号,碎茶一号、碎茶二号、碎茶三号、碎茶四

号、碎茶五号、碎茶六号，片茶一号、片茶二号，末茶。共计 11 只花色。各号茶不分上、中、下。各种茶的筛孔大小基本规格见表 3-6-7。

表 3-6-7　二套样红碎茶基本规格

花　色	主体筛孔茶	注
叶茶一号、二号	8 孔	1. 主体筛孔茶应占 70% 以上，比主体茶规格大和小的总和不超过 30% 2. 各号茶应注意嫩度与净度
碎茶一号	16 孔	
碎茶二号	14 孔	
碎茶三号	12 孔	
碎茶四号	10 孔	
碎茶五号	16 孔	
碎茶六号	8 孔	
片茶一号	16 孔	
片茶二号	14 孔	
末　茶	24 孔	

审评时先看其嫩度，再评汤质的浓、强、鲜程度。

3. 三套样红碎茶　适用于贵州、四川、湖北及湖南个别地区中小叶种制成的红碎茶。其品质特点：外形色泽较乌润。内质清香型的占多数，滋味浓度一般；汤色尚红亮；叶底较青暗。总的品质低于一、二套样。审评时注重嫩度与香气，如外形嫩度良好、香气高锐的制品，也适用于拼配调剂用茶。

4. 四套样红碎茶　适用于浙江、江苏和湖南部分地区小叶种生产的红碎茶。其品质特点：色泽乌润，汤色浅红，带清香，滋味纯和，浓度不足，叶底欠红亮。总的品质水平较低，其主要不足之处是茶多酚含量偏低，茶叶浓度差。在评审验收中，应注意嫩度与外形光洁度。如外形好的、香味无烟杂气味的制品，亦适合国际茶大类拼配之用。

中小叶种红碎茶花色分类见表 3-6-8。

表 3-6-8　中小叶种红碎茶花色

类　别	三套样	四套样
叶　茶	叶茶分上、中、下(OP)	叶茶分上、下
碎　茶	碎茶一号分上、中、下(BOFP)	碎茶一号分上、中、下(BOFP)
	碎茶二号分上、中、下(BOP)	碎茶二号分上、中下(BOP)
	碎茶三号分上、中、中下、下(BP)	碎茶三号分上、下(BP)

续表 3-6-8

类　别	三套样	四套样
片　茶	片茶一号(F_1) 片茶二号(F_2) 片茶三号(F_3)	片茶上 片茶中 片茶下
末　茶	末茶一号(D_1) 末茶二号(D_2) 末茶三号(D_3)	末茶上 末茶中 末茶下

注:水分≤6%,灰分≤6.5%,40 孔下茶≤2%

(二)C.T.C 红碎茶

C.T.C 红碎茶是指揉切工序采用 C.T.C 切茶机切碎制成的红碎茶。嫩度良好的 C.T.C 茶,外形颗粒圆结,即使是末茶也呈砂粒状,色泽棕红(褐)。内质香气新鲜高锐,滋味浓爽;汤色红亮;叶底红亮。

审评 C.T.C 茶应注重外形光洁,色泽油润,香味浓鲜,切忌颗粒上带筋皮毛,色枯,香味显粗青。用粗老鲜叶制作的 C.T.C 茶,色泽枯棕,显筋、皮、毛。香味粗青或粗涩。

(三)红碎茶加奶审评

红碎茶审评时在茶汤中加入牛奶进行评审品质(英国审评红碎茶时,先在杯中注入牛奶与被评茶叶混在一起,再冲入开水)。操作方法与常规评茶方法相同,只是将茶汤倒入审评碗内,再加入一汤匙牛奶(约 20 毫升)。品质好的红碎茶(如一套、二套样夏、秋季生产的茶)汤色常为粉红色,滋味浓强,在奶味中仍显示茶味。夏、秋季制的轻发酵红碎茶,乳色大多有粉红色的特点;但发酵重或存放时间长的茶叶,鲜爽度下降,汤色呈土黄色。中小叶红碎茶(三、四套样)春茶中茶多酚含量较低,茶汤中加入牛奶后茶多酚被牛奶中的蛋白质结合,茶味显得更淡,乳色呈姜黄色或乳白色。

综上所述,乳色可归纳为:粉红→棕黄→黄褐→姜黄→乳白。红碎茶的内质由好到差,滋味浓强度由强到弱。掌握了这样的规律,较易判断红碎茶的内质水平。

三、国外红碎茶审评

世界茶叶总产量约 320 万吨,其中红碎茶约占 70%。各产茶国中,只有日本、韩国单一生产绿茶,中国是红茶、绿茶兼产的国家。其他各产茶国几乎是清一色地生产红碎茶,在这些产茶国中生产的茶叶,98%左右是红碎茶。所以世界性的大茶类是红碎茶。

中国是产茶大国，由于国际红碎茶价格低，所以现在我国红碎茶产量很少，近几年我国红碎茶生产量约 8 万吨，出口近 4 万吨。

(一)世界主要红碎茶产茶国

1. 肯尼亚　年产红碎茶约 33 万吨，都是 C.T.C 茶。其出口量约 30 万吨，为世界红碎茶第一出口大国。

2. 斯里兰卡　年产红碎茶约 31 万吨，出口近 29.5 万吨。它的红碎茶近 60% 是 C.T.C 茶，其他属传统红茶。

3. 印度　是产茶大国，年产红碎茶约 82 万吨，出口并不多，约 18 万吨。它产的红碎茶，如南印产的占其中 19 万吨，质地一般；北印产的数量多、质量好。

4. 其他产茶国　其他产茶国中，如土耳其近 21 万吨、印度尼西亚 17 万吨等。

(二)国外红碎茶的总体品质

国外红碎茶，其中最好的是肯尼亚的产品，都采用无性繁殖的良种，采 1 芽 2 叶制 C.T.C 茶。国外红碎茶的品质特点为：①茶黄素含量大多 > 1%，所以茶汤色泽红艳。②滋味具有“浓强鲜”的特点，茶多酚含量较高。③香气新鲜，制作及时，干度足，含水率低。④叶底较红亮。

第四节　红茶审评常用术语

红茶外形包括：形态、色泽、整碎、肥瘦、大小、净度、粗细、长短、嫩度(级别)以及茶叶的产区品种、茶别(生产日期)等内容；对包装茶和某些再加工茶而言，还包括用材、文字、色彩、代码、重量等。这些方面的综合，表现了外形品质，不能硬性加以分开，其中任一项之不足，即为“病态”。各种茶叶对外形有特殊的要求。对干茶颜色而言工夫红茶很重要，但对红碎茶只要不是枯灰、花杂，对“乌”和“棕”的颜色不讲究。

一、红茶常用外形评语

细嫩：芽叶细小柔嫩。多见于小叶种高档春季产的工夫红茶，如特级祁门红茶。

细紧：条索细，紧卷完整。用于上档条红茶。

细长：细紧匀齐，形态秀丽。多用于高档条红茶，如祁门红茶。

乌黑:深黑色。用于描述嫩度良好的中小叶种红茶的干茶色泽。

乌黑油润:亦称“乌润”,深黑而富有光泽。多见于嫩度好的中小叶种高档红茶。

枯棕:干茶呈暗无光泽的棕褐色。多用于粗老的红碎茶。

肥嫩:芽叶肥壮。常用于滇红工夫。

匀称:大小一致,不含梗、杂。

棕褐:色泽暗红。多用于大叶种茶。

红筋:红茶的筋皮毛衣。

露梗:工夫红茶中带梗子。

短碎:工夫红茶的碎片、梗朴。

粗老:老茶。

粗壮:重实。嫩度中等工夫红茶。

毛糙:粗老。大多是筋皮毛衣或未经精制的红毛茶。

松散:揉捻不紧的条红茶。

松泡:粗松轻飘的条红茶。

金毫:高档茶中的毫尖茶。多见于滇红。

毫尖:红碎茶中被轧切后呈米粒毫茶。多见于大叶种制的一套样红碎茶。

雄壮:粗壮的金毫。多用于高档滇红。

老嫩混杂:嫩茶、老茶不分清。

规格乱:多用于精茶中分档不清。

花杂:大小不匀,正茶中含老片及梗、杂。

颗粒:小而圆的颗粒茶。常用于上档 C.T.C 茶。

身骨:指茶叶质地的轻重。常用于工夫红茶的精茶。

净度:指精茶形态整齐程度,也指精茶中有否含茶或非茶物质夹杂物。

面张茶:常指精茶中 4~5 孔茶。

上段茶:用于工夫红茶较为粗壮的茶。

中段茶:比上段茶小一点的茶。

下段茶:比中段茶更细的茶,常指碎末茶一类。

脱档:精茶中上、中、下档茶比例不当。

夹杂物:茶叶中含有非茶杂物。

饼形:精茶压制成饼状,如米砖茶。

二、红茶汤色常用评语

红艳：红茶汤色鲜艳、红亮透明，碗沿呈金圈。多见于滇红和 C.T.C 茶，或大多国外红茶。

红亮：汤色红而透明。多见于上档红茶。

玫瑰红：茶汤红似玫瑰花。

金黄：有黄金般的光泽。常见于发酵轻的茶汤。

粉红：红白相混。多用于加奶审评中发酵轻的红茶。

姜黄：红茶茶汤中加入牛奶后呈现的一种淡黄色。多见于茶多酚和茶黄素含量较低的小叶种红碎茶加奶审评时表现的汤色。如“四套样”地区生产的红碎茶，其中春茶的乳色大多呈姜黄色。

冷后浑：红茶茶汤冷却后形成的棕色乳浊状凝体。多见于优质大叶种红碎茶。因儿茶素含量高，当茶汤温度下降到 16℃左右时，儿茶素与咖啡碱络合，即产生冷后浑。重新加热，茶汤会恢复红亮透明的原状。

乳白：加入牛奶后，红茶茶汤呈乳白色。多见于滋味淡、质地较差的小叶种红碎茶。

棕黄：汤色色泽浅棕带黄。多见于发酵程度轻的大叶种红碎茶。红碎茶在制作中萎凋和发酵轻，又经快速干燥，汤色和叶底大多呈棕黄色。

红褐：汤色褐中泛红。多用于描述氧化过度的低档红茶。

浅薄：汤色浅淡，茶汤中水溶性物质含量较少、浓度低。常用于低档红茶。

暗红：颜色红而深暗。多用于发酵过重或含水率过高、存放时间过长的红茶。

三、红茶香气常用评语

秋香：某些地区秋季生产的红碎茶具有独特的香气，为一种季节香。如 10 月初广东生产的高档红碎茶具有特殊的季节性茶香，新鲜高锐，滋味强爽，品质胜于其他季节所产的红碎茶。

香荚兰香：从香荚兰豆中提取或化学合成的香荚兰素所具有的特殊的香气。如海南的香兰红茶，用香荚兰豆提取的香料窨制，具有高雅的巧克力香。

季节香：在某一时间生产的茶叶具有的特殊香气。如广东英德在 9 月中旬至 10 月上旬生产的高档红碎茶香气特别清香高锐。这种“特别”而有时期性的香气，俗称“季节香”。

地域香：具有特殊地方风味的茶叶香气。如云南红茶特殊的糖香。

浓郁:香气高锐,浓烈持久。多用于“滇红”和“祁红”。如一级滇红茶香气浓郁,滋味浓醇,品质优良。

香短:香气保持时间短,很快消失。

香贫:香气低弱。

钝熟:香气熟闷。多见于茶叶嫩度较好,但已失风受潮,或存放时间过长、制茶技术不当发酵偏重的红茶。

纯正:香气正常。表明茶香既无突出的优点,也无明显的缺点。用于中档茶的香气评语。

粗青味(气):粗老的青草味(气)。萎凋和发酵程度偏轻的低档红茶。如不萎凋红茶,粗青味(气)特别重。

焦糖气:足火茶特有的糖香。多因干燥温度过高、茶叶内所含成分开始轻度焦化所致。

樟脑气:茶叶吸附樟脑块的气味,属一种令人不快的异味。多见于茶叶与带樟脑气的物品混放所致。

粗老味(气):茶叶因粗老而表现的内质特征。多用于各类低档茶,一般四级以下的茶叶,带有不同程度的粗老味(气)。

烟味:茶叶在烘干过程中吸收了燃料释放的杂异气味。多见于烘干机漏烟产生煤或柴烟气。

纯和:香气纯而正常,但不高。

酸馊气:腐烂变质茶叶发出的一种令人不快的酸味。在红茶初制中不当的部分尾茶可发生酸馊气。

平和:香味不浓,但无粗老气味。多见于低档茶。

青气:成品茶带有青草或鲜叶的气息。多见于夏、秋茶揉捻和发酵不足的下档红茶。

松烟香:茶叶中含有松脂燃烧的香气。见于福建所产的小叶种红茶。

老火:焦糖香、味。常因茶叶在干燥过程中温度过高,使部分碳水化合物转化产生。

足火香:茶叶香气中稍带焦糖香。常见于干燥温度较高的制品。

异气:非茶叶香气。茶叶香气中夹杂其他杂异的气味。多因加工、存放不当所致。

陈霉气:茶叶受潮变质,霉菌污染或贮藏时间过久,含水量高,产生的劣质气味。

陈气(味):香气滋味不新鲜。多见于存放时间过长或失风受潮的茶叶。

四、红茶滋味常用评语

鲜爽:鲜美爽口,有活力。多用于高档红碎茶。

鲜浓:茶味新鲜浓爽。多用于高档红碎茶。

甜爽:茶味爽口回甘。多用于小叶种春茶的上档条形红茶。

甜和:也称“甜润”。甘甜醇和。用于描述工夫红茶。

浓强:味浓,富有刺激性。多见于大叶种红碎茶。如夏、秋季广东生产的大叶种红碎茶,多酚类化合物含量较高,滋味浓强,品质优良。

浓强鲜:味浓而鲜爽,富有刺激性。专用于高档红碎茶。9月中旬至10月上旬“二套样”地区生产的优质红碎茶,大多具浓强鲜的特征。

浓烈:茶味极浓,有强烈刺激性口感。常用于云南等地夏、秋季生产的上档红碎茶。如凤庆茶厂生产的红碎茶一号。

浓爽:味浓而鲜爽。多用于发酵适度、制作精良的上档红碎茶。

浓醇:醇正爽口,有一定浓度。多用于发酵适度、制作良好的上档条形红茶或发酵偏重的红碎茶。

浓厚:茶味浓度和强度的合称。红碎茶浓强度好表明品质优良。

清爽:茶味浓淡适宜,柔和爽口。多用于高档和中上档小叶种红碎茶。如“三套样”红碎茶,大多具有滋味清爽的特点。

甜醇:味道醇和带甜。多见于小叶种的上档条形红茶。如春茶中的一级祁红,嫩香持久,滋味甜醇。

鲜醇:茶汤内含物丰富,味道鲜爽甘醇,纯正浓厚。多用于中上档红茶。

醇厚:茶味厚实纯正。用于中上档茶。

醇正:味道纯正厚实。

生味:因鲜叶内含物在制茶过程中转化不够而显生涩味。多见于萎凋、发酵程度轻的红茶。

生涩:味道生青涩口。红茶萎凋程度轻、时间短、发酵不足或花青素含量高的紫芽种鲜叶为原料等,都会产生生涩味。

浓涩:味道浓而涩口。多用于夏、秋季生产的红茶。如萎凋轻、发酵不足的红碎茶。

花香味:包含鲜花的香味。多见于发酵较轻的红碎茶。

刺激性:高档大叶种红碎茶多富有较强的刺激性。茶汤中未氧化的茶多酚及其初级氧化物含量的多少,是形成刺激性强弱的主要物质。

收敛性:富有刺激性,茶汤入口后,口腔有收紧感。如海南等地产的高档红碎茶，滋味浓强鲜爽，富有收敛性。

味淡：由于水浸出物含量低，茶汤味道淡薄。多见于粗老红茶。

平淡：浓强度低。常用于描述低档红茶的滋味。

苦涩：茶汤味道既苦又涩。多见于萎凋和发酵偏轻、茶多酚含量很高的大叶种红碎茶。

青涩：常用于萎凋轻、揉切不充分、发酵又不足的红碎茶。

味浓：口感刺激性强。多用于夏、秋季大叶种红茶。如云南和海南夏、秋季生产的红碎茶滋味很浓。在红碎茶中味浓一般是好茶。

口劲：指茶汤浓度对味觉的刺激性。如北京、天津、山东等北方地区，常用“口劲”来表示滋味浓度。

口味：亦称口感。茶汤的滋味，亦指对味道的喜好。

乏味：茶味淡薄，缺少浓强度。常用于低、次红茶。

走味：茶叶失去原有的新鲜滋味。多见于陈茶和失风受潮的茶叶。

苦味：味苦似黄连。被真菌危害的病叶，如白星病或赤星病叶片制成的茶。个别品种的茶叶滋味也具有苦味的特性。

熟味：茶味缺乏鲜爽感，熟闷不快。多见于失风受潮的或发酵过重、存放时间过长的红碎茶。

杉木味：茶叶香气和滋味被杉木的特殊气味污染。多见于与杉木直接接触的茶叶。

辛涩：茶味浓涩不醇，仅具单一的薄涩刺激性。多见于夏、秋季的下档红茶。

异味：杂异气味的总称。茶叶滋味中带有其他物质的味道。常因加工、存放不当所致。

酸味：含有较多氢离子的茶汤所带的味道。

粗淡（薄）：茶味粗老淡薄。多用于低档茶。如三角片茶，香气粗青，滋味粗淡。

粗涩：滋味粗青涩口。多用于夏、秋季的低档茶。

五、红茶叶底常用评语

鲜亮：色泽新鲜明亮。多见于新鲜、嫩度良好而干燥的高档茶。

柔软：细嫩绵软。多用于高档的红茶。如一级祁红外形细嫩，叶底柔软。

单薄：叶张瘦薄。多用于生长势欠佳的小叶种鲜叶制成的条形茶。

叶张粗大：大而偏老的单片、对夹叶。常见于粗老茶的叶底。

红匀:红茶叶底匀称,色泽红明。多见于茶叶嫩度好而制作得当的制品。

瘦小:芽叶单薄细小。多用于施肥不足或受冻后缺乏生长力的芽叶制品。

摊张:摊开的粗老叶片。多用于低档毛茶。

猪肝色:偏暗的红色。多见于发酵较重的中档条形红茶。

舒展:冲泡后的茶叶自然展开。制茶工艺正常的新茶,其叶底多呈现舒展状;若制茶中烘干温度过高使果胶类物质凝固或存放过久的陈茶,叶底多数不舒展。

卷缩:开汤后的叶底不展开。多见于陈茶或干燥过程中火功太高导致叶底卷缩;条索紧结,泡茶用水不开,叶底也会呈卷缩状态。

思考题

1. 简述我国红碎茶 4 套标准样适用区域。
2. 简述工夫红茶品质特点及审评方法。
3. 简述红碎茶品质特点及审评方法。

第四篇　评茶师技能要求

第一章　加工机械

茶叶加工机械对茶叶产品的质量保证和生产率的提高具有重要作用。本书中的茶叶加工机械，主要指茶叶初加工过程中的各种机械，包括杀青机、揉捻机、干燥机和做形机械 4 大类产品。

第一节　杀青机械

杀青机械通常利用传导、辐射、对流和电磁波等热(能)量方式，迅速提高茶叶的温度，钝化茶叶酶的活性，同时在加热过程中散发青草气；排除部分水分，增加叶片的柔韧性，叶片便于揉捻成条和做形。主要有炒杀、蒸杀、热风、汽热混合以及微波等杀青原理所设计的机具。

一、滚筒杀青机

(一)结构及工作原理

绿茶最常用的是炒杀杀青方式，热量的传递以传导为主，如滚筒杀青、锅式杀青和圆筒式杀青都属于这种类型。作业时热源不断地对锅体或筒体加热，鲜叶吸收锅体或筒体的热量，提高叶温、挥发水分；水分汽化成高温蒸汽，又起了对流传热作用，加快了杀青作业过程。目前在生产中广泛使用的滚筒式杀青机，由筒体、机架、传动装置、加热腔组成。通常按滚筒直径(以厘米计)来确定型号，使用较多的是 30 型、40 型、50 型、70 型以及 80 型。滚筒杀青机的主要工作部件为圆柱形筒体，筒体内焊有导叶板，高度随筒内径而变化，一般在 40～60 毫米。滚筒由电机驱动，电机通过减速带动支撑筒体的滚轮转动。滚轮通过摩擦带动筒体转动。有些滚筒的端口镶有齿圈，筒体由齿轮替代滚轮来驱动。杀青机的供热方式有 3 种：一是电加热，在筒体外圈装有电热管；二是液化气加热，在筒体下方安装有液化气燃烧装置；三是煤、柴加热，筒体下方为一金属炉灶，炉灶偏向筒体进茶口一端。

(三)使用操作

每个茶季作业开始前,应对机械进行必要的检查,机械运转正常才能启用。在生产过程中须把握好以下几点。

1. 正确操作　①调整合理的杀青时间十分重要。小型杀青机通过调节滚筒的倾斜角来调整合理的杀青时间。一般来说高温快速杀青对茶叶的色泽有利,筒壁温度要达到400℃以上才可以投叶,茶叶投入后有轻微的水爆声。实践表明,名优茶杀青,筒内空气温度达到140℃时,35秒就可以满足杀青要求;若温度为110℃时,杀青时间需60秒左右。杀青由于原料不同,影响因素较多,上述数据只供参考,掌握时以杀青适度为准。②燃煤或燃柴的机器司炉操作十分重要。若鲜叶投入后出现焦叶较多,杀青叶带有焦味现象,应将灶膛内的柴火或煤往出叶端移。③控制好鲜叶投叶量。当筒内空气温度达到要求时,开始投叶量应稍大一些,一般要连续投入一些鲜叶,以充分吸收筒体的热量,否则会产生焦边焦叶现象。正常杀青时要均匀投叶;杀青快结束时投叶量要适当多些,否则最后出锅的叶子容易干枯。

2. 掌握好杀青程度　对于不同类型的茶,应有不同的杀青程度。一般针形、条形、卷曲形等经过揉捻的名茶,杀青宜老些,杀青叶含水率控制在56%~58%;如果杀青叶含水率偏高,揉捻后茶汤易浑浊。对于扁形名优茶,因为鲜叶杀青后还要进入多功能机加工,因而杀青应嫩杀,杀青叶含水率应控制在60%左右;如果杀青叶含水率过低,叶边缘失水过多,回潮时水分不易分布均匀,不但难以成形,还会产生较多的碎末茶。一般应掌握在叶质能揉捻成团、杀青叶有明显的清香味为适度。杀青叶出筒时,应开启风扇吹凉青叶,使出筒青叶迅速降温,同时将黄片或焦片吹出。接着应将青叶易地薄摊,以让其继续降温并产生回潮作用。

3. 杀青结束后及时清洁设备　杀青结束时,应立即撤出炉膛内的余火或切断电源或关闭汽阀,但滚筒继续运转至筒内温度降至60℃以下时方可断电关机。停机后应清除筒内残留物,同时擦净机器外表,清理现场,保持设备和场地的卫生清洁。

二、汽热混合型蒸汽杀青机

近年来蒸汽杀青与其他技术联合,开始应用于绿茶包括名优绿茶加工中。采用蒸汽杀青可以改善传统绿茶的香气和滋味,特别是减少夏、秋茶的苦涩味效果明显。大生产试验表明,蒸汽杀青可以避免传统杀青带来的烟焦味,有利于提高香气。传统的蒸汽杀青茶叶含水率高,不能按炒青绿茶的后期工艺进行加工,必须有良好性能的脱水设备配套。汽热混合型蒸汽杀青机正是根据炒青绿茶的炒制工艺要求开发而成的,也可称之为蒸青、脱水、冷却联合机。

(一)结构和工作原理

生产中有大型(300千克/时)、中型(150千克/时)和小型(50千克/时)3种机型。生产中应用的小型机结构与大、中型稍有不同,主要是蒸青和脱水共用一根网带,并且蒸青和脱水共用一台蒸汽热风发生炉。另外因生产厂家不同,产品的设备型号不一,结构也有所区别,但基本结构是一致的。

大型和中型机主要由上叶输送机、蒸青、脱水和冷却装置、蒸汽热风发生炉、热风炉等组成。上叶输送机为茶机常用的上叶输送装置,作用是将鲜叶送入蒸青装置的蒸青室内。蒸青装置由箱体组成的蒸青室和通过室内的蒸青网带组成。网带用于摊叶,并带动加工叶前进;网带下方设有进气管,蒸汽和热风混合气经进风管进入蒸青室,穿透叶层对加工叶进行蒸青。脱水装置和冷却装置联为一体,并共用一条网带,前半段用热风脱水,后半段用冷风冷却。所用热风,小型机由蒸汽热风发生炉供给,大型和中型蒸汽杀青机由单独的热风炉供给;冷却介质由装于后部的风机提供。

汽热混合型蒸汽杀青机的特征是蒸汽热风发生炉的独特设计和蒸汽热风混合气在蒸青作业上的应用。小型蒸青机的蒸汽热风发生炉前半段的蒸汽和热风用于蒸青,后半段的热风用于脱水。该发生炉可同时产生蒸汽和干热风,并且以一定比例混合后用于蒸青。蒸汽在常压条件下产生,在混入热风后可使其温度提高到120℃以上,从而实现高温快速杀青的目的,缩短了杀青的时间。由于混入的热风降低了蒸汽的饱和度,使混合气杀青的茶叶含水率比纯蒸汽蒸青要低,而且杀青过程芽叶未受到任何损伤,芽头成朵成个,香气大为改善。

汽热混合型蒸汽杀青机是采用蒸青与脱水联合作业的机组形式,在完成蒸青工序的基础上,使用热风对蒸青叶进行脱水,使蒸青叶含水率降至60%左右,真正做到了短时高温蒸青与快速脱水,保证了蒸汽杀青与我国绿茶炒干、烘干工艺的结合。

(二)使用操作

作业前检查机器各部件的连接情况,并清除机器上的异物。鲜叶摊青必须充分,要求摊青至茶叶适度失水,经验估计含水率下降25%左右。蒸汽杀青应在保证充分杀透的前提下采用尽可能小的排气量,时间也要尽可能短。时间宜掌握在55秒内,排气量以杀青后的茶叶无表面水为度。鲜叶摊青在上叶输送机时要铺放均匀,避免出现过厚或空洞现象。叶量过厚,杀青叶容易发黄;输送带空洞,浪费能源。脱水温度控制在160℃~180℃,时间150秒左右。脱水后,迅速将叶温降至室温,防止长期堆放导致杀青叶发黄。每班作业完成,应清除机内和输送带上的积叶。

三、乌龙茶杀青机

(一)6CST-110型乌龙茶杀(炒)青机

乌龙茶杀青机也称乌龙茶炒青机。该机特点是:正转杀青作业,反转出叶;批量式作业,同一端进叶和出叶;叶量较多,蒸汽压高,对粗茎的穿透力强,适合于乌龙茶杀青;生产率150~180千克/时。

1.结构与工作原理 该机由滚筒、导叶板、传动轴、风扇、传动机械、炉灶等组成。滚筒为杀青的主要工作部件,滚筒直径为1.1米,长度1.33米,进茶口直径0.8米。筒内壁焊有导叶板和出叶板。导叶板导叶角24°,右旋;出叶板导叶角45°,左旋。筒的末端装有铁丝网,既防止青叶外溢又可通风。滚筒两端各有挡烟圈1个。转筒通过辐条与转轴联接,工作时噪声小,但进出叶不方便,滚筒转速25~32转/分。传动采用3级减速,电机功率1.1千瓦。传动装置的第二轴经过离合器和三角带可带动轴流风扇转动。轴流风扇装在滚筒的末端,可正反转,正转吹风用于吹净筒体内的茶叶,反转吸风用于排除筒内水蒸气。炉灶由通风洞、炉栅、炉膛、烟囱等构成。滚筒体置于炉膛内,炉膛顶部有拔风口与烟囱相通。炉囱高5~6米,烟囱出口断面240毫米×240毫米。

杀青时,炉火直接加热转动的筒体,待筒体温度达到220℃~250℃时,从进叶口投入规定量的茶青。青叶靠摩擦力和筒体转动产生的离心力带至筒体的上部,然后下落;青叶吸收筒体的传导热和辐射热,提高叶温,达到破坏酶的活性、防止多酚类氧化、散发青草味、发展香气、蒸发水分、软化叶质的目的。杀青结束时筒体反转,筒内的导叶板将茶叶推出,同时借助筒体末端的轴流风扇将筒内茶叶吹净,接着便可再次投叶杀青。

2.使用操作 杀青前20分钟生火。生火开始即应开机让滚筒运转,使筒体均匀受热,同时应清除筒内的杂物及残叶。当筒体温度到达220℃~250℃时即可投叶,投叶量每筒25~30千克。当筒内水蒸气较大时,操作倒顺开关,让风扇反转,将筒内水蒸气吸出筒外。杀青过程中,随时检查杀青程度,杀青适度时即反转筒体出叶,同时风扇正转吹送茶叶。杀青叶应趁热及时揉捻。最后一筒茶青杀青时,炉内不再添柴或添煤。杀青完毕,熄灭余火,清洁现场,待筒温明显下降后方可停机。

(二)6CST-90型燃气式杀青机

台式乌龙茶杀青机的特点是:滚筒可无级调速;采用液化气作燃料,温度控制方便,升温快,热效率高;具有自动计时、温度显示、电磁调速等功能,清洁卫生,安全省电。

1. 结构与工作原理　该机为滚筒式。整机外形尺寸2 410毫米×1 320毫米×3 240毫米。由滚筒体、壳体、传动装置、电脑控制装置、液化气炉及机架等部分组成。滚筒用不锈钢制造。滚筒体中部为圆筒结构,直径为0.9米,两端为0.15米直径纺锤体。滚筒内壁安装轴向导叶板,起翻拌茶叶的作用;滚筒外壁用保温材料围成;滚筒体下方安装直排式燃气炉;滚筒体上方装水蒸气排除装置。整个滚筒体可绕支架转动70°,使筒口朝下,方便下叶。滚筒的尾端装有直径为100毫米的轴流风扇2个,用于滚筒的排湿。采用直流电机无级变速或电磁调速电动机传动,功率0.75千瓦,通过减速机构带动滚筒转动。将所有结构安装在移动机架上,机架底部装有4只行走轮,便于移动。加热为液化气燃烧炉,采用直排式。在控制面板上安装时间计时器、清零装置、滚筒转速调整旋钮、温度表、电流表、电压表等。

工作时,滚筒以一定转速旋转,当温度达到作业要求时,即可投叶炒青,同时开始清零计时。在炒青过程中,当滚筒内水蒸气较多时,可打开排气风扇进行抽湿。至茶叶杀青适度时,扳动倾倒手柄,让筒体出叶端向下倾斜,滚筒边转动边出叶。

2. 使用操作　将滚筒转速调整旋钮调到适宜位置。先后打开液化气罐总阀、点火气阀和总气阀,电子点火,并点燃燃气炉。根据炒青时的温度需要,通过调节气量和烟气阀门调整筒体温度。待温度表显示温度为180℃~250℃时即可投叶,同时清零计时,每次投叶量10~15千克。炒青结束,手动或气动倾倒滚筒,利用重力将杀青叶排出机外。

四、微波杀青机

微波杀青机是近几年开发的产品,具有升温快、穿透力强的特点。2001年,中国农业科学院茶叶研究所开展了微波茶叶处理设备的研究。研究表明,微波加热设备可以用于茶叶杀青,而更适合用于后期处理。

(一)结构和工作原理

茶叶微波杀青机采用造价较低、技术先进的多管微波炉形式。设备由机架、微波管、电控箱、输送带和传动装置组成。机架是构成微波设备的基础,主要由型材将微波各个部分连成一体。微波管的功率为800瓦或950瓦。微波总功率由生产厂家需要而定。微波管安装在箱体的顶部,从顶部向箱体内发射微波;微波功率采用分组控制形式,使之成为有级可调,由控制箱集中控制。炉体用不锈钢板或铝板制造,其尺寸大小和比例根据功率和微波管的位置设计,箱体的尺寸将影响微波的效能。输送带一般由聚四氟乙烯材料制成,按微波设备的需要缝制成无端环形带,宽度随型号不同而异,有300毫米、500毫米等宽度。传动装置由电机、减速器和调速总成等组成,通常采用调速电机驱动,再用链轮和链条驱动输送带的辊子转动,实现输送带无级调速。在箱体上设计有排气口,以便于排除箱体内的水蒸气。

机器工作时,微波管向箱体内发射微波,由输送带送入的茶叶置于微波场内。茶叶内的水分子在微波作用下极化,并作高频率振动,由此产生摩擦热而使茶叶升温,从而达到杀青要求。微波杀青能较好地保持茶叶叶绿素,但挥发香气方面与炒青相比尚有些差距。

(二)使用和维护

采用微波设备杀青时,先检查设备是否完好,在确认设备正常的情况下才能进行杀青作业。开机时先开启输送带,检查输送带有无跑偏现象,调整好输送带的运行状态。保证输送带上有负载才能开启微波。一般在开启微波前,应先在输送带上铺放茶叶,并让茶叶进入整个箱体内;也可以先用几块湿毛巾铺放在输送带上,并送入整个箱体,然后开启微波。输送带上铺放茶叶要均匀,避免堆积过厚或有空洞现象。杀青时开启排湿风机。

微波杀青时间以2分钟左右为适度。杀青时间过短,杀青叶会出现红口现象;若杀青时间过长,杀青叶失水太多,茶叶呈干硬现象,不利于后期揉捻和做形。防止空载时开启微波,如果输送带中无茶叶等负载,微波功率将被输送带吸收,导致输送带烧坏,严重时会引起火灾。为了防止输送带烧坏,在无负载时应及时停止微波加热,或将湿毛巾铺放在输送带的空位处。

安全操作。微波设备在使用时是比较安全的,但应注意防止微波泄露。正常情况下当开启炉门时,微波加热将自动切断。但应防止在工作过程中开启炉门,以防自动保护装置失效而产生的微波泄露。投叶时不要将金属物混到茶叶中,防止金属物在微波加热条件下打火,严重时甚至会击穿箱体。

保持机器的清洁。茶叶加工厂往往灰尘较大,而微波管安装在箱体的顶部,容易积灰,在不加工期间应采取覆盖措施,防止灰尘污染。电子部件在灰尘较大的情况下容易打火,造成电子部件的损坏。在南方地区,由于潮湿的原因,常常使一些电子器件受潮,因此在不生产季节,应定期开启设备运转,以防止电器受潮失效。

第二节　揉捻机械

揉捻是利用外力的作用，使茶条揉紧，叶组织适度破损，挤出茶汁，以利于做形和茶叶的冲泡。条形茶类通常用盘式揉捻机，乌龙茶类一般采用包揉的方式进行揉捻。

一、6CR 系列揉捻机

6CR 系列揉捻机主要用于绿茶揉捻。

(一)结构和工作原理

揉捻机由揉桶、揉盘、加压装置、减速机构和电动机等组成。茶叶揉捻时依靠揉桶在揉盘上做水平回转运动，桶内的茶叶由于受到桶盖的压力、揉盘的反作用力、棱骨的阻力以及揉桶侧压力的综合作用，茶团一边翻滚一边搓揉，使茶叶卷曲成条，同时适度破坏叶片组织、损伤叶细胞，挤出部分茶汁，达到揉捻的目的。在绿茶加工中经常使用的揉捻机有 6CR 25 型、6CR 30 型、6CR 35 型、6CR 45 型、6CR 55 型和 6CR 65 型等。揉捻机的型号由揉桶直径来确定，揉桶直径决定揉捻机的装茶量。揉捻机的型号虽多，但结构和工作原理基本类同。6CR 系列揉捻机具有结构紧凑、坚固耐用、耗电省以及揉捻成条快、破碎少、条索细紧等特点。

(二)使用操作

投叶量一般以装满揉桶为宜。揉捻压力按轻—重—轻原则，并根据芽叶的嫩度灵活掌握。名优绿茶的揉捻，因其外形和内质风格要求不同，操作差异也很大。有的茶叶将揉捻分为初揉和复揉 2 个阶段。所以揉捻作业应视具体情况确定相应的揉捻方式、揉捻压力和揉捻时间，以获得最佳效果。通常名优绿茶的揉捻都应采用轻揉为主，压力加至中压为止，不能将茶汁挤出过多，否则将严重影响绿茶的色泽。

二、乌龙茶速包机

包揉是闽南、台式乌龙茶加工造型的一项特殊工序，它是利用茶坯在干燥时仍具柔软性和可塑性，在滚、压、揉、转等不同方式机械力的作用下，使茶条卷曲成形。乌龙茶包揉通常将速包机、平板包揉机和松包机配套起来使用。

(一)工作原理

速包机由立辊、拖板、加压手柄、电器控制及传动机构组成。工作时，相对的两立辊之间的距离可在加压机构的运动下改变，靠拢时旋转挤压茶球，外移时松开茶球。在立辊的侧向转、搓、挤、压及加压手柄轻—重—稍重的正压力作用下，松散的茶包在两对立辊作用下做逆时针旋转，并随立辊间距的不断缩小，布包逐渐收紧，最后形成"南瓜"状茶球。一次速包时间约 10 秒。

(二)使用操作

称 7 千克的初烘叶置于 1.4 米×1.4 米的包揉布中，将布巾的四角提起并拧成袋状，置于活动转盘上。将布巾头绕过加压杆弯扁缺口，左手拉紧布巾头。踩动左脚踏开关，使立辊旋转并相向运动加压，同时右手不断提压加压手柄，收紧袋口，当茶包达到紧实度要求后，顺势将布巾头旋转嵌入茶包螺旋结中。速包成形后，脚踩右脚踏开关，立辊向外移动，直至碰到行程开关时停止。速包时如遇紧急情况，立即按下急停按钮，以免发生事故。

三、平板包揉机

(一)结构与工作原理

平板包揉机由上下揉盘、加压机构、传动机构、机架等部分组成。上下揉盘为该机的主要工作部件，铝合金铸造，两揉盘各装有双排双向粗棱骨 10 根。下揉盘做定轴转动，由 4 个塑料托轮轴向定位，揉盘外周装有 5～6 根立柱，起阻挡茶包的作用。采用机动或手动的螺旋机构加压或气动加压，4 根加压弹簧安装在上揉盘的上方，通过加压弹簧的变形产生向下反弹力施压于茶包。为使包揉时压力稳定，在手轮转动轴处设有一个棘轮棘爪止动销，可防止上揉盘因受外力作用而自动位移。下揉盘传动由电动机、三角皮带、蜗轮蜗杆、下揉盘定轴组成，上揉盘传动由电机(机动)或手轮(手动)、锥齿轮、螺旋机构、揉盘组成，带动揉盘上下向移动。机架用型钢焊制，装有行走轮。

作业时，将茶包 1～3 个置于上、下揉盘之间，下揉盘定轴转动，上揉盘向下加压，使茶包在揉盘、棱骨、立柱的作用下依次做圆周滚转运动，茶包内的茶叶受到搓揉挤压，使茶条卷紧，完成揉茶作业。

(二)使用操作

将 1～3 个经过速包机包揉裹紧后的茶包置于下揉盘上。开启手动(或机动、气动)加压系统，使上揉盘下移，当上揉盘接触茶包后再继续下压 40～50 毫米，并用棘轮棘爪止动销固定，进行包揉作业。包揉时间的长短、加压的轻重视茶包的结实度和在制品含水率而定。在制品含水率较高时，不宜重压。包揉时间一般为 7～15 分钟。包揉结束，松开上揉盘，取出茶包解团。

第三节　干燥机械

烘干机是茶叶干燥设备之一。它利用对流加热方式蒸发去除茶叶中的水分，固定茶叶外形，并使含水率降到标准的要求，使茶叶在贮藏过程中不至于变质。此外，干燥还是茶叶热化学变化的重要过程，进一步挥发、转化茶叶的有效物质，形成绿茶特有的色、香、味。名优茶烘干设备有多种型式，尽管结构不同，但工作原理一致。

一、手拉百叶烘干机

手拉百叶烘干机具有结构简单、烘茶质量好、使用可靠的特点。

(一)结构与工作原理

主要结构由烘箱、风机和风管、热风炉等组成。烘箱由角钢和钢板制成，箱内有5层百叶烘板。烘板用冲孔板制成，5层烘板面积有3平方米、5平方米、7平方米几种。烘板可以翻转成水平和垂直位置，由装在箱外的手柄操作；烘箱由风管与风机的热风炉相接，并将热风炉产生的热风送入烘箱，对烘板上的茶叶进行烘干。热风炉为金属结构，风机将冷风吹入或吸入炉内，与不同夹层的烟气产生热交换，形成干燥的热风，用于茶叶干燥；热风炉一般以煤或柴作燃料，也有用柴油和液化气作燃料的。

手拉百叶烘干机工作时，热风炉产生的热风由风机通过风管自下而上送入烘箱。烘茶时由人工向上层百叶板投叶，每隔一定的时间，自下而上拉动百叶板操作手柄，使茶叶翻落到下一层烘板，从最下层烘板出叶完成烘干工序。

(二)使用操作

点火生炉后当金属炉内的热量稍有积蓄后即开启风机。扳动各层操作手柄，让烘板处于水平位置。当热风温度达到烘茶温度后，均匀向上层铺放茶叶。根据烘干要求，掌握烘干的温度和时间。一般烘二青时温度要高一些，大约120℃；作为复火，温度在80℃左右。烘干时间取决于要求的干燥程度。烘茶结束前5分钟停止向热风炉内添加燃料，利用炉内剩余的燃料及炉体积蓄的热量烘干茶叶。烘茶结束时，退尽炉灶的余火，待炉体冷却后再关闭风机。

二、自动烘干机

自动烘干机不同于手拉百叶烘干机，烘干过程是连续的。目前用于名优茶烘干的自动烘干机有链板式和网带式。这种机器能够连续作业，操作方便，烘茶质量良好。但机器结构相对较复杂,造价较高。

(一)结构与工作原理

自动烘干机由上叶输送带、烘箱、传动机构、风机及风管、热风炉等部分组成。烘箱由型钢机架和墙板构成。内设烘层。烘层有2种:一种由4组无端回转的烘茶网带组成,每组只有上层摊叶;一种为3组6层链板组成,每组均摊叶。2种形式烘层最上层均与上叶输送装置共用。传动机构因制造厂不同而异。但其基本结构都是由电动机、减速器、链传动组成。网带式烘干机最终传动采用棘轮进给机构,有的烘干机直接用调速电机来拖动。

自动烘干机作业时,热风炉产生的热风由风机送入烘箱,并被分层送入各烘层,这时由进叶输送装置送入的加工叶,随着网带或链板前进和换层,热风便不断穿透叶层,加工叶也不断一层层自动下落,逐步失水干燥,最后由出茶机构排出机外,完成烘干作业。

(二)使用操作

热风炉点火升温至工艺要求温度(毛火不低于120℃,足火100℃)后,先让烘干机预热约20分钟,然后投叶烘干。自动烘干机烘制高档茶,其毛火烘干时间以4~5分钟为宜,足火全程约需16分钟。大宗茶烘干时,由于茶叶投叶量大,烘程一般在10分钟以上。

三、盘式烘干机

盘式烘干机主要用于烘干作业和成形作业。由于盘式烘干机只有一层烘盘,透气性好,又便于操作,是烘干和成形的理想机具。

(一)结构与工作原理

盘式烘干机有2种形式:一种是单斗的6CH-901机型;另一种是多斗机型,主要有6CH-941型和6CHP型2种。单斗机型将加热炉、风机和烘盘固定在机架上,多斗机型由金属热风炉、风机、风管与风道、烘盘组成。盘式烘干机采用的热风炉和风机类似于其他烘干机,风道由角钢和钢板制成,主要功能是将热风均匀地分配到各个烘盘上。烘盘有2种:一种是方形,框架为木制,采用不锈钢网作烘盘;另一种是圆形盘,用镀锌钢板制成,烘盘用冲孔板。每只烘盘都有一个风门,用来开闭热风并调节风量。其工作原理与其他烘干机一样。盘式烘干机风压平稳,操作简单,烘茶质量良好。由于透气性良好,烘干的茶叶色泽翠绿,汤色绿明,香味清爽,叶底明亮,其烘制质量优于多层烘干机,但热效率较低。

(二)使用操作

6CH-941 型烘干机配 6CZR-10 型金属热风炉,燃料使用煤或柴,最高温度可达 150℃。茶叶置于 5 只料斗内。毛火摊叶厚度 4～5 厘米,烘制过程茶叶应经常翻动;足火摊叶厚度 8～10 厘米,烘制中也应适当作些翻动。用该机制作碧螺春茶时,揉后分为初烘、复烘二段烘干。

开机前应检查机内有无残留物或其他物品。在生火升温约 10 分钟后(用手触摸热交换器外壳有烫手感时)即可开启风机鼓热风,接着便可开始投料。烘干作业过程如感到温度过高,可将灰坑门关小;如感温度偏低,应添加燃料并暂时关掉主风机,待燃料烧旺后再启动风机。

第四节　做形机械

中国绿茶的外形千姿百态,是吸引消费者的重要因素。外形是名优绿茶品质的重要因子,因此绿茶加工中十分重视外形的塑造。外形的形成是加工过程中对茶条施加不同方式、不同方向的机械力,使茶条产生塑性变形,加之茶叶一些内含成分如胶质等的黏结作用,使茶叶的形状固定下来。经过近 20 年的开发,一些专用于名优茶做形的机械相继研制出来,用于名优茶的生产。

一、多功能机

多功能机开发初期是用于茶叶的理条。经过不断的改进和发展,目前主要用于扁形茶杀青、理条、压扁、煇干工序,也可用来炒制扁形茶、毛峰茶和针形茶。机器设计合理,性能可靠,操作简单,制茶质量好。

(一)结构与工作原理

多功能机由槽锅、机架、传动机构和加热炉灶等组成。槽锅一般由 1.5 毫米的碳钢或不锈钢板制造,常用机型由 5 个槽锅组成 1 个槽锅总成。槽锅的宽度约 105 毫米,槽形为一倾斜的圆弧。槽锅总成可在机架上水平滑动。传动机构由电机、皮带减速器、曲柄连杆机构、皮带无级调速器等组成,将电动机的旋转运动转变成槽锅的往复运动,并通过无级调速器改变槽锅的频率。加热炉灶由于使用能源不同,结构也有所区别。采用电加热的,加热部件为加热管或电炉丝。采用液化气加热的,炉灶部分为液化气燃烧器。采用煤、柴加热的,槽锅下面为一体化金属加热炉灶,炉灶用钢板、铸铁件和耐火材料制成,炉灶对槽锅下的钢板加热,钢板将热量辐射到槽锅上;机架由角钢制成,将炉灶、传动机构、槽锅总成等连接在一起。

(二)使用操作

开机前应清除机内外的杂物、污物;仔细检查各传动部件及紧固件,谨防卡阻或松动;各传动部位应保持润滑良好。启动电机检查运行情况。待一切正常后方可投入运行。

1. 杀青理条操作 当锅体开始升温时即应开动机器,待手感锅温灼热时用制茶专用油涂抹锅面(也可短暂停机,快速涂抹)并擦净。将锅体往复运动频率调至145~150次/分。待锅温至达350℃左右即可投叶(鲜叶下锅可听到噼啪声),投叶量每槽0.10~0.15千克,杀青时间4~6分钟。如果是炒制扁形茶,杀青后接着加轻压棒续炒(理条)3~5分钟,待茶条成扁平状、茶叶含水率降至50%左右即可出锅。如果是炒制毛峰类茶,理条时不加压,理条温度应适当降低。

2. 整形炒干操作

(1)*炒制毛峰、松针类茶* 锅温控制在160℃,槽锅往复频率120次/分左右,理条叶两锅并一锅,炒制时间8~10分钟(茶叶含水率降至20%左右)。出锅摊晾回潮后转入炒干工序。

(2)*炒制扁形茶* 锅温控制在160℃,槽锅往复频率110~120次/分,理条叶2锅并1锅。炒1分钟左右加轻压棒,轻压炒2~3分钟,待茶叶色泽基本固定后换成重压棒续炒。重压炒3~4分钟,待茶条呈扁平、挺直、握之有触感时,重新换上轻压棒续炒2~3分钟,至茶叶含水率20%左右出锅。茶叶出锅后,经筛分与摊晾,再入锅炒至含水率5%以下出锅。

二、理条机

(一)结构与工作原理

机器的结构与多功能的结构基本类似,由槽锅总成、传动机构、加热炉灶和机架组成。与多功能机的不同之处是:理条机的槽形锅槽宽度小于多功能机,一般在90毫米左右;槽形更长;槽锅更多(多的有11槽)。热源也有3种形式,即电热、燃烧液化石油气供热和煤、柴供热。工作时槽锅体吸收热量,待锅温到达所需的温度时,均匀地投入杀青叶或揉捻叶。茶叶吸收锅体的热量,并在往复运动的槽锅内不断地受到锅壁的碰撞力,将茶叶理直。理条机加工的茶叶具有条索紧直、色泽绿翠的特点。整机性能稳定,操作维修较方便。

(二)使用操作

开机前应检查机器是否有杂物,机器运转是否正常。槽锅需预热10~15分钟(锅体温度180℃左右);每批次投叶2.5~3千克杀青叶,投叶要均匀;理条时间 6~7 分钟(各地根据自己的实践经验合理掌握)。出叶时先拉开出叶板,然后双手提起手柄将理条叶一次出净。锅位复原,关上出叶门,进行下一批次投叶理条。

电加热型理条机的锅温通过 3 组开关控制,可关断 1 组、2 组或 3 组电源来控制锅体的温度;燃气型理条机的锅温可通过气量旋钮开关实现温度调节。作业完成应立即关断加热源,待锅体冷却后再切断电动机电源,以避免高温关机而导致锅体变形。

三、曲毫炒干机

曲毫炒干机主要用于卷曲形名优茶的辅助生产,如加工泉岗辉白、碧螺春、临海蟠毫等。

(一)结构与工作原理

该机由炒锅、炉灶、炒手、传动机构以及机架等组成。炒锅由铸铁翻砂而成,呈球形结构,直径 500 毫米。炉灶有电加热式、液化气加热式和煤、柴加热式。由于炒干工序热耗量不大,温度要求稳定、准确,故以电加热较为普遍。炒手是一块弧形板,通过炒手轴固定在炒锅上方。传动机构由电机、蜗轮蜗杆减速箱、曲柄摆杆机构组成,将电机的旋转运动转变为炒手的往复摆动。当二青叶投入炒锅时,茶叶吸收热量、挥发水分,并在弧形炒叶板特殊运动方式作用下,加工叶在炒手板反复向心推力和多种挤压力的作用下,逐渐干燥和圆紧,达到卷曲名优茶的成形要求。

(二)使用操作

新机启用前,清洁炒手板和炒锅,清除防锈油。开机前检查机器上有无异物,并清理干净。机器开始加热时就启动电动机,一般当锅温达到 120℃左右时,将二青叶投入炒锅内,投放量不宜太多,以免炒制时溢出锅外。投叶时的含水率以 42%左右为宜,叶温控制在 40℃左右,采用低温慢炒,茶叶逐步成卷曲形状。如果炒成球形,需要的炒制时间较长。切勿以高温炒制,以免茶叶失水过快,难以成形。为了保证茶叶绿色,炒制过程中适当地开启风机,将热风吹入锅内,提供透气环境,散发茶叶水分,保持茶叶的绿色。茶叶炒制适度时,打开出茶门,扳动离合器,手拨动炒手板至空挡位置,使茶叶顺利排出。操作过程中经常检查茶叶的温度,温度切勿过高或过低。

四、扁形茶炒制机

扁形茶炒制机是近年来开发的一种新机器,按传统的龙井茶炒制工艺设计，具有抖、带、压、捺、磨等人工炒制龙井茶的各种动作，是这两年推广最快的一种扁形茶加工设备。

（一）结构与工作原理

该机主要由电机、炒锅、摆动轴、炒手、翻板、加热系统组成。炒锅为底面呈圆弧状的长槽形，加热系统用于给炒锅加温。炒手用钢板制成，外包棉花和耐热布，炒手置于炒锅内，在炒手滞后的位置上，还安装了一个翻板，翻板的作用将茶叶抖散。电机通过传动机构带动摆动轴做不同的运动，以适应炒制扁形茶动作的要求。该机的传动机构设计得比较巧妙，由导向轮和齿条组成，导向轮上设有导向槽，导向槽中以若干凸起的隔离块进行分岔，隔离块末端为夹角可调的活动连接，改变隔离块末端的夹角即形成不同轨迹的导向槽，齿条与导向轮通过销子相配合，销子在导向槽部的运动转换为齿条的往复运动，使炒手在槽锅内做压、推、磨动作。炒手上有压力调节装置，可以改变炒手与槽锅之间的间隙，从而改变了炒手给茶叶施加的压力。

机器可以做青锅作业，也可做辉锅作业。开机后，当锅温达到要求时，投入鲜叶或杀青叶，炒手压住茶叶沿锅壁移动；当推到一定高度时，炒手离开茶叶，茶叶沿锅壁滑下，并在翻板的作用下抖散茶叶；当茶叶滑到锅底时，炒手再次下压，重复炒茶动作。当茶叶体积缩小时，调整炒手与锅壁间的距离，增加压力。该机炒制的扁形茶扁平光滑，色泽绿翠，芽叶完整，断碎率低。

（二）使用操作

先手动将炒手升至高点，打开加热电源开关，当锅温达到要求时，抹上炒茶用油，开始炒制。将炒手压力调至最小处，炒手离锅最远，用换挡按钮，将动作转换至第一步，投入鲜叶炒制。此时，炒手不对茶叶施压，以翻炒为主。当鲜叶中失去一定水分开始变软时，慢慢施压，动作转换至第二步，即磨一下。炒至一定扁度时，再更换到第三步，即磨 2 下。当茶叶呈扁平状、含水量炒至 25%左右时，将动作切换回第一步状态，将炒手升至高点，关闭电机电源，将茶叶取出。再准备重新炒制。辉锅时，采用的温度相对要低些，锅温在 160℃时即可投入青锅叶，当茶叶变柔软时，可以加压炒制；茶叶炒到后期时，可以加压重一些，磨的动作多一些。投放鲜叶数量应适中。投叶量过少，工效下降，易焦变；投叶量过多，翻炒不匀，色泽易暗。

思考题

1. 杀青机械有哪几种？其工作原理是什么？
2. 做形机械有哪几种？它们是如何做形的？

第二章　茶叶拼配技术

茶叶拼配是茶叶精制工艺的最后一道工序，该技术在各类茶叶的生产实践中已被广泛应用，对保证成品茶的品质和产品的经济价值具有十分重要的作用。茶叶拼配是通过对各类半成品茶品质的调剂，充分发挥茶叶原料的经济价值，从而提高茶叶生产者和经营者的经济效益。

在茶叶拼配过程中，不同茶类的拼配技术和方法是不同的，但基本的思路与原理是相同的。一般来说，大宗茶的精制与拼配技术相对于名优茶来说比较复杂，尤其是出口茶的拼配。因此，本章将主要讨论大宗茶的拼配技术，其原理与技术同样适用于其他茶类的拼配。

第一节　茶叶拼配的目的、原则与基本思路

一、茶叶拼配的目的

在传统大宗茶的精制加工工艺中，毛茶必须经过筛分、轧切、风选、拣剔和干燥等精制工艺的处理，才能分出各种大小、长短、粗细和轻重不同的筛号茶，通常我们称它为半成品茶，这些筛号茶或半成品茶经拼配后即成为各级成品茶。通常在茶叶拼配过程中，半成品茶拼配是根据成品茶的质量要求，选取一定比例和数量的半成品筛号茶进行拼合，最终使各种不同品质的筛号茶或半成品茶的品质达到取长补短、相互调剂的作用，并最大限度地发挥成品茶的经济价值，提高茶叶精制加工的经济效益。茶叶通过拼配达到以下目的：一是保证产品质量符合标准；二是合理选用原料，提升经济价值；三是正确定级取料，提高精制率；四是稳定生产秩序；五是降低消耗，以获取最好的经济效益。

二、茶叶拼配的原则

茶叶拼配必须坚持“质量第一”的方针，以加工标准样和贸易标准样作为实物样参考的依据，严格执行对样加工、对样出厂。其拼配的基本原则必须坚持以下几条：一是保证全年成品茶出厂产品合格；二是保证全年成品茶的产品质量的相当稳定；三是确保产品具有最大的经济价值。

三、茶叶拼配技术的基本思路

由于拼配所用原料和采用的加工技术不同，不同的半成品茶在品质方面有所不同。因此，茶叶拼配技术的基本思路可以归纳为："扬长避短"和"高低平衡"8个字。"扬长避短"即要充分发挥其长处，同时采用调剂的方法互补不足。实现品质的"高低平衡"：一是指以标准样或贸易样为依据，通过筛号茶之间品质的调剂，把品质高的调低，把品质低的调高，使之达到平衡；二是在不同审评因子许可的范围内，通过不同品质因子的高低平衡调剂，保证拼配样品质符合标准样或贸易样的要求。

第二节　待拼配茶的半成品品质检验

一、检验的目的和要求

半成品茶即精制工序完成后的筛号茶，它是成品茶拼配的个体。半成品茶品质的好坏，直接决定了成品茶品质的好坏。因此，在茶叶进行拼配前一定要对半成品茶的品质进行检验，这是保证成品茶质量的一个很重要环节。

通常半成品茶的品质因茶类不同、品种不同、产地不同、原料老嫩度不同、季节不同和茶类的加工工艺不同，其外形和内质都有所不同，甚至差异很大。因此在半成品茶的品质检验时，必须做到以下几点：一是根据成品茶（一般指标准实物样或贸易实物样）的质量要求，结合半成品茶原料的情况，统筹兼顾，力求使验收的半成品茶尽可能全部符合成品茶的品质要求。二是保持生产期产品品质的稳定。三是通过半成品茶品质检验，统一目的，搞好加工；把握好产品质量标准和质量检验，保证制茶工艺与操作技术的稳定。

二、待拼配茶半成品的规格

茶叶品质检验，主要是通过对茶叶的感官审评方法来进行。因此，半成品茶检验同样要求建立实物标准样或贸易样来进行对样审评。在茶叶拼配前，首先要对待拼配茶的半成品茶进行检验，设立有代表性的半成品筛号茶参考样，以此对照比较。其检验程序及规格要求如下。

第一，半成品实物标准样的建立，要结合成品茶或贸易样的实际情况来进行，一般是力求"少而精"。各品种等级可分上、中、下3段，选择有代表性的筛号茶作为参考样。上、中段茶以最粗的一个筛号茶订样，下段茶以最小的一个筛号茶订样，尽量发挥“一样多用”的效能，以简化手续。

第二，半成品参考样的选订，必须由成品拼配技术人员提出，经半成品检验人员、在制品检验员和其他质量管理人员及风选工等统一评定，经质量负责人审定后再执行。

三、检验步骤和方法

（一）扦　样

一般由清风工或专人扦样，拣剔茶由看拣工或电拣工扦样。所扦样品要具有代表性。扦样方法规定为上、中、下各扦1把，力求大小样相符。扦样数量一般可参照表4-2-1进行，每袋扦200克。所扦样品要随手装入先前准备好的茶叶罐内，并贴好标签。若进仓数量大，扦样数量也必须增加。

表4-2-1　扦样数量

每个批唛袋数	规定扦样袋数	扦样要求
10以下	扦1袋	1. 应先核对单证，防止扦错 2. 每袋扦上、中、下3把，要求拌匀装罐，力求正确，有代表性 3. 装罐后应随即附上标签，以防出错
100以下	扦2~3袋	
200以下	扦3~4袋	
300以下	扦4~5袋	
400以上	扦5~6袋	

（二）检验项目

1. 外形　粗细、长短、苗锋、松紧、身骨、色泽、匀净度等。

2. 内质　香气、汤色、滋味、叶底、嫩度、匀度等。

（三）检验方法和掌握的原则

一般情况下对所扦茶样干评即可，但对质量有疑问的重点茶样必须开汤湿评。其掌握的原则如下。

第一，上段茶为整体茶叶的面张茶，是组成成品茶叶的主体，常在全体茶叶的上面，与人的感官直接接触。它的形状、色泽、身骨的好坏对整个茶叶质量产生很大的影响，因此，在茶叶精制过程中十分重视面张茶的生产。对样评茶时，要求上段茶的外形色泽、净度与条索粗细、长短、身骨轻重以及内质叶底嫩度、匀净度都符合要求。其中身骨与嫩度可互相兼顾。如身骨稍低，嫩度必须稍高；如嫩度稍低，身骨必须稍高。

第二，中段茶嫩度较好，条索较细。但净度与色泽也必须符合要求，不含或稍含小圆头，不能含有片茶；叶底嫩、匀净度相适应。其中如有一项稍低于原级水平，必须有另一项稍高于原级水平。

第三，下段茶主要是检查筛档是否匀称，身骨是否合格。下段茶的筛档要匀称，珍眉要起条形，身骨应稍重，不能含有片、末茶。

第四，香味审评。主要是区别火功高低，滋味浓苦与青涩，以及烟、焦或其他异味，并做出标记。严重者要另作处理。

通过鉴评，要对存在缺点的茶叶做出标记，并提出处理意见，退回车间重新整理。

（四）退货与升、降级处理

第一，凡含有非茶类夹杂物的筛号茶，必须退货重新整理。

第二，外形不符合要求的茶叶，如果经整理后大部分能保持原级的，则退货整理；估计整理后只有一半左右能保持原级的，不可整理，而作降级处理为下一级调剂品质使用。

第三，凡火功不足、而又无法调剂时，要重新进行补火。

第四，凡升级筛号茶，一般均须整理。因为取料时不可能相差 1 个级，难免存在或多或少的品质差距，如不加整理而直接升级是会影响上一级茶的产品质量。

第五，将烟、焦茶或带有异味茶剔出，作专门研究后再进行处理。

第六，凡要退货处理的筛号茶，应重复扦样复评，由成品拼配员提出意见，然后与在制品检验员和有关质量管理员会评，再作出处理。

四、搞好待拼配茶半成品检验的关键

第一，检验员首先必须树立产品质量第一的思想，并且要树立依靠群众的观点，严肃认真进行检验，把工作做到生产中去，与质量管理员、相关操作工的自检、互检相结合，人人把关，在生产过程中及时解决质量问题，这样既能顺利地搞好半成品茶的检验工作，又可防止返工，减少损失。

第二，检验员既要熟悉生产，了解各批次原料的品质特点，又要参与拼配工作，吃透拼配的要求，使半成品茶的检验工作起到指导生产和保证产品质量的作用。

第三节　成品茶拼配

一、成品茶拼配前的准备

第一,成品茶拼配前必须对茶叶标准样、贸易样、库存的半成品茶原料以及调剂茶品质状况全面的了解。由于标准样和贸易样是成品茶拼配的依据,拼配时要看准标准样和贸易样,对样品的品质因子要进行全面的分析,包括外形规格、条索的松紧、筛号茶叶比例、各路茶叶的比重和含筋梗、杂物的多少及叶底的匀嫩程度等品质情况。通过品质分析制定大致的拼配方案。

第二,对现有库存的半成品茶原料来源及取料水平、数量等要了解。原料茶是半成品茶的基础,通过对所要拼配的半成品茶的级别、季节、类别和产区的原料加工水平的了解,可以掌握半成品茶品质的基本情况。另外,由于不同标准样或贸易样有一定的数量要求,所以在拼配前,对半成品茶的数量,包括库存数量和车间里正在加工的当批在制品数量也应掌握。同时要考虑调剂茶的状况,因为调剂茶在拼配时要对基准茶某些高于或低于标准样或贸易样标准的因子进行调整,从而将拼配样的品质调到和标准样或贸易样相接近的品质水平。

二、成品茶拼配的要求

成品茶拼配的关键是如何把精制完成的各种筛号茶拼配成成品茶小样。因此在拼配过程中必须符合以下 3 个方面的要求。

第一,严格对照标准样或贸易样进行拼配,使各级小样都能符合各级成品标准样或贸易样的品质规格。

第二,在保证各级产品质量的前提下,合理使用半成品,取长补短、互相调剂,最大限度地提高半成品原料的经济价值。

第三,力争做到产品质量的稳定。以原料拼合水平及历史综合拼合样为依据,做到既要维持历史水平,又要平衡当年水平。历史参考水平样,以上一年度的分级综合拼合样为依据,必要时可参照前二年的综合拼合样。至于原料拼合水平样,目前有 2 种方法:第一种方法可以在上一年度的拼合样中选择拼制,分级设上限与下限 2 个拼合水平样,确定为原料拼合的水平依据;第二种方法是在上一年度的拼合付制样中,分前期(5 ~ 7 月份)、中期(8 ~ 10 月份)、后期(11 ~ 12 月份)及跨年陈茶 4 个拼合水平样,确定为原料拼合水平样的依据。并要定期进行品质排队，保持批次间原料品质水平达到平衡稳定，从而保证工艺技术、产品花色、分级制率及各项经济技术指标的稳定。

三、搞好成品茶拼配的关键

搞好成品茶拼配首先是要熟悉成品茶的标准样或贸易样，熟悉分批、分次原料茶和半成品茶的品质情况。关键在于以下几个方面。

（一）要分析标准样或贸易样的特征，熟悉标准样的品质规格

标准样或贸易样是成品茶拼配的依据，也是成品茶拼配的"样板"。成品茶拼配俗语就是"照样画葫芦"，要求画得越像越好。因此要对标准样进行认真系统的分析研究，掌握其特征，才能为成品茶拼配工作打好基础。

在成品茶的拼配过程中，必须解剖分析标准样或贸易样的特征，而且要十分熟悉，解剖后要心中完全有数，这样才能有的放矢、拼配熟练、减少反复、提高效率。必须搞清以下几方面的情况：一是标准样或贸易样的品质风格，包括外形和内质的品质规格。二是标准样或贸易样上、中、下段茶的组成比例。特别是下段茶的比例应作为掌握重点，它对成品茶的产品品质和提高成品茶的经济价值具有十分重要的作用。三是标准样或贸易样内本身、长身、圆身、轻身、筋梗路各类型筛号茶比例的含量情况。特别是轻身、筋梗各类型筛号茶含量情况应作为掌握的重点。

（二）要掌握各类、各筛号茶半成品原料品质的情况

原料是加工的基础，原料的好坏，必然会影响到成品茶的质量。另外由于制成半成品的茶鲜叶原料因产地、级别、季别和老嫩度的不同而不同，所以必须在了解并掌握鲜叶原料的品质情况的基础上，对拟拼配的半成品原料的外形、内质等特征进行掌握，这样有利于成品茶拼配时更灵活、更有效。

（三）充分掌握各批、次、级半成品茶的质量

要参与车间生产，参与半成品茶检验，了解分批、分次取料的具体情况，充分掌握各批、次、级半成品茶的质量情况。成品茶是由半成品茶即筛号茶进行拼配后组成的，因此，成品茶品质质量的好坏与半成品茶品质质量的好坏是紧密结合的。为了做好成品茶拼配的工作，必须了解并充分掌握各批、次、级半成品茶的品质情况，主要是各级筛号茶的外形和内质的品质水平和优缺点。特别要掌握具有调剂作用的筛号茶，包括数量的多少，以便在需要时能迅速取出拼配，保证产品质量并发挥半成品茶的经济效益。

四、对样拼配

（一）何谓对样拼配

标准样或贸易样是由许多筛号茶组成的，但是每只筛号茶的质量并不都是一致的。也就是说有的筛号茶这一项因子较好，那一项因子较差；有的筛号茶这一项因子较差，那一项因子较好。这样在拼制标准样或贸易样的过程中就需要进行各筛号茶品质的相互调剂，取长补短，组成一个总体比较完美的标准样或贸易样，通常我们称之为“小样”。所谓对样拼配，并不是说每一只筛号茶的质量水平都能完全对上标准样或贸易样，而是要求拼配好的小样，外形、内质都要符合标准样的品质规格，香味要与各级成品茶的要求相适应，火功适当，级距明显。

标准样或贸易样是每一级产品的最低标准，级与级之间的品质水平有明显的级差，所以对样拼配，就是要求小样的品质水平既不能偏低，也不能偏高。偏低会达不到标准样或贸易样的要求而无法出厂和成交，拼配失败；偏高虽然达到了标准样或贸易样的品质要求，但不能发挥半成品原料最高的经济价值。要掌握不低、不高，恰到好处，这样既保证了产品质量，又发挥了原料的经济价值，真正做到又好、又省。我们通常说的保证质量（或提高质量），就是严格对样加工、对样拼配、对样验收。

从目前许多茶叶精制加工厂的拼配情况来看，大多数茶厂拼配还是围绕在标准样或贸易样的边缘上，偏高或偏低现象均不明显。外销绿茶执行的标准样，大都是贸易样，如果出厂产品质量都在贸易样的“边缘”上，就会给出口拼配造成困难，应引起重视，正确对待对样拼配问题。好字当头、好中求多、好中求快、好中求省是关键。

（二）正确处理对样拼配

由于成品茶拼配不是由单一的半成品茶拼成的，而是由众多筛号茶拼配而成的，因此在对样拼配过程中必须处理好以下几个关系。

1. 外形和内质的关系　同级各孔茶的半成品，往往由于茶类的不同、原料等级的不同、加工工艺的不同、取料要求的不同、拣剔净度的不同，品质参差不一，甚至差距较大，这样势必会产生成品茶各项品质因子不平衡的矛盾。因此必须采取：缺的补，多的减，低的调高，高的调低，从选留的特殊半成品茶中挑选相应的对象来进行调剂。

2. 条索对外形的关系　在成品茶中，条索是外形 4 项因子中的主要因子，它包括条索松紧、锋苗好坏、身骨轻重和有无扁条、圆头等。在成品茶进行拼配时，首先要掌握条索必须符合标准，特别是面张茶条索尤其重要，必须掌握以下要点：①不拼或少拼面张茶条索较粗的或较松的半成品茶原料。②尽量少拼条索短、秃的圆身茶(圆炒青除外)。③尽量不拼或少拼大圆头茶，以使需要调整的小样比较容易操作。

3. 匀净度对外形的关系 匀净度也是外形中主要品质因子之一，拼配时应严格掌握。影响外形匀净度的主要因子是筋梗、朴片、黄头和非茶类夹杂物等，特别是长筋、短老梗、黄头等影响最大。因此在拼配过程中必须掌握以下要求：①面张茶要完全符合标准样或贸易样的品质规格要求；下段茶中的轻片要去净，不能偏低或靠边；中段茶要基本符合要求。②在不影响叶底嫩度的情况下，要适度控制拼入筋梗茶的比例。③色泽要调和均匀。

4. 整碎对外形的关系 在条索、净度、色泽 3 项因子都符合标准样或贸易样的同时，整碎度的差距也不能偏大，否则外形将达不到拼配要求。在拼配过程中，各孔茶拼配的比例应适当，筛号应匀称。成品茶各号茶拼配比例不定型的主要原因是各级各孔半成品茶的质量不定型，应根据具体情况进行调剂拼配。

5. 香气、滋味对内质的关系 香气与滋味是内质好坏的主要标志。香气、滋味有各种类型，如浓高、清香、浓苦、青涩、火功高、火功低等。合理调剂、取长补短，能拼成香味最好的成品茶。在拼配过程中，要保持各级成品茶相对应的香味。因此必须掌握好茶类的比重、筋梗茶比重、不同季节茶的比重以及各种类型半成品茶的合理搭配。

6. 叶底嫩匀度对内质的关系 高档茶叶底要嫩、软，色泽要匀、亮；低档茶则相反。所以叶底嫩匀度与色泽同样是反映成品茶品质好坏的主要因素。上段茶叶底是组成全部叶底的主体，因此，抓住上段茶的品质特性和拼配比例，是保证叶底嫩匀度的主要环节。另外，增加筋梗茶和中段茶比重，也是调剂叶底嫩匀度的有效措施，但拼配的比例不当，势必会影响净度和整碎因子，必须加以重视。如经过以上调整，叶底嫩匀度仍不能符合要求时，可适当增加高档半成品茶比例。

7. 前期品质对后期品质的关系 原料品质是春茶好、秋茶中、夏茶差；而各季茶又以早期采制的品质好、后期采制的品质差，但成品茶品质水平则要求前后期基本平衡。实践经验证明，首先要做好库存半成品原料的保质工作，对含水分高的要复火；其次对早期优质春茶适当选留，供中、后期原料拼合时品质调剂使用；其三要尽量贮备一部分春茶质优的半成品供后期调剂拼配。

五、成品茶拼配技术

产品质量虽然不是完全靠拼配出来的，但是成品拼配对掌握标准、调剂品质和平衡前、中、后期产品质量及合理发挥经济效益的确具有重要的作用。因此，成品茶拼配员的责任重大，必须严格、认真、细致、全面地掌握所拼配茶叶的品质状况。在质量管理中坚持以“质量第一”的方针，坚定对照标准样拼配，以“标准样”为杠杆，正确处理质量与成本的关系；根据各级成品标准样的品质，把各种外形和内质不同的筛号茶，按不同的比例拼配，使各种不同品质的筛号茶的品质取长补短，相互调剂，达到各级成品茶都能符合出厂要求的目的。

（一）及时掌握半成品茶的相关情况

拼配每一只成品茶，首先必须掌握该级半成品茶库存数量、茶类、花色，各孔、各路茶是否齐备，每次成箱的数量，然后才可着手拼配。

（二）严格执行标准，稳准地掌握拼配，确保成品茶质量

拼配中要妥善地处理好花色等级间的品质关系，务必使各级成品茶的外形内质符合标准水平。因此，成品茶拼配员必须吃透原料的品质情况和车间取料工艺技术、在制品的质量情况、库存半成品的质量与数量情况，这也是拼配人员的基本功。要搞好成品茶的拼配工作，必须具备以上条件，才能够发挥拼配技术，保证出厂产品的质量水平。

（三）从源头抓起，协助生产人员生产出合格产品

成品茶拼配员要坚持经常深入生产，帮助车间检查与总结制茶经验。产品质量在很大程度上是“制”出来的，为了稳定品质，成品茶拼配员应主动帮助车间结合品质要求组织一些小型技术交流活动。如检查在制品、半成品质量情况；针对不合格产品存在的问题，及时提出改进措施；组织技术交流，及时组织各种会评工作；广泛交流品质意见，统一质量目光，统一技术措施，以此推动质量管理的健康发展。

（四）认真把好产品质量关

1. 把好入库关　半成品茶入库前必须督促专管人员严格验收产品品质，把好半成品茶入库关，同时做好入库与出库记录，经常查对库存状况。

2. 稳定拼配水平　逐级对照标准进行合理拼配，注意成品茶的品质水平。对照前一年产品的品质水平状况，结合当年情况，对照标准进行拼配，并要注意批唛间的品质平衡，切实掌握全年产品品质的平稳。

3. 把住拼堆装箱关　拼堆、装箱是成品的最后一道工序，成品茶拼配员

应切实检查,做好拼堆装箱工作,严格防止大小样品质不符造成不应有的产品质量问题。

4. 严肃认真地执行产品出厂责任制度　产品出厂应按照上级颁发的有关规定办理,并尊重各级管理产品质量的权限,按级负责,按职检查责任。

(五)掌握成品拼配数据

提倡数据拼配,逐步提高拼配技术水平。

(六)选择基准半成品茶,按比例进行小样试拼

各花色、各级、各筛孔号茶的拼配,都有一定的比例,其目的是要使拼配后的各级成品茶的外形和内质都能符合标准样的要求。在进行小样试拼时,首先将精制出来的各路、各级、各孔筛号茶,按照规定的标准样或贸易样,先拼出小样,然后按小样各筛号茶的比例拼大样,再匀堆装箱出厂。拼小样,要熟悉标准样或贸易样的品质水平与特点及上、中、下段茶的组成情况,还应掌握本厂待拼的各筛号茶的级别、品质水平、特点以及数量等情况。拼小样的方法是:先计算出各筛号茶的数量比例,再分析标准样或贸易样中各筛号茶的比例,并要做到先以外形为主,加入各比例的筛号茶,边拼边对样,直到与标准样或贸易样的品质相符为止。然后开汤进行审评,再作内质因子的调整。小样拼好后,记录下小样的各筛号茶的比例。

(七)认真对样评比,合理调剂品质

茶叶拼配技术的核心是品质调剂。品质调剂的基本方法大致可归纳为以下几条。

1. 对原料等级的调剂　在传统大宗茶的精制加工中大多采用原料单级拼合付制、成品多级收回的方式;同时,在成品茶的拼配过程中,为了给品质调剂提供一定的原料,在加工过程中往往结合使用阶梯式或交叉式的付制方式。而不同等级毛茶取料稍有不同:高档原料由于质地细嫩,所加工的同级半成品,条索细紧,有锋苗,色泽较润,香味和嫩度都较好,所以风选取料时,为了尽量提级或多提主级,外形身骨欠重实。而中、低档原料,由于内质水平一般较差,风选取料时一般注重提高外形,外形身骨较重实。把高级原料和中、低等级原料所加工出的同级半成品拼配在一起,使得品质互补,达到调剂品质的目的。

2. 不同季节原料的调剂　毛茶原料有春、夏、秋茶之分,不同季节茶叶在品质上有很大差异,而通过春、夏、秋茶的合理搭配,使成品茶品质基本趋于一致。不同季节原料也存在质地上的较大差异,在风选取料上也有所不同,致使同样的半成品茶在品质特征上有所不同,只能通过拼配来平衡品质。

3. 不同产区原料的调剂　由于茶原料存在不同产区的地区差异而使成品茶存在不同的品质差别。如高山茶品质较好，香气高、滋味醇；而平原茶则达不到高山茶的品质风格。所以需要拼配来调剂出厂产品的品质。

4. 半成品茶的品质调剂　出口大宗茶精制加工技术主要是通过分路、分号加工。由于原料的差异、加工方法的不同，不同路、号半成品茶的加工而成的同一等级筛号茶在品质特征上差异很大，这就要求在拼配中进行调剂。因此半成品茶的拼配往往需要和毛茶拼合付制技术相结合，通过不同毛茶在不同批次中搭配加工，来达到调剂品质的目的。毛茶拼合付制是在验收定级归堆时对要付制的毛茶进行合理选配与拼合来实现的，它既有利于加工方便和取料，又有利于对品质的调剂；既可减轻成品茶拼配的工作量，又保证了产品质量的稳定性。在精制加工过程中，毛茶拼合付制方式一般采用单级阶梯式付制和交叉式付制 2 种。一般毛茶级别由高到低或由低到高付制，称为阶梯式付制；而每批次间毛茶等级按高、低、中交叉搭配的则称之为交叉式付制。

（八）小样预检及其对结果的处理

小样拼好后，就可对照标准样，按外形、内质的各项因子逐项进行审评和预检。

1. 外　形

（1）条索或颗粒　主要是条索、颗粒、松紧、粗细、身骨轻重、苗锋等因子。

（2）整碎　主要是上、中、下 3 段茶是否匀称。

（3）色泽　主要是颜色和油润度。

（4）匀净度　主要是筋梗、朴片、茶籽和其他夹杂物的多少。

2. 内　质

（1）香气　要求正常，无酸、馊、烟、焦、老火等异气。

（2）滋味　要求纯正，无酸、馊、烟、焦、老火等异气。

（3）叶底嫩度　芽头多少，叶质老嫩和软硬。

（4）叶底色泽　匀度、亮度，有无红梗红叶。

根据审评结果，如发现某项因子高于或低于标准样，则进行适当调整。如内质较高，则拼入低档筛孔茶，反之则拼入高档筛孔茶，直至外形、内质都符合标准样或贸易样为止。

对小样预检结果的处理：小样拼好经预检后，发现小样与标准样或贸易样有品质差异，应及时进行纠正。小样预检合格以后即可开列大样拼配通知单进行大样拼配和匀堆。

(九)拼配技术与生产计划、加工工艺的关系

成品茶拼配技术对精制加工企业来说是十分重要的,它与半成品原料、市场情况等因素都密切相关。因此,企业中拼配技术的好坏直接影响到整个生产计划的制定、加工工艺的调整以及企业的经济效益,精制加工企业应引起重视,以保证最大程度地发挥原料的经济价值,获取最大的经济收益。

思考题

1. 茶叶拼配的目的是什么?
2. 什么是对样拼配?如何拼配小样?
3. 成品茶拼配的关键是什么?

第三章　黑茶加工

黑茶是指茶叶初制中有一特定的微生物发酵过程的毛茶,以及以这种毛茶为原料加工而成的茶,统称黑茶。也包括某些绿茶砖(饼)茶经较长期间陈(存)放,经微生物作用而改变原有绿砖(饼)茶风味的茶,亦称黑茶。

我国黑茶有湖南的天尖、贡尖、生尖及黑砖、花砖、花卷、茯砖茶,四川的康砖、芽细、金尖、茯砖、方包茶,湖北赵李桥青砖茶,云南的普洱茶、普洱方茶、普洱紧茶、普洱圆茶、七子饼茶、普洱沱茶,广西的六堡茶等。

黑茶是我国特有的茶类,也是我国6大茶类中产量仅次于绿茶、乌龙茶之后的一个大茶类,年产10万吨,是我国边区兄弟民族生活必需品之一。主销新疆、西藏、青海、内蒙古、甘肃、宁夏、山东、黑龙江等省、自治区,部分出口远销蒙古、俄罗斯、日本、美国、法国、东南亚地区各国及我国港台地区,发展前景良好。

第一节　黑茶的起源与发展

黑茶起源于四川省,其年代可追溯到唐宋时茶马交易中早期。茶马交易的茶是从绿茶开始的。当时茶马交易茶的集散地为四川雅安和陕西的汉中,由雅安出发人揹马驮抵达西藏至少有2~3个月的路程,当时由于没有遮阳避雨的工具,雨天茶叶常被淋湿,天晴时茶又被晒干,这种干、湿互变过程使茶叶在微生物的作用下导致了发酵,产生了品质完全不同于起运时的茶品,因此"黑茶是马背上形成的"说法是有其道理的。久之,人们就在初制或精制过程中增加一道渥堆工序,于是就产生了黑茶。

"黑茶"二字,最早见于明嘉庆三年(1524年)御史陈讲奏疏:"以商茶低伪,征悉黑茶。地产有限,仍第为上中二品,印烙篋上,书商名而考之。每十斤蒸晒一篋,运至茶司,官商对分,官茶易马,商茶给卖"(《甘肃通志》)。此茶系蒸后踩包之茶,具有发酵特征,实为黑茶无疑。

《明史·食货志》记载:"神宗万历十三年(1585年),中茶易马,惟汉中、保宁,而湖南产茶,其值贱,商人来越境私贩。"《甘、青、宁史略》有载:"兰州及河西喜用陕茶者诸多数砖茶曰'茯砖',又曰官茶,其叶采自湖南,其制造在陕西泾阳,叶粗而色黑。"神宗万历二十三年(1595年),巡视陕西茶御史李楠上言请禁湖茶，记户部题复李楠议云："按茶课易番中马，其法甚善，乃奸商利湖南之贱，逾境私贩，番族享私茶之利，无意纳马，而茶法、马政两弊矣。今宜行巡茶御史召商报引，先为晓谕，愿报汉、兴、保、夔者，准中；越境下湖南者通行禁止，至产茶州设立官店官牙，紫阳坊告府盘验，则夹带绝矣。若乃商贩伪茶日增番族借口减马，应如按臣议，择紫阳辐辏地面建立茶坊一所，责成正官如法蒸晒，敢有擅搀假茶者，举发重究。应茶行马足而番汉两便矣。"

禁湖茶后，明神宗万历二十五年(1597 年)御史徐侨又上书请行湖茶，其谓："汉川茶少而值高，湖茶多而值平，又汉中、保宁不尽产茶，而西、紫通已仅足小引食用。湖茶之行，原与汉中无妨。汉茶味甘，煎熬易薄；湖茶味苦，酥酪相宜，湖茶之行于蕃，情亦便。然湖茶可行而假者不可不禁；塞假茶之源，在于宝庆、新化互置号单，比对数目，付商收买，委廉，能官于诸商起运时盘验，清假茶之流，在于紫阳茶坊，令府县官一员亲验真正方许发(放)。"疏下户部，部题复："折衷二议，以汉茶为主，湖南佐之，各商中引行给汉川，定日方给湖南。如汉引不足，听于湖南引内处补。"这段历史，说明黑茶在明朝由四川、陕西逐步转移湖南的过程。

湖南黑茶又始于安化，虽新化、宝庆等地亦产茶，但非黑茶，当时被官府视为伪品防护。

湖南安化黑茶在初制中有一特定的渥堆工序，杀青后趁热揉捻，揉捻后不解块成团堆砌渥堆，上盖棉布蓑衣等物保湿。干燥则以松柴明火的七星灶烘干。成为黑茶的代表。

明神宗万历四十二年(1615 年)，谢肇制《滇略》卷三载："土庶所用，皆普(洱)茶也。蒸而成团，这是最早出现的普洱茶之文献。"清嘉庆年间(1796～1820)广西苍梧县六堡乡开始生产六堡茶，过去加工方法，鲜叶水潦杀青，置于箩中，以脚踩揉成茶，用松柴旺火烘干，再以蒸汽蒸软，置篓中阴干出售。清咸丰十年(1860 年)羊楼洞首先将老青茶炒干后打碎装篓，运北方销售称"炒篓茶"。后又压制成青砖茶，按装篓砖片分为"二七"砖(每片 1.72 千克)、"三九"砖(每片 2 千克)、"二四"砖(每片 3.25 千克)和"三六"砖(每片 1.5 千克)4 种规格。前 2 种称"西口茶"，主销内蒙古及西北等地；后 2 种称"东口茶"，主销河北张家口及俄罗斯、蒙古等国。

我国黑茶是继绿茶、黄茶之后的第三个历史悠久的茶类，它以治边开始，又以和边持续发展壮大。据统计，我国黑茶目前产销量将近 10 万吨，而且受中央政策的保护，为确保边销茶质量，指定厂家定点生产。

第二节　黑茶加工及品质

黑茶由于销区不同有着各不相同的加工技术和不同的规格。因少数民族的生活习惯不同,长期适应了对某种茶的品质需求,具有很强的地方性。现就各地黑茶加工技术与品质分述如下。

一、湖南黑茶加工

湖南是我国黑茶生产的大省,年产2.5万吨。其产品有天尖、贡尖、生尖、黑砖、茯砖、花砖、花卷等,主销新疆、甘肃、青海、西藏、内蒙古、宁夏、山西、山东等地,出口俄罗斯、蒙古、日本、韩国等国。

湖南黑茶始于安化县,安化县又始于包芷园,后沿资水向上游发展,遍及全县。以高家溪、马家溪品质最好,其次是香烟山、黄茅冲、白岩山、湖南坡亦较著名。明、清期间雅雀坪、黄沙街、酉州、江南、小淹相继兴旺,以江南为集中地;而后再发展至邻县桃江、益阳、新化、桃源、汉寿、溆浦等县(市)。

(一)湖南黑茶的品质特征

黑茶分毛茶与成品茶2类。黑毛茶分为4级。一级毛茶主制天尖和贡尖,二级毛茶主制贡尖和生尖,三级毛茶主制花砖、花卷和特制茯砖,四级毛茶主制黑砖和普通茯砖。一级黑毛茶原料嫩度相当红条毛茶三级。

黑茶成品天尖、贡尖、生尖及各类砖茶的感官品质特征见表4-3-1。

表4-3-1　湖南省黑茶成品的感官品质特征

品名	外形	汤色	香气	滋味	叶底
天尖	条索紧结,较圆直,色泽黑润	橙黄	纯和带松烟香	醇厚	黄褐尚嫩
贡尖	条索粗壮,色泽黑润	橙带红	带松烟香	醇和	暗褐
生尖	折片多于条索,色泽花杂	稍暗	带粗	平和	黑褐粗硬
黑砖	砖形L×B×H为35厘米×18厘米×35厘米。净重2千克。砖面平整,棱角分明,厚薄一致。色泽黑褐	橙黄	纯正或带松烟香	醇和微涩	暗褐
花砖	砖形L×B×H为35厘米×18厘米×35厘米。净重2千克。砖面平整,花纹图案清晰,棱角分明,厚薄一致。色泽黑褐	橙黄	纯正或带松烟香	醇和	暗褐

续表 4-3-1

品　名	外　形	汤　色	香　气	滋　味	叶　底
茯　砖	砖形 L×B×H 为 35 厘米×18 厘米×35 厘米。净重 2 千克。砖面平整,棱角分明,厚薄一致。发花普遍茂盛。色泽特茯为黑褐、普茯为黄褐	橙黄	纯正	特茯醇和,普茯纯和,无涩味	暗褐
花　卷	圆柱形。长 147 厘米,圆周 72 厘米。净重 31.25 千克。外形匀称,篾条匀紧,棕片蓼叶不外露,茶身紧实不脱层。色泽黑褐	橙黄 橙红	纯正	醇和不涩	暗褐

注:L 为长度,B 为宽度,H 为厚度

(二)黑毛茶采制技术

1. 采摘　黑毛茶是以成熟的新梢为原料加工的。采摘期较迟,一般 5 月中旬采 1 次,7 月中旬采 2 次,9 月下旬至 10 月上旬采 3 次。采摘标准是一级毛茶以 1 芽 3~4 叶为主,二级毛茶以 1 芽 4~5 叶为主,三级毛茶以 1 芽 5~6 叶为主,四级毛茶采对夹叶为主。因新梢粗老,一般用铜扎子或铁扎子采切,有的用小柴刀割。采回摊放。

2. 加工技术　湖南黑毛茶加工工艺是灌浆杀青、趁热揉捻、堆积渥堆、复揉解块、松柴明火分层干燥。

(1)杀青　由于新梢粗老,含水量较低,一般杀青叶要先洒水,俗称"灌浆"。洒水的目的是增加杀青时水蒸气的数量,以确保杀透杀匀。洒水数量按叶量的 1/10 喷洒清水,边洒边拌匀。露水叶、雨水叶可不洒水。杀青一般采用机械杀青,以杀透杀匀为度。

(2)揉捻　杀青出机的杀青叶,趁热装入揉捻机揉捻。待大部分叶已成条索、老叶呈皱折状、茶汁溢于茶表、细胞破损率达 20%以上时即可成团下机进行堆砌渥堆。渥堆后条索尚有回松,还要进行复揉。

无论初揉还是复揉,都要轻压、短时、慢揉,否则很容易使叶肉与叶脉分离,形成"丝瓜瓤",嫩梗的表皮脱落形成"剥皮梗"。初揉 15 分钟,复揉 10 分钟即可下机。

(3)渥堆　渥堆是黑茶初加工的关键工序。初揉下机之叶团,无需解块,成团堆砌于背窗、洁净的地面,避免阳光直射。堆高约 1 米,上盖湿布,以保温保湿。渥堆适宜的环境温度在 25℃以上,空气相对湿度保持在 85%左右,茶坯含水量在 65%以上。如果揉捻叶过干,可洒些清水。如果茶堆温度 30℃开始渥堆，经24小时后茶堆温度可能上升至42℃～45℃。此时叶色变为黄褐色，青气消除，发出淡淡的甜酒糟气，茶堆表面出现水珠，叶子黏性不大，对光透视呈竹青色，有透明感，即为渥堆适度；如果手握叶子有泥滑感，发出一股酸臭气味，即为渥堆过度。渥堆过度的叶子可不复揉，立即干燥；渥堆适度的叶子需经复揉再行干燥。

(4)复揉　渥堆后的茶坯散条不紧，需要复揉紧条。复揉10分钟即可下机解块，解块后茶坯即可干燥。

(5)干燥　黑茶干燥的传统工序是在专用的"七星灶"上进行。采用松柴明火、分层累加湿坯、长时间一次烘培法干燥。毛茶油黑带强烈的松烟香和茶香。

七星灶由灶身、火门、七星孔、匀温坡和焙床5部分组成。松柴放进火门开始燃烧后明火借风力透入七星孔，经七星孔分散后，沿匀温坡均匀分散到烘床各个部位。待焙床温度达70℃以上时开始撒第一层复揉叶。撒叶厚度2～3厘米，注意撒匀，不留空隙。待第一层叶烘至七八成干、有刺手感时再撒第二层复揉叶。第二层撒叶厚度较第一层稍薄。如此一层一层加烘，共撒5～7层，总厚度为17～20厘米。此时再撒一层叶，待最后一层叶烘至七八成干时即可退火。把松柴搁至灶口，降低焙温，用一特制的铁叉，斜插入烘床翻叶，上以手掌压住，整叉把下层干叶翻至上面，一块一块翻动，待全部翻好后，再放柴继续烘至含水量8%左右下焙。

(三)天尖、贡尖、生尖加工

天尖与贡尖加工技术较为简单，加工程序基本相同，主要差别在于筛制的原料。天尖以一级黑毛茶为主拼原料，少量拼入二级提升的毛茶；贡尖则以二级黑毛尖为主，少量拼入一级下降和三级提升的毛茶原料。生尖则原料相对粗老，外形为片状且含梗量较多。上述"三尖"加工筛制、压制流程如图4-3-1，图4-3-2所示。

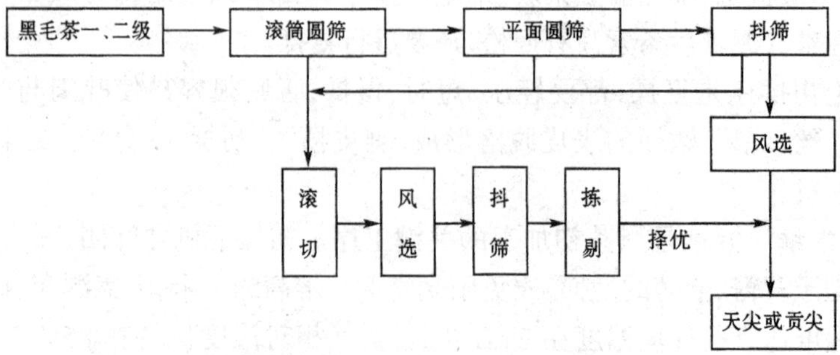

图4-3-1　天尖、贡尖筛制流程

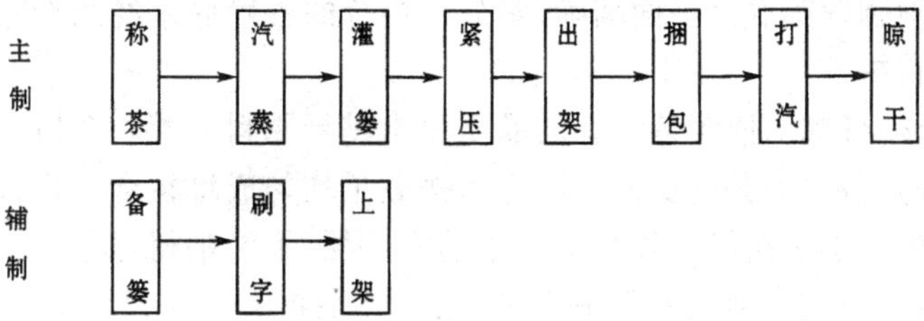

图 4-3-2　天尖、贡尖、生尖压制程度

(四)花砖、黑砖、茯砖加工

湖南黑茶除“三尖”(天尖、贡尖、生尖)散茶外,主要砖茶有“三砖”(花砖、黑砖、茯砖)和“一卷”(花卷,即“千两茶”)等产品。湖南“三砖”产量 2 万 ~ 2.5 万吨,加工工艺复杂,限于篇幅,本章不作详细介绍,这里仅介绍其共有的工序。花卷茶又有“千两茶”(我国旧制 16 两为 1 市斤,32 两为 1 千克,此茶重 1 000 两,合 62.5 市斤,31.25 千克)、“两百茶”(3.125 千克)之分,全为手工制作,本书不作介绍。

1. 花砖、黑砖、茯砖理化品质标准　湖南三种砖茶的感官品质标准前文表 4-3-1 已述,现将“三砖”的理化指标列于表 4-3-2。

表 4-3-2　湖南黑茶花砖、黑砖、茯砖的理化指标

项　目	指　标			
	黑　砖	花　砖	茯　砖	
			特　制	普　通
水分(%)*	14.0	14.0	14.0	14
总灰分(%)	8.5	8.0	9.0	9
茶梗(%)**	18.0	15.0	18.0	18
水浸出物(%)	21.0	22.0	22.0	21
粗纤维(%)	27.0	26.0	26.0	27
非茶类夹杂物(%)	0.8	0.8	0.8	1
冠突散囊菌菌数/克干茶(个)	—	—	30 × 10	30 × 10

注:* 计重水分为 12%

** 其中梗长超过 30 毫米的,应控制在 0.5%以内

2. 加工工艺

(1)原料筛制　付制毛茶先过滚筒圆筛,去粗去杂。头子再上大风车隔除砂石,风选的二口、三口再上滚筒圆筛,第一次大风车的二口茶经破碎后即成

待拼茶。滚圆筛筛底经平面圆筛,筛分网组合的各筛底茶经风选除砂、除杂、去尘均为待拼茶。

(2)净化拼配　依照各砖茶的品质要求进行原料拼配。在拼大样之前要拼小样,确定各号净茶的比例。确定后按数量均匀成堆拼合。拼合方法使用拼堆机拼堆或手工拼堆。每个筛号茶铺平一层,不能铺得过厚。一层一层铺好,取茶压制时挖茶要从堆面垂直往下挖,挖后拌匀,装茶付制。

(3)压制工艺

①黑砖与花砖压制　黑砖与花砖压制工艺相同,分称茶、蒸茶、预压、压制、冷却、退砖、修砖、检砖、干燥、包装等工序。

称茶:为了保证单位重量符合标准,必须准确称料。称料前要测量茶坯含水量,然后按下式计算出实际称茶重量。

$$\text{实际称茶重量} = \frac{\text{单位标准重量} \times \text{成品标准干度}}{\text{茶坯干度} \times (1 - \text{加工损耗率})}$$

"三砖"重量均为每块 2 千克,成品茶标准干度即计重水分含量均为 12%,压制过程水分损耗率为 1%。

若茶坯干度为 84%,代入上式为:

$$\text{实际称茶重量} = \frac{2 \times 88}{84 \times (1 - 0.01)} = 2.116 \text{ 千克}$$

若付制毛茶含水量为 16%,则称茶重量应为 2.116 千克;若含水量为 20%,称茶重量应增加为 2.222 千克。按此称茶重量才保证毛茶付制水分为 12%时每块成品重为 2 千克。

实际证明,重量问题是一个十分重要的问题,为确保称重准确要经常校准衡器。

蒸茶:通过蒸茶使茶坯变软,增强黏性,便于紧压成砖。蒸汽温度约为 102℃,蒸汽压力为 588.4 千帕,蒸茶时间为 3 ~ 4 秒,此时交烘砖片含水量约为 17%。模匣内放好金属花板和木衬板将蒸好的茶放入模匣内用双手扒平。

预压、压制:装匣后经预压减小体积,以便在一匣内压制 2 片砖,再经压力机进行压制。

冷却:施压后的砖茶必须在压模中冷却,以使形状紧实,砖片不起层脱面。冷却时间不少于 100 分钟。

退砖、修砖、检砖:退砖由退砖机进行。退砖后的砖片经修砖机将砖片的 8 条棱线修切整齐。再经人工检砖,检验砖面的商标是否清晰,厚薄是否一致,重量是否合格,水分含量是否符合标准要求。如有一项(含)以上不合格,退料重压。

干燥：在烘房内进行。将砖片横竖相距1厘米整齐上架放好后进行烘焙，进烘温度为38℃。第一至第三天每隔8小时升温1℃，第四至第六天每隔8小时升2℃，最高不超过75℃，共烘8～10天，待含水量为13%时下烘。

包装：商标刷唛图片清晰，装箱砖片数量准确，成品仓库必须防潮。

②茯砖茶压制　茯砖茶压制工艺分汽蒸、渥堆、称茶、蒸茶、紧压、定形、验收包砖、发花干燥等工序。

茯砖茶进烘前含水量较高，为23%～26%，此时水分容易发花。其他工艺大体相似，只是机压较松。不同之处在于干坯工序。茯砖茶“发花”是一特殊工艺，通过这一工序，使砖内的金花普遍茂盛。

进烘：将包好的砖片运入烘房后按片间2厘米的间隔摆好。不宜过密，忌两砖贴近。

调温排湿：发花期为前12天，后5～7天为干燥期。发花期温度要保持在28℃左右，空气相对湿度75%～85%有利冠突散囊菌的生长；干燥期温度只能逐步升高，一般自30℃上升至42℃～45℃，空气相对湿度降低到50%以下为宜。烘房温度与湿度是发花好坏的关键因素，必须严格掌握。

检查发花及时干燥：进烘后8天可开始检查发花情况。12天若发花普遍茂盛，则可开始干燥，每天提升2℃的温度，一般温度达42℃～45℃（第七天）即可退温出烘。

包装：砖片含水量14%以内，出烘包装。茯砖茶包装采用方底麻袋，每袋20片，捆扎成“井”字形，再刷上唛头。特茯刷红色唛头，普茯刷蓝色唛头。包装齐备后即可出厂。

二、四川黑茶加工

四川是我国最早生产黑茶的省份，也是我国黑茶生产的大省。产品有南路边茶和西路边茶2大类。

南路边茶的产品有康砖与金尖2种，主销西藏、青海和四川甘孜藏族自治州等地。西路边茶有茯砖茶和方包茶2种，主销四川省阿坝藏族自治州，少量销甘肃和青海。其品质规格见表4-3-3。

表 4-3-3 四川黑茶成品的品质规格

项目		单位重量		水分标准（%）		水浸出物	灰分	杂质	含梗	外形	内质				
		单位	净重（千克）	计重	出厂	（%）	（%）	（%）	（%）	形状	色泽	香气	汤色	滋味	叶底
南路边茶	金尖	块	2.5	14	16.5	20.24	8.5	1.0	15	L×B×H(毫米) 220×180×10	棕褐	平正	红亮	醇和	暗褐
	康砖	块	0.5	14	16.0	30	7.5	0.5	8.0	L×B×H(毫米) 160×90×60	棕褐	纯正	红浓	醇和	花暗
西路边茶	茯砖	块	1.5	14	16.0				20		棕褐	纯正	红亮	纯正	棕褐
	方包	包	35	14	20.0				60		棕褐	带烟焦	红黄	平正	黄褐

(一)南路边茶

南路边茶系指从成都出发运销南边通道的茶称南路边茶。以雅安、宜宾、乐山为主要产区，集中在雅安、宜宾地压制。南路边茶量大、质高，是四川的主要黑茶。

南路边茶的黑毛茶分“做庄茶”和“毛庄茶”2 种。鲜叶通过杀青、蒸揉、渥堆、干燥制成的毛茶叫做庄茶，而鲜叶通过杀青后直接烘干者叫毛庄茶或金玉茶，目前正在减少毛庄茶。传统做庄茶工艺繁琐，有杀青、渥堆、晒茶、筛分、蒸茶、揉捻、渥堆、晒茶等 10 余道工序。两杀、两揉、两渥、两干制成的毛茶黑褐油润，滋味醇和。近年雅安茶厂和蒙山茶厂等单位研究做庄茶的简易做法，分蒸汽杀青、初揉、初干、复揉、渥堆、干燥等工序。其中关键性的渥堆工序分为自然渥堆和加温保湿渥堆 2 种方法。自然渥堆是将揉捻叶趁热堆积，堆高 1.5～2 米，堆面用席盖严，经 2～3 天，堆面出现水珠，温度升至 60℃～65℃，茶坯呈棕褐色即为适度，开堆后再拣去粗梗，进行干燥。加温保湿渥堆则要求茶坯温度 60℃～70℃，茶坯含水量 28%左右，环境相对湿度 90%～95%，堆积渥堆，只须 36～38 小时即可获得较好的做庄茶品质。

毛茶经过筛分、切割、风选、拣剔等作业，制成各筛号净茶，然后按康砖和金尖品质要求，将净茶进行拼配再行蒸茶筑压、冷却、退砖、干燥。

成品包装时，先将冷却定形的篾包封口拆开，倒出茶块，取出蔑页，按测定水换算法应有重量标准，符合要求者放置商标一张，用纸封包好，用长篾条扎整齐，再装入长条形篾包中。康砖用竹篾打一红圈，金尖打黑圈，以兹区别。

堆码整齐待运出厂。

(二)西路边茶

西路边茶是销往我国西北方向走古大道的茶,简称西路边茶。西路边茶较南路边茶更为粗老。其成品茶有"人民团结牌"茯砖和方包茶2种,集中在邛崃、都江堰、平武、北川等地加工。

毛茶品质要求:茯砖原采用金玉茶为主要配料,近年改为"做庄茶"为原料;方包茶则仍然采用1~2年生的茶树枝条,晒干后为主要原料,含梗量多达60%。

1. 茯砖茶加工技术　茯砖茶加工分毛茶整理、蒸茶筑砖、发花干燥、成品包装4道工序。

目前一些厂家,已实行碎茶、蒸茶、渥堆机械化联动作业,保持在制口受394.2千帕的汽压中蒸80秒,直通流入渥堆室,每10吨一堆,保持60℃~70℃的温度,堆渥24~48小时。蒸茶筑砖、发花干燥大致与湖南茯砖相同。成品包装打成每包16片、净重24千克大包出厂。

2. 方包茶加工技术　方包茶加工分毛茶整理、炒茶筑包、烧包晾包3大工序。

方包茶的毛茶整理主要是切铡筛分,分配料、蒸茶、渥堆3道工序。毛茶多粗老枝梗,要切铡成不超过3厘米长的短节,按梗与叶3:2的比例分别混合,再配成60%的蒸料,蒸6~7分钟,然后将蒸料与底料间隔堆放,层层拍紧,渥堆1~2天。待有老茶香后炒茶筑包,每包重量为35千克,分3锅炒制。锅温达300℃。入锅后加茶汁0.5升增加水蒸气炒软茶梗的在制品,只需1分钟即可达90℃,出锅趁热筑包。

烧包晾包是将筑好的茶包重叠紧密排列,垒成高约3米的大方堆。夏、秋季节堆3~4天,冬、春季节堆5~6天,中途翻动1次。

晾包是方包茶自然干燥的过程。将烧包后的茶包移置通风良好之处,呈"品"字形摆列,包间隔6~10厘米晾置20~30天。晾包后茶叶含水量16%~20%即可出厂。

三、湖北黑茶加工

湖北赵李桥茶厂生产青砖茶,系由老青茶为原料,经筛分、拼配、汽蒸、压制而成。每件27片砖,称27砖。年产约8000吨。主要供应内蒙古、青海、甘肃和新疆等省、自治区,有少部分出口俄罗斯与蒙古等国。

（一）品质特征

青砖茶呈长方形，长×宽×高为330毫米×150毫米×40毫米，砖片重2千克。含梗量不超过25%，梗长不超过25毫米，杂质不超过0.8%，出厂水分为12%，灰分含量不超过8%。砖片形态端正、平整光滑，砖面压有凹文“川”字和凸文“中茶”，并有蒙文标记。内质要求香气纯正、汤色橙黄明亮、滋味醇和、叶底暗褐粗老。

（二）加工技术

老青茶分里茶和面茶，面茶又分洒面和洒底。面茶的初加工程序是杀青、初揉、初晒、复炒、复揉、渥堆、干燥7道工序，而里茶只有杀青、渥堆、揉捻、干燥4道工序。

面茶底茶要求外形呈条状形，多红梗，带白梗，含梗量为18%～20%；内质香气味稍粗涩，汤色橙黄。里茶外形卷皱皮条形，红梗，含梗量25%左右，色泽乌巅白梗红脚；内质香味纯正，汤色橙黄。老青茶再经精制、筛分、风选、拣梗等多道工序，再行压制成青砖。

压制工艺较为复杂，其流程为称茶、汽蒸、预压、紧压、定形、退砖、修砖、干燥、成品包装等9道工序。

整个加工系机械化操作，各项技术大同小异。惟干燥程序较为特殊，检砖后的砖片放入干燥室码垛，即砖片纵横叠码，每层4块，堆高12～14层。最上一层与天花板保持一定距离，便于上层通风，与墙壁亦应隔20～30厘米，垛间隔约10厘米，砖片间隔1厘米。码垛后，晾置1～2天开始加温。1～3天内保持35℃～40℃，空气相对湿度90%；4～8天保持40℃～55℃，空气相对湿度80%左右；9～12天室温控制在55℃～70℃；13～14天室温控制在75℃。此时停止加温，冷却1～2天后再行包装。包装前将茶砖除杂堆码，用商标纸包封，装入衬有笋叶的篾篓内分放3叠，每叠9块，共27块，称“27砖”；每篓净重54千克，用麻绳捆扎成包出厂。

四、云南黑茶加工

云南黑茶系指云南大叶晒青茶经后发酵制成的散茶和紧压茶。主要是指经后发酵的普洱茶及其制成的各种紧压茶，都称云南黑茶。

云南省普洱茶有红茶，也有绿茶。而这里称为黑茶的普洱茶，是专指经后发酵滇青茶及其加工制品，具有醇和、耐泡、陈香的特点。

普洱茶有普洱散茶、普洱紧茶、饼茶、圆茶、方茶等，集中在下关、勐海等地加工，原年产量近1万吨，近年发展至3万～5万吨。主要边销西藏和云南本省藏族地区，部分内销和侨销。近年部分外销法国、日本、意大利及东南亚各国。

（一）品质特征

普洱散茶分金芽、宫庭、特级、一级、二级、三级、四级、五级8个级别。其品质特征见表4-3-4。

表4-3-4　普洱散茶的品质特征

名　称	形状规格	色　泽	香　气	滋　味	汤　色	叶　底
金　芽	全芽整叶，有锋苗	全披金毫，色泽橙黄	毫香细长，略带陈香	醇厚甘爽	橙红明亮	红亮柔软
宫　庭	紧细匀直，规格匀整	金毫显露，色泽褐润	陈香馥郁，细长	醇和甘爽	红浓明亮	褐红明亮，柔软
特　级	紧细匀齐	金毫显露，褐润	陈香细长	醇厚爽	红浓明亮	褐红柔软
一　级	紧结重实，有锋苗	芽毫较湿，红褐润	陈香显露	醇浓爽	深红明亮	红褐明亮，柔软
二　级	肥壮紧实	红褐尚润，略显毫	陈香显露	醇厚	红浓	红褐尚亮，较柔
三　级	粗壮尚紧	红褐尚润，欠匀	陈香纯正	醇和爽	红亮	红褐尚亮，尚软
四　级	粗壮欠匀紧	红褐尚润，欠匀	陈香纯正	醇和	红亮	红褐欠亮，尚软
五　级	粗大松泡	红褐，欠匀润	陈香纯正	醇和	红亮	红褐欠亮

普洱茶的紧压茶有普洱沱茶、普洱紧茶、七子饼茶、普洱砖茶和普洱小沱茶、普洱小果茶、普洱小圆饼等产品。其品质特征见表4-3-5。

表4-3-5　普洱紧压茶的品质特征

名　称	单　位	净　重（克）	形状规格（厘米）	色　泽	香　气	滋　味	汤　色	叶　底
普洱沱茶	个	100	碗臼形，边口直径8.2×高4.2	红褐油润，略显毫	陈香滑润	醇厚滑润	深红明亮	红褐明亮，柔软
普洱紧茶	个	250	碗臼形，边口直径10.2×高5.6	红褐尚润	陈香显露	醇和滑润	红浓明亮	红褐尚亮，较软

续表 4-3-5

名 称	单位	净 重（克）	形状规格（厘米）	色 泽	香 气	滋 味	汤 色	叶 底
七子饼茶	块	357	圆饼形，直径 20±0.5，中心厚 2.5，边厚 1.0	暗褐尚润，有毫	陈香显露	醇和滑润	深红明亮	红褐明亮，柔软
普洱砖茶	个	250	长方形 L×B×H 14×3×3.0 15×1×2.5	暗褐尚润，有毫	陈香显露	醇和	红亮	红褐尚亮，尚软
普洱小沱茶	个	4±1	碗臼形，边口直径 1.5×高 1.0	暗褐尚润	陈香纯正	醇和	红浓明亮	红褐尚亮，较软
普洱小果茶	个	3.0	长方形 L×B×H 0.8×2.0×1.2	暗褐尚润	陈香纯正	醇和	深红明亮	红褐尚亮，较软
普洱小圆饼	个	100	圆饼形，直径 10±5×高 1.2	暗褐尚润	陈香纯正	醇和	深红明亮	红褐明亮，柔软

（二）加工技术

云南晒青毛茶分杀青、揉捻、干燥（晒干）3 道工序制成。属于绿茶类的晒青茶。

普洱茶是将云南晒青毛茶（又称滇青）经过堆积再发酵、干燥等再加工过程生产出的一种产品。其加工的基本程序是原料归堆、筛分、潮水发酵（渥堆）、翻堆、干燥、分筛、拣列、拼配、包装等工序。

1. 原料整理 晒青毛茶进厂后按级归堆付制。首先经筛分整理，“捞头”、“割脚”，有利于发酵均匀。

2. 渥堆 是普洱茶的关键工序。毛茶一般含水量为 9%～12%，必须增加茶坯的含水量。而发酵需要茶坯的含水量高低又受叶质老嫩、气温高低、空气湿度、季节等制约，这些都是潮水时须注意的因素。潮水后茶坯约 10 吨为一堆，堆高 1～1.5 米，堆上盖湿布保湿保温，有利于发酵的进行。

3. 翻堆 翻堆的目的是使发酵均匀。成堆后的第二天就要翻堆，若原潮水不足，第二天翻堆时就要补水。茶坯温度不能低于 40℃和高于 65℃。40℃以下不能起到发酵的效果；高于 65℃则容易烧心，叶底不开展。一般翻堆 5～8 次。

4. 干燥 发酵（渥堆）工序完成后，必须进行干燥。干燥是采用室内发酵堆开沟进行通风的自然干燥。当茶叶水含量 20%左右时，每隔 3～5 天开沟 1

次，纵横方向交叉开沟。当含水量为14%时，再行筛分、拣列，按等级品质拼合包装出厂。

各级晒青茶经渥堆工艺制成相应级别的普洱茶后，再按各种成品茶的品质进行拼选、筛分切细、蒸茶、压制、干燥、包装出厂。

普洱茶的紧压茶材料茶坯含水量为15%，成品计量水分为10%，保质含水量9%～12%，必须认真按公式称准重量，并保证蒸压过程的品质。普洱茶的传统干燥法是置晾干架上，让其自然失水，一般长达5～8天。现改加温干燥，以缩短干燥时间。

五、广西黑茶加工

广西六堡茶是该省特产，属黑茶类，因出产在苍梧县六堡乡而得名。邻县岭溪、贺县、横县、昭平、玉林、临桂、兴安等地亦有生产，集中在梧州茶厂及横县茶厂统一加工踩篓。主销本自治区及广东省和港澳地区，外销东南亚各国。

（一）品质特征

广西六堡茶色泽黑润光泽，汤色红浓，香气醇陈，滋味甘醇爽口，叶底呈古铜褐色，带有松烟香和特殊的槟榔味。

（二）加工技术

六堡茶的初制程序与技术基本与湖南黑茶的相同，但鲜叶采摘标准稍高，一级茶1芽2～3叶为主，略高半个级。初制程序为杀青、揉捻、渥堆、复揉、干燥（同样采用松柴旺火烘焙），较湖南黑茶只是某些技术方法上有些区别。

1. 加工　毛茶加工为六堡茶成品分为5级，均采用单级付制，分级收回方式。由于六堡茶要求条索粗壮，在毛茶加工中应尽量避免条索断碎。加工程序为筛分拣列、分级拼配、初蒸渥堆、复蒸包装、晾置陈化5道工序。其中初蒸渥堆是将按质拼配好的半成品，根据其干度加水湿润，然后输入蒸茶机中汽蒸1～1.5分钟，蒸后稍事摊晾，叶温为80℃时进行渥堆。一至三级堆高65～80厘米，四至五级堆高1米左右；堆宽为1～1.3米。堆要压实，渥堆时紧闭门窗，中间翻动1次，待茶坯色泽转为红褐色发出陈香为适度。

2. 复蒸包装　六堡茶为篓装。根据重量其规格为30～50千克不等。渥堆好的在制品分3层装压，加盖缝合，即为待干成品。六堡茶最后一道工序是晾置陈化。复蒸包装的茶篓茶的温度较高，须放置通风凉爽的地方，降低篓温，一般5～7天后进仓堆放，经半年时间的陈放，汤色变得红浓，产生陈香味，使六堡茶具有“红、浓、醇、陈”的品质特点。销区希望仓贮时间久，所以有“越陈越香”的说法。

思考题

1. 何谓黑茶？黑茶的特有工序是什么？
2. 如何理解黑茶的品质是在“马背上”形成的？
3. 请列举我国黑茶有哪些品种花色？各产在何地？
4. 何谓“南路边茶”和“西路边茶”？其工艺品质有何区别？

第四章　黑茶审评

黑茶是我国特有的茶类，也是6大茶类中数量仅次于绿茶与红茶的第三大茶类。学好黑茶审评对于各级评茶师来说是十分重要的。现就黑茶审评的一些共同性技术予以介绍。

第一节　外形审评

散茶与篓装茶的外形审评主要是审评条索(嫩度)、色泽、整碎、净度4因子，紧压茶加评形态因子。

我国黑茶中的砖茶，又分里茶和面茶，面茶又有洒面和洒底的区别；也有不分里茶面茶的。

分里茶面茶的如青砖、康砖、紧茶、圆茶、饼茶、沱茶等，要评整块外形的匀整度、松紧度和洒面3个因子。匀整度看形态是否端正，棱角是否分明，压模纹理是否清晰；松紧度看砖的厚薄是否均匀，有无斧头砖、凹凸砖，大小是否一致，松紧是否适度；洒面看是否包心(里茶)外露，有无起层脱面，洒面洒底是否均匀。

不分里茶面茶的黑砖、花砖、茯砖、金尖等，外形要审评匀整、松紧、嫩度、色泽、净度等项因子；压制成篓、成包的湘尖、六堡茶，外形审评梗叶老嫩及色泽。匀整审评：要求形态端正，棱角整齐，模纹清晰，有无起层脱面，松紧厚度大小一致；嫩度审评：看梗叶老嫩；色泽审评：油黑光润程度；净度审评：看老梗筋杂含量，梗长超过3厘米的不能多于5%，是否有茶籽、果壳，有无非茶类夹杂物。条索审评：看松紧、卷折，嫩度高的散茶看条索紧卷程度、粗茶亦呈折叠条，不能有单张无卷折的老叶。茯砖要加评发花情况，要求金花(冠突散囊菌)量多、粒大，普遍茂盛。

黑砖、花砖、青砖等蒸压越紧越好，茯砖、饼茶、沱茶要求施压松紧适度。外形色泽黑砖、花砖、青砖、饼茶要求黑褐油润，茯砖要求黄褐，康砖要求棕褐，金尖要求猪肝色，紧茶要求乌黑油润，普洱散茶要求褐红，六堡茶、湘尖均要求黑润色泽，南路与西路边茶要求棕褐红。

砖形茶的外形审评，还要检验外形规格重量等项目，按标准称其净重及检验长、宽、高是否符合标准要求。

砖茶捏碎后，评审原料拼配情况，注意有无粉末过多、集中成团或有无烧心、霉变的情况。茯砖中除有金花表示品质好的冠突散囊菌外，不允许白霉、黑霉、青霉、红霉等出现。茯砖开砖后，闻其干香具有菌花香者为佳品。

第二节　内质审评

一、审评方法

黑茶的内质审评，将砖(饼)形的紧压茶敲破、捏碎均匀，称取 3 克，用 150 毫升沸水冲泡 5 分钟后开汤审评，审评香气、滋味、汤色、叶底 4 项因子。写出评语，记好评分。

二、审评内容

(一)香　气

砖茶及篓装散茶均具陈香。因黑茶经过渥堆发酵堆积没有绿茶清香；又因原料较粗老，工艺特殊，没有红茶、青茶的甜香花香。黑茶的陈香不应有陈霉气味，六堡茶、方包茶应具松烟香。

(二)滋　味

黑茶滋味主要是醇而不涩。普洱茶滋味醇浓，康砖茶醇厚，其他茶醇和、纯正，六堡茶具槟榔香味，湖南天尖醇厚，贡尖醇和，黑砖醇和微涩。

(三)汤　色

黑茶类的汤色评色度、亮度、清浊度。黑茶汤色以橙黄或橙红为佳。普洱茶呈橙红色，琥珀汤色；普洱沱茶、七子饼茶等呈深红色。普洱紧茶呈红浓色；普洱散茶高级茶呈橙红色，中低级茶要求红亮。湖南“三尖”汤色橙黄，“三砖”、茯砖要求橙红，花砖、黑砖要求橙黄带红为主。六堡茶要求汤色红浓。康砖要求红黄色，青砖要求黄红色。汤色要求明亮，忌浊；汤浊者香味不纯正或馊或酸，多视为劣变。

(四)叶　底

黑茶除篓装茶叶底黄褐及普洱茶叶底红褐亮匀较软外，其他砖茶的叶底一般黑褐较粗。这主要是长时间在微生物活动或高温高湿的环境下酿成的。黑毛茶叶底还要察看有无“丝瓜瓤”。“丝瓜瓤”的表现是叶肉与叶脉分离，很像留种丝瓜的瓤子，这是渥堆过度的结果。嫩茶叶底泥滑是渥堆过度所致。

经过外形、内质审评，依照各茶的品质标准，正确判断黑茶品质优次。

第三节　黑茶审评术语

黑茶的感官审评有其特定或常用的术语，特选录如下。

一、干茶形状评语

泥鳅条：紧、卷、圆、直的茶条，形如泥鳅。
折叠条：呈折叠条状。
全白梗：梗子半红半白，较白梗老。
红梗：已木质化的梗子。
丝瓜瓤：渥堆过度，复揉中叶脉与叶肉已分离。
红叶：叶色暗红无光。
铁板色：色乌暗呆滞不活。
端正：砖身形态完整、砖面平整、棱角分明。
纹理清晰：砖面花纹、商标、文字等标记清晰。
紧密适合：压制松紧适度。
起层脱面：面茶脱落，里茶翘起。
包心外露：里茶暴露于砖面。
黄花茂盛：茯砖茶中金花(冠突散囊菌)粒大量多，是品质好的表现。
缺口：砖面、饼面及边缘有残缺现象。
龟裂：砖面有裂缝。
烧心：砖(沱、饼)中心部分发黑发红。
断甑：如金尖中间断开不成整块。

二、干茶色泽评语

乌黑：乌黑油润。
猪肝色：红带褐。金尖色泽。
黑褐：褐中泛黑。黑砖色泽。
青褐：褐中带青。青砖色泽。
棕褐：褐中带棕。康砖色泽。
黄褐：褐中显黄。茯砖色泽。
褐黑：黑中泛褐。特制茯砖色泽。
青黄：黄中带青。新茯砖多为此色。

铁黑:色黑似铁。为湘尖的正常色泽。

半筒黄:色泽花杂,叶尖黑色,柄端黄黑色。

红褐:褐中带红。普洱茶色泽。

三、汤色评语

橙黄:黄中显橙。

橙红:红中显橙。

深红:红而无光亮。

暗红:红而深暗。

棕红:红而显棕。

棕黄:黄中带棕。

黄明:黄而明亮。

黑褐:褐带暗黑。

棕褐:褐带棕色。

红褐:褐中显红。

四、香气评语

陈香:香有陈气,无霉气。

松烟香:松柴熏焙的气味。湖南黑茶、六堡茶有此香气。

馊酸气:渥堆过度的气味。

霉气:除金花外,其他有白霉、黑霉、青霉等杂霉的砖。有霉气是劣变茶气味。

烟气:一般黑茶为劣变气味,而方包茶略带些烟味尚属正常。

菌花香:茯砖茶金花茂盛的砖具有的香气。

五、滋味评语

醇和:味醇而不涩、不苦。

醇厚:味醇较丰满,茶汤水浸出物较高。

醇浓:有较高浓度,但不强烈。

槟榔味:六堡茶的特有滋味。

陈醇:有陈香味,醇和可口。普洱茶滋味。

六、叶底评语

硬杂:叶质粗老、多梗,色泽花杂。

薄硬:质薄而硬。

青褐:褐中泛青。

黄褐:褐中泛黄。

黄黑:黑中泛黄。

红褐:褐中泛红。

泥滑:嫩叶组织糜烂。渥堆过度所致。

丝瓜瓤:老叶叶肉糜烂,只剩叶脉。渥堆过度所致。

思考题

1. 何谓黑茶的陈香味?陈香味与霉气味的区别在哪里?
2. 如何体会黑茶的馊酸滋味?
3. 黑茶是不是越陈越香?为什么?
4. 黑茶湘尖、六堡茶、普洱散茶的标准汤色各自的特点是什么?

第五章　白茶加工与审评

白茶是我国特有茶类,虽然工序简单,但制好白茶也不容易。本章主要介绍白茶的制作工艺与审评技术。

第一节　白茶加工

白茶原产于福建。传统白茶制法特异,不炒不揉,成茶满披白毫,色泽银白灰绿,汤色清淡。白茶性清凉,退热降火、祛暑,有治病之功效。白茶外形美观素雅,尤以银针更为名贵,海外侨胞视为珍品,是特种外销茶类。白茶主销我国港澳地区,其次是新加坡、马来西亚、德国、荷兰、法国、瑞士等国,中东地区也有一定销量。

白茶为中国6大基本茶类之一。传统产品有白毫银针、白牡丹、贡眉、寿眉等,新工艺白茶为外销新制产品。

按花色品种分类,将白茶分为白毫银针、白牡丹、寿眉、贡眉和新白茶等。此为出口茶名称。

依茶树品种不同划分,大白即采用政和大白茶品种制成;水仙白即采用水仙品种制成;小白即采用菜茶品种制成。

依鲜叶嫩度不同划分,白毫银针即采用大白茶或水仙品种的肥芽制成;白牡丹即采用大白茶的1芽2叶初展嫩梢制成;贡眉即采用菜茶1芽2~3叶嫩梢制成;寿眉即采用制银针"抽针"时剥下的单片叶制成。白茶精制中的片茶按规格配制而成。

一、白毫银针加工

明代田艺衡《煮泉小品》(1554年)记载芽茶制法:"芽茶以火作者为次,生晒者为上"。后来闻龙在《茶笺》(1630年)中也引述芽茶制法以"生晒不炒不揉为佳",这与当今白毫银针制法十分相近。

白毫银针属芽形白茶。清嘉庆元年(1796年)创制于福建省福鼎县,系采自菜茶群体茶树的芽头制成的。1886年开始,改用大白茶肥壮芽头制银针,芽壮毫显,洁白如银。清光绪16年(1891年)已有出口,历销德国、法国、爱尔兰等国家。

白毫银针产于福建省福鼎县与政和县，由于地理位置不同，早时将福鼎所产的称北路银针，政和县产的称西路银针。两者在采制的茶树品种、采摘方法及加工技术上均略有不同。

(一)采摘要求

1. 品种选择　白毫银针系用肥芽制成。北路银针采自福鼎大白茶品种，西路银针选用政和大白茶。凡雨露水芽，风伤、虫蛀芽，开心、空心芽，病、弱、紫色芽，均不宜采用。

2. 采摘时间与新梢成熟度　每年于春季采制1次，其他季节不制银针。福鼎产区于3月底至4月初、当茶树新芽抽出时，留下鱼叶，摘下肥壮单芽付制。也有采1芽1叶置室内“剥针”的。政和产区于4月上、中旬新梢抽出1芽1叶至2叶初展时，将嫩梢采下，置室内阴凉通风处剥针。

剥针是一手持嫩梢基部，另一手将叶片轻轻剥下，余肥芽(带梗)，称鲜针，以付制银针。

(二)初制加工技术

初制工序分萎凋与干燥2道工序。现将福建产区制法介绍如下。

1. 北路银针制法　即福鼎制法。

将采下的肥芽薄摊于萎凋篾垫上，置阳光下暴晒1天，达八九成干，含水率12%～20%。剔除展开的青色芽叶后用文火焙至足干。烘焙用焙笼，于烘心盘上垫衬一层白纸，以防灼伤芽毫，确保成茶毫色银亮。每笼投鲜叶0.25千克，烘温40℃～50℃，约30分钟可烘至足干。此为传统制法，做工精细。现有用烘箱或手拉式烘干机干燥的。

烘焙时应严格控制火温。温度过高、摊叶过厚，容易造成茶芽红变，香气不正；温度过低、湿度过大，毫芽变黑，品质劣变；火候过度，毫色发黄。上述种种，均有损于品质。

2. 西路银针制法　即政和制法。

将鲜针薄摊于水筛中，置通风处的萎凋架上萎凋，或在微弱阳光下摊晒。至七八成干、含水量20%～25%时，移至烈日下晒干，一般需2～3天才能完成。干燥有风的晴天，可采用先日光萎凋后风干的制法。于上午9时前或下午3时后，阳光不甚强烈，将鲜针置日光下晒2～3小时，然后移入室内进行自然萎凋，至八九成干时，再晒干或用文火烘干。晒干的茶香气较低，稍带青气。

3. 晒毛针制法　鲜叶采摘后，先晒后剥针，称“晒毛针”。

将采下的嫩梢，薄摊在微弱的阳光下。晒至八九成干时移入室内，剥去真叶和鱼叶，俗称“抽针”。然后再用文火焙干或晒干。

白毫银针品质优劣与采制时的气候关系极大。以晴天，尤其是凉爽干燥的气候所制的银针品质最佳。

(三)毛银针加工技术

毛银针加工技术程序主要有筛分、拣剔、复火3道工序，而后装箱。

1. 筛分　先用6号或7号筛筛分。筛上为特级银针，芽针长大洁白；筛下稍逊，为一级银针。

2. 拣剔　银针拣剔要求精细，用手工摘去过长的嫩梗(俗称银针脚)，拣除各种变色芽、绽开芽及杂物，使外形匀净、整齐美观，内质一致。

3. 复火　复火是银针装箱前的重要技术措施。它既可使成茶达到贮运的水分要求，又可增加茶芽的热韧性，使装箱时不致断碎。复火温度80℃～85℃。烘时长短视付烘茶芽含水率而定，一般复火10～30分钟，中间翻烘1次，严防断碎。翻后用厚布盖面，使茶芽受热均匀，并保持适当水分，以备装箱。

4. 装箱　将复火适度的银针趁热由焙笼直接倒入茶箱。每倒数笼后，迅速垫上净布，用匀力稍加压实，注意切勿将茶芽压碎。每次操作，动作要轻快，一般不超过5分钟；否则，茶芽冷却变脆，加压时易断碎。

二、白牡丹加工

白牡丹属花朵形白茶，绿叶夹银白毫心，叶背垂卷，形似花朵而得名。1922年创制于福建省建阳县水吉镇。主产区分布在福鼎县、政和县、建阳县，台湾省也有生产。历销东南亚各国。

(一)采摘要求

1. 品种选择　白牡丹采用1芽2叶初展嫩梢制成。品种有政和大白、福鼎大毫、水仙以及本地菜茶等。

2. 采摘时间与新梢成熟度　白牡丹于4月上旬采制。闽东略早，于清明前后开采；闽北稍迟，于谷雨前开采。一年可采3季。

春茶嫩梢萌发整齐、叶质柔软、毫心肥壮、茸毛多而洁白，可制高级白牡丹；产品质量好，产量亦高。夏、秋季因嫩梢芽头瘦小，茸毛稀少，叶质较硬，产品身骨轻飘，汤浅味淡，带涩感，现多不制白茶，改制其他茶类。

白牡丹采摘标准为1芽2叶初展，低级白牡丹可采1芽2～3叶。鲜叶要求"三白"，即嫩芽及第一、二叶均密披白毫，芽叶连梗，完整无损。

白牡丹采摘要求分批、合理采摘。晴天多采，雨天不采，对夹叶及时采。嫩梢不带鱼叶、老叶、杂枝和非茶类杂物。

(二)加工技术

白牡丹加工流程为萎凋→并筛→干燥→拣剔→成品茶。此法特点是不炒不揉,初制只经萎凋、干燥2道工序。萎凋工序中兼有并筛,干燥后须立即拣剔,即成毛茶。

1. 萎　凋

(1)开青与摊青

①开青　当鲜叶进厂后即时开青。即在1米直径的水筛内,放置鲜叶0.25~0.3千克,用手转动水筛,使芽梢均匀摊于水筛内,互不重叠,俗称“开青”。开青后置架上萎凋,萎凋中不许翻动、手摸,以防芽叶因机械损伤而红变,或因重叠而变黑。

②摊青　鲜叶进厂后,严格分清等级,及时分别摊青。摊青后,根据气候条件和鲜叶等级,灵活选用室内自然萎凋、加温萎凋或复式萎凋。

(2)萎凋方式

①室内自然萎凋　这是白茶萎凋最常用的方法。尤其是阳光强烈天气或阴雨天,均以室内自然萎凋较容易控制。

萎凋室条件:要求宽敞卫生;无日光直射;既通风透气,又便于控制温、湿度;严防雨雾侵入。春季室温控制在20℃~25℃,空气相对湿度70%~80%;夏、秋季气温较高,室温控制在30℃~32℃,空气相对湿度70%左右。

萎凋时间控制:正常萎凋于36小时后进行第一次并筛,48小时后进行第二次并筛;萎凋总历时以45~60小时最适宜,不得少于36小时或多于72小时。否则前者带青气,滋味青涩;后者易转黑霉变,品质下降,甚至劣变。

②复式萎凋　即萎凋过程以日光萎凋与室内自然萎凋交替进行。一般早、晚日光不甚强烈时进行日光萎凋,视气温高低,晒10~30分钟移入室内自然萎凋,以降低叶温,延缓叶内物质化学反应进程。如此反复2~4次,待芽叶萎软、失去光泽后,在室内自然萎凋至适度。

③加温萎凋　鲜叶采摘后,遇阴雨连绵或低温高湿天气,须采用加温萎凋方式萎凋,以确保能及时萎凋。加温萎凋是在室内配置升温设施,设加热管道,室温控制在28℃~30℃,空气相对湿度以70%左右为宜。室内通风必须良好,切忌高温密闭,否则芽叶易红变。

④人工气候萎凋　白茶生产季节常遇低温多雨天气,采取人工气候配套设备,模拟白茶萎凋的最佳自然条件进行人工气候萎凋,是近年发展起来的最好的萎凋方式。福建省建阳地区茶叶公司设置的白茶萎凋人工气候设备是由KQF-7型自控去湿机、油式电热升温机、通风机、风幕机和920型茶青脱水机

等组成。在异常气候条件下，生产出优质白茶，品质可提高二等，工效提高 3 倍。

(3)并筛与堆放　正常的萎凋过程，叶色与叶态变化同步进行。叶色由鲜绿转青绿、黛绿、绿泛灰、泛微红、灰绿或铁灰。叶态由平展转波卷、显毫、翘尾、垂卷、定形。并筛是萎凋过程中的重要技术环节，有利于白茶色、香、味、形的形成。

室内自然萎凋和复式萎凋都需进行并筛。当萎凋叶青气减退、毫色发白、叶色转灰、叶尖翘起呈"翘尾"状、至七八成干时，即可进行并筛。

高级白牡丹并筛分 2 次进行。七成干时 2 筛并 1 筛，八成干时再 2 筛并 1 筛；小白并筛于八成干时 4 筛并 1 筛，并筛一次完成。并筛后将叶摊成凹形，厚 10 ~ 15 厘米，至九成干时进行干燥，历时 12 ~ 14 小时。

低级白茶采用堆放的方式。堆放时叶子含水量不低于 20%，否则内含物转化困难。堆放厚度为 10 ~ 30 厘米，视萎凋叶含水多寡、气温高低而灵活掌握。含水量多、气温高时，堆放宜薄；反之则稍厚。

并筛与堆放可促进叶缘垂卷，内含物进一步转化，叶脉泛红，并促使梗脉水分重新分布。待毫色银白、叶已转色呈灰绿或铁灰，即可上烘干燥。

2. 干燥　干燥是白茶品质固定阶段，它对固定品质、提高香气有重要作用，并使达到一定的含水率要求。适度萎凋叶应及时上烘，以防变色变质。高级白茶用焙笼烘焙，中低级白茶用烘干机烘焙。

(1)焙笼烘培　焙笼焙烘温度视萎凋叶含水率高低而定。萎凋叶达九成干时，烘温 70℃ ~ 80℃，每笼摊叶 0.75 千克，经 15 ~ 20 分钟可达足干。若萎凋叶七八成干，则先用明火(90℃ ~ 100℃)初烘，至九成干时下焙，再用暗火(70℃ ~ 80℃)复焙 10 ~ 15 分钟，可达足干。中间可翻动 2 ~ 3 次，动作要轻，以防芽、叶断碎及梗、叶脱离。

(2)机械烘焙　九成干的萎凋叶采用 80℃风温，摊叶厚 4 厘米，慢速烘焙，历时 20 分钟，一次干燥。六七成干的萎凋叶分 2 次干燥。初烘 100℃，历时 10 分钟；摊晾后以 80℃ ~ 90℃温度慢速复烘，可达足干。

3. 拣剔　白牡丹干燥后应立即拣剔。拣剔操作要轻，保持芽叶完整无损，使毛茶匀净美观。

高级白牡丹拣剔要求较高，应拣去蜡叶(鱼叶)、黄片、红张、老皮、枝梗和杂物；二、三级白牡丹应剔去梗片与杂物；低级白茶只剔除非茶类杂物。

三、新工艺白茶制法

新工艺白茶,简称"新白茶"。新白茶对鲜叶要求不甚严格,制法采用轻萎凋(相对传统白茶而言)、轻发酵、轻揉捻等工艺特点。外形卷缩,略带条形;内质滋味甘和,色、味趋浓,品质自成一格。

(一)采摘要求

新白茶鲜叶要求与白牡丹有所不同。新白茶采摘1芽2~3叶、幼嫩对夹叶及单片叶均可加工,原料来源较广泛。春季、夏季皆可采制。

(二)加工方法

新白茶加工流程为萎凋→揉捻→干燥→精制→成品茶。

1. 萎　凋

(1)*萎凋方法及萎凋程度*　新白茶萎凋与传统白茶相同。新白茶多采用室内自然萎凋。若遇阴雨等低温高湿天气,可采用萎凋槽萎凋。但常因翻动而损伤芽叶,使成茶带发酵味,品质不及自然萎凋好。新白茶萎凋程度较轻,室内自然萎凋历时24~48小时,萎凋槽萎凋历时8~10小时。至约七成干、叶色转灰绿、茸毛发白、叶缘微卷、手握叶有触感、青气消失、有带甜的萎凋香即为萎凋适度。

(2)*堆放*　将萎凋适度叶平铺于干燥洁净场地上,堆厚15~30厘米,历时2~4小时。低温干燥天气,堆叶稍厚,时间稍长;萎凋叶含水率高,或高温高湿天气,堆叶较薄,时间较短。

堆放是新白茶内质形成的关键,必须根据萎凋叶含水量与气候条件,严格控制堆放厚度与时间。切忌发酵过度,否则芽叶红变,品质下降甚至劣变。堆放可促使叶温适度提高,保持一定湿度,促进叶内酶的活化,有利于叶内物质转化,并使梗、叶水分重新分布,叶质转柔软,为揉捻提供条件。

2. 揉捻　揉捻是新白茶区别于传统白茶的特有工序,是形成新白茶的褶条外形及色、味趋浓的重要工序。新白茶揉捻以轻压、短时为特点。嫩度好的不压(即桶盖放至揉桶内的叶面上)或稍加压,揉叶3~5分钟;中档叶轻压,揉叶5~10分钟;低档叶稍重压,揉叶10~20分钟。至叶片卷缩、略呈褶条形即可下机烘培。由于揉捻中叶细胞组织轻度损伤,使汤色、滋味趋浓。

3. 干燥　新白茶采用高温、薄层、快速烘焙,以便及时制止酶的活性、固定品质、显露白毫。烘干机烘温100℃~105℃,烘焙10分钟下机即为毛茶。

4. 精制　新白茶毛茶必须精制,经筛分与风选。正口茶经拣剔后出1号茶待拼;二至四口茶经复揉改造,过平圆机7孔、9孔、11孔筛,分别风选后出5

号茶、重片、轻片；11 孔筛以下再经 20 孔、30 孔、40 孔平圆筛后，分别过风选一口茶经处理，去除细砂石后待拼。二、三口茶为副茶，40 孔筛以下为茶灰。

第二节　白茶审评

一、白茶品质特征

（一）白毫银针

白毫银针外形芽针肥壮，满披白毫，色泽银亮。内质香气清鲜，毫味鲜甜，滋味鲜爽微甜；汤色清澈晶亮，呈浅杏黄色。白毫银针富含氨基酸，尤以茶氨酸最为突出。

在福建，因产区不同，品质略有差异。产于福鼎的北路银针芽头肥嫩，茸毛疏松，呈银白色，滋味清鲜；产于政和的西路银针，芽壮毫显，呈银灰色，滋味浓厚。

同一产区，则随采制时间不同，品质也有较大差异。如福鼎产区，于清明前采制的，芽头肥壮，身骨重实，茸毛显松，色白如银；于清明后采制的，芽头扁瘪，身骨较虚，茸毛伏贴，色略灰白。

白毫银针的感官品质要求参见表 4-5-1，此为参考件。

表 4-5-1　白毫银针的感官品质要求

级别	项目							
	外形				内质			
	条索	色泽	整碎	净度	香气	滋味	汤色	叶底
特级	肥壮挺直，毫密	银白闪亮	整齐	洁净	清高持久	清鲜嫩爽	淡绿清亮	幼嫩，肥软，匀亮
一级	圆浑，壮直毫显	鲜白匀亮	匀整	尚洁净	清纯持久	鲜醇爽口	浅黄明亮	嫩黄，柔软，亮整
二级	圆直紧实，毫长	灰白黄亮	匀齐	匀净	鲜纯浓郁	浓醇温润	泛黄尚亮	黄嫩，松软，尚整

（二）白牡丹

外形自然舒展，二叶抱芯，色泽灰绿，毫香显。内质滋味鲜醇；汤色橙黄清澈明亮；叶底芽叶成朵，肥嫩匀整。

因鲜叶采自不同品种的茶树，成品茶有大白、小白、水仙白之分，品质也有差异。

大白叶张肥嫩，毫心壮实，茸毛洁白，叶尖上翘，叶面波状隆起，梗及叶脉微红，色泽黛绿，毫香高长，汤色橙黄清澈，香味清鲜甜醇。

小白叶张细嫩，舒展平伏，毫心细秀，色泽灰绿，毫香鲜纯，汤色杏黄清明，滋味醇和爽口。

水仙白叶张肥厚，毫芽长壮，茸毛犷密，色泽灰绿微带黄红，毫香浓显，汤色黄亮明净，香味清芳甜厚。多用作拼配其他白茶，以提高香气与滋味。

白牡丹的感官品质要求参见表 4-5-2。

表 4-5-2　白牡丹的感官品质要求

项目		级别			
		特级	一级	二级	三级
外形	嫩度	毫心多、显壮，叶张细嫩	毫心显，叶张细嫩	有毫心，稍瘦，叶张尚嫩	少数瘦毫心，有部分芽尖，叶张稍粗
	色泽	叶面灰绿或翠绿，色调和，毫心银白，叶背有白茸毛	灰绿，暗绿尚调和，部分嫩叶背有白茸毛，毫心银白，有嫩绿叶片、铁板片	灰绿欠匀，有黄绿及暗红片	黄绿夹红或枯绿暗杂
	形状	芽叶连枝，匀整，破张少	芽叶连枝，尚匀整，有破张	部分芽叶连枝，破张稍多，尚匀整	部分芽尖连 1 叶，破张多，叶张平展或稍折皱，粗飘
	净度	无蜡叶、籽及老梗	无蜡叶、籽及老梗	无蜡叶、籽及老梗，有少数嫩绿片和轻片	无蜡叶、籽及老梗，有破张及小型老叶、泛红叶、嫩绿片、小黄片
内质	香气	鲜嫩纯爽，毫香显	鲜嫩纯爽，有毫香	鲜纯正，略有毫香	纯正或微粗或带青气
	汤色	清澈，橙黄	清澈，黄	深黄，尚清澈	深红或微红
	滋味	清甜醇爽，浓厚，毫味足	尚清甜，醇爽，有毫味	醇厚	浓稍粗或稍粗淡
	叶底	毫心多，肥壮，叶张软嫩，芽叶连枝，叶张完整、色黄绿，叶梗叶脉微红明亮	毫心稍多，叶张软嫩尚完整，有破张，叶张微红，尚明亮	稍有毫心，叶张尚软，叶色稍红，有破张	叶张尚软，破张多，叶色稍红或显黄

(三)贡 眉

贡眉,以菜茶为原料,采1芽2~3叶,品质次于白牡丹。菜茶的芽瘦小,要求原料必须符合产品的规格,含有嫩芽、壮芽。鲜叶原料不能带有对夹叶。贡眉的各级品质要求见表4-5-3。

表4-5-3 贡眉的各级品质要求

项目		级别			
		特级	一级	二级	三级
外形	嫩度	毫针多,叶张细嫩	有部分毫针,显瘦,叶张细嫩	稍有芽尖,叶张尚细嫩	叶张尚嫩,有少数芽尖
	色泽	灰绿或墨绿色调和,毫针银白色,部分叶背有茸毛	灰绿、暗绿尚润和,毫针尚银白	暗绿,黄绿泛红、混杂	黄绿、泛红、混杂
	形状	芽叶连枝,匀整,破张少	芽叶尚连枝,有破张,尚匀整	部分芽尖连1叶,破张稍多,尚匀整	破张多,轻飘,平展,尚匀整
	净度	无蜡叶、籽及老梗	无蜡叶、籽及老梗,有嫩绿片、铁板片	无蜡叶、籽及老梗,有小黄片、嫩绿片、铁板片等	无蜡叶、籽及老梗,有小黄片、小蜡叶、泛红叶
内质	香气	鲜嫩,纯爽,有毫香	鲜嫩,纯正有毫香	鲜浓,稍有毫香	稍粗
	汤色	清澈,橙黄	黄,清澈	深黄或微红	深黄或泛红
	滋味	清甜,醇爽	稍清甜、醇厚	浓尚醇	浓稍粗或稍淡
	叶底	有毫针,叶色软嫩,匀整,色灰绿匀亮	稍有毫针,叶色软嫩,尚匀整,色灰绿,带红张,稍匀亮	叶张稍软,嫩有破张,色黄绿、暗绿或带泛红张	叶张尚嫩,断张破张多,有暗绿叶或泛红叶

(四)新白茶

外形卷缩,略带条形,色泽灰绿泛褐,尚匀整。内质香气纯正稍浓,有毫香,滋味甘和;汤色深橙黄明亮;叶底嫩软,色泽灰绿微黄有泛红。

(五)雪 芽

雪芽外形白毫厚披,毫色洁白银亮,芽体肥壮,叶面翠绿或灰绿,叶缘垂卷,芽叶连梗伸展,嫩叶抱壮芽,形态自然。内质香气清鲜,毫香浓爽,滋味鲜醇甘甜;汤色清亮明净,淡杏黄色;叶底肥软匀亮,脉微红,耐冲泡。雪芽选用特早芽种福云6号、早芽种福鼎大毫、中芽种福云20号等富含白毫的优良品种。以1芽1叶初展、肥壮多毫为原料。因此在风味上与白牡丹有所不同。

(六)仙台白茶

仙台白茶选用上饶大面白品种。大面白原产江西上沪洪水源一带,这里属武夷山脉,有"八仙台"之称,所产的白茶取名"仙台大白"。其品质特征为外形芽叶肥壮,密披白毫,色泽银白晶莹、熠熠有光;叶面灰绿,叶缘隆起背卷,芽叶连梗,完整无缺。内质香气清鲜高长;茶汤莹亮,富含氨基酸,滋味鲜醇回甜;叶底肥嫩,梗脉微红。

二、白茶审评技术

(一)白茶审评技术规程

1. 审评依据　按中华人民共和国出入境检验检疫行业标准,SN/T 0917—2000 进出口茶叶品质感官审评方法审评。审评用具与操作步骤同红茶、绿茶、花茶。

2. 品质审评因子　对照标准样或成交样茶,按照下列规定评比茶叶的外形、内质各项因子。

(1)外形　评比叶态、嫩度、色泽和净度等。其中叶态、色泽和嫩度是白茶的重点审评因子。

(2)内质　评比香气、滋味、汤色和叶底等。

(二)白茶审评技术要点

1. 白茶外形审评

(1)白毫银针　分清产区、原料品种等。以福鼎大白茶为原料生产的白毫银针称为北路白毫银针(以福鼎产区为代表),以政和大白茶为原料生产的白毫银针称为西路白毫银针(以政和产区为代表)。白毫银针茶外形品质以毫心肥壮、银白闪亮为上,以芽瘦小而短、色灰为次。

(2)白牡丹　分清品种,如大白、水仙白、小白等。白牡丹以适制白茶茶树品种的1芽2叶初展鲜叶为原料加工而成。白牡丹外形品质以叶张肥嫩、叶态伸展、芽与叶连枝、毫心肥壮、色泽灰绿、毫色银白为上,以叶张瘦薄、色灰为次。

(3)贡眉和寿眉　以小菜茶、福鼎大白茶或大毫茶的嫩叶为原料,经传统工艺加工而成。优质贡眉和寿眉叶张肥嫩、芽与叶连枝、夹带毫芽。

(4)新白茶　采用福鼎大白茶、福鼎大毫茶鲜叶为原料制作而成。新白茶外形品质以条索粗松带卷、色泽褐绿为上,以无芽、色泽棕褐为次。

2. 白茶内质审评

(1)香气　香气以毫香浓郁、清鲜纯正为上,以淡薄、生青气、发霉失鲜、有红茶发酵气为差。

(2)滋味　滋味以鲜美、醇爽、清甜为上,以粗涩淡薄为差。

(3)汤色　汤色以清澈、淡绿、橙黄明亮或浅杏黄色为好,以红、暗、浊为劣。

(4)叶底　白茶叶底的嫩度和色泽作为内质重要因子加以评定。叶底嫩度以匀整、毫芽多为上,以带硬梗、叶张破碎、粗老为次;色泽以鲜亮为好,以花杂、暗红、焦红边为差。

(三)白茶常用评语

1. 干茶外形评语

毫心肥壮:芽肥嫩壮大,茸毛多。

茸毛洁白:茸毛多,洁白而富有光泽。

芽叶连枝:芽叶相连成朵。

叶缘垂卷:叶面隆起,叶缘向叶背卷起。

舒展:芽叶柔嫩,叶态平伏伸展。

皱折:叶张不平展,有皱折痕。

弯曲:叶张不平展、不服帖,带弯曲。

破张:叶张破碎。

蜡片:表面形成蜡质的老片。

2. 干茶色泽评语

银芽绿叶、白底绿面:指毫心和叶背银白茸毛显露,叶面为灰绿色。

墨绿:深绿泛乌,少光泽。

灰绿:绿中带灰。属白茶正常色泽。

暗绿:叶色深绿,暗无光泽。

黄绿:呈草绿色。非白茶正常色泽。

铁板色:深红而暗似铁锈色,无光泽。

3. 汤色评语

杏黄:浅黄明亮。

橙黄:黄中微泛红。

浅橙黄:橙色稍浅。

深黄:黄色较深。

浅黄:黄色较浅。

黄亮:黄而清澈明亮。

暗黄:黄较深暗。

微红：色泛红。

4. 香气评语

嫩爽：鲜嫩、活泼、爽快的嫩茶香气。

毫香：白毫显露的嫩芽所具有的香气。

清鲜：清高鲜爽。

鲜纯：新鲜纯正，有毫香。

酵气：白茶萎凋过度，带发酵气味。

青臭气：白茶萎凋不足或火功不够，有青草气。

5. 滋味评语

清甜：入口感觉清鲜爽快，有甜味。

醇爽：醇而鲜爽，毫味足。

醇厚：醇而甘厚，毫味不显。

青味：茶味淡而青草味重。

6. 叶底评语

肥嫩：芽头肥壮，叶张柔软、厚实。

红张：萎凋过度，叶张红变。

暗张：色暗黑，多为雨天制茶形成死青。

暗杂：叶色暗而花杂。

(四)常见品质缺陷成因分析

1. 红叶多或变黑　开青后置架上萎凋，萎凋过程翻动过多、过重、手摸，以致芽叶因机械损伤而红变，或因重叠而变黑。

2. 滋味青涩　多见于萎凋时间不足，或速度偏快。

3. 黑霉现象　多见于阴雨天、萎凋时间过长，或低温长时堆放、干燥不及时等。

4. 色泽花杂、橘红　在复式萎凋中处理不当，毛茶常出现色泽花杂、橘红等缺点。

5. 毫色黄　与干燥温度偏高有关。

6. 破张多，欠匀整　与干燥水分控制不当、干燥后装箱不及时有关，操作时缺少轻取轻放的良好规范。

7. 色青绿香味青　常见于温度过高、失水速度快、萎凋不足。

8. 叶态平展　并筛不及时，或并筛时操作粗放。

9. 蜡叶老梗　多见于采摘粗放，夹带不合格的原料。

10. 毫香不足　外观有毫但毫香不足。多见于烘温控制不当。

思考题

1. 简述白毫银针的采制技术要点与品质特征。
2. 福建白茶的主要花色品种和品质要求是什么？
3. 简述白茶的品质形成原理。

第六章　黄茶加工与审评

黄茶是指初加工时经过一道"闷黄"工序所制的茶类。它具有"黄叶黄汤"的基本品质特征,既不似绿茶的清醇甘爽,又不似红茶的甜和浓强。黄茶是以醇和厚味、火功旺重给消费者一种朴实无华的感受。黄茶包容性强,老嫩相差甚大。嫩者,单芽名贵;老者,叶大梗粗,亦是部分消费者杯中之宝。本章就各种黄茶的起源、加工及感官审评方法介绍如下。

第一节　黄茶加工历史与分类

一、黄茶加工历史

"黄茶"两字的出现原是指那些黄色新梢所做的茶叶色泽淡黄,被称之黄茶,实为绿茶。如唐代的安徽贡茶"寿州黄芽"。此外,绿茶加工不当或杀青过度,闷黄过多或烘焙不及时,都能使毛茶色黄。宋代苏辙(约于1094年)在《论蜀茶五害》中写有"园户例收晚茶,谓之秋老黄茶。"这是历史上第一次出现"黄茶"的记载。茶老色黄也不是现今的黄茶。许次纾(1549～1604)《茶疏》中云:"江南地暖,故独宜茶,大江南北,则移六安,然六安及其县名,其实产霍山之大蜀山地。顾此山中不善制造,就食铛薪炒焙,未及出,业已焦枯。兼以造巨笥趁热便贮,虽有绿枝紫笋,辙变萎黄,供仅下食,奚堪品斗。"这是把绿茶做黄了。至于今日所称具有"闷黄"工序的黄茶起于何时,尚无定论。

黄茶起源,可能受绿茶的启示,杀青中或杀青后专设一道闷黄过程,创造出一种较绿茶色、香、味全新的茶类,具有黄叶黄汤、栗香厚味的特点。

二、黄茶分类

黄茶按鲜叶的嫩度分类应分为黄芽茶、黄小茶和黄大茶3类(图4-6-1)。

黄茶也有按闷黄工序的先后分为杀青后闷黄、揉捻后闷黄和毛火后闷黄3类(图4-6-2)。

此外还有按毛尖形状分类的,如针形(君山银针)、雀舌形(霍山黄芽)、卷曲形(鹿苑毛尖)、扁直形(蒙顶黄芽)、尖形(沩山毛尖)、条形(北港毛尖)、钩形(黄大茶)等。

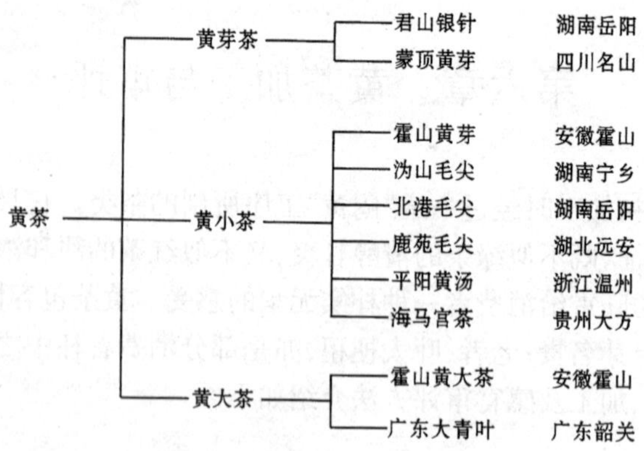

图 4-6-1　按鲜叶嫩度分类的黄茶

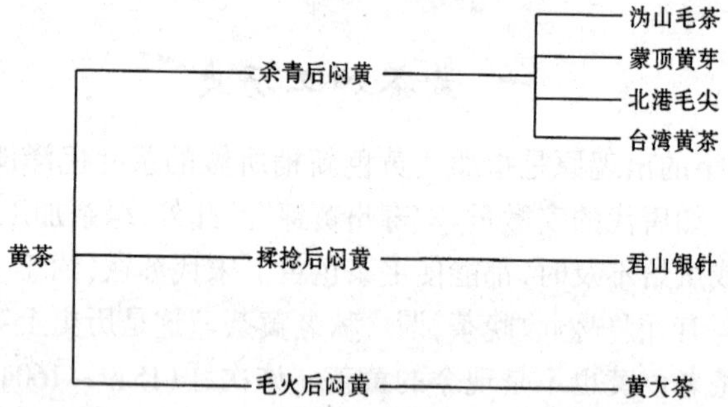

图 4-6-2　按闷黄工序先后分类的黄茶

目前无论从学科的科学分类和市场需求分类，相比而言以第一种分类(按鲜叶嫩度分类)方法相对简约明晰，较为合理。

第二节　黄茶的加工及品质

一、黄芽茶

黄芽茶是指采摘单芽制成的黄茶。黄芽茶茶芽肥壮多毫，加工精湛，品质超群，为黄茶之最，深受国内外消费者喜爱。黄芽茶有君山银针和蒙顶黄芽等品种。

(一)君山银针

君山银针产于湖南省岳阳市君山岛上。君山岛与岳阳相隔 15 公里水路，面积 0.96 平方公里。岛上环境非常独特。一是君山岛具有特殊的小气候条件。对君山岛唐代诗人雍陶有诗云："烟波不动影沉沉，碧色全无翠色深。疑是水仙梳洗处，一螺青黛镜中心。"君山岛四面环水，无高山深谷，太阳从早到晚都能照射全岛，日照时间比较长，年均日照量为 1 740 小时；年均气温温和，为 16.8℃；年均降水量为 1 340 毫米，空气湿度大，终年云雾蒸腾，年均空气相对湿度 84%。阳光中漫射光较多，空气温度变化较平缓，而地面昼夜温差大，这种小气候特别有利于茶树生长。二是地质条件优越。君山岛上土质主要为细小砂质土，肥沃深厚，土质疏松。盛夏季节，高温迫使茶树主根向纵深延伸，以便吸收土层深处的水分和养料，以至有些茶树主根长达 2 米多。三是岛上良好的生态环境。森林覆盖率达 90% 以上。由于树木荫蔽的谷地和坡地，冬季气温高，春季温度变幅小，全年光照弱、风速小、湿度大、云雾多，因而使茶树叶片栅栏组织厚度变小，海绵组织发达，角质层薄，叶片大，厚而柔软。所以君山茂密的森林是生产名茶的优势条件之一，独特环境孕育了君山银针。

1. 品质特征　君山银针外形芽头肥壮挺直，匀齐，满披茸毛，色泽金黄光亮，有"金镶玉"之称。内质香气清鲜；汤色杏黄明亮，滋味甜爽；叶底芽身肥软，色泽黄亮。冲泡君山银针应选用透明玻璃杯，冲水后芽尖冲向水面悬空竖直，继而徐徐下沉杯底；有的沉下的芽头又上浮水面，上上下下，俗称"三起三落"；个别芽头半展一叶，形成雀嘴，有时夹一白淅透明气泡，似"雀嘴含珠"；茶芽最后全立杯底，仿佛"群笋出土"，又若"金枪林立"。汤色茶影，交相辉映，极具欣赏价值。当今全国各地芽茶，"群笋出土、金枪林立"者均原于此茶。君山银针之所以具有如此独特的品质特点，与其采制和加工工艺是密不可分的。

2. 采制方法

(1)采摘标准及要求　君山银针系清明前后 10 天采摘单芽。君山银针对芽头要求严格，有"十不采"的规定：即开口芽、弯曲芽、空心芽、紫色芽、风伤芽、虫伤芽、病害芽、瘦弱芽、雨水芽和露水芽不采。要求芽长 25 ~ 30 毫米，宽 3 ~ 4 毫米，留 2 ~ 3 毫米的嫩茎。每千克银针需 4.5 万 ~ 5 万个鲜芽。采后稍事拣剔，除去不合格芽头即可付制。

(2)君山银针的手工工艺　工艺流程是杀青、摊晾、初烘、摊晾、初包、复烘、摊晾、复包、足火、拣剔分级 10 道工序，历时约 72 小时。君山银针的制茶工序中没有专门的摊放，其实这一工序在拣剔茶芽的过程中已经完成。

①杀青　采用 25°的斜锅，锅的口径为 60 厘米。杀青锅温为 120℃ ~ 125℃，每锅投叶量为 300 克。杀青应先将锅磨洗干净，涂上炒茶专用油，使锅光滑。然后加温，待温度适度时，投茶芽入锅，迅速翻炒，使其均匀受热，温度

升高，水分大量散失，再将锅温降至 110℃左右，翻炒 1～2 分钟，使芽蒂柔软、青气消失、发出茶香、减重 30%左右时，出锅摊晾。

②摊晾　杀青叶出锅后，放在小篾盘中，轻轻簸扬数次，散发热气，剔除断尖、碎片，摊晾 2～3 分钟，使茶坯水分分布均匀即可初烘。

③初烘与摊晾　摊晾后的茶芽，放置竹制小盘中（竹盘直径 46 厘米，内糊两层皮纸），放在焙灶（灶高 83 厘米，灶口直径 40 厘米）上，用炭火进行初烘，温度控制在 50℃～60℃，每隔 2～3 分钟翻动 1 次，烘至五六成干即可下灶。初烘温度要掌握适当，茶芽不能烘得过干或过湿。过干，初包转黄困难，叶色还呈青绿色，达不到香高色黄的要求；过湿，香气低闷，色泽发暗。下烘后摊放 2～3 分钟，进行初包。

④初包　初包是形成君山银针黄叶黄汤的关键工序。其目的是使茶坯在湿热作用下，叶绿素脱镁而成去镁叶绿素或脱植基叶绿素，色泽变黄；多酚类物质产生氧化聚合生成黄色的聚合物而减少了茶的涩味，转化为醇和滋味的物质。初包是将在制茶芽每 1～1.5 千克用双层皮纸包成一包，置无异味的木制或白铁皮箱中，放置 48 小时左右，待芽色金黄为适度。初包时茶叶不可过多或过少。过多，变化剧烈，茶芽色泽变褐变暗；过少，变色缓慢，芽呈黄绿色，达不到要求。由于茶芽在包内氧化放热，包温可能升至 30℃，此时要及时解包翻动，使其散热，再行包好。初包时间与气温高低有关。当室温 20℃时，初包约需 40 小时；室温 15℃时，约需 48 小时。

⑤复烘与摊晾　复烘的目的在于散失水分，固定品质。烘量比初烘量多 1 倍，温度掌握在 50℃，烘约 1 小时。每隔 10～15 分钟翻动 1 次，烘至七八成干下烘摊晾。

⑥复包　方法与初包相同。其作用是弥补初包时芽坯内含物转化的不足。时间为 20～24 小时，待芽色金黄、透有浓高的茶香为适度。

⑦足火　经复包的茶芽，君山银针的品质特征基本形成。为进一步求得保持水分、激发香气，最后以 50℃～55℃的低温进行足火，每次烘量一般为 0.5 千克左右，焙至含水量为 5%～6%。

⑧拣剔分级　加工完毕，按采制时期、芽头肥瘦及曲直、色泽的黄亮程度分级。茶芽肥壮挺直、色泽黄亮者为上，瘦弱弯曲、色暗者为次。剔除部分断尖、开口之芽，再分级包好，放置保质冷库贮存。无保质冷库者可放入大的生石灰缸中密封存放。

（二）蒙顶黄芽

蒙顶黄芽产于四川省名山县的蒙山，蒙山又称蒙顶山。蒙山属邛崃山脉的余脉，山体长10公里，宽不过4公里，跨名山县与雅安市之间。蒙山茶的历史悠久，秦汉时四川南安、武阳就为茶的产制中心，两地皆距蒙山很近，但蒙山最早有茶记载为唐代。唐宪宗八年(813年)《元和郡县志》有“严道县南十里有蒙山，今岁贡蜀之最。”唐代即流传“扬子江心水，蒙山顶上茶”之说。蒙山气候温和湿润，雨量充沛。年均气温13.4℃，1月份月均气温2.6℃，7月份月均气温23.3℃。年降水量2 000～2 200毫米。《九州志》载有“蒙山者，沐也。言雨露蒙沐，因此为名。”蒙山这种湿润、雨水充足的气候，加之土壤有机质丰富，氮、磷含量多的自然环境条件，十分有利于茶树生长。如今蒙山有甘露、黄芽、石花、万春银叶和玉叶长春等名茶，其中蒙顶黄芽属黄茶类，品质极佳。

1. 品质特征　蒙顶黄芽外形扁平挺直，嫩黄油润，金芽披毫。内质香气甜而浓郁；汤色黄亮，滋味甘醇；叶底嫩匀黄亮。

2. 采制方法

(1)鲜叶要求　蒙顶黄芽对芽叶要求十分严格。每年春分时节，茶园中的茶树有10%左右的芽头鳞片展开，即开园采摘。先采肥壮芽头制成特级黄芽，而后采1芽1叶初展鲜叶制成一级黄芽。采摘要求芽头肥壮、芽叶均匀，至清明后10天结束。要求不采紫色芽、瘦弱芽、病虫芽、空心芽。采下芽头，放入竹篮之中，采回及时摊放。每500克干茶约有芽头10 000个。

(2)加工技术　蒙顶黄芽加工工序分杀青、初包、复炒、复包、三炒、堆放、四炒、烘焙8道工序。摊放没有单独列入工序，其实在采回芽叶后立即摊放在阴凉通风干燥处，杀青前已经完成摊放工序。

①杀青　杀青锅口径为50厘米，锅底平滑。加温后，当锅温升至100℃时，涂白蜡擦匀磨光去烟。待锅温升至130℃～140℃时，投叶130～150克。先抖炒约1分钟，再辅以棕刷翻炒，出现清香后，将锅温下降到100℃左右，此时茶坯水分大量散失，改为单手翻炒半扬半闷，历时4～5分钟，至叶色变暗、茶香显露、芽叶含水量为55%～60%，出锅初包。

②初包　初包是黄芽变黄的关键工序。是将杀青叶趁热迅速用草纸包好，保持坯温55℃左右，放置60～80分钟。中途解开翻拌1次，使其变色均匀。待叶温下降到35℃左右、茶坯叶色由暗绿变成微黄时，进行复炒。

③复炒　复炒的目的在于散失部分水分，驱除部分初包中产生的闷气。复炒锅温80℃左右，采用抖、闷结合手法，并借手力把芽叶拉直、压扁，历时3～4分钟，到芽叶含水量45%左右即可出锅。此时叶温为50℃～55℃，进入复包工序。

④复包　复包的目的是继续使芽叶在适宜的温、湿度条件下变黄。方法

同初包。经 50～60 分钟，叶色变为黄绿色再行三炒。

⑤三炒 三炒的目的是除去部分水分，保持较高坯温，使其形成黄叶黄汤内质，同时整造外形。方法与复炒相同，锅温约 70℃，投叶量 100 克左右，炒时 3～4 分钟，炒至芽叶含水量为 30%～35%时出锅堆放。

⑥堆放 堆放的目的是使茶坯水分重新分布，使茶中的多酚类物质进一步氧化，完善黄叶黄汤的品质。将三炒叶趁热堆放 5～7 厘米厚，上盖草纸或湿布保湿保温 36～48 小时，再进行四炒。

⑦四炒 主要在于整理外形。四炒使用压扁手势，锅温 60℃～70℃，投叶量约为 100 克，先拉直茶条再压扁，当炒至七八成干、含水量为 20%左右时，改变手法，用单手握住茶芽，在锅中轻轻翻滚，叶温逐步上升，此时香气溢出，叶色绿黄油润显毫，当形状基本固定时出锅摊晾。如感茶色不黄，可再行堆放，直至色泽变黄即可烘焙。

⑧烘焙 采用焙笼烘焙。每笼投叶量为 250 克，40℃～50℃低温长焙，使其失水、增香，每隔 5 分钟翻焙 1 次。待水分含量至 5%左右时下焙摊晾、包装入库。

二、黄小茶

黄小茶是指以采摘 1 芽 1 叶至 1 芽 3 叶之间的鲜叶，按照黄茶加工工艺制成的黄茶，统称黄小茶。其中霍山黄芽、沩山毛尖、北港毛尖、远安鹿苑茶、平阳黄汤及海马宫茶等产量大、品质佳，是消费者心中质优价廉的黄茶。

（一）霍山黄芽

霍山黄芽生产年代久远，据当地考证已有 2 000 余年的历史。《霍山县志》记载："霍山黄芽之名已肇于西汉"。查清同治十一年《六安制志·物产》记有"《史记》称：寿春之山有黄芽焉，可煮而饮，久服得仙。"经考证，《史记》并未发现此记载。但李肇《国史补》中有："风俗贵茶，茶之名品亦众，……寿州有霍山黄芽"的记载，是为史料中"黄茶"之名的首现。此处所称的"霍山黄芽"，亦可能是鲜叶呈嫩黄色，按绿茶制法的黄茶。如今已按现代的黄茶闷黄工艺加工的霍山黄芽。

霍山黄芽产区都在大别山北麓，山峰绵延，重峦叠嶂。海拔 1 774 米的大别山主峰——白马尖就坐落在霍山境内。茶区水资源丰富，因三河一水（太阳河、漫水河、石羊河以及佛子岭水库）之润泽，故终日多雾。霍山黄芽产区年均气温 15℃，年降水量 1 400 毫米，土壤肥沃，环境宜茶。

1. 品质特征 外形条直微展，匀齐成朵，形似雀舌，色泽嫩绿微黄披毫。

内质香气清香持久,滋味鲜醇浓厚回甘;汤色嫩绿清澈;叶底微黄明亮。

2. 采制方法

(1)鲜叶采摘标准及要求

采摘要求:霍山黄芽分特一级、特二级、一级、二级、三级5个等级。其中特一级,1芽1叶初展≥90%;特二级,1芽1叶初展≥80%;一级,1芽1叶≥70%,1芽2叶≤30%;二级,1芽2叶≥50%;三级,1芽2叶≥40%。

鲜叶采摘必须严格按照要求采,分期分批采,采用提采法,杜绝切采,防止芽叶红蒂,影响质量。采摘时,要求芽叶形状、大小、色泽一致。高档茶要“四不采”,即:无芽不采、虫芽不采、霜冻芽不采、紫芽不采。

(2)霍山黄芽手工制作技术

霍山黄芽手工制作工艺流程:摊放→杀青(做形)→摊晾→初烘→闷黄→复烘→摊放→拣剔→复火等工序。

①摊放　鲜叶采回后要把鲜叶薄摊在团簸内,厚5厘米左右。晴天无露水叶摊放2～3小时,阴雨天鲜叶应摊放5小时,以散发青草气和表面水分,待芽叶发出清香即可付制。

②杀青(做形)　分生锅、熟锅。

生锅主要是起杀青作用。要求高温、快炒,锅温120℃～130℃。投叶前应在锅内涂上少许制茶专用油,用布擦拭锅面,使锅面保持润滑。待青烟消失,再投叶,每锅投叶量20～30克,以鲜叶下锅后有炒芝麻声为度。用特制的小芒花扫把将鲜叶在锅内呈三角形挑、拨、翻、炒,经2～3分钟,待鲜叶充分散发水分、直至叶质柔软转入熟锅。

熟锅主要是做形。锅温90℃左右,用小芒花扫把将杀青叶在锅内挑、拨、翻、炒,按同一方向运动,进行拨、抖结合。手要用暗力,炒至叶身皱缩、芽稍挺直、形似雀舌、发出清香、约五成干时为最佳出锅时机。

③摊晾　杀青叶下锅后应及时摊晾,时间15～20分钟,摊放厚度1厘米左右,待芽叶冷后回软即可上烘。

④初烘　用竹制烘笼烘焙。烘顶温度120℃左右,每烘笼投叶量2～4锅杀青叶,高温、勤翻、快烘,烘至茶叶稍有刺手感、六七成干时下烘。

⑤闷黄　闷黄是霍山黄芽品质形成的关键工序。初烘后的茶叶,趁热摊放于团簸内,厚度6厘米左右。面上覆盖八成干的棉布,放置8～10小时,直至叶色微黄、花香显露。然后剔去粗片,杂质。

⑥复烘　烘顶温度90℃左右,每烘笼投叶量为0.5～0.75千克,3～4分钟翻1次。翻烘动作要轻,时间15分钟左右,烘至九成干时下烘。

⑦摊放　摊放是黄芽品质形成的延伸。摊放时间 2～3 天，至干茶色泽嫩绿微黄披毫。

⑧拣剔　拣去飘叶、黄片、芒花毛及杂质等。

⑨复火　复火是黄芽香气高低的关键工序。烘顶温度 75℃左右，每烘笼投叶量 1.5～2 千克，每 4 分钟翻 1 次。随着茶叶干燥程度，逐渐减少翻烘时间。翻烘要轻、快、勤。烘至茶叶手捻成末、茶香浓郁、白毫显露时下烘，趁热装箱密封。

(二)沩山毛尖

沩山毛尖产于湖南省宁乡县西大沩山上的沩山乡，系湖南的历史名茶，属黄茶类的黄小茶。主销长沙、武汉、北京等地。

大沩山属雪峰山的余脉，海拔 300 米以上，主峰昆庐峰海拔 1 070 米，群山崇岭，峰奇峦突。然而一到沩山茶区却不见众山，因沩山乡是大沩山上的一个盆地，地势高峻，纵横各一二十公里，种茶面积数千亩(每亩 667 米^2)。在此有“千山万山朝沩山，人到沩山不见山”的感觉。清代周在武在《大沩山陵云》诗中作了如实的描述：“大沩十万丈，上与浮云齐，山势长不改，云飞复东西。云去山有风，云来山有雨。风雨无定期，云情竟如许。”正是处在高山之盆地，云雾特多，气候潮湿。沩山年降水量为 1 800～1 900 毫米，年均气温 15℃，绝对最高气温 35℃，全年日照 1 700 小时以下，空气相对湿度 80%以上。茶园土壤为花岗岩风化而成的黑色沙质壤土，土质肥沃，宜茶树生长，茶树新梢持嫩性强。

1. 品质特征　沩山毛尖外形微卷，呈自然朵状，形似兰花，身披白毫，色泽黄亮光润。内质汤色橙黄鲜亮，有栗香，并带枫球烟香，滋味醇甜爽口；叶底嫩匀黄亮，完整成朵，耐泡。

2. 采制技术

(1)鲜叶标准　沩山气候特殊，较平丘区迟半个季节。一般清明后 5～7 天，当芽叶伸展为 1 芽 2 叶时开采，采 1 芽 2 叶，留鱼叶。作特级毛尖原料，不采虫伤叶、雨水叶，鲜叶采回进行摊放，当天采，当天制。

(2)加工技术　在我国名茶制造中，熏烟本是“大忌”，但触犯这一大忌，有时反会充分发挥它的品质特点。沩山毛尖融黄茶的渥堆和小种红茶的熏烟于一体，可算独树一帜，别具一格。

①杀青　采用平锅杀青机杀青。平锅杀青锅温 150℃左右，每锅投叶量 2 千克左右。炒时要抖得高、扬得开，使水分迅速散发。后期锅温适当降低，炒至叶色暗绿、叶子黏手时即可出锅。

②闷黄 杀青叶出锅后,趁热堆积 10~16 厘米厚,上盖湿布,进行 6~8 小时的闷黄。中间翻动 1~2 次,使叶黄变均匀。待叶全部变为黄绿则散堆和匀揉捻。

③揉捻 手揉和机揉。要求轻揉捻,使叶缘微卷,保持芽叶完整。重揉则茶汁过多,色泽变乌。

④烘焙 在特制的烘灶上进行,燃料用松柴木炭文火烘焙。火温不宜太高,以 70℃~80℃为宜。每焙可烘茶 3 层,每层厚约 7 厘米。待第一层烘至七成干时再加第二层,第二层七成干时再加第三层。层次不宜再多(层次过多时,上层未至七成干下层早已烧焦)。待上层至七成干时,整烘翻动 1 次,把下层翻上来、上层的翻下去,再烘至足干下焙。

⑤拣剔 下烘后剔除单片、梗杂,使产品齐整划一。

⑥熏烟 熏烟是沩山毛尖特有工序。先在干茶上洒清水(茶、水比例为 10:1.5)使其湿润,然后上焙熏烟。燃料用枫球或新鲜黄藤。须用暗火烟熏,不可用明火烘烤,使毛尖茶吸取枫球烟香。一般熏焙 16~20 小时,烘至足干下焙。

(三)北港毛尖

北港毛尖产于湖南省岳阳县康王乡北港。唐代称为灉湖含膏或灉湖茶的即北港毛尖前身,是我国较早的茶品之一。早期的灉湖含膏属蒸青饼茶类,如今是按黄茶加工工艺制作而成的黄小茶。

岳阳县北港地处县南郊,与城西洞庭湖君山相隔 20 千米水路,即为南湖一带。此地生态条件与君山大体相似,多岗丘地,林木繁茂,水陆交错,气候温和,多雾湿润,雨量充沛,土质肥沃,最宜茶树生长。

1. 品质特征 北港毛尖外形紧结重实,毫尖显露,色泽金黄。内质香气高锐;汤色橙黄明亮,滋味醇厚回甘;叶底肥嫩,黄亮成朵。

2. 采制方法

(1)采摘标准及要求 清明后 5~6 天开采,采 1 芽 2 叶、1 芽 3 叶。晴天采,不采虫伤叶、不采紫色叶、不采鱼叶、不带蒂把,当天采,当天制。

(2)加工技术

①杀青 杀青锅温 200℃以上,每锅投叶 2 千克。抖炒 2~3 分钟后,锅温降至 100℃,再炒 10~12 分钟。待茶坯达含水量 55%,锅温降至 40℃时,即转入锅揉。

②锅揉 茶坯不出锅在锅中揉捻,并结合解块,以防止茶叶产生闷气。揉至茶呈条状时出锅“拍汗”。

③拍汗　所谓拍汗即将茶坯堆积于茶盘中，上盖棉套保温保湿进行闷渥，经30～40分钟，使茶叶变黄。

④复炒、复揉　经拍汗变黄的茶坯，在60℃～70℃的锅中翻炒，炒至条索紧卷、白毫显露，再出锅摊放。

⑤烘干　经摊放后的茶坯放入焙笼中烘焙，用80℃～90℃温度烘至足干。趁热装入箱中密封，促使叶色进一步变黄。

(四)鹿苑毛尖

鹿苑毛尖产于湖北省远安县云门山鹿苑寺一带，因寺而得名。远安县属鄂西地区，地处北纬30°53′～31°22′，东经110°14′～111°52′。鹿苑毛尖是湖北省名茶之一。

鹿苑毛尖品质好，是因得天独厚的生态条件孕育而成。鹿苑寺地处远安西北的云门山麓，山清水秀，古树参天，满山的兰草、山花与山腰山脚的茶园相伴，终日云雾缭绕。海拔120米，年均气温为15℃～16℃，≥10℃活动积温4 800℃～5 100℃，年日照时间1 878.5小时，年降水量1 100毫米，年无霜期239～248天。茶区土壤为红砂岩风化的土质，其砂粒含量高达77%，疏松，微酸性，其气候与土壤条件都十分适宜茶树生长。

1. 品质特征　鹿苑毛尖外形条索紧实呈环状，白毫显露，色泽金黄，略带鱼子泡。内质栗香持久，具高火香；汤色绿黄明亮，滋味醇厚持久；叶底嫩黄匀亮。

2. 采制方法

(1)采摘标准与要求　每年春分至谷雨为鹿苑毛尖的采摘期。要求采1芽1～2叶的鲜叶，不带鱼叶、老叶、茶果。习惯于上午采摘，下午摘短，把大的芽叶折短，折成2截或3截，俗称短茶。短茶后分老、嫩炒制。鲜叶经摘短后进行摊放2～3小时，即可付制。

(2)加工技术

①杀青、闷黄　杀青锅温160℃～180℃，每锅投叶量1～1.5千克。采用先抖后闷、抖闷结合的手法炒杀，历时5～6分钟，炒至茶坯五六成干出锅。杀青叶出锅后，趁热堆积闷黄15分钟左右，上盖湿布，保湿保温，待茶坯呈绿黄色散堆摊晾，再进行炒二青。

②炒二青　锅温约100℃，每锅投叶量1.5千克。入锅后抖炒散水，再行搓条。搓条手势要轻，避免重揉，以防茶条变乌。炒约15分钟，至茶坯七八成干时出锅。

③闷堆　闷堆是鹿苑茶特有的工序。将炒二青的茶坯放置篾盘中，拍紧

压实,堆闷5~6小时,使黄绿色的芽叶变成绿黄。

④拣剔　剔除粗老叶团块茶及一些断条花杂的叶片,保持外观匀整。

⑤炒干　锅温80℃左右,每锅投叶量2千克。先翻动使茶坯均匀受热,待茶条回软后可以轻搓紧条。采用螺旋团搓,使外形成"环子脚"状。炒约30分钟,待茶坯含水量为5%时,出锅摊晾,包装入库。

(五)平阳黄汤

平阳黄汤产于浙江省南雁荡山及飞云江两岸的平阳、苍南、泰顺等地。历史上以平阳产量最多,质量较好,故称平阳黄汤。因处于温州地区,过去也称温州黄汤。

温州东临东海,南与福建接壤,山脉毗邻交错,地势较高,能阻断早春冷空气的南下,年均温度17.9℃,极端最低温度-4.5℃,空气相对湿度81%,年降水量1 600~1 700毫米,宜茶生长。茶区多分布在山区海拔200~300米地带,也有部分茶园在海拔500~600米处。开采较浙江其他地区早一个季节。温州先有绿茶,后发展成红茶,相传清乾隆年间开始生产黄汤,至今已有200余年的历史。

泰顺的五里牌和平阳的水头、腾蛟等地为黄汤的主产地,也是历史上的黄汤集散地。温州黄汤、泰顺黄汤均以平阳黄汤作为统称。高级黄汤仅占总产量的十之一二,以平阳黄汤名称面市;其余十之八九者,制成茉莉花茶以"花黄汤"供应市场。主销杭州、上海、营口、天津、北京、济南等地,深受消费者喜爱。

1. 品质特征　平阳黄汤外形条索细紧,显毫,色泽嫩黄,有光泽。内质香气清高幽远;汤色金黄明亮,滋味醇和回甘;叶底黄亮成朵。

2. 采制方法

(1)采摘标准与要求　黄汤采摘分2个标准:高级黄汤采1芽1~2叶初展,普通级黄汤采1芽2~3叶开展。采摘一般在清明前后10天采制完毕。明前采制高级黄汤,明后采制普通级黄汤。采回后摊放4~5小时,当天鲜叶,当天制完。

(2)加工技术

①杀青　采用平锅。锅温160℃左右,每锅投叶量1~1.5千克,需要5~6分钟。掌握多闷少抖的手法,使叶色变黄,杀透杀均,待叶质柔软、叶色暗绿时,即可滚炒揉捻。

②揉捻　降低锅温,在锅中进行滚炒揉捻,至多数茶坯成条、减重50%~55%时出锅。

③堆闷　将揉捻叶趁热一层一层摊至竹匾上,厚约20厘米。上盖白布,

堆渥 48～72 小时，待叶色转黄即可初烘。

④初烘　用焙笼烘焙。烘芯温度 80℃左右，每焙 1.25 千克，烘约 15 分钟，至茶坯七成干下焙。

⑤闷烘　初烘叶摊晾后，将茶坯放入布袋内，每袋 1～1.5 千克，连袋放在烘笼上闷焙。控制茶坯温度约 30℃，烘 3～4 小时，达足干时出烘。

（六）海马宫茶

海马宫茶出产在贵州省大方县老鹰岩脚下的海马宫乡，是贵州省的地方名茶。大方县地处贵州西部。海马宫乡茶园三面临山，一面临河谷，茶园海拔 1 500 米左右，年均气温 13℃左右，年有效积温 1 670℃，无霜期 260 天，年降水量 1 000～1 200 毫米，平均空气相对湿度 80%以上。山高雾浓，溪流纵横，气候温和多湿，宜茶生长。加之地势三面环山，形成一天然屏障，阻挡了部分寒冷空气的侵袭；土壤成土母质砂页岩，风化后土质肥沃疏松，pH 值 4.6～4.9，钾、磷含量丰富，钾含量高达 127 毫克/千克，茶树生长茂密，茶叶品质优异。

1. 品质特征　海马宫茶外形条索紧结卷曲，茸毛显露，色泽黄润。内质香气高纯，滋味醇和；汤色绿黄明亮；叶底嫩黄，匀整明亮。

2. 采制方法

（1）采摘标准与要求　海马宫茶采摘标准：一级采 1 芽 1 叶初展，二级采 1 芽 2 叶，三级采 1 芽 3 叶。宜在清明至谷雨期间采摘。采摘的芽叶经适当摊放后付制，当日采茶，当日加工。

（2）加工技术

①杀青　在口径 35～50 厘米的平底杀青锅中进行。锅温 140℃左右，每锅投叶量 0.7 千克。抖、闷结合，待鲜叶发出清香、叶色变暗时出锅，需时 5～6 分钟。

②初揉　出锅的杀青叶簸去焦末单片，即趁热揉捻至成条。

③闷黄　将初揉叶捏成小团，堆放在竹盘之中压紧，上盖白布闷 24 小时，待茶色发黄形成一种特殊的香味时，即行复炒复揉。

④复炒复揉　降低锅温，将闷黄的茶坯放在锅中翻炒并结合紧条，待茶条七八成干时，出锅摊晾。

⑤烘干　用焙笼烘干，温度 50℃左右，烘约 10 小时，烘至足干即下烘包装入库。

三、黄大茶

黄大茶在黄茶中以大为特点。尽管大，但大得有自己的标准，大得有自己的品质特征，并同样赢得了一批喜爱品饮此茶的消费者。本章将介绍霍山黄大茶和广东大青叶2种黄大茶的品质特征和采制方法。

(一)霍山黄大茶

霍山黄大茶产于安徽省西部的大别山区，包括霍山、金寨、六安、岳西等地，及湖北英山等地；安徽的潜山及河南的商城、固始也产少量黄大茶。但品质最优者产于霍山县的大化坪、漫水河及金寨县的燕子河一带。

黄大茶产区处于大别山北麓，属我国东部茶区的北缘，茶树多分布在海拔400米地区的山腰和高地，周边山高避寒，多云多雾，雨量充沛，空气湿度大，加之植被覆盖率达76%以上，适合茶树生长。

1. 品质特征 霍山黄大茶外形芽壮叶肥，叶片成条，梗、叶相连似钓鱼钩，色泽金黄带褐，油润。内质具高爽的焦香；汤色深黄，滋味浓厚醇和；叶底黄中显褐。当地茶农俗称黄大茶为“古铜色，高火香，叶大能包盐，梗长能撑船”。

2. 采制方法

(1)采摘标准与要求 黄大茶于立夏前后开采，春茶采3~4批，夏茶采1~2批。

霍山黄大茶采摘标准：1芽4~5叶，叶大梗长。鲜叶采回后应摊放2~4小时散发叶面水分，以便炒制。

(2)加工技术 霍山黄大茶手工制作的工艺流程：杀青(做形)→初烘→闷黄→复烘(拉小火)→拉老火。

①杀青(做形)

生锅：主要是起杀青作用。采用大竹扫把在锅内进行滚炒，速度要快，用力要匀，翻炒时不要松把，尽量使茶叶在锅内炒散，不能炒成团。炒至叶色发暗，转入熟锅。

熟锅：主要起到将外形做细作用。采用软竹扫把在锅内转圈，起揉捻作用。且转圈幅度要大，用力要匀，不可炒得满天飞，茶坯炒成团后要及时松把，解散团块。炒至茶坯干湿均匀时出锅。

②初烘 用竹制烘笼烘培。烘顶温度120℃左右，每笼投叶量以摊放厚度2厘米左右为度。高温勤翻、快烘，翻烘要均匀。烘至七八成干即可下烘。

③闷黄 闷黄是霍山黄大茶品质形成的关键工序。初烘后的茶叶趁热闷堆在篾篮内，生产量大时可用圈席围起来进行闷黄。茶坯上面应覆盖棉布或团簸，保持温、湿度，以便闷黄，时间7天左右。叶色变黄后即可复烘。

④复烘(拉小火) 用竹制烘笼烘焙。烘顶温度120℃左右，每笼投叶量

以摊放厚度3厘米左右为度。翻烘要轻、勤。烘至茶坯九成干左右即可下烘，然后堆放继续闷黄7～10天。

⑤拉老火　拉老火是利用高温进一步促进黄变和内质的转化，以形成黄大茶特有的“锅巴”香。方法是用竹制烘笼烘焙。烘顶温度130℃～150℃，投叶量以摊放厚度10厘米左右为度。采用人工烘焙，两人抬笼仅几秒钟翻动1次，来回走烘几十次。翻叶要轻快而匀，防止断碎和茶末落入火中产生烟味。要烘得足，这样色、香、味才能达到充分发展。烘至茶梗折之即断、梗心成菊花状、茶叶达焦香味浓、芽叶上霜为适度。时间40～60分钟即可下烘，趁热装篓、踩实、包装、密封。

(二)广东大青叶

广东大青叶产于广东省韶关、肇庆、湛江等地，是黄茶中品质特殊的茶品。制作工艺有红茶的萎凋工序，又有黄茶的闷黄工序，鲜叶嫩度较高。但由于是大叶种，故枝大叶大，亦称黄大茶。

广东省属南方茶区，北回归线从省的中部通过。五岭又处北缘作屏障，可阻止寒流的直袭。产区属亚热带、热带气候，气候温热多雨，年均气温大多在22℃以上，年降水量1 500毫米。茶园多分布在岗丘地区，土质多为微酸性红壤，透水性较好，适宜茶树生长。

1. 品质特征　叶外形条索肥壮卷紧，身骨重实，匀齐，略显毫，色青润带黄。内质香气纯正；汤色深黄明亮，滋味浓醇回甘；叶底浅黄，芽叶完整。

2. 采制方法

(1)采摘标准及要求　大青叶以大叶种品种作原料。采摘标准为1芽2～3叶。要求老嫩一致，不采过嫩芽叶，不采单片。采回后略经摊放即付制。

(2)加工方法

①萎凋　大青叶不同其他黄茶，它的第一道工序需经萎凋。萎凋可分日光萎凋和萎凋槽萎凋。日光萎凋系把鲜叶薄撒在竹帘上，在日光下晒，10～15分钟翻动1次，待芽叶绵柔、色泽暗绿，即可收拢至荫凉处摊晾。如若萎凋不足，可再置日光下晒5～10分钟，以晒至含水量68%(夏茶约70%)左右为宜。室内萎凋以室温28℃左右为宜，一般萎凋4～8小时后，鲜叶青气消失、发出淡淡清香即为适度。

②杀青　大青叶一般采用机械制作，用滚筒式杀青机杀青，以杀透、杀匀为度。

③揉捻　用机械揉捻。高级茶需轻揉，以保芽毫。采用通常的“轻—重—轻”加压程式，待茶条紧结即可。

④闷堆　将揉捻叶盛于竹筐中，堆积厚度为 30～40 厘米。上盖湿布，置避风潮湿的洁净之处，在室温 25℃左右的环境下闷 4～5 小时，在室温 28℃的环境中闷 3 小时。待茶色黄润、散发出一种浓郁的特殊香气即可。

⑤干燥　大青叶干燥分毛火和足火 2 种。毛火一般采用焙笼，具有炭火的火香味。毛火火温 110℃～120℃，烘时 12～15 分钟，下焙摊晾。足火火温 90℃左右，烘至毛茶含水量 6%即行装袋入库。

第三节　黄茶审评

黄茶审评是依照黄茶的品质特征或品质标准，采用感官审评的方法，进行外形、内质的品质审评，并依照审评结果，给予其品质评价的过程。黄茶感官审评的范畴，其科学依据和原理与审评方法和其他茶叶相同，只是在具体内容上、在对品质描述上是依照黄茶的品质标准和品质特征来判断的。

一、外形审评

（一）嫩　度

嫩度是决定黄茶品质的基本条件。黄茶分黄芽茶、黄小茶、黄大茶 3 类，是基于嫩度条件分类的。嫩度高，外形造型美，茶汤内含物高，品质好；嫩度低，内含成分少，总浸出物低，滋味粗涩，且不耐泡，品质差。君山银针，单芽制成，外形芽头肥硕茁壮，银毫满披，由于嫩度高，采制方法特殊，冲泡后呈现出似“群笋出土”、“金枪林立”及“三起三落”等奇特景观。

评定嫩度要注意以下 3 种表现。

1. 芽与叶的比例　单芽和 1 芽 1 叶初展或开展。要求嫩芽嫩叶占的比例高。同是单芽，又有肥瘦及大叶种和小叶种之分。凡是芽与叶的比例相近、肥壮、身骨重实、叶片厚实者品质好。

2. 锋苗　指芽叶揉卷成条、芽尖完整、叶尖细嫩的尖锋含量多，芽头完整锋锐且显露者的锋苗好。断头去尾者称短秃，品质较次。

3. 光糙度　黄茶外形光润平伏、嫩茶果胶物质多、蛋白质含量高、汁浓并结于茶表、显光滑油润者为好茶；其外观粗糙枯滞者，品质差。

（二）条　索

外形条索紧卷者，为嫩度高、品质好的茶；外形显粗松者，为品质低下。条索要从松紧、曲直、壮瘦、圆扁来区分，其松、瘦、扁、轻者为次品。

(三)色　泽

外形色泽主要从色度和光泽度2方面评比。色泽是指颜色本身的纯正、深浅,而光泽度则是以茶条表面吸收与反光的程度来判别。嫩茶条表面光滑、显润,老茶条表面粗糙显枯。色泽从纯正、深浅、润枯、鲜暗、匀杂等方面去判断。黄茶要求绿黄(以黄为主,为纯正)浅、润、鲜、色匀为好,反之为差。

(四)整　碎

黄茶要求外形匀整。匀整反映采摘、加工水平高,茶叶品质好;断碎者品质次。

(五)净　度

好品质的黄茶要求外形洁净,不夹杂梗、籽、老片,尤其不能夹杂非茶类物质。

以上5项因子中,嫩度和条索属同一范畴,一般毛茶评嫩度,而成品茶则评条索。即外形由条索(含老嫩)、色泽、整碎、净度4项因子组成。

二、内质审评

黄茶内质审评与其他茶内质审评一样评汤色、香气、滋味和叶底4项因子。

(一)汤　色

主要从色度、亮度和清浊度3方面去区分。汤色在某种程度上反映黄茶的品质优次。

1. 色度　看是否呈正常色。黄茶要求微黄、黄亮的汤色,黄大茶要求深黄色。绿色、褐色、橙色和红色均不是正常的色泽。再看是否劣变。黄茶具橙色或红褐色都是劣变的汤色,茶汤带褐多系陈化质变之茶。

2. 亮度　指亮与暗的程度。亮者质高,暗者质次。

3. 清浊度　质地正常的黄茶汤色清澈。黄茶好的汤色应该是杏黄(黄芽茶)、黄亮(黄小茶)、深黄(黄大茶)明亮者为佳;汤色浑浊是闷黄过度产生劣变的茶。

(二)香　气

黄茶的香气不似绿茶的清鲜浓郁而带熟栗香(黄小茶)或甜兰香(黄芽茶),而是多带焦豆香(部分黄小茶、黄大茶)。一般黄茶香高浓带火旺香气,部分黄小茶亦带兰花香气。

黄茶评审香气,同样要评3项:①是否纯正;②香气的高低;③香气的长短。部分黄小茶用烟熏,要求带松烟香(如沩山毛尖);多数黄茶要求高火香,外形有鱼子泡,这种火香应视为正常的母质特征,香气要浓高持久。若具绿茶的鲜香、红茶的甜香者,都不是正常的黄茶香。黄小茶的栗香火旺、黄大茶的焦粗香可视为正常。

(三)滋　味

黄茶滋味的特点是醇而不苦、粗而不涩。正是由于这种滋味,迎合了大批消费者的口味。与其他茶一样,黄茶的滋味从纯异、浓淡、强弱、鲜滞等方面予以评定。黄茶滋味的醇是其基础滋味。这种醇和不似绿茶或红茶的醇和,而是入口醇而无涩;不似绿茶呈现的极快的爽,不似红茶呈现的极快的强,而是吐出茶汤后回味甘甜润喉,别具一味。君山银针有黄针也有绿针 2 种规格。黄针的滋味醇浓,绿针滋味鲜醇。从回味上评,前者快而甘;后者略慢而鲜爽,回味长。

(四)叶　底

黄茶叶底从嫩度、色泽、匀度 3 方面来评定优次。

1. 嫩度　从芽与叶的含量、硬软、厚薄、摊卷程度予以区分。其嫩芽多和厚、软、摊者为好茶,其硬、薄、卷而不散摊的叶底是低级茶的象征。

2. 色泽　叶底色泽看色度和亮度。黄茶叶底要黄亮,有绿有红都不是好黄茶的叶色。黄而亮,不能暗。黄茶叶底暗可能是闷黄时温度过高、时间太长造成的。

3. 匀度　看叶底的匀齐度。看是否有"公孙茶"、"父子茶",1 芽 1 叶的黄小茶中亦可能夹杂 1 芽 3 叶的较老芽叶,或夹杂对夹叶、单片等。叶底要求老嫩一致,色泽匀齐。

经过外形、内质的审评,依据黄茶品质标准,正确判断黄茶的品质等级或优次。

三、黄茶的审评术语

黄茶的感官审评有其特定或常用的术语,现特选录如下。

(一)外形评语

细紧:条索细长,紧卷完整,有锋苗。

肥直:全芽,芽头肥壮挺直,满披茸毫,形状如针,挺直肥硕。

梗叶连枝:叶大梗长而相连。为霍山黄大茶外形特征。

鱼子泡:茶条表面有鱼子大的烫斑。

(二)干茶色泽

金镶玉:指芽头为金黄的底色,满披白色银毫。为君山银针特有的色泽。

金黄光亮:芽头肥壮,芽色金黄,油润光亮。

嫩黄:叶质柔嫩,色浅黄,光泽好。

褐黄：黄中带褐，光泽稍差。

黄褐：褐中带黄。

黄青：青中带黄。

（三）汤色评语

杏黄：浅黄略带绿，清澈明亮。

浅黄：汤色黄较浅，明亮。

深黄：色黄较深，但不暗。

橙黄：黄中泛红，似橘黄色。

（四）香气评语

清鲜：清香鲜爽，细而持久。

清高：清香高而持久。

清纯：清香纯正。

板栗香：似熟栗子香。

高爽焦香：似炒青香，浓烈持久。

松烟香：带松柴烟香。

（五）滋味评语

甜爽：爽口而有甜感。

醇爽：醇而可口，回味略甜。

鲜醇：鲜纯爽口，甜醇。

（六）叶底评语

肥嫩：芽头肥壮，叶质厚实。

嫩黄：色泽黄里泛白，叶质柔嫩，明亮度好。

黄亮：色黄而明亮。有浅黄、深黄之分。

黄绿：绿中泛黄。

此外审评术语中常用一些副词，如较、稍、略、欠、尚、带、显、微等评语，用法与红绿茶审评相同，可酌情使用。

思考题

1. 何谓黄茶？黄茶独有的工序是什么？
2. 黄茶分为哪几类？各举出一茶说明。
3. 黄茶的发展前景如何？
4. 黄茶品质的基本特征是什么？
5. 黄茶变黄的原理是什么？

第七章　花茶加工与审评

我国花茶生产历史悠久，消费市场区域较为稳定，近年来在欧洲区有扩展趋势。花茶是精加工的茶叶，配以香花窨制而成，既保持了纯正的茶香，又兼备鲜花的馥郁香气，花香茶味，别具风韵，备受消费者喜爱。花茶种类很多，依所用鲜花种类不同，可分为茉莉花茶、白兰花茶、珠兰花茶、玳玳花茶、玫瑰花茶、栀子花茶、柚子花茶等。不同鲜花窨制而成的花茶，具有各自的品质特征。

第一节　花茶加工工艺

花茶种类较多，一般以所用香花定名。主要有茉莉花茶、珠兰花茶、白兰花茶、玳玳花茶、桂花茶、柚子花茶和玫瑰花茶等。加工工艺依鲜花特性和茶坯性状有所不同。

一、茉莉花茶加工

（一）茉莉花茶窨制工艺

茉莉花茶为各类花茶之冠，其窨制工艺较复杂而细致，技术性要求较高。茉莉花茶窨制工艺流程为：茶坯与鲜花处理→窨花拌和→静置窨花（或堆窨）→通花→收堆续窨→起花→烘焙→冷却→转窨或提花→匀堆装箱。

1. 茶坯处理　这里指付窨前的茶坯处理。其目的是为了增强茶坯的吸香能力，提供一个适合茉莉鲜花吐香的窨堆条件。传统茶坯处理方法包括2道操作工序，即复火干燥和通凉冷却。复火干燥后茶叶水分控制以4%～4.5%为宜。高级茶可低些，低级茶可高些。复火后需自然冷却，降低茶坯温度，避免因水热作用产生闷浊不清气味，损害花茶香气的鲜灵度。一般坯温比室温高1℃～2℃时窨制。

现行窨制方法中也有采取茶坯增湿的做法，采用湿窨技术，将付窨茶坯的水分增加到10%左右。增湿方法有摊晾吸湿、压花增湿和喷雾增湿。生产上以压花增湿多见，将提花后的花渣用于较高级茶坯，而窨花后的花渣用于中低级茶坯的增湿。

2. 鲜花处理　对进厂的茉莉鲜花，在质量上要求朵大、成熟、饱满、洁白、香气芬芳持久。雨水花、开放花及病虫花品质差，不宜用于窨花。若用白兰花打底,应选朵大、均匀、成熟,色鲜香浓、花蒂短、无杂物的当天开放花。

鲜花进厂后要进行鲜花养护。指鲜花从采摘、运送到按质归堆、及时摊放、适时收集过程中,保持适当的温度、湿度、空气氧含量等,避免机械损伤,尽量维持鲜花的正常活力,促进鲜花的适时吐香的作业过程,俗称“伺花”。根据茉莉花的自然属性和工艺要求,作业场所的基本条件是要求清洁、阴凉、通风。

(1)伺花 伺花的目的是养护鲜花品质,促进匀齐地达到生理后熟而开放吐香。主要通过摊花和堆花反复交替的过程来控制鲜花的生理变化。一般鲜花于傍晚进厂,由于运送过程的堆挤,花温上升,必须及时摊晾散热,避免“火烧茉莉”现象产生。摊放厚度一般不超过10~15厘米。也可用风扇排湿。当花温下降后进行收堆,每堆花量掌握在150千克,堆高40~60厘米,使花温上升,促进开放。当花温升至40℃时再散堆摊晾散热通气。摊花散热不宜过久,一般掌握花温在34℃~38℃时就要再行堆花,如此反复3~4次。当花的开放率(指花蕾开放的数量占总数量的比例)达70%左右,开放度(指一朵花蕾开放后花瓣形成的角度)达50°~60°时,即可筛花。

(2)筛花 筛花是花蕾在筛床振动力的作用下,对鲜花进行分级与除杂的作业。在一般情况下,鲜花开放率达60%左右时,即可用筛花机筛花。其主要作用:一是筛选净花并进行分级(大号、中号、小号3级),以便按级对茶配花;二是起振荡作用,促进茉莉花开放;三是去杂,筛除已脱落的花萼、小蕾、病虫粒以及其他杂质。经筛花可分出净花、青蕾及脱落的花萼与花柄。净花按大小分为大号花、中号花和小号花。大号花多用于窨制高级花茶或作提花用,中号花用于窨制中低级花茶,小号花多用于窨制片、末茶。筛出的青蕾、花萼、花柄弃去不用,以减少青臭气味。

净花经过磅,待开放率达90%以上、开放度达85°~90°即可付窨。下堆前还要将净花薄摊一次,使花温不高于茶坯温度,才可收花付窨。

3. 窨花拌和 将符合工艺要求的待窨茶坯与鲜花按规定的比例进行拌和、并充分混匀成符合技术要求的窨堆作业。其目的是促使茶与花的直接接触,充分吸香和调香。因此,窨花场所要求卫生、通风、空气流通。窨堆技术的要求是茶坯和鲜花充分拌匀,防止只有鲜花看不见茶坯,或只有茶坯看不见鲜花。

窨花拌和多用手工操作。大中型茶厂使用窨花拌和机、立体窨花机和联合窨花机,初步实现花茶窨制机械化和自控化。

在技术环节上要抓住2点:一是配花量,二是拌和均匀度与速度。掌握配花量、鲜花开放度、温度、水分、厚度、时间6个因子。

(1)配花量　根据各级总用花量,在保证各窨次足的原则下,按表4-7-1中的配花量掌握。

表4-7-1　外销茉莉花茶配花量　(千克/100千克茶坯)

级　别	窨　次	茉莉花用量	白兰花用量
银毫茉莉花茶	六窨一提	150	0.5
春风茉莉花茶	六窨一提	150	0.5
雀舌茉莉花茶	四窨一提	100	0.5
特级茉莉花茶	三窨一提	100	0.5
一级茉莉花茶	二窨半一提	85	0.5
二级茉莉花茶	二窨一提	65	0.5
三级茉莉花茶	一窨半一提	50	0.5
四级茉莉花茶	一窨一提	40	0.5
五级茉莉花茶	一窨一提	30	1.0
六级茉莉花茶	半窨一提	26	1.0
一号碎茉莉花茶	二窨一提	60	0.5
一号片茉莉花茶	一窨一提	30	1.0

资料来源:中国制茶工艺,1989

在现行的茉莉花窨制工艺中,由于各地鲜花质量、生产设备、窨制技术及产品品质要求各不相同,各级茉莉花茶总用花量及各窨次的配花量各花茶厂不大一致,但配花的原则基本相同。一般高级茶坯要花量多,所用鲜花质量好;中、低级茶坯少用花,鲜花质量稍次。高、中级茶多窨次,头窨配花量较多,以后各窨配花量逐次减少。茉莉鲜花的质量受季节和气候的影响很大,因此,配茶量也应随季节和鲜花质量高低进行适当调节。春花和秋花末期,气温低,鲜花质量较差,用花量要比伏花多5%~10%。

为了提高茉莉花茶香气的浓度,先在茶坯上层撒上少量的白兰鲜花,俗称"打底"。白兰花用花量,一般是多窨次茶坯每50千克用250~500克,单窨次的茶坯每50千克用500~750克。利用白兰鲜花浓郁持久的香气,来衬托幽雅清新的茉莉花香,调和香型,从而提高窨花效果。但白兰花打底用花量不宜过多,否则茉莉花茶的香气中带有浓厚的白兰花香,容易产生"透兰";反之,若用花量过少,则香气欠浓,达不到打底的目的。

白兰花打底一般与茉莉花拌和同时进行。高级茶用原朵打底,其他级茶可以折瓣使用。在茶、花拌和前,将白兰花瓣均匀地撒布在茶坯上,然后覆以茶坯，再下茉莉花窨制。低级茶在开窨前3~4小时撒布，以提高低香浓度。为了防止透兰，在三窨和提花时，白兰花可与茉莉花同时下堆。

(2)鲜花开放度　最低要求有80%以上已开放(呈虎爪状)、香气鲜纯浓烈，才可付窨。鲜花的开放度应掌握逐窨加大，使鲜花充分吐香。同时鲜花开放稍大些也有利于茶坯吸收香气。

(3)温度　窨花拌和时坯温要求不超出室温3℃。坯温高低直接关系到香气鲜灵度，应以比室温高1℃~2℃为好。

(4)水分　窨前茶坯的含水率以4%~4.5%为准。高级茶含水率可低些，低级茶可高些。续窨逐窨提高0.5%~1%。头窨起花后湿坯含水率不超过18%，逐窨下降0.5%~1%。提花前窨品的含水率以6%~7%为好；提花后成品含水率以8.5%为准，最高不超过9%。

(5)厚度　窨花拌和后的堆窨厚度以30~40厘米为准。可视窨次、茶坯等级、气温、通气条件、堆的大小适当掌握。

(6)时间　窨花拌和操作要求迅速均匀，一般要求在1小时内拼合完毕。从窨花拌和到通花5~6小时，从通花到起花5~6小时，整个窨制历时10~12小时。

4. 静置窨花(或堆窨)　茶、花拌和后进入静置窨花。此时在窨品外观静置，但实质上茶与花发生了一系列物理与化学变化。如花中水分和香气的释放、茶坯水分与芳香物质的增加、在窨品温度上升等，是形成花茶品质的重要过程。静置窨花的方式有：①箱窨。即用茶箱作为窨花设备，多用于高档茉莉花茶的窨制。②囤窨。即花和茶坯拌和均匀后盛放在栈条围的囤内进行。③堆窨。即花和茶叶拌和均匀后，就地堆成长方形的茶堆。目前除了少数特种茶外，普遍采用堆窨。④机窨。即用斗式立体窨花机和花茶窨制联合机窨制。拌和后的茶、花混合物，前者通过行车输送到机内各层窨花斗，后者进入百叶板平面窨花层静置窨花。适于大批量窨花机械化、连续优质生产。

不论箱窨、囤窨和堆窨，都要堆成中间低、四周高，以便于通气散热，防止中间温度上升过高后引起香气不纯。多窨次茉莉花茶，其高度要随窨次增加而逐窨下降，这样才能使鲜灵度逐窨提高。

静置窨花的全过程历时10~12小时，中间经过通花后，复以静置状态继续窨花。在窨时间的掌握，因窨次不同而异，头窨11~12小时，二窨10~11小时，三窨、四窨9~10小时。其间要注意观察在窨品的温度、叶相等变化，以便适时通花。

5. 通花与收堆续窨　通花的目的一是降温，二是促香花恢复生机继续吐香。通花根据在窨品堆温、水分和香花生机状态进行掌握。从窨花拌和到通花时间，头窨6小时左右，以后逐窨缩短0.5小时。收堆时间主要视堆温下降程度而定；收堆的厚度为了使香花继续吐香，一般比通花前低5～10厘米。

为了提高产品的鲜度，起花前的续窨过程，如堆温过高有必要进行第二次通花。第二次通花的目的在于排除浊气和散热。

通花与收堆续窨的技术关键是通花与收堆的时间和温度。当在窨品的温度上升到48℃～50℃时就要通花，否则容易引起鲜花熟烂变质，影响花茶品质。在技术上掌握看茶通花。对高级茶及特种名茶，为了保持名茶特色、防止茶汤变黄，通花温度可适当降低1℃～2℃；对低级茶，为了增加花香浓度、改进茶坯滋味，通花温度可适当增高1℃～2℃。多窨次花茶，从二窨起要逐窨增加鲜灵度，必须逐窨提高茉莉花的新鲜状态，所以通花温度要逐窨下降。

通花与收堆的作用：一是散热降温，使处于暂时萎缩的鲜花恢复生机；二是散发茶堆内部水分，防止鲜花黄熟变质和茶坯劣变；三是供给新鲜空气，驱除在窨品内部的二氧化碳，达到维护鲜花生机、使其持续吐香和防止在窨品产生闷浊异味；四是收堆时茶与花的重新组合，有利于吸香和调剂全堆品质。

6. 起花　在窨时间达10～12小时，鲜花将失去生机，即可用起花机起花。起花顺序掌握“多窨次先起，低窨次后起；同窨次先高级茶、后低级茶”的原则。

(1)根据在窨品的温度掌握适时起花，以保持窨品的纯鲜度　头窨41℃，二窨40℃，温度逐窨下降，提花为34℃。温度超过时，应二次通花或翻堆。

(2)根据在窨品的含水率掌握起花时间　头窨17%～18%，二窨13%～14%，三窨11%～12%，四窨11%～12%，提花8%～9%。

(3)配好筛网　起花要配好筛网，操作要迅速，做到茶叶无花蒂、无花叶，花渣中无茶叶。起花后筛网必须清扫干净，不留花渣、茶叶。

(4)起花后的花渣利用　余香好的花渣可用于压花原料。提花的花渣取仍洁白、香气纯正、吐香能力尚强的压中档茶，其余花渣仅供低档茶使用。但腐熟变黄的花渣不能用来压花。通过压花达到充分利用香花的余香，压低低级茶的粗老味。压花要做到及时、迅速，边起花边压花。

7. 烘焙　烘焙的目的在于排除多余水分，便于窨花、转窨、提花和烘焙，最大限度地保留花香，维护花茶品质。

(1)方法　烘焙使用烘干机，采用快速安全操作法。温度最高不得超过135℃，逐窨下降。在控制水分标准前提下，速度越快越好，当天起花后的窨品应在8小时内烘完。

(2)温度　在最高温度控制范围内,逐窨下降。以窨品的香气为主要依据,控制水分,调节温度。各级各窨次的温度控制按茉莉花茶窨制技术规程完成作业。

(3)水分　烘干后窨品的含水率要逐窨提高 0.5% ~ 1%,保证香气鲜纯,不可有闷气、烟焦等异味。水分标准按茉莉花茶窨制技术规程掌握。

8. 冷却　烘后窨品必须充分利用设备进行摊晾冷却,但禁用强风吹冷。摊晾后的窨品温度越低越好,最高不得超过 40℃。

9. 转窨或提花　茶坯复火后让其自然冷却。一般需隔 3 天左右时间、看天晴花好进行转窨或提花。

(1)转窨　其目的因窨次不同而异。二窨以增加香气浓度为主,适当提高香气鲜灵度;三窨以上主要是提高香气鲜灵度。转窨的方法与窨花同,只不过窨花拌和后,无论箱窨、囤窨或堆窨,箱、囤、堆的大小、高低均应逐窨下降。

(2)提花　已窨花复火过的花茶半成品,用少量优质茉莉鲜花再窨一次,经过短时静置窨花,中间不通花,及时起花,不复烘,这一作业过程叫提花。提花的目的是提高花茶香气的鲜灵度。

提花的配花量为 6 ~ 8 千克/100 千克茶坯。要选用朵大、饱满、洁白、充分成熟的优质鲜花。提花的同时也可用少量原朵白兰鲜花进行打底,并且尽量维护茉莉花的生机,保持其新鲜状态,从而有利于提高成品香气的鲜灵度。

提花的在窨时间一般掌握在 6 ~ 8 小时。在窨品温度一般为 36℃,不超过 40℃。准备提花的茶坯水分含量通常为 6.5% ~ 7%。因此,提花后的水分含量增长幅度必须控制在 1% ~ 1.5%,以保证成品茶的水分含量符合技术标准。

为了保证产品的含水量不超过规定标准,提花用量需根据提花前产品含水量进行计算。其计算公式如下(以提花前每 100 千克窨品计算):

成品茶含水量 = 提花前含水量 + (提花配花量 × 鲜花减重率)/100

根据提花实践经验,茉莉花减重率约为 40%。

同级、同品种、同窨次的茶叶,窨花后若香气品质不一致(如有的浓度好,有的鲜灵度好),就要拼堆提花,相互取长补短。提花后的花茶,在正常情况下,原则上都不拼堆,防止成品香气散失。

10. 匀堆装箱　匀堆装箱是茉莉花茶窨制过程最后一道工序。提花起花后要进行匀堆,使全堆品质基本一致。匀堆装箱前,先拼配小样,经过水分、粉末等检验和品质鉴定符合产品规格标准时,才可按比例进行匀堆装箱。同时取大堆成品样品进行理化检验和品质鉴定。

由于来料加工的茶叶种类不一，根据不同素茶的吸附特性，看茶配花、看茶窨茶是生产实践的经验总结，所以在生产茉莉花茶时可根据素茶原料特点和销区的品饮习惯来选择窨制方法。

在生产上，从茶、花拌和→静置窨花→通花→收堆续窨→起花→复火干燥，习惯上称为一个窨次。高级茶下花量多，分窨次完成窨花。一般三级以上的中高档茶叶选用多窨次，如特级采用三窨一提；银毫与特种茉莉花茶一般采用四窨以上，如四窨一提、五窨一提、六窨一提的制法。三级以下的中低档茶叶采用一窨一提、半窨一提或一压一提的制法。

近20年来，茉莉花茶窨制工艺发生较大的变化。这种变化首先是对付窨茶坯水分的改变，于是有了增湿付窨、不烘坯付窨等，起花后的湿坯是复火后再窨还是直接下一个窨次，因此在二窨以上的工艺方案便有了连窨的制法，如连二窨或双连窨、连三窨或三连窨的提法。连窨工艺在节能、省本、省工等方面表现了优势。

(二)茉莉花茶窨制原理

茉莉花茶窨制的工艺基础是建立在鲜花吐香和茶叶吸香的两大特性之上，因此要熟知有效控制茶坯的吸香能力和鲜花的开放吐香规律以及窨制过程的一系列理化变化。了解窨制原理将有助于掌握花茶加工技术。

1. 茶叶的吸香原理　茶叶具有吸附性能。茶叶在加工过程中经过揉捻造型、烘炒制干等作用下形成特有的外形，如条形、圆形、卷曲形等，成为一种具有表面凹凸不平的、多孔隙的物质，加上含有许多具有吸附性质的化学物质如棕榈酸和萜烯类化合物、水浸出物等，形成茶叶的吸附性能。花茶的窨制工艺正是利用这一特性，在窨制过程中，茶叶是吸附剂而鲜花中的芳香物质和水分子是吸附质。因此茶叶的物理性状和化学成分都在不同程度上影响窨制工艺效果。

茶叶的吸附性能因茶叶的类型不同而有所差异。一般有如下几个特点。

(1)茶叶吸附能力与茶叶孔隙有关　茶坯的吸附性能与毛细管作用有关，即与孔隙的孔径大小、孔隙长短密切相关。茶叶表面上分布着很多微小的空隙，由于这些空隙的存在，茶叶的比表面积很大。窨花过程中，茉莉鲜花释放的气体芳香物质不断进入茶叶空隙中，一旦与茶叶表面接触，很快就被吸附在上面。茶叶所以具有吸附能力，是由于它的表面(包括空隙内表面)存在着剩余力场，可以吸附与它接触的气体分子。茶坯的比表面积是炒青 > 半烘炒 > 烘青，炒青茶坯吸附速度较快但脱附也相应较快。因此，在花茶最佳素坯原料的选择问题上认为3种素坯的吸香能力和保香效果依次为烘青 > 半烘炒 > 炒青;吸附平衡以烘青最慢,炒青与半烘炒相近;解吸平衡则以炒青最快,烘青近似半烘炒青。综合评价是以烘为主的半烘炒青为适制花茶的最佳素坯原料,但烘青仍不失为较理想的花茶原料。

细嫩茶坯孔径小、孔隙短,吸附能力强,吸收香气量多,但吸香速度慢;粗老茶坯孔径大、孔隙长,吸附能力弱,吸收香气量少,但吸香速度快。因此在工艺处理上,嫩度好的高档茶采用多窨次,多下花量。

(2)茶叶吸香效果与某些化学组成有关　茶叶体内含有棕榈酸和萜烯类等成分,具有较强的吸附性能,且具有定香剂的作用,可以吸附花香和其他异气。细嫩茶坯含棕榈酸较高而有利于吸香,粗老茶坯则相反。但从20世纪80年代末的研究对水浸出物问题颇有兴趣。茶叶中的化学成分种类很多,不同类别的组分对吸香效果影响存在差异,在不同方法处理浸出物后的茶叶着香品质分析(表4-7-2)中反映出的水浸出物也是决定花茶香气特征的重要因素。因此,嫩茶水浸出物含量高,有利于吸香。

表4-7-2　不同方法去除浸出物的茶叶窨花效果

(骆少君等,1989)

项　目	精油含量(毫克/10克)	审评结果
对　照	25.4	汤色黄绿,花香明显,有嫩茶香
去水浸出物样	19.9	茶汤无色,几乎无花香,也无茶香,稍有木质味
去醚浸出物样	20.6	黄绿稍浅,香气与对照相似,无茶香
去水、醚浸出物样	22.0	茶汤无色,无花香,无茶香,木质气重

(3)影响茶叶吸香的工艺因素

①茶叶含水量与吸香能力　茶叶吸香特性的研究和试验表明,当茶坯的含水量为2.1%~47%时,茶叶都有明显的吸香能力,以含水量为10%~30%的茶叶着香效果高于含水量低于10%或高于30%的茶叶,但以含水量为15%~25%时窨制效果好。而且较高含水量的茶坯在窨制过程中能保持鲜花的活力,明显提高鲜花吐香能力,这就改变了原有的以低水分、干燥条件下付窨的单一制法。

②窨制温度与吸香效果　温度对香气分子的扩散作用有直接关系。温度高,香气分子扩散速度快,香气浓度大,茶坯的吸香能力也增大。不同鲜花的香气分子扩散作用所要求的温度不同,因此,在窨花的温度参数上有所不同。如玳玳的坯温要求就较高,通常在60℃左右;而茉莉一般付窨坯温应控制在30℃~33℃。温度的影响是多方面的,既影响鲜花的生理过程,也影响茶坯的

吸附过程，这里涉及化学吸附方面。

总之，茶的吸附作用大体上可划分为3个过程：①扩散。吸附质气体（挥发性芳香油物质和水蒸气）向茶叶外表面的扩散。②内扩散。吸附质气体沿着茶叶的孔隙深入至吸附表面（孔隙内表面或称孔表面）的扩散。③茶叶孔内吸附表面的吸附。一般来说，吸附作用的最后一个过程，即吸附过程是很快的。花茶窨制过程中，物理吸附和化学吸附并存，茶叶的吸香能力强弱取决于素坯本身的物理性状和化学成分组成，吸香量与鲜花的香气释放量有关，并受在窨工艺条件如水分、温度、空气湿度等因素的影响。

2. 鲜花吐香原理

(1)茉莉花开放吐香习性　茶用香花的种类，由于芳香物质形成和挥发的特性差异，大体可分为气质花和体质花2类。气质花的香精油挥发特点是香精油物质以苷类的形态存在于花中，随着花蕾的成熟、开放，经过酶的催化，水解成糖和香精油，并放出热量，促使芳香物质随花朵开放不断形成和挥发；体质花的特点是芳香物质以游离态存在于花瓣中，在较高的温度下随着花朵开放香气散发逐渐减少。已开放的体质花仍可作窨花用，白兰花属体质花类；而茉莉花属气质花类，所以已开放的茉莉花对香料加工或窨花而言就失去利用价值。

茉莉花开放吐香的自然属性的另一个特点表现为白天均不开放。不论是田间或离体的当天成熟花蕾，通常在晚上7时至10时才能达到生理成熟而开放吐香，其中以晚上7时至翌日凌晨2时为开放吐香盛期，正常气温下开放吐香时间可达20~24小时，但在窨制状态下吐香的时间缩短了1/3~1/2。

(2)影响茉莉鲜花开放吐香的外界条件

①环境温、湿度　这里指气温和空气相对湿度。主要影响鲜花养护阶段。如何促使当天的成熟花蕾在离体后置于加工环境中达到生理成熟而开放吐香，获得较为理想的花香质量，其环境条件是：适宜的温度控制范围为35℃，空气相对湿度为80%~85%。

②空气流通量　空气流通量在某种程度上是反映鲜花的供氧状况。离体鲜花仍有生理代谢过程，在达到生理成熟阶段，供氧足，花朵呼吸强度大，生理成熟快，开放吐香早；供氧不足，花朵不能顺利完成生理成熟和开放吐香，而且会因无氧呼吸产生酒精味。

③在窨品温度和水分　主要影响吐香与吸香的效率，最终影响窨制品质。当茶与花拼合后进入静置窨花，如何保持鲜花的生命力延缓衰亡有利于体内酶的活化、释放芳香物质，并扩散到茶叶中，受到温度和水分以及供氧状况等

因素的影响。窨制过程温度和水分是一种动态变化过程，过高或过低均不利窨花质量。

窨制工艺应抓住吐香的关键时期，适时进行茶与花的拼合，以获得优质且多量的茉莉花香物质。

二、白兰花茶窨制工艺简介

白兰花茶是我国花茶中重要品种之一。白兰花瓣肥厚，花香浓郁特久，但不及茉莉花香那样芬芳，也不及珠兰花香那样清雅。因此，除作茉莉花茶打底外，一般只窨制中低级茶、茶片和茶末。白兰花茶窨制技术与茉莉花茶的不同点，除配花量较少外，一般在窨制中不需通花、起花和复火。若需提花，也是在装箱时进行。根据白兰花的特点，窨制工艺采用配花少、单窨次、不出花、不复火的工艺技术。

(一)白兰花的性状与质量要求

白兰花属木兰科白兰属。香气浓郁，但不及茉莉花那样芬芳。花期较长，南方地区几乎终年不绝，一般开花期为 4 ~ 11 月份。正花的要求是朵大、成熟、饱满、乳白、瓣厚和无萼片、枝叶等夹杂物，当天早晨采摘的花朵。

(二)窨制工艺

主要工序有：茶坯处理→鲜花维护→拼合窨花→匀堆装箱等。

1. 茶坯处理 与茉莉花茶窨制相同。

2. 鲜花维护 鲜花进厂后必须薄摊散热，去表面水分及时付窨。或作保鲜处理。

3. 拼合窨花 配花量以三级茶下花量 5 ~ 6 千克/100 千克，逐级减少；六级茶下花量 2.5 ~ 3 千克/100 千克。窨制时可采用将白兰花整朵窨、折瓣窨、扎碎窨等不同方式。在白兰花茶中用扎碎窨。

由于鲜花含水量为 76% ~ 83%，窨制后成品含水量不超过 8%时一般不必起花，经茶、花充分拌和后即可装箱。

4. 匀堆装箱 充分拌和均匀。防止花瓣集中在箱角处或分散不匀，导致花瓣附近茶坯吸水过多而发生霉变。装箱后应保持箱内茶坯温度，有利于茶叶吸附鲜花香气，形成白兰花茶品质。

三、玳玳花茶窨制工艺简介

玳玳花茶也是我国花茶类中重要品种之一。玳玳花果性温和，是一种良好的暖胃剂。玳玳花茶窨制与其他花茶不同，其特点是单窨次加温热窨，不提花。

(一)玳玳花的性状与质量要求

玳玳花属芸香科柑橘属。花白色,香气浓烈,花性温和。清明前后开花,花期几乎集中在4月上旬。正花的质量要求是成熟、均匀、洁白、香气鲜浓和无枝叶、花果等夹杂物,当天采摘的鲜花。

(二)窨制工艺

玳玳花茶窨制工序为:茶坯及鲜花处理→拌和及加热窨花→通花散热→续窨→复火→薄摊冷却→匀堆装箱等。

1. 茶坯及鲜花处理　玳玳花茶的茶坯处理与茉莉花茶窨制相同。

玳玳花不仅花瓣上有花香,花蕊也有香味。但是玳玳花只有在较高的温度下才能充分挥发香气,因此窨制玳玳花茶时就必须采用加温热窨。

2. 拌和及加热窨花　玳玳花茶采用单窨次热窨,不提花。各级茶的配花量(以100千克茶坯计)为:三级茶40千克,四级茶34千克,五级茶30千克,六级茶28千克,茶片26千克。

玳玳鲜花和茶坯混合后,连花带茶一起上烘干机加热。烘干机进风温度85℃~95℃,加温后放入竹编栈条围起的圆囤内进行热窨。囤直径2~3米,高度为90厘米,能盛茶1 000千克左右。

3. 通花散热　窨花经历20~24小时、堆温达56℃~62℃时进行通花散热,以使在窨品的部分水分和闷气散发出去,有利于提高花茶的鲜灵度。经30~60分钟的薄摊散热,当坯温下降到40℃左右时即可收堆做囤续窨。

4. 续窨、复火、薄摊冷却、匀堆装箱　续窨24小时左右出花复火烘干。也可带花烘干,边进烘边出花。成品含水量掌握在8%左右。玳玳花渣的含水量为12%~13%,须用抖筛机筛出,并用130℃高温快速烘干至含水率7.5%以下。复火后的玳玳花茶经24小时冷却后,拼入少量玳玳花干,匀堆装箱。

此外,还有桂花茶、珠兰花茶、玫瑰红茶等工艺,可阅读相关文献。

第二节　花茶审评

花茶又称熏花茶、香花茶、香片,是我国独特的一种茶叶品类。正所谓“嫩茶窨香花,芬芳人人夸”。茶引花香增益香味、花促茶香相得益彰,两香兼备使花茶具有特殊的品质特征。因所用茶类不同又有各种不同的产品。如茉莉银毫、茉莉大方、玫瑰红茶、大花色种等。茉莉花茶,馥郁芬芳;珠兰花茶,清雅幽长;白兰花茶,浓香强烈;玳玳花茶,香浓温和。各地所窨花茶,也各具特色,但总的品质要求基本一致。高级花茶均要求香气鲜灵,浓厚持久;滋味醇厚鲜爽;绿茶汤色黄绿或淡黄,清澈明亮;叶底匀亮。

一、茉莉花茶的产品类型与品质特征

茉莉花茶的产品类型与品质特征主要有如下几种。

(一)特种茉莉花茶

选用特种绿茶和优质茉莉鲜花为原料,精工细作,窨制而成,属特种茉莉花茶。随着特种绿茶加工技术的发展,茉莉花茶的外形也得以丰富,有针芽形、松针形、扁形、珠圆形、卷曲形、圆环形、花朵形、束形,还有外形似荔枝球形、麻花形(长1~2厘米)等特种茉莉花茶。此类花茶的外形和叶底均具有艺术观赏价值。

特种茉莉花茶的内质具有香气鲜灵浓郁、滋味鲜醇或浓醇鲜爽、汤色嫩黄或黄亮明净的特点。但不同花色因窨制过程的配花量和付窨次数的不同而香味有所差异。

(二)级型茶

以烘青茶坯为主要原料加工成不同规格的级型茶坯,将此类茶坯和茉莉鲜花拼合窨制而成。外形为条形,可分为银毫、春毫、香毫、特级、一级、二级、三级、四级、五级、六级。含芽毫量以银毫为多。内质香味的鲜度和浓纯度因级别高低而异。

(三)碎茶和片末茶

此类产品外观形状较小,有颗粒状、片状、末状,大多作为袋泡茶原料;有的拼入深加工原料,制作成花茶水等。

上述3类茉莉花茶的品质特征见表4-7-3,表4-7-4。

表4-7-3　特种茉莉花茶、级型茶和碎茶、片茶的感官品质要求

类型	外形	香气	滋味	汤色	叶底
特种茉莉花	造型独特,洁净匀整,黄绿	鲜灵浓郁	鲜浓醇厚	黄绿,清澈明亮	嫩匀绿亮
特级	细紧显毫,匀净,黄绿	鲜浓	鲜浓	淡黄明亮	嫩匀绿亮
一级	紧结有毫芽,匀整,净稍含嫩茎	浓较鲜	浓尚鲜爽	黄明亮	嫩匀尚绿亮
二级	尚紧结,有峰苗,匀整,尚净略含筋梗	尚浓纯	鲜醇	黄尚亮	柔软尚绿亮

续表 4-7-3

类　型	外　形	香　气	滋　味	汤　色	叶　底
三　级	尚紧结,尚匀整,尚净稍含细梗	纯正	醇正	黄	尚绿稍软
四　级	稍粗壮,尚匀,有筋梗	纯和	平和	黄稍暗	尚绿稍摊展
五　级	粗松,稍欠匀,稍花杂、有梗朴	香淡带粗	淡薄有粗味	深黄稍暗	粗展
六　级	松扁轻飘,欠匀,含梗多朴片	粗淡	粗淡带涩	深黄较暗	粗老花杂
碎　茶	0.8~1.6毫米大小的颗粒茶,洁净重实	香平	味贫	深黄	粗暗
片　茶	0.8~1.6毫米大小的轻质片状茶,尚匀,色黄,稍轻飘	粗	粗涩	黄	粗硬色

表 4-7-4　特种茉莉花茶、级型茶和碎茶、片茶的理化指标　(%)

项　目	指　标				
	特种茉莉花茶	特级至三级	四级至六级	碎茶	片茶
水分≤	8.0	8.5	8.5	8.5	8.5
总灰分≤	6.5	6.5	6.5	6.5	6.5
茶碎片≤	5.0	7.0	7.0		—
粉末≤	0.5	1.0	1.0	3.0	7.0
茶多酚≥	19.0	19.0	19.0	15.0	15.0
水浸出物≥	36.0	36.0	36.0	34.0	34.0
粗纤维≤	16.0	16.0	16.0	—	—
非茶非花类物质≤	0.1	0.1	0.1	0.2	0.2
含花≤	1.0	1.5	2.0	2.5	2.5

(四)紧压型

紧压型的花茶产品主要是微型的茉莉花沱茶。系应用紧压茶工艺,将茉莉花散茶筑模压制成形。外形呈碗、臼形,紧结光滑。有的重量3克±9%,其碗口直径21毫米,高12毫米±1毫米;有的重量5克±9%,其碗口直径25毫米,高15毫米±1毫米。该产品具有方便携带、不易损碎的特点。

(五)茉莉花速溶茶与茶水

此类产品以茉莉花茶为原料,通过深加工而成。其品质取决于付制原料的等级和加工技术。速溶茶有喷雾干燥和冷冻干燥不同加工技术之分,茶水有无糖和加蜜等不同品种之分。该产品具有品饮方便快捷的特点。

(六)主要名优产品介绍

1. 外事礼茶茉莉花茶 专供国务院外事方面使用的茉莉花茶。产于福州茶厂。20 世纪 50 年代研制。制造工艺精细,茶坯选料严格,优花窨提。条索紧直匀整,有白毫,色泽油润,香气鲜灵浓郁,味醇厚。主销北京、天津、张家口、石家庄一带。

2. 明前绿茉莉花茶 产于福州的中档茉莉花茶。20 世纪 50 年代研制。条索紧结、匀整平伏,色泽油润,香气鲜灵浓厚,汤色清澈,口味醇厚隽永,叶底嫩亮。主销北京、天津、上海和华北、东北等地。

3. 闽毫茉莉花茶 亦称"闽毫"。产于福州的特种茉莉花茶。1973 年研制。选制优质茶坯用伏花精制而成。毫芽肥硕、紧直匀称,香气清鲜浓郁,滋味鲜醇爽口。主供北京、天津、上海等地。

4. 苏萌毫 产于江苏苏州茶厂的特种高级茉莉花茶。20 世纪 70 年代研制。选用高档毛峰烘青为茶坯,配以苏州市郊虎丘的优质茉莉鲜花窨制,经鲜花摊放拼合、窨花、通花收堆、起花、烘干、提花等工序制成。不分级。条索紧秀、平直细嫩,白毫隐露,绿润嫩黄,香气鲜爽浓纯,滋味鲜醇,汤色淡黄清明,叶底细嫩,花香茶味协调。主销北京、天津以及华北、东北的各大城市。

5. 雀舌茉莉花茶 产于福州的高档茉莉花茶。20 世纪 50 年代研制。经三窨一提而成。条索紧细匀嫩,形似雀舌,锋毫显露,色泽蜜黄,香气鲜灵,滋味浓醇,汤色黄亮清澈。主销北京、天津、上海等地。

6. 茉莉银毫 亦称银毫茉莉花茶。系六窨一提产品。外形肥壮匀嫩,毫芽显露,披银白色茸毛,故称"银毫";内质香气浓郁芬芳,鲜灵持久,滋味醇厚爽口,回味清甜,茶味花香融为一体,汤色鲜明微黄,叶底肥匀嫩亮,耐泡 3 次以上。为出口茉莉花茶珍品。

7. 茉莉春风 亦称春风茉莉花茶。系经五窨一提制成。产品外形紧秀匀齐,细嫩多毫;内质香气浓郁鲜爽,滋味醇和甘美,汤色黄亮清澈,叶底匀齐嫩亮,耐泡 3 次以上。亦为出口茉莉花茶珍品。

8. 龙团珠茉莉花茶 产于福州的中档茉莉花茶,因形似圆珠而得名。经二窨一提而成。圆紧重实,匀整,香气鲜浓,滋味醇厚,汤色黄亮,叶底肥厚,耐泡。主销天津、北京等地。

9. 大白毫茉莉花茶　亦称大白毫。产于福州的特种茉莉花茶。1973 年研制。选用高山芽叶肥壮多毫的大白茶等品种茶树首春毫芽制成茶坯，用茉莉伏花经七窨一提制成。毫芽重实匀称，色泽略带淡黄，满披茸毛，香气浓郁鲜灵，滋味鲜浓醇厚，汤色微黄泛绿，冲泡 4～5 次仍有余香。主销北京、天津，供特需使用。

10. 猴王牌花茶　产于长沙花茶厂。1950 年生产约 20 吨，至 1998 年达到 5 000 吨。品质感官特点为外形条索紧细，色泽绿润，匀整平伏。内质香气鲜灵；汤色黄亮，滋味浓醇甘爽；叶底柔软嫩匀，冲泡 3 次后仍留香齿颊。产品销往华北、东北和西北等地，并陆续拓展到国外市场。

11. 雄狮牌花茶　产于湖南省农垦茶厂。创制于 1984 年，至 1998 年产量为 1 200 吨。品质感官特点为外形条索紧结匀称，色泽绿润。内质香气鲜灵浓郁；汤色黄绿明亮，滋味浓醇甘爽，饮后舌齿留香，余味幽长；叶底匀明。主要销往东北、华北、西北和中原部分地区。

12. 茉莉凌云白毫　产于广西桂林。20 世纪 70 年代初桂林茶厂研制。凌云白毫茶为原料窨制的茉莉花茶，经多次窨制加工而成。分特级、一级、二级、三级。白毫显露，壮实多锋苗，花香鲜灵，浓郁持久，滋味浓厚鲜爽。主销国内各城市及香港特区，少量外销日本。

13. 横县茉莉花茶　产于广西横县。始创于 1978 年。横县茉莉花茶的品质特点为条索紧细，匀整，显毫，香气浓郁，鲜灵持久，滋味浓醇，叶底嫩匀，上市早，耐冲泡。

14. 文君花茶　产于四川邛崃市西部山区。创制于 1979 年，生产量由 1979 年的 2.5 吨增加到 1996 年的 150 吨。消费者反映该茶“香气鲜灵浓郁持久，滋味醇浓鲜爽回甘”，属于特种茉莉花茶中的珍品。产品外形条索紧细匀整，显锋苗，色泽绿润，细嫩带毫，香气鲜浓爽口回甘，叶底绿黄匀亮。产品销往国内各大城市和四川各地。

15. 龙都香茗茶　产于闻名世界的恐龙之乡——四川自贡的茉莉烘青。广义上包括 3 个品类：高级龙都毛峰、龙都颗颗香、龙都香茗；狭义仅指龙都香茗。产品外形美观光润，香气鲜浓持久，汤色淡黄明亮，滋味鲜醇回甘，叶底嫩匀柔软。主销成都、重庆、自贡、内江及北方大中城市。

16. 西农香茗　西南农业大学实验茶厂研制的茉莉花茶。以福鼎大白茶制成的烘青为茶坯，经茉莉花窨制而成。花香协调、鲜浓，滋味醇和甘爽，汤色黄绿明亮。主销重庆、北京、海口、抚顺、西安、成都等地。

17. 香似梅　产于四川成都。20 世纪 90 年代的四川省名茶。品质感官特征为外形条索紧细匀直显毫;内质香气鲜灵持久,滋味鲜醇爽口。

18. 花茶型沱茶 产于云南下关等地。其中有晒青茉莉花沱茶、烘青茉莉花沱茶等。产品外形碗口端正,紧结光滑,白毫显露,色泽绿润或青绿润。内质香气鲜浓,滋味浓醇爽口;汤色黄绿明亮或绿黄明亮;叶底嫩匀明亮。

19. 台湾窨香片 主产于台湾省台北及彰化等县的轻发酵型乌龙花茶。以轻发酵型的台湾包种茶为原料,拌和茉莉花等窨制而成。一窨者称单熏香片,二窨者称双熏香片,三窨者称三窨香片。产品特点柔和醇厚。主销台湾本地和港澳特区。

二、茉莉花茶感官审评方法

窨制各类花茶的品质要求是:花香鲜灵、持久、纯正,且不损茶坯本身的香味。花茶香气应芬芳清锐、不闷不浊,滋味醇和鲜爽,不苦不涩,汤色黄绿或淡黄,叶底匀亮。花茶具有素茶的纯正茶味,又有鲜花之幽雅香气,独具风格。茉莉花茶馥郁芬芳,花香鲜灵,清锐持久,茶味浓郁,醇和鲜爽。

(一)茉莉花茶审评方法

花茶审评外形基本与素茶相同。内质审评方法较多:有单杯1次、单杯2次、双杯1次、双杯2次等。

在正常的情况下,多采用单杯一次冲泡法。但以双杯一次法效果较好。冲泡时称取2份样茶各3克,拣去花蕊、花瓣等(在冲泡时忌带花蒂、花瓣、花梗、花蕊等,一般在称样后仔细拣净)。其中一份供香气审评(鲜灵度、浓度、纯度),另一份专供审汤色、滋味、叶底。开汤方法与素茶相同,其中一份冲泡3分钟,嗅香气的鲜灵度;续泡5分钟,评香气的浓度和纯度。另一份1次冲泡5分钟,审评汤色、滋味、叶底。

(二)茉莉花茶审评项目

茉莉花茶感官审评的品质因子有8项。外形为条索、整碎、色泽、净度,内质为香气、滋味、叶底嫩度、叶底色泽。汤色作为参考因子。

1. 外形审评

(1)条索 比细紧或粗松,比茶质轻重,比茶身圆扁、弯直,比有无锋苗及长秀短钝、有无毫芽等。评比时要注意鉴别细与瘦、壮与粗的差别,毫芽要肥壮不可与驻芽相混淆。

(2)整碎 比面张茶、中段茶、下盘茶的比重和筛号茶拼配匀称适宜,察看面张茶是否平伏和筛档的匀称情况,特别要注意下盘茶是否超过标准。

(3)色泽 比枯润、比匀杂、比颜色。要注意花茶经过窨制其颜色与绿茶对比应显得绿中泛黄。

(4)净度　比梗、筋、片、籽等含量，以及非茶类夹杂物。

2. 内质审评

(1)香气　比鲜灵度，比浓度，比纯度。鲜灵度为嗅之有茉莉鲜花香气，香气感觉愈明显愈敏锐表明鲜灵度愈好。浓度不但反映在香气浓重上，还反映在持久耐嗅和耐泡上。乍嗅尚香、二嗅香微、三嗅香尽表明浓度低。遇到不易区别时，可采用二次冲泡法。第一次冲泡3分钟嗅香，着重鉴定鲜灵度；第二次冲泡5分钟，着重鉴定浓度，浓度高低在第二次冲泡时容易区别。纯度是鉴评茉莉花香气是否纯正，是否杂有其他花香型的香气或其他气味。

(2)滋味　比醇和，比鲜爽，比浓厚。茉莉花茶茶汤要求醇和而不苦不涩，鲜爽而不闷不浊。贵浓厚耐泡、忌淡薄，忌显绿茶生青或涩味。

(3)汤色　比明亮程度。色泽黄亮或绿黄明亮为好。

(4)叶底嫩度和色泽　比粗老肥嫩，比叶质硬挺柔软，以软嫩为佳。色泽比颜色、比亮暗、比匀杂，以黄绿匀亮为佳。

香气的审评主要比香气的鲜灵度、浓度、纯度，其中又以鲜灵度、浓度为主(鲜灵度、浓度各占40%，纯度占20%)。鲜灵度即新鲜敏锐给人愉悦感。浓度则为香气浓厚、持久程度，分辨高低强弱。纯度指审评有无异杂味，香味里若有浊闷味、水闷味、花蒂味、透素、透兰等为不纯。要注意分辨花茶中可能出现的品质缺陷。

审评各级花茶应注意把握品质规格要求：一级要求鲜灵、浓厚、鲜爽，二级要求鲜浓、醇厚、较爽，三级要求较鲜浓、醇和、尚爽，四级要求尚浓、纯正，五级要求香弱、平和，六级要求香薄略透素，碎茶要求尚浓、尚嫩、纯正，茶芯要求尚浓、纯正，三角片要求香浮而透素。

3. 茉莉花茶审评的评分方法　茉莉花茶品质感官审评评分方法执行国家有关标准所规定的原则。茉莉花茶的感官审评因子及其权数的规定见表4-7-5。

表4-7-5　感官审评因子及其权数的规定

审评因子	外形			内质			
	条索	整碎	净度	香气	滋味	汤色	叶底
权数	0.10	0.10	0.10	0.30	0.25	0.05	0.10

在审评时，除了按规定方法外，还必须用确切、简明扼要的评语有重点和有针对性地反映品质特征，以达到正确反映感官检验的结果。同时，为了减少

和克服感官审评的主观性，可采取密码评茶方法，即将评茶盘、叶底盘及评茶杯、碗等顺序编号（密码），冲泡后打乱杯、碗排列，然后依次审评香气和滋味的高低，记录排列次序，并反复密码评比 2～3 次，观察次序的重现性，并进行校正。对于外形和叶底，也同样采用密码评比。最好同时冲泡双杯，以减少因取样等原因而引起的评比偏差。

（三）评茶术语

用简短而明确的词汇表示出茶的品质特点或优缺点来，这种词汇称之为评语。评语有其特定的专门含意，因此又称评茶术语。各产地对评语使用有其习惯性，相同的品质特征也有几种不同的评语。现将品评外形、内质常用术语分别说明如下（主要是绿茶和茉莉花茶）。

1. 外　形

细嫩：嫩度高，条索好，含有芽锋或多白毫。

细紧：嫩度好，条索紧，外表光润，含有少量锋苗或白毫。

紧结：条索紧卷，身骨重实，少锋苗。

粗壮：条索粗大壮实，尚卷紧。

粗松：叶质粗老，条索粗大，紧卷度差。

断碎：条索欠完整而碎条多，形状钝短无锋，俗称“下脚茶重”。

脱节：面张和碎茶多，中段茶少，也称“脱档”。

匀齐：上、中、下三段茶比例适中，净度好。

平直：条索挺直，在样盘中旋转后，面张平伏。

弯曲：形似钩镰或弓状，与挺直相反。

重实：茶叶用手掂之，感觉沉重。

轻飘：与重实相反。

2. 干茶色泽

翠绿：绿中显翠，色泽鲜艳。高级绿茶特有。

深绿（墨绿）：绿色深浓。多为烘青绿茶色泽。

黄绿：绿中泛黄，色泽欠润。中档绿茶常有之。

枯黄或暗黄：色泽黄而枯燥，暗而无光。

匀和（或调和）：色泽均匀一致。

花杂：色泽杂乱不一致。

青绿：绿多黄少，亦少光泽。

3. 香　气

浓烈：香气丰富，直至冷嗅有余香。

嫩香：清香芬芳，有爽快感觉（高级绿茶）。

浓郁、馥郁：带有浓长的特殊花香称“浓郁”，比浓郁更好称“馥郁”。

清高：香气高长鲜爽。适于包种、乌龙或绿茶。

清香：香气清新细长。

纯正：香气正，无杂味，但不浓。

平淡：香气较低，略有茶味。

低淡：淡薄，热嗅稍有香感，而冷嗅已消失。

粗老气：老叶特有的气味。

青气：有青草或青叶气息。

闷气：如新鲜毛竹浸在水里所发生的气味。

老火：嗅之微带有烤黄的锅巴气息。

日晒气：一种青臭气，日腥味。

异味：包括焦、烟、酸、馊等非茶叶本身气味。

以下是审评花茶时应注意的品质状况。

鲜灵：花香鲜显而高锐，一嗅即感。

浓：花香饱满，亦指花茶的耐泡性。

纯：花香、茶香比例调匀，无其他异杂气味。

幽香：花香幽雅文静，缓慢而持久。

香浮：花香浮于表面，一嗅即逝。

透兰：茉莉花茶中透露玉兰花香。

透素：花香薄弱，茶香突出。在茶汤中可以尝出来的绿茶滋味。一般“透素”的茶汤多带涩感。这种情况多半出现于窨花头窨未“窨倒”或用素绿茶拼入花茶的场合。

花蒂味：香味中夹杂有花蒂气味。因付窨的鲜花质量差、僵花较多而产生。

水闷味：花茶香味欠纯、欠鲜。多数在通花不及时或堆温过高鲜花受损、使茶坯在湿热情况下产生的不良气味。

闷浊味：花茶香味欠纯、欠鲜、不清爽。在窨堆过厚、鲜花受挤压、窨堆透气性差等情况下产生。

4. 滋　味

鲜浓：清爽鲜活，内含物丰富。

鲜醇：有鲜活爽口、甘醇的味道。

浓厚：入口微苦后觉甘爽，富有刺激性。

醇厚:比浓厚刺激性弱些。

醇和:滋味清爽回甘,惟鲜味不足。也称“醇正”、“甜和”。

平和:纯洁而淡,无刺激性。也称“平正”。

涩:入口有麻嘴厚舌的感觉。

苦:入口时觉得苦而后味更苦。

熟味:犹如青菜闷熟,味软弱低闷。

5. 汤　色

翠绿:翡翠色中略显黄,如鲜橄榄色。

黄绿:绿中呈黄。

明亮:汤色清净透明,有光彩。

浑浊:有大量游离物,透明度差。

暗:微带黑色,无光彩。

红汤:茶汤变红,失去原茶叶应有的汤色(用于绿茶、黄茶、白茶)。

6. 叶　底

细嫩:叶质幼嫩柔软,芽头多。反之为粗老。

柔软:手压软绵无弹性,反之为粗硬。

肥厚:芽叶肥壮丰满,反之为瘦薄。

匀齐:叶的大小、色泽、嫩度一致,反之为花杂。

明亮:新鲜有光泽,反之为枯暗。

嫩绿、黄绿、暗绿为绿茶适用,品质依次下降;花杂、花青属制工不当所产生。

此外,还可用虚词表明程度。

微:程度肤浅、轻微时用。如微烟、微焦。

略、稍:一般多在某方面有点儿不足或不正常时用。

较:对比时用。

欠:以对照规格为标准,在某种程度上还不符合要求时用之。如欠匀、欠亮。

尚:以衡量某种或某点还算不坏时用之。如尚匀、尚纯、尚亮等。

三、常见茉莉花茶品质缺陷的主要原因

(一)闷浊味

在窨制中容易出现的两闷即“湿坯闷堆,发热变质”和“热茶闷袋,火气耗鲜”。

出现闷浊味的主要原因有以下几条。

第一，通花散热不透。通花时散热不够，收堆过早，使之续窨时较闷热，茶坯中一些异杂味未散尽，又被茶坯所吸收。

第二，热茶闷袋过久。在窨品和烘后茶坯未及时摊晾散热，又闷袋堆放过久，均会产生闷热气味。

第三，付窨茶坯的坯温过高，使一部分鲜花闷热，产生闷浊味。

第四，窨堆过厚。窨堆厚度超过 40 厘米，透气性较差，影响鲜花吐香。特别是底层的鲜花受压过重，抑制吐香，均会产生异味。

(二)水 闷 味

第一，通花不及时，堆温过高，鲜花受损，使茶坯在湿热情况下产生水闷味和其他异味。

第二，湿坯堆放过久。待烘的湿坯水分含量高，堆放过久会产生水闷味。在连窨制法中窨后湿坯水分的控制偏高，加上遇夏季高温时，摊放偏厚就容易出现水闷味。

第三，出花不及时。遇窨花高峰期，鲜花拌和后 10～12 小时，如不及时出花，花朵在水热情况下，内含物的转化，使花香失去鲜灵，产生水闷气。

第四，鲜花质量差，如雨花、水渍花等。

(三)花 蒂 味

付窨的鲜花质量差，僵花较多，易产生花蒂味。

(四)透　素

成品茶的香气中透有茶坯的香味。这在低档茶中下花量少、茶坯水分高、通花过早、花香压不住茶味等原因均会产生透素现象。

(五)透 兰 味

透兰味又叫透底，即花茶的香气中透露玉兰花味。一是用茶坯窨玉兰花做花母，拼配不均所造成。二是玉兰花用量过多，拼配不当。三是审评称样后，未把玉兰花瓣、花蒂等拣净，使茶样中透兰味。

(六)汤色泛红

第一，素茶为陈坯，茶汤已陈变。

第二，银针一类毛茶贮存水分偏高，引起色变。

第三，窨制过程有热堆现象。

(七)香浮、香薄

第一，下花量不足。

第二，次花或小花窨制。

第三，鲜花养护不当，拌和不均匀。

(八)霉　气

第一，提花后产品水分超标。

第二，包装不当。如材料防潮性能差等。

(九)夹杂物

加工场所卫生条件差。

综上所述，由于茉莉花茶的窨制原料主要由 2 个部分组成，一是素坯，二是茉莉鲜花。而素坯主要是绿茶。因此要掌握茉莉花茶的审评技术，了解绿茶品质特征和审评方法是必要的环节之一，但又有别于绿茶审评，因此要多加实践，注意区别，不断提高审评技术水平。

思考题

1. 茉莉花茶的品质要求是什么？
2. 试述茉莉花茶的窨制原理。
3. 简述茉莉花茶的审评项目与内容。

第八章　影响茶叶品质的因子分析

影响茶叶品质的因子很多,但综合起来主要是品种、生态环境、制茶季节、产地海拔高度与加工技术等几个方面最为重要。

第一节　茶树品种与茶叶品质

从制茶角度来说,一棵茶树上的鲜叶,理论上可以通过不同加工方法制成红茶、绿茶或乌龙茶,但并不是都能制出好茶。制好茶要与品种相适应。每个茶树品种都有不同的形态特征和芽叶中不同的化学成分含量,这些都构成了不同品种适应加工不同的茶类,这就是品种的适制性。品种适制性可从茶树品种的形态学特征以及化学成分含量等 2 个方面加以判断。

一、茶树品种的形态学特征

形态特征主要指茶树的树型、芽叶色泽、嫩叶上茸毛有无及新梢持嫩性等几个方面。

(一)树　型

茶树的树型有生长高达 10 余米的乔木型大茶树,高度 1 ~ 3 米的灌木型茶树,还有介于两者之间的几米高的半乔木型茶树等 3 种类型(图 4-8-1)。树型为乔木,分枝部位高、叶片大、叶质厚软、叶面隆起、芽叶肥壮茸毛多的茶树,适制红茶;树型为灌木,分枝部位低、叶片中或偏小、发芽密度大、芽叶中等大小,一般适制绿茶;小乔木型茶树,分枝部位中等,一般叶片中等大小,叶面较平,叶身多内折,芽叶较肥壮,茸毛较少,适制乌龙茶。

(二)芽叶色泽

茶树新生芽叶呈深绿、绿、淡绿色的一般适制绿茶,绿、黄绿或微紫色的芽叶宜做红茶,乌龙茶对芽叶色泽要求多偏于浅黄绿或绿紫色(图 4-8-2)。

(三)茸　毛

除扁茶类的龙井茶外,其他各类茶叶几乎都很重视茸毛的多少。这除了茸毛是成品茶质量上的重要标志(显毫)外,更主要的是由于茸毛本身是富含原生质体的单细胞,而原生质体含有多酚类、氨基酸、有机酸、咖啡碱和羰基化合物等,它有利于成品茶品质的形成。茶树上的茸毛随着茶树新梢生长变老,

1　　2　　3

图 4-8-1　茶树种类

1. 灌木类　2. 小乔木类　3. 乔木类

浅绿色

黄绿色

深绿色

微紫色

图 4-8-2　春天茶芽色泽

自动脱落,所以茸毛多也代表茶叶的嫩度好、品质好。另外,茸毛在嫩芽上着生的牢固度因品种而不同,有的品种芽叶上茸毛在炒制过程中很易脱落,而有的则不易脱落。

(四)嫩　度

嫩度是综合芽叶各种理化性状的外在表现,这与采摘标准有关。嫩度好的芽叶由于在形态结构上扩大了海绵组织比例,液泡面积增大,而存在于液泡中的茶多酚、氨基酸等有效成分相应增多,这就是鲜嫩而柔软的芽叶品质优于老叶的内在原因。当然,任何芽叶经过一段时间生长,叶片中粗纤维就会形成,这会导致嫩度降低、品质下降。但这一过程的长短,不同品种是不一样的,这就是品种的持嫩性。从制茶而言,持嫩性强的品种优于持嫩性差的品种;同时持嫩性强的品种还可适当延长采摘期,有利于劳动力的安排。

二、不同茶树品种的生化成分含量

茶叶品质分外形和内质 2 大部分。外形是成品茶的外部形状,指条索松紧、整碎、净度和色泽。除色泽外都是在加工过程中通过整形而形成的。成品茶的内质主要是由滋味、香气来判别的,与茶树品种所含的化学成分有关,尤其是滋味的好坏最能反映出品种的适制性和品质特点。茶树鲜叶含有茶多酚、氨基酸(蛋白质)、咖啡碱、芳香物质、色素、有机酸、糖类等 10 余类化合物,它们本身具有不同的味道,如茶多酚味涩、花青素味苦、可溶性糖味甜、氨基酸味鲜、咖啡碱味爽、茶皂素味辛辣、芳香物质具有各种香型等。当然,这些化学成分在加工过程中还会发生复杂的变化,使成品茶形成人们喜爱的色、香、味。但在鲜叶中的基本含量决定着茶叶内在品质。

(一)茶多酚含量高的品种适制红茶

茶多酚是茶叶中重要生化成分,占干物质总量的 15% ~ 40%。一般小乔木、乔木大叶品种多在 30%以上,而中小叶种多在 25%以下;在不同季节里,往往是气温较高的夏茶含量高于春、秋茶。茶多酚是茶叶中多元酚化合物的总称,包括儿茶素(黄烷醇)、黄酮、黄酮醇、花青素、花白素、酚酸等,但其主体物质是儿茶素(约占 70%)。儿茶素存在于茶叶细胞的液泡中,而在原生质里面的叶绿体和线粒体中存在着多酚氧化酶。在活体鲜叶中,儿茶素类物质和多酚氧化酶基本上是互不接触的。当揉捻开始后,液泡膜受损伤,泡液渗出,儿茶素类物质便与氧化酶接触,发生酶促氧化。先产生茶黄素(橙黄色);茶黄素再氧化产生茶红素(红色);茶红素进一步氧化并与氨基酸等物质聚合,最后形成了茶褐素(暗褐色)。而绿茶在加工过程中由于高温杀青,钝化了氧化酶的活性,所以不会发生一系列反应,使绿茶保持原有的清汤绿叶。如果在大叶品种鲜叶中茶多酚含量高,发酵适度,便会形成更多的茶黄素、茶红素,这对形成红茶品质十分有利,这就是大叶品种适制红茶的原因。同是一个品种在不同季节里,鲜叶中含茶多酚的量是不同的,当然制红茶的效果也不一样。

（二）氨基酸含量高的品种适制绿茶

茶树鲜叶中氨基酸含量很少，一般为 2% ~ 4%，但它对成品茶品质的影响却很大。绿茶在初制过程中，由于高温的湿热作用，一部分蛋白质水解后形成游离氨基酸，所以摊放杀青后绿茶中的氨基酸会适当增加。茶叶中氨基酸由 19 种酸组成，其中以茶氨酸（茶树特有，是鉴别真假茶的依据）、谷氨酸、天门冬氨酸、精氨酸含量较高。氨基酸是一种鲜味物质，它与适当咖啡碱的“爽”味相配合，形成了绿茶“鲜醇爽口”的滋味。所以氨基酸含量高的品种适制绿茶。

（三）用茶多酚与氨基酸的比值来鉴别茶树品种的适制性

为了衡量一个茶树品种的适制性，常用酚氨比（茶多酚与氨基酸之比例）来表示。一般酚氨比 < 7 的适制绿茶，> 10 的适制红茶。但由于茶叶加工过程中生化变化的复杂性，所以适制性也不是绝对的。

三、中国栽培的主要茶树品种

现有茶树的品种基本分有性系和无性系 2 大类。有性系品种用种子繁殖，个体间特征特性差异较大，又称“群体品种”。如龙井种、祁门种等。无性系品种用扦插或压条方式繁育，个体间性状相对一致。如龙井 43、福鼎大白茶等。从制茶而言，无性系品种芽叶优于有性系品种。

到目前我国经各级茶树品种审定委员会审定，已有国家级品种 96 个，省级（包括台湾省）品种约 110 个，还有不少地方品种和名丛（单株），为适制 6 大茶类的各种茶叶提供了丰富的品种资源，可以任意选择。

（一）适制扁形（龙井）茶的茶树品种

要求发芽早，芽叶绿、黄绿或淡绿色，茸毛少，芽叶较纤细。如龙井 43、龙井长叶、乌牛早、平阳特早茶等（图 4-8-3）。

龙井 43

龙井长叶

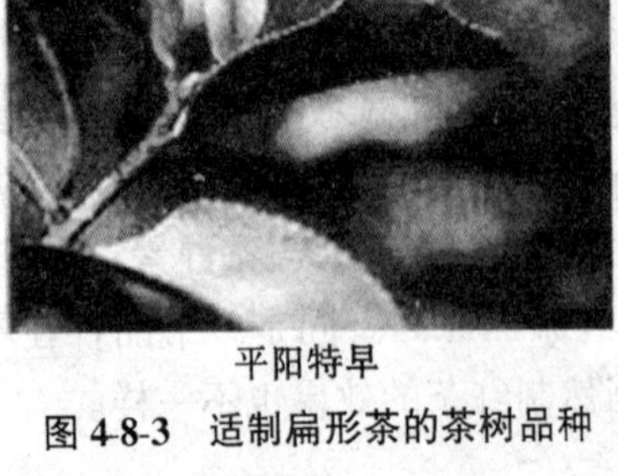
平阳特早

图 4-8-3　适制扁形茶的茶树品种

(二)适制毫形绿茶的茶树品种(毛峰、银针、碧螺春)

要求发芽早,芽叶绿或淡绿色,茸毛多。如福鼎大毫茶、福鼎大白茶、迎霜、浙农 113、白毫早、宜红早、乐昌白毛茶、凌云白毛茶等(图 4-8-4)。

福鼎大毫茶

福鼎大白茶

迎　霜

浙农 113

白 毫 早

宜 红 早

乐昌白毛茶

图 4-8-4　适制毫形绿茶的茶树品种

(三)适制红茶的茶树品种

要求芽叶茸毛多,较肥壮,茶多酚等内含物含量高。如祁门种、政和大白茶、英红 1 号、英红 9 号、云抗 10 号、桂红 3 号、黔湄 419 等(图 4-8-5)。

(四)适制乌龙茶的茶树品种

要求芽叶色泽浅黄或微紫色,茸毛较少,咖啡碱含量较高。如铁观音、金观音、黄旦、大红袍、岭头单丛、凤凰单丛、金萱等(图 4-8-6)。

祁门种

政和大白茶

英红1号

英红9号

云抗10号

桂红3号

黔湄419

图 **4-8-5**　适制红茶的茶树品种

铁观音

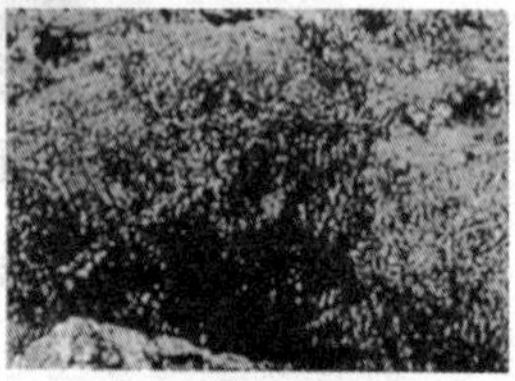

大红袍

岭头单丛

凤凰单丛

图 **4-8-6**　适制乌龙茶的茶树品种

(五)适制白茶的茶树品种

要求芽叶茸毛密集,单芽较长。如福鼎大白茶、政和大白茶、福鼎大毫茶、福建水仙等(图 4-8-7)。

福鼎大白茶

福鼎大毫茶

政和大白茶

福建水仙

图 4-8-7　适制白茶的茶树品种

(六)适制黄茶的茶树品种

除要求芽叶茸毛较多外,别无其他特殊要求,各地都用当地群体种。

(七)适制黑茶的茶树品种

黑茶采制粗老,对品种要求不严格,各地都用当地群体种。但普洱茶要求勐库大叶种、勐海大叶、临沧大叶、凤庆大叶等大叶品种(图 4-8-8),小叶种不宜制普洱茶。

第二节　生态环境与茶叶品质

茶叶品质的形成除品种因素以外,栽培的生态环境条件与技术措施影响很大。同一品种的茶树,在不同生态环境条件和技术措施下会出现很大的差异。

勐库大叶种

勐海大叶

凤庆大叶

图 4-8-8　适制普洱茶的茶树品种

一、土　壤

土壤对茶树生长发育的影响很大。不同的土壤类型、土壤营养、土壤酸碱度、土壤质地和结构、土层厚度和土壤水分状况等，都会给茶树带来不同程度的影响。

(一)土壤类型和质地

茶树在砂壤土、壤土、黏壤土上都能良好生长。但就茶叶品质而言，一般认为在含有腐殖质较多，并以石英砂岩、花岗岩、片麻岩等母岩形成的沙质壤土上(尤其是白沙土、乌沙土)生长的茶树，因土壤质地疏松，通气性好，并含有较多的钾、镁及其他微量元素，因此鲜叶中氨基酸含量高，滋味鲜醇，茶叶品质最好(图 4-8-9，图 4-8-10)；而生长在黏质黄土或僵黄土上的茶树，由于土壤通气性差，鲜叶中往往茶多酚类含量较多，味较苦涩；石灰岩形成的红黏土和第四纪红色黏土上生长的茶树，鲜叶品质为最差。

(二)土壤的酸碱度

茶树是喜酸性植物，土壤酸碱度对茶树生长影响很大。一般认为土壤 pH 值 4.5 ~ 6.5 茶树都能正常生长；5 ~ 5.5 生长最好；低于 4 或高于 6.5 则影响茶树叶绿素的形成，叶色往往发黄，甚至枯焦，生长不良。不仅如此，过酸或偏碱的土壤条件，促使茶树生理功能削弱，物质代谢受阻，因此合成与品质有关

图 4-8-9 杭州市梅家坞乌砂土茶园

图 4-8-10 广东潮州凤凰山沙质土茶园

的成分也就较少。用不同pH值的培养液进行茶苗水培试验结果表明，茶多酚、儿茶素和氨基酸含量都是pH值在5～5.5时为最高，而pH值低于5或高于6.5时含量均较低。由此看来，也只有在适宜的pH值条件下，茶树的碳、氮代谢才能顺利进行，茶多酚、氨基酸等才能更多地合成。

(三)土壤养分和施肥

茶树在生长发育过程中大约要从土壤中吸取氮、磷、钾、硫、铁、铝、钙、镁、锰、锌、铜、钼等40多种必要的营养元素，其中以氮、磷、钾吸收得最多，所以又称肥料三要素。对茶树来说，氮、磷、钾三种元素是茶树最基本的营养成分，三者缺一不可。但作为叶用作物的茶树，氮尤为重要，要提高茶叶产量，适当增施氮肥用量是最可靠的措施。磷、钾肥的使用，有利于茶树骨架的形成，在茶树幼年期，应较多地施用磷、钾肥。

氮、磷、钾肥对茶叶化学成分的影响是十分明显的。试验表明，施用氮肥对增加茶叶中的总氮量和氨基酸含量有益，但单施氮肥有降低茶多酚含量的趋势，而磷钾肥可提高茶多酚的含量。氮、磷、钾三者配合施用时，茶多酚和氨基酸的含量都可兼顾，可见只有三要素配合施用时，茶叶品质才能全面提高，茶叶产量才能稳步上升。

施用氮肥可提高茶叶中蛋白质、叶绿素等含氮物和氨基酸的含量，因此在绿茶生产中往往施用较多的氮肥，这对绿茶品质有利；但是施氮肥过多，茶多酚含量会有减少的趋势，这在红茶产区尤应引起重视。红茶地区应施较多的磷、钾肥，有利于碳素代谢，对红茶品质有利。

茶园施肥，除施用化学肥料以外，更重要的是要多施有机肥料。有机肥料（如饼肥、厩肥、土杂肥、绿肥等）营养比较全面，除氮、磷、钾等营养元素以外，还有许多微量元素（硼、锌、镁、铁、铜、钼等），对茶叶品质起至关重要的作用。有机肥在腐烂以后，产生各种腐殖酸，能改良土壤团粒结构，增加土壤通气性和保水性，改善土壤环境，使茶树芽叶肥硕，持嫩性好。研究表明，多施有机肥的茶园，可显著提高茶汤水浸出物的含量，对增加茶汤滋味的浓度极为有利。杭州西湖龙井茶的品质是绿茶中的佼佼者。西湖龙井茶区的茶农每年都于秋、冬季节在茶园中大量施用菜籽饼等有机肥作基肥，这与西湖龙井茶的香高味醇独特的品质不无关系。

二、温　度

茶树生长的起点温度，早生品种约8℃，中生品种10℃左右；10℃～35℃茶树都能正常生长，但18℃～25℃是茶树的最适温度。在最适温度期，茶芽生长旺盛，品质也好。茶树体内的物质代谢是受各种酶所控制的，同一个茶树品种在不同温度条件下，它的物质代谢方向和速度是不同的。在10℃～35℃范围内，随着温度的升高，茶树体内糖类的合成、运输和转化速度加快，由糖转化而形成茶多酚的代谢加速，因此在气温高的夏、秋季合成的茶多酚比气温低的春季多得多，酚氨比大，适制红茶；与此相反，在春季气温较低时，有利于氨基酸的运输和积累，酚氨比值小，适制绿茶。气温过高，不少氨基酸还会加速分解，因此夏茶期间氨基酸的含量明显下降。所以春茶和夏茶品质上的明显差别，主要是气温不同引起茶树体内物质代谢上的变化而形成的。当温度超过35℃时，茶树的生理活动受到抑制，内含物的分解和转化不论是红茶还是绿茶品质都比较差。夏茶季节，由于气温升高，还有利于花青茶的形成，无论对红茶、绿茶都是不利的。我国广东、云南、海南等地许多热带茶园，常种植遮荫树或进行喷灌来降温，这是提高茶叶品质的有效措施。温度过高与日照往往联系在一起，日照量大，太阳辐射量大，往往也是高温季节，在这种条件下，氮素代谢不能顺利进行，茶叶中氨基酸含量就会明显下降。

三、光　照

光照对茶叶品质的影响主要是光照强度和光质。

（一）光照强度

茶树起源于我国西南部森林地带，在长期的系统发育过程中，适应于漫射光多的条件下生长，所以云南、广东、广西等地原始型大叶品种对光照强度要求较低；相反，中小叶品种由于所处环境不同于森林条件，对光照强度要求较高。鉴于这种情况，我国南方一些茶区，常利用遮荫（如云南的胶、茶间作等）来提高茶叶产量和改进品质。据试验，适当遮荫（当荫蔽度达30%～40%时），不但有利于茶叶干物质的积累、提高茶叶产量，而且还对茶树本身物质代谢产生影响。遮光后，碳代谢明显受抑制，糖类、多酚类物质的含量有所下降；而氮代谢明显增强，全氮、咖啡碱、氨基酸的含量增加。因此，遮光处理后有利于绿茶品质的提高。试验还表明，过弱或过强的光照对茶叶中氨基酸的合成和积累都不利，当日照量为12 552～16 736千焦/米^{2}时，茶树新梢中的氨基酸含量最高。在较弱的光照条件下，茶多酚的含量有所下降。总的来说，这样的光照对绿茶品质有利。如日本的玉露茶生产，都是在遮荫的条件下进行的。遮光条件下还可减少粗纤维的形成，有利于提高茶叶品质。

（二）光　质

光质对茶叶品质也是有关系的。利用不同颜色覆盖物进行茶树遮荫试验表明，用黄色遮阳网覆盖，去除自然光中的蓝紫光后，茶芽生长旺盛，持嫩性增强，茶叶中叶绿素、氨基酸和水分含量明显提高，而茶多酚反而有所下降。这对改进绿茶的色泽和滋味都有利。在夏茶高温季节，采用覆盖黄色遮阳网这种措施，消除部分蓝紫光可明显提高绿茶品质。同样在云雾多的山区，也由于云雾对光的折射，减少了蓝紫光的照射，使绿茶的品质提高。

四、水 分

水是一切生命活动必不可少的重要因素,光合作用、呼吸作用、养分吸收、物质的形成与转化等等都离不开水。所以说,没有水就没有生命。

茶树生长发育过程中,根系从土壤中吸收大量的水分。吸收来的水分虽然一部分供给光合作用,一部分积蓄在茶树体内,但大部分是从叶片的气孔蒸腾而散失。茶树蒸腾作用的结果,一方面可以调节体温,另一方面还有利于茶树根系吸收更多的养分。茶园在一年里大约消耗水分 1 300 毫米。其中 4 ~ 9 月份耗水较多,约为 900 毫米;而每天耗水量在 1 ~ 6 毫米之间不等。

茶园供水不良的情况下,茶树生长发育会受到严重影响。表现为生长迟缓、停顿甚至枯焦死亡。同时,茶树体内的物质代谢趋向水解,单糖和双糖增加,淀粉含量减少,蛋白质、茶多酚的生物合成受阻,含量急剧下降。试验分析,干旱条件下,茶树由于干旱缺水,新梢中的含水量不到 70% 时,随着叶片枯焦程度加重,含水量急剧下降。由于水分含量的减少,物质代谢异常,叶绿素含量显著下降。因此,光合作用受阻,物质合成代谢受到影响。从儿茶素和氨基酸的含量上看,随着叶片枯焦程度加重,其合成速度和积累量明显下降。由此可知,茶树缺水,不仅产量降低,而且品质也将大大下降。因此,干旱期间灌溉是茶园获得高产优质的重要技术措施。

第三节 季节与茶叶品质

茶树年生长发育周期内,受气温、雨量、日照等季节气候的影响,以及茶树自身营养条件的差异,从而使得加工成的各季茶叶品质也不一样。"春茶苦、夏茶涩,要好喝,秋白露(指秋茶)",这是人们对各季茶叶自然品质的概括。

按照农历二十四节气分,一般从春天茶园开采日起到小满前所产的茶叶,人们称为春茶;从小满到立秋前所产的茶叶,为夏茶;由立秋到封园为止所产的茶叶,为秋茶。少数南方茶区还有冬茶(11 ~ 12 月份)。由于不同季节所处的生态环境、日照、气温、降水量、湿度及茶园肥培营养条件不同,茶树新梢的生育特性、物理性状和化学成分的含量均有区别,成茶品质当然也不尽相同。以绿茶而言,由于春季气温适中,光照强度弱,雨量充沛,加上茶树经上年漫长的秋、冬季休养生息,使得春梢芽叶肥壮,嫩度好,持嫩性强,色泽翠绿,叶质柔软,富有光泽,幼嫩芽叶茸毛多,紫芽最少,鲜叶的自然品质较好。春天由于气温低、光照弱、雨水多,在这一生态条件下,有利于茶树体内氮的代谢(形成蛋白质、氨基酸)，而碳素代谢(形成茶多酚和糖类)相对比较缓慢。与绿茶品质形成有关的化学成分，如蛋白质、氨基酸等含氮化合物合成较多，而茶多酚含量相对较低，具有清香型香气组分的己烯醇、戊烯醇、2-己烯醇形成也较多。因此，春茶滋味鲜爽、香气浓烈，特别是早期的春茶往往是一年之中绿茶品质最好的时期。许多名茶，如高级西湖龙井茶、碧螺春、黄山毛峰、六安瓜片、太平猴魁、顾渚紫笋、开化龙顶等，都是由春茶早期的幼嫩芽叶经精细加工而成的。

夏季气温高，日照强度大，有利于茶树碳代谢进行，糖化合物的形成和转化较多，茶多酚含量高，氨基酸分解速度快，含量明显下降，带苦涩味的花青素、咖啡碱含量增加，具清香型的戊烯醇、己烯醇含量较低。芽叶瘦小，叶张薄，紫芽多，用它制成绿茶外形条索轻飘，香气不浓，滋味苦涩，欠鲜爽，叶底花青，品质差。

秋茶生长的气候条件介于春、夏之间。晚秋的气温较低，多在28℃左右，有利于花香型的芳香物质(如苯乙醇、苯乙醛)形成，茶叶常带花香，对制乌龙茶十分有利。但因空气湿度较低，茶树本身营养条件欠佳，芽叶瘦小，叶张薄、大小不一，叶底发脆，叶色泛黄，紫芽较多。用这种原料制成绿茶，常有汤色青绿、叶底花青偏暗和香气、滋味平淡等弊病。

当然，就红茶品质而言，由于夏季气温高，茶叶中茶多酚含量较高，对形成更多的红茶色素有利。因此，由夏茶采制成的红茶，干茶和茶汤色泽显得更为红润，滋味也比较强烈；但是夏茶中氨基酸含量显著减少，这对形成红茶的鲜爽滋味也是不利的。

第四节　海拔与茶叶品质

自古以来，人们都认为高山出好茶。明代陈襄古诗称：“雾芽吸尽香龙脂”，说的是高山茶香气特别好。现代的许多名茶，如黄山毛峰、庐山云雾、华顶云雾、雁荡毛峰等大都出自高山。

现代科学来分析，高山出好茶是有其科学根据的。

一、气　候

(一)气　温

科学研究表明，气温是随着海拔高度升高而变化的。通常海拔高度每上升100米，气温下降0.5℃。高山气候相对比较温和、气温较低，有利于茶树氮素的代谢,从而形成较多的蛋白质和氨基酸等含氮化合物,茶味比较鲜爽。相对而言茶树的碳素代谢比较缓慢,形成的茶多酚等糖类化合物含量不高。

(二)湿　度

高山湿度大,降水多,大抵在海拔 2000 米以内的高山,降水量随海拔高度提高而增多。高山云雾弥漫,光照短而漫射光多,光合作用形成的糖类化合物缩合困难,茶叶中纤维素不易形成,茶叶鲜叶原料在长时间内保持鲜嫩而不易老化。同时在漫射光条件下,使光质中红黄色光多而蓝紫光不易透过,减少紫外线的照射,有利于叶绿素、含氮物和香气的形成。

(三)温　度

高山昼夜温差大,白天光合作用积累的有机物质多,而夜间温度低呼吸作用消耗少,茶叶中有机物积累多,成茶品质中水浸出物含量高,茶汤浓度好。

二、土　壤

土壤是茶树生长的基础,茶树生长所需的水分和养料都来自土壤,因此,土壤条件决定着茶树生长状况。高山与平地相比,通常高山茶园土壤中腐殖质含量高,石砾较多,通气性良好,有机质和微量元素含量都较丰富。因此,高山茶园茶树生长比较健壮,茶芽持嫩性强,茶叶的各种有效品质成分和保健营养成分含量都高;而平地茶园质地较为黏重,土壤结构差,肥力低,茶树生长差,茶叶内含成分也少。

三、植　被

高山树木较多,植被繁茂,覆盖度高,不但有利于调节空气相对湿度、增加土壤肥力,而更为重要的是高山茶园光照条件对茶树比较适宜。茶树原产于我国西南部湿润多雨的原始森林中,在长期生长发育的进程中,形成了喜温、喜湿和耐荫的生活习性。现代科学研究表明,茶园虽然需要一定的阳光进行光合作用制造有机物质,但以弱光为好,尤其是需要较多的漫射光。高山茶园,由于被树木所荫蔽,茶树在漫射光多的条件下生育,从而给有机体的生化变化带来深刻的影响。尤其是含氮物质的增加,对绿茶品质十分有利。

综上所述,可见高山茶园芽叶肥壮,持嫩性好,节间长,叶色绿,茸毛多,茶叶原料自然品质好;因而制成茶叶,身骨重实,条索紧结,肥硕,白毫显露,香气浓烈,滋味醇厚而耐冲泡。平地茶园芽叶持嫩性差,对夹叶多,芽叶瘦小,叶张薄,叶色黄绿,夏、秋茶紫芽特别多,由于糖转化合成的茶多酚含量高,含氮化合物合成积累较少,氨基酸含量较低;因而制成茶叶身骨较轻,条索细紧,香气较低，滋味苦涩。当然这些特征，受茶树品种、季节、环境条件等因素的制约。平地茶园只要有适宜的气温、日照适中、雨量充沛、湿度较大、土质良好，同样可以生产出优质的茶叶。如采用遮荫栽培、人工灌溉、茶园铺草等措施，改善茶园小气候环境，同样可以出好茶。

地区之间，如南方与北方相比，也与高山与平地有类似的情况。

第五节　茶叶加工中常见质量弊病及分析

茶叶的感官品质表现，是各种内含成分相互作用的结果。而内含成分的形成与变化，常涉及鲜叶原料、加工技术乃至物流包装等各个环节，诸多的因素共同影响着茶叶最终的品质。

不同的茶类间，许多品质弊病和缺陷都有相似之处，但由于要求各异，不同茶类产品的许多品质缺陷和弊病也不尽相同。以下就常见在加工中的一些品质弊病，及其改进、完善和弥补的措施，按照感官品质的审评项目，予以简要介绍。

一、茶叶外形缺陷及产生原因和改进措施

（一）条索粗松、松散

1. 产生原因　这是条形茶常见的一种不良品质表现，在各大茶类中均存在。其原因主要有以下几条。

第一，采摘的茶叶原料嫩度差或老嫩不匀、加工工艺难于实现一致的结果，致使条索粗松或松散条混杂其中。

第二，揉捻工序中适度的加压欠缺、投叶过少，茶条卷紧度不足，造成松散条出现。

第三，锅炒茶投叶过少、火温过高。由于茶叶水分被快速强迫散发，做形工序要求的收紧时间不够，茶叶被很快干燥固形，导致茶条仍呈似原料般的松散形态。

第四，红茶萎凋偏轻。

2. 改进措施　针对上述的品质缺陷，可采取的相应改进措施包括以下几条。

第一，严格控制原料采摘标准，力求采匀。进厂后鲜叶原料按照不同等级分别付制。

第二，以揉出茶汁、紧卷成条、芽叶不破碎为适度；有选择性地调节揉捻工

序的时间、投叶量和压力变化。

第三,以产品的综合品质为要求,合理安排制作时间和加工工序,并避免为一味追求色泽表现而变动工艺。

第四,加工条红茶时,萎凋摊叶不可过厚,掌握萎凋适度标准,并根据制作时的情况及时调节萎凋槽风量和萎凋时间。

(二)欠圆浑,带扁

1. 产生原因　各大茶类的机揉条形茶中可能出现的一种外形缺陷表现。原因主要在于揉捻工序。

第一,揉捻时投叶量过多,揉转不匀,致使茶条不圆不扁,有失整齐。

第二,加压过早、过重,塑形不当。

2. 改进措施　可采取的相应改进措施包括以下几条。

第一,按要求调整揉桶中的投叶量,投叶时不能完全压紧压实。

第二,掌握加压、松压原则,做到适当、适度、适时。

(三)断　碎

1. 产生原因　各大茶类普遍存在的品质弊病。原因通常在于以下几条。

第一,杀青程度过老,含水量太低。

第二,揉捻过度,压力过重。

第三,揉捻叶含水量偏高。

第四,绿茶二青时茶条未受热回软就过早搓揉或锅温过高。

第五,滚条、车色时间过长。

第六,贮运过程中受重压。

第七,红茶萎凋偏轻。

2. 改进措施　可采取的相应改进措施包括以下几条。

第一,控制杀青程度。掌握嫩叶老杀、老叶嫩杀、老而不焦、嫩而不重的原则。

第二,掌握揉捻适度的原则。

第三,避免赶时间用重压短时揉捻或一压到底。

第四,滚条、车色应掌握投料与时间的关系。

第五,合理控制各过程的锅温。

第六,贮运中轻拿轻放。

第七,红茶萎凋时间应充足,最短不可少于6小时。

(四)团　块

1. 产生原因　各种条形茶常见的一种外形弊病表现。形成原因主要在于以下几条。

第一,杀青扬炒及完成后的摊晾不足,叶片含水量高,芽叶挤压成块。

第二,揉捻压力过大,加压过早,解块不够均匀彻底。

2. 改进措施　一般采取的改进措施包括以下几条。

第一,改进解块机滚筒“铺齿”密度。

第二,杀青叶含水量多时应多扬少闷。

(五)干茶色呈黄白、起泡

1. 产生原因　出现的原因主要有以下几条。

第一,杀青或炒二、三青时火温过高。

第二,翻炒不匀、欠及时。

2. 改进措施

第一,高温杀青或炒茶时翻炒应均匀,相应的速度要快。

第二,机具加热时做到火力均匀,控制火温要先高后低。

(六)红筋红梗

1. 产生原因　这是绿茶产品中出现的缺陷。形成的原因主要有以下几条。

第一,采摘手法不当,致使新梢断裂处细胞破损过大。

第二,贮运鲜叶堆压过重过久,导致红变。

第三,杀青时温度低,翻炒不匀不足,叶子受热不足。

第四,揉捻后未及时干燥或干燥温度低、时间长。

2. 改进措施

第一,采用恰当的采摘方式。

第二,贮运鲜叶的容器应透气,忌用塑料袋装运。

第三,采下的鲜叶及时送至茶厂摊放散热。

第四,鲜叶摊放不宜过厚、过久。

第五,杀青要杀透、杀匀。

第六,揉捻叶应及时干燥。初干温度不低于 120℃。

(七)灰暗(枯)

1. 产生原因　在各类茶中均会出现的缺陷。主要原因包括以下几条。

第一,绿茶加工中揉捻过度、在制品液汁流出过多,致使茶多酚过多氧化。

第二,绿茶初干温度偏低,炒干时间过长。

第三,茶叶在潮湿环境中放置时间过长,致使茶叶受潮。

第四,红茶萎凋过度。

第五，红茶加工揉捻不足或发酵过度。

第六，红茶、青茶干燥温度过高，足干时间偏长。

第七，红茶中粗老原料过多。

第八，青茶茶青偏嫩、晒青过度。

第九，青茶做青过度。

2. 改进措施

第一，掌握揉捻适度，避免摩擦过度。

第二，拣剔、包装时注意防潮。

第三，茶叶从冷库中取出时注意密封，以避免茶叶过早在空气中暴露至冷凝的水分被吸附而受潮。

第四，红茶萎凋时间不宜过长，一般不应超过 18 小时。

第五，红茶发酵要适度。

第六，红茶、青茶的初干温度不宜超过 130℃。

第七，青茶应注意做青过程香气变化及适度。

第八，青茶的干燥工序中烘焙温度由高渐低，中间逐次摊晾。

第九，注意红茶原料嫩度，不宜老、嫩混杂加工。

（八）带　黄

1. 产生原因

第一，绿茶煇锅时间过长或火温过高。

第二，复干机滚条温度过高、时间过长。

第三，原料嫩度差，杀青叶在制品摊放时间过长、过厚。

第四，青茶杀青温度过低，时间偏长。

第五，青茶杀青或初干时投叶量过大，水汽不透而闷黄。

第六，包揉的在制品温度过高，包揉处理时间过长。

2. 改进措施

第一，复炒、滚加热时掌握温度不超过 80℃。

第二，适当调整原料嫩度，控制摊放叶的厚度和时间。

第三，掌握青茶杀青的时间、温度恰当。

第四，控制青茶杀青、初干的投叶量。

第五，根据工艺需要控制包揉工序的温度和时间。

（九）露筋、朴

1. 产生原因

第一，粗老的原料因揉捻（切）不当、表皮破损，茶叶茎梗上的木质部露出。

第二,混杂在新梢中的老叶因破损呈残片状。

2. 改进措施

第一,规范采摘标准,把握好原料嫩度的一致性。

第二,适当调整揉捻的工艺参数。

(十)焦斑、爆点

1. 产生原因　这类较常见的弊病形成原因是加热工序的温度过高使茶叶产生局部炭化,尤其是嫩芽尖和叶缘易被烧焦。

2. 改进措施

第一,控制投入加工的在制品数量。

第二,注意机具的运转情况,突出关注加热的均匀性。

(十一)花　青

1. 产生原因　这一弊病常出现在红茶中。原因有以下几条。

第一,鲜叶老嫩混杂,致使加工不能一致。

第二,萎凋、发酵不匀。

2. 改进措施

第一,合理采摘,老、嫩分采分制。

第二,揉捻叶解块筛分后,老、嫩叶分别发酵。

(十二)红褐发枯

1. 产生原因　青茶的外形弊病。产生原因有以下几条。

第一,晒青过度或高温烫伤。

第二,做青过度。

第三,杀青叶高温揉捻。

2. 改进措施

第一,采用晒青专用工具,摊叶厚度和晒青时间适当,不使晒青茶接触水泥地面。

第二,做青环境温度应适当,防止做青过度。

第三,揉捻叶温度不高于40℃。

(十三)青　绿

1. 产生原因　常见于经过包揉的青茶。产生原因有以下几条。

第一,原料未晒青或晒青不足。

第二,做青期间空气湿度大,走水不畅。

第三,做青发酵不足。

第四,杀青时间短产生“返青”现象。

2. 改进措施

第一，原料应及时晒青，并保证晒青时间。

第二，控制摇青间的温、湿度。

第三，按品种特性掌握摇青次数和力度。

第四，杀青要求杀透、杀匀，然后再进行包揉。

二、汤色常见不足及产生原因和改进措施

(一)深　暗

1. 产生原因　形成这种弊病的原因有以下几条。

第一，因茶叶受潮等原因造成品质陈化，导致颜色加深。

第二，原料中混杂紫芽紫叶。

第三，红茶发酵过度。

2. 改进措施

第一，重视茶叶保鲜，增强保鲜手段的利用。

第二，加强原料管理，及时剔除已采的不符合要求的原料。

第三，红茶发酵程度应适宜，防止过度。

(二)沉　淀

1. 产生原因　形成这种弊病的原因有以下几条。

第一，加工中生产者对卫生重视不足，茶叶随意在地上摊放；接触在制品的器具不清洁。

第二，工艺不当，加工中形成的茶叶细末受热炭化产生沉淀。

2. 改进措施

第一，保持加工场地与器具的清洁，确保茶叶加工中不落地。

第二，及时清理加热机具中的在制品积垢。

第三，根据在制品整碎程度进行筛分，分别炒制。

(三)茶汤泛红

1. 产生原因　造成绿茶茶汤泛红的原因在于叶片细胞内茶多酚氧化。主要原因有以下几条。

第一，鲜叶采摘后贮运处理不当，有叶片堆积、挤压现象。

第二，杀青温度太低或杀青不足。

第三，揉捻后摊放过久，未及时干燥。

第四，干燥温度偏低、投叶太厚，闷黄了干燥叶。

2. 改进措施

第一,鲜叶贮运应轻拿轻放,避免叶片因相互挤压而擦伤。

第二,杀青要匀透,充分摊晾。

第三,揉捻叶应及时干燥。

第四,初干掌握摊薄、高温短时,防止"闷蒸"。

(四)浑 浊

1. 产生原因

第一,揉捻加压过重。

第二,红茶萎凋偏轻,致使含水量过高。

第三,在制品加工不及时,相关成分氧化过度或细菌污染变质。

2. 改进措施

第一,揉捻加压掌握轻—重—轻原则。

第二,红茶萎凋叶含水量,条形茶不高于60%,碎茶不高于64%。

第三,按各工序工艺要求及时加工,做到当天原料、当天加工完毕。

三、香气缺陷及产生原因和改进措施

(一)异 气

1. 产生原因 茶叶产品在加工、运输或贮存期间遭受污染,吸附非正常茶香的其他气味,致使香气不纯,散发出令人不快的气味。这类污染可能来自加工机具漏烟漏油、包装材料不清洁、与有味的其他物品混合贮运、工作人员不当操作以及产品包装密封性欠佳等。

2. 改进措施 要解决这个问题,必须在查清污染源的基础上,有针对性地采取消除措施和预防方法,实现茶叶产品保鲜和避免被污染的目的。

(二)水闷气

1. 产生原因 这种由于"捂水"形成弊病的原因有以下几条。

第一,采摘雨水叶,未能及时处理叶片表面水分。

第二,绿茶杀青闷炒过久,杀青不透。

第三,杀青叶未经摊晾,或摊晾不足直接进行揉捻。

第四,干燥温度过低,水汽没有充分发散。

第五,青茶做青不足,"走水"不畅,杀青不透,包揉时间太久。

第六,茉莉花茶窨制中通花散热不够,热闷的时间过长。

第七,茉莉花茶窨制时没有用鲜花进行提花;或是虽有提花,但花朵不新鲜。

2. 改进措施

第一,雨水叶经通风摊放(或用脱水机)去除表面水。

第二,杀青时适当“扬炒”。

第三,在制品加工期间各加热工序完成后注意进行摊晾。

第四,适当提高干燥温度。

第五,青茶做青发酵程度不宜低于20%。

第六,茉莉花茶窨制中做到及时通花散热,避免堆温上升过高。

第七,用适量茉莉鲜花进行提花,可有效降低水闷味。

(三)焦　气

1. 产生原因　造成这种弊病是由于在制品吸附叶片炭化时产生的气味。主要原因有以下几条。

第一,绿茶用滚筒、锅炒方式杀青时有老叶、附着叶混入,且温度过高,致使翻炒不匀。

第二,绿茶杀青叶因水汽蒸发,带出的茶汁黏着筒(锅)壁持续受高温作用而炭化。

第三,揉捻后末茶过多,干燥温度太高使之炭化。

第四,杀青或炒干时出叶不净,造成部分宿叶炭化产生烟焦味。

2. 改进措施

第一,鲜叶杀青时正确控制加热温度。

第二,恰当控制干燥温度。

第三,及时清理筒(锅)壁附着叶。

第四,揉捻完成后应及时解块并筛分末茶。

(四)熟闷气

1. 产生原因

第一,低温杀青因闷杀过长闷熟。

第二,杀青程度太轻,含水量高,杀青叶摊晾时间过长。

第三,幼嫩的原料在干燥时温度低、时间长,反而散失优良的香气风味,转化形成。

第四,茶叶产品保鲜不当,受潮陈化形成。

2. 改进措施

第一,杀青锅充分预热,扬、闷结合。

第二,杀青时投叶量不可过多。

第三,合理掌握杀青程度,掌握“嫩叶老杀,老叶嫩杀”的原则。

第四,炒干温度、时间适当。

第五,加强产品防潮保鲜措施。

(五)生青气

1. 产生原因

第一,鲜叶不经摊放直接加工。

第二,绿茶高温短时杀青,闷杀后扬炒不足。

第三,杀青程度偏轻,杀青不匀不透有青张。

第四,杀青叶不经揉捻或揉捻程度过轻。

第五,干燥时追求时效,温度过高而时间过短。

第六,红茶萎凋偏轻。

第七,红茶发酵不足、不匀。

第八,青茶晒青和做青不足。

第九,色种茶杀青不透或低温杀青。

2. 改进措施

第一,鲜叶进行适度摊放。

第二,适当延长杀青的扬炒时间;扬、闷结合;杀匀杀透,达到适度标准。

第三,揉捻做形时注意改善青气。

第四,干燥工序不能片面强调速度。

第五,加工红茶在萎凋时摊叶厚度适当。

第六,避免高温短时萎凋。

第七,发酵时适时通氧,并注意温度控制。

第八,确保青茶晒青和做青完成充分。

第九,色种茶杀青强调完成充分。

(六)酸馊气

1. 产生原因　这种严重的弊病属于变质。产生原因有以下几条。

第一,鲜叶堆闷过久发热,致使部分原料变质。

第二,揉捻后在制品摊放过厚。

第三,红茶发酵后未能及时干燥,堆积过久。

第四,揉捻、解块、发酵机具不洁,导致在制品被污染。

2. 改进措施

第一,鲜叶不可堆闷、日晒,及时运送进车间摊放降温。

第二,红茶加工中发酵温度不得高于26℃。

第三,红茶加工发酵时防止发酵过度,发酵适度的在制品立即进行干燥。

第四,每次使用后的揉捻、解块、发酵机具,应及时清洗干净。

(七)陈　气

1. 产生原因　由于加工、贮存不当,茶叶产品中水分含量过高,内含成分发生不可逆转的化学变化,致使品质严重下降,出现特殊的陈化气味。对绿茶、红茶和青茶等产品而言,陈气意味着饮用价值的严重下降;但是对一些特定茶类,如普洱茶等产品,陈气是一种指标性的品质。

2. 改进措施　要避免陈气出现,须做到以下几点。

第一,确保产品的干燥程度达到品质要求。

第二,必须重视保鲜措施。尤其在茶叶产品存放的过程中,应通过综合手段的应用,包括选择适合的包装材料、使用保鲜剂、低温保存等方法,做到隔湿、隔氧、避光,以延缓陈气形成。

(八)日晒气

1. 产生原因　经过强烈阳光较长时间照射的已采茶叶原料、在制品或加工好的产品,由于茶叶内含成分在紫外线的影响下发生光化学反应,都会形成日晒气,这种气味并不为许多消费者接受。

2. 改进措施　为防止日晒气的产生,除了某些有特定要求的茶叶产品外,在茶叶加工过程中和产品存放时,都应避免阳光直射。

(九)发酵气

1. 产生原因　发酵气是青茶的一种风味弊病。产生原因有以下几条。

第一,做青过度。

第二,原料静置时堆放过厚。

2. 改进措施

第一,做青要适度。

第二,摊放静置时原料厚度宜薄。

(十)香贫(透素)

1. 产生原因　这是茉莉花茶产品中出现的一种香气品质弊病。茶叶冲泡后花香不足而散发出茶叶本身的香气。产生原因有以下几点。

第一,窨花下花量不足。

第二,窨花窨次少。

2. 改进措施

第一,按工艺要求合理掌握窨花下花量。

第二,适当调整窨次,至产品品质符合要求。

(十一)透 兰

1. 产生原因 茉莉花茶的香气、滋味中出现浓郁的白兰花的气味,由于香味不协调而被称为一种弊病。产生原因有以下几条。

第一,窨制时茉莉花用量少、下花量不足。

第二,为降低生产成本,过多增大用于打底的白兰花用量。

2. 改进措施

第一,窨花加工时确保有标准数量的茉莉花下花量。

第二,打底使用的白兰花数量应按照工艺要求的限量进行控制,一般每50千克茶坯的打底白兰茶用花量不得超过1千克。

四、滋味缺陷及产生原因和改进措施

由于茶叶的滋味和香气都是经过冲泡才表现出的感官感受,冲泡的过程使散发的香气物质与呈味的成分形成密切的关系,甚至会在香、味上形成一致的感官感受,即茶叶的香气与滋味存在很强的相关性。对于茶叶产品中存在的一些品质弊病,这种相关性同样存在:在香气中出现的异常气味,在滋味中往往也会产生相似的味觉感受。这种嗅、味感觉的相关性源于茶叶产品形成过程中的特定情况。因此,对香气中出现的品质弊病,在很多情况下所采取的改善措施,也适合在同样情况下滋味产生的品质弊病改善办法。当然,也有某些品质弊病只是在滋味中单独存在的。

(一)苦 味

1. 产生原因

第一,以某些特定的茶树品种新梢为原料。

第二,采摘某些病变的原料。

第三,混杂紫色芽叶。

第四,夏、秋茶,且加工中揉捻过重。

2. 改进措施

第一,避免采用病变叶作原料。

第二,夏、秋茶加工中应加强各工序间的摊放处理;揉捻时加压适当,防止加压过重。

第三,不采紫色芽叶。在茶园中增施有机肥,减少紫色芽叶的形成。

(二)异 味

产生原因和改进措施同本节三(一)异气。

(三)水闷味

产生原因和改进措施同本节三(二)水闷气。

(四)焦　味

产生原因和改进措施同本节三(三)焦气。

(五)熟闷味

产生原因和改进措施同本节三(四)熟闷气。

(六)生青味

产生原因和改进措施同本节三(五)生青气。

(七)酸馊味

产生原因和改进措施同本节三(六)酸馊气。

(八)陈　味

产生原因和改进措施同本节三(七)陈气。

(九)日晒味

产生原因和改进措施同本节三(八)日晒气。

(十)发酵味

产生原因和改进措施同本节三(九)发酵气。

五、叶底缺陷及产生原因和改进措施

(一)红梗红叶

1. 产生原因　绿茶出现红梗红叶的原因有以下几条。

第一,采下鲜叶压得过紧,不及时运送,盛叶容器不透气。

第二,杀青温度太低,或杀青不足。

第三,鲜叶挤压受伤,未及时杀青。

第四,揉捻后未及时干燥,摊放时间过久。

2. 改进措施

第一,改进鲜叶装运、摊青条件,避免原料损伤。

第二,杀青做到杀透、及时。

第三,揉捻后及时干燥。

(二)烧条焦末

1. 产生原因

第一,杀青温度太高,杀青不匀。

第二,干燥温度过高。

第三,未除净杀青、干燥机具设备内的宿叶。

2. 改进措施

第一,杀青温度力求均匀。

第二,按规定标准调整干燥温度。

第三,复炒时如碎末过多,应先用筛除末。

第四,及时清除加工设备中留下的宿叶。

(三)花　杂

1. 产生原因　多见于条形茶。产生原因有以下几条。

第一,原料老嫩不匀。

第二,红茶萎凋不足、不匀。

第三,红茶发酵不匀。

2. 改进措施

第一,控制采摘标准。

第二,红茶加工严格按工艺要求进行,避免萎凋、发酵处理不当。

(四)乌　暗

1. 产生原因　红茶产品中出现的弊病。产生原因有以下几条。

第一,茶叶发酵过度。

第二,茶叶受细菌作用而劣变。

第三,茶叶陈化。

2. 改进措施

第一,掌握发酵适度。

第二,完善茶叶保鲜贮存条件,避免微生物污染。

(五)粗糙硬缩

1. 产生原因

第一,红茶萎凋过度。

第二,发酵室湿度过低。

第三,初干温度过高。

第四,原料粗老。

2. 改进措施

第一,萎凋时叶层均匀、厚薄适当。

第二,发酵室空气相对湿度保持在 95%以上。

第三,初干温度不超过 120℃。

第四,按标准采摘鲜叶原料。

(六)死　红

1. 产生原因　青茶叶底出现的弊病。产生原因有以下几条。

第一,原料因挤压受伤而造成红变。

第二,高温过度造成红变。

第三,摇青过重、发酵过度和包揉次数、时间过多过长。

2. 改进措施

第一,采茶时不可损伤叶片。

第二,原料在贮运过程中不可受晒、不能紧压。

第三,掌握各工序的适度标准。

思考题

1. 乔木、小乔木、灌木3种类型的茶树分别适制什么类型的茶叶?

2. 为什么茶多酚含量高的茶树品种适制红茶?

3. 为什么氨基酸含量高的茶树品种适制绿茶?

4. 如何用酚、氨比来判别茶树品种的适制性?

5. 茶园土壤质地与茶叶品质有什么关系?哪种土壤生长的茶树茶叶品质最好?

6. 茶树施肥与茶叶品质有什么关系?制红茶的茶园和制绿茶的茶园施肥种类有何不同?

7. 在正常温度范围内,气温高时适制什么茶?气温低时适制什么茶?为什么?

8. 光照中的光质对茶叶品质有什么影响?

9. 为什么春天的鲜叶适制绿茶、夏天的鲜叶适制红茶?

10. 著名农谚"高山出好茶"有根据吗?

11. 分述茶叶外形粗松、茶汤深暗、茶叶生青气的产生原因及改进措施。

12. 简述茶叶苦味弊病的产生原因及改进措施。

第九章　茶业企业经营管理及市场营销

在我国,经营管理与市场营销是管理学中一门新兴学科,虽然兴起的时间不长,但经20多年的实践,已积累了不少经验。本章将我国茶业企业经营管理的现状、市场营销与营销策略等内容作一分析和介绍。

第一节　我国茶业企业经营管理及其现状

茶业企业经营管理是茶业企业在经营活动的管理实践中形成和发展起来的一门学科,同其他产业经营管理相比较,具有其自身特点和规律。茶业企业经营管理的特点和规律是由茶叶这种商品的特殊性所决定的。

在计划经济体制下,茶业企业是生产型企业。当时,茶叶是短缺产品,茶叶市场是卖方市场,企业生产什么,消费者就买什么。在这种情况下,企业管理实际上是生产管理,其指导思想是提高生产的效率。

到20世纪80年代后期,茶叶供求关系从供不应求向供过于求转变,茶叶出现积压,企业之间竞争加剧。茶业企业感到原有的生产观念已不能适应企业面临的客观现实,必须转到依靠产品推销工作,把销售部作为企业的重心。茶业企业从生产观念向推销观念转变,提高了推销在企业经营活动中的地位。但是茶业企业还没有树立以市场需求为导向的意识,而仍然是努力推销已经生产出来的和能够生产的产品,所以,这个时期茶业企业还是通过推销被动地适应市场。

80年代末期,人们生活水平比改革开放初期有明显提高,消费者对茶叶的需求开始向优质化、多样化方向发展。一些有眼光的茶业企业开始关注市场需求的变化,大胆进行茶叶产品结构调整,大力发展名优绿茶。其他茶业企业在经历一次又一次"卖茶难"折磨后,逐步增强适应市场的意识,纷纷开发名优绿茶。名优绿茶的发展,对促进茶叶产业的发展发挥了重要作用。

到90年代中期,茶业企业普遍建立以市场需求为导向的观念,但由于茶业企业规模小,导致新产品开发、品牌培植、销售渠道选择和广告宣传等经营管理工作仍不受重视。当时,市场上出售的茶叶只标识生产企业,基本上没有注册商标,很少有茶业企业开展广告宣传。

近年来,茶业企业经过市场竞争的角逐,从成功和失败两方面体会到经营管理的重要性。其表现为:一是茶业企业的品牌意识有很大的提高;二是企业更加关注消费者的需要;三是企业重视销售渠道建设和促销手段的更新。

总之,茶业经营管理作为企业经营管理学的一个分支,是一门新兴的学科,目前正处于起步阶段,在理论研究和实践经验方面仍处于落后的状态。

第二节 市场营销企划与营销策略

茶业营销企划就是茶业企业为了达到经营目标,以目标顾客和潜在顾客为中心,为满足顾客对茶叶及相关服务的要求所采用的一系列营销技术。

茶业营销企划的全部内容都是围绕着茶叶产品和顾客展开的,涉及茶叶产品策略、茶叶价格策略、茶叶销售渠道策略和茶叶促销策略等营销策略的主要方面。茶业营销企划的实施,是在对茶叶产品和茶叶市场的理解、掌握之上建立起来的一种旨在获得市场竞争优势的行为。

一、市场营销企划

(一)茶叶营销企划的意义

"酒香不怕巷子深"这个传统营销的金科玉律,在竞争激烈的茶叶市场已不再适用。身处今天的市场,茶业企业只依靠茶叶自身的属性是不能解决营销问题的,只有借助优秀的营销方案才能使茶叶的价值被消费者认识和接受,才能使自身的茶叶品牌形象植根于消费者心中,才能使服务理念转化为服务行动,才能最终赢得消费者。

(二)茶业营销企划的任务

茶业营销企划的任务就是把握茶叶市场的需求水平、需求事件和需求特点,使供求之间相协调,以实现利益的一致性,从而达到茶业企业追求的目标。因此,茶业营销企划必须始终围绕着消费者的需求来进行,根据不同消费需求,决定不同的营销任务。在营销任务确定以后,还要将其转化为茶业企业各管理层的具体目标,形成一套完整的目标体系,使每个管理人员目标明确,并负有实现这些目标的责任。

茶业营销企划应该尽可能兼备明确及可定位的营销目标。例如营销企划可能是要提高绿茶市场营销量3%,增强花茶市场渗透力5%,或是减少红茶销量下跌的倾向等。这些目标均要配合企业总体目标、企业资源以及企业对茶叶市场的了解来加以拟订。为了完成茶业企业的营销目标,营销部门必须制定有效的营销企划方案,使其发挥开发市场的功能和绩效。例如,茶业营销企划的结果必须能加强对消费者的服务及提升茶叶产品市场销售量，或是将某个品种的茶叶借地重生转入另一新区域市场，以及产品再定位、产品活化等。

茶业营销企划只有加入时间的因素才能发挥绩效，也就是必须列出企业营销目标与流程步骤的时间表。营销企划并不是单纯的广告与销售活动，而是要使企业整体的经营策略良好配合，以掌握最佳的市场机会。

二、市场营销策略

（一）产品策略

1. 产品定位　茶叶产品定位，就是根据消费者的需求、重视和偏爱，确立茶叶产品在市场上的地位，也就是在市场上树立什么形象。茶叶产品定位取决于3个方面：茶叶产品的特性，企业的创新培育，消费者的需求偏爱。三者协调恰当，就能正确地确定茶叶产品定位，为茶叶商品开拓市场。这种定位和目标市场是密切联系的。任何茶叶产品总是有多方面的特征，表现在茶叶产品的形状、结构、花色和规格、质量、价格、服务等方面，可以满足各种消费者的需求。企业为产品选定了目标市场，就要根据目标市场的情况，运用适当的促销手段，突出产品的某些特征，树立茶叶产品的形象。

茶业企业产品的定位，有的是通过企业有效的活动，有意识地为产品宣传"定位"。如"张一元"、"吴裕泰"等京城老字号都通过举办文化节和花茶节等活动，根据各自的产品特色，有意识地为自己的茉莉花茶宣传定位。张一元的茉莉花茶以其"汤清、味浓、入口芳香、回味无穷"而深受国内外茶客的欢迎；吴裕泰的茶叶则始终保持"自采、自窨、自拼"的独特方法制茶，培养了忠实的北京消费者。有的企业并没有自觉性的宣传，而是在市场自发的竞争中，在产品对比中，实现了产品定位。如杭州龙冠公司的"裕隆"牌龙井茶，就是在市场竞争中，以鲜明的产品特色和优异的品质在消费者心目中树立了"安全、优质、高档、精美"的品牌形象，实现了礼品茶市场"送好茶、选龙冠"的产品定位。

2. 产品组合　产品组合包括产品的广度、深度和相关性。产品组合策略，是指企业根据市场环境、企业能力和企业目标，对产品组合的广度、深度和相关性进行决策，在多种可能中选择有利于本企业发展的最佳产品组合。

一般来说，拓展产品组合的广度、开辟新的产品线，有利于发挥企业的潜力，使企业在更大的市场领域发挥作用，并可分散企业投资的风险，加深产品线的深度，可以迎合和满足更多的特殊需要和爱好，吸引同类产品的更广泛的消费者或用户，使企业占领同类产品更多的细分市场面；加强产品组合的相关性,则有利于发挥企业在相关专业上的经营能力,提高企业的声誉,增强企业的市场竞争力。

茶叶产品组合要适应茶叶市场所供应的消费对象的需要和要求,与茶叶目标市场营销策略有着密切的关系。茶叶产品组合,直接影响茶叶目标市场的占有率和茶叶市场营销策略的有效发挥。

(二)茶叶价格策略

对于大多数商品而言,价格是顾客最敏感的营销变量。价格是产品中可比性很强的因素,尤其是目前茶叶种类、花样繁多,价格更是促成或破坏交易的营销变量。在营销组合中,价格是惟一能产生收入的因素,其他组成部分皆表现为成本。茶叶市场价格变化很快,因而是营销管理人员面临的首要问题。

但是,许多茶业企业不能很好地处理定价问题。在考虑定价时,往往过于关注"成本导向"而忽略了其他因素,如顾客认知、心理感受及需求强度等。而且,在市场状况改变时也未能机动调节价格。在大多数情况下,价格制定几乎都独立于其他营销组合之外,未能综合其他营销变量作整体考虑,使得彼此之间产生脱节、矛盾等现象。

1. 定价策略 茶叶商品在流通过程中,有各种不同的价格。如收购环节的出厂价格和毛茶收购价格;调拨环节的内部调拨倒扣价格和加成价格;批发环节的内部供应价格和批发价格;零售环节的零售价格;加工环节的鲜叶收购价格和毛茶收购价格。此外,还有质量差价、地区差价、季节差价等。

茶叶商品定价策略,可分为渗透定价策略、吸脂定价策略、心理定价策略、根据产品生命周期定价策略、折扣与让价策略、价格阵线策略、降价保证策略等。现就其主要的定价策略分述如下。

(1)渗透定价策略 渗透定价策略,即价格定得低于预期的价格,以利于消费者接受,开拓市场。其目的在于渗透新市场,立即提高市场销售量和市场占有率,并能快速而有效地占据市场空间。这种定价策略以提高市场占有率为最主要目标,营销利润反而退为次要目标。

一般来说,渗透定价策略适合以下情况:①价格弹性大的茶叶品种。若产品价格过高,势必缩小销售量,而影响茶业企业的总收益。实行低价,扩大销售量,虽然单位利润低,但销售量的增加仍会提高利润总额。②茶叶市场潜力很大,竞争者又容易介入。实行低价薄利多销,能使竞争者望而却步,从而长期保持较高的市场占有率。同时,低价策略可阻止实力不足的竞争者进入市场,使企业在竞争压力最小的情况下,获得大量最忠实顾客。③消费者购买力较低的市场,如一些地方名牌茶叶产品有一定市场知名度,且供应量充足,可采用渗透定价策略。低价可以扩大市场,让无法支付高价的新消费者成为实际购买者,增加产品使用量。

(2)吸脂定价策略　吸脂定价策略即把产品价格定得较高,尽可能在茶叶寿命周期的初期,赚取最大的利润。采取这种策略主要是为了尽快捞回垫付的资金,并预料竞争的结果会使价格趋于下降,因此要在极短的时间内,立即赚取暴利,而市场销售量与市场占有率可能无法相对提高。

一般来说,吸脂定价策略适合以下情况:①需要迅速获得大量利润,以收回研究开发费用。利润可用来改良产品,当竞争者进入市场时,还可以支持其他各种竞争性的活动。②增强高级品形象的定位。同样的茶叶种类,不同品牌有不同的消费群体和消费目标。例如西湖龙井就是同类茶叶中的高级品,因而价格定得比其他同类产品要高。③缺乏价格弹性的茶叶种类,高价造成的需求或销售量减少的程度很小。④新型茶叶产品。当该种茶叶处于介绍期时,企业希望通过高价策略多获得利润。⑤一些茶业企业重视利润胜过销售,希望保持较高利润率。

采用高价策略的优点:一是有助于市场的开拓。茶叶新产品上市,需求弹性小,竞争者尚未进入市场,在一定时期内,利用人们的求新心理,以偏高的价格刺激顾客,有助于这部分茶叶市场的开拓。一些名茶都采用高价定价策略。二是给调低价格留有余地。茶叶市场细分后,可根据不同地区消费者对价格的敏感程度,以及购买力状况,主动调整价格。如碧螺春等名茶开始定价都很高,然后根据地区消费者的敏感度,以低价的次级名茶供应不同的地区。三是有利于茶业企业迅速发展。高价一旦被消费者接受,获得利益更多,有利于茶业企业扩大和发展。一些名茶新创时,如黄山云尖、太湖的天华谷尖等,开发这些名茶的企业都迅速发展起来了。

当然这种定价策略也有缺点:价格高于价值,损害消费者的利益,尤其是新产品还未建立声誉前,不利于迅速打开市场。另外,这种定价策略还容易诱发产品的价格惨跌。

渗透定价策略和吸脂定价策略,是两种完全不同的定价策略,应用时要根据不同情况加以选择:①茶业企业实力大的,产品能大量投放茶叶市场,应采用渗透定价策略,薄利多销;反之,采用吸脂定价策略,先收回垫付资金。②新技术已公开化,或产品价格容易被接受,竞争者容易介入,宜采取渗透定价策略;若新技术尚未公开,新产品有广阔市场,不妨采用吸脂定价策略。③需求弹性大的,价格因素对需求影响大,应采用渗透定价策略;反之,则采用吸脂定价策略。

(3)心理定价策略　心理定价策略就是根据茶叶消费者心理制定价格。从一定程度来看,消费者心理对产品的购买决策有很大影响。例如,消费者认为价格较高的茶叶质量比较好;同样道理,证明高质量的茶叶标价要比实际价值高。当消费者由于缺乏信息和技术、不能衡量质量时,价格成为重要的质量标志。因此,茶业企业在制定价格时,可以运用心理战术,根据不同类型的消费者在购买中的不同心理来制定价格,以使消费者增加购买,扩大企业的销售量。在茶叶市场上可采用以下几种定价策略。

①整数定价法　一些高档名茶,生产企业众多,种类花色各异,茶叶消费者往往以价格作为辨别茶叶质量的"指示器"。特别是对不太熟悉的名茶,常有"一分钱,一分货"的心理。采取整数定价,就高不就低,迎合这种心理。如很多新创制的名茶定价都是整数。

②尾数定价法　对于一些档次低的茶叶品种,可以采用尾数定价法。根据消费心理学,消费者习惯上认为尾数价格比整数价格便宜。例如,定价某种低档茶价格为14.9元或14.95元,销售量远比价格为15元时要大得多。

③分级定价法　由于同类茶叶众多,质量档次不一,如果给同类产品定一个价格,就会增加选购的难度。因此,茶业企业往往把同类产品分为若干档次定价,使消费者产生货真价实的感觉。

④声望定价法　知名品牌茶叶,在制定价格时可略高些。名茶品牌已获得了消费者的认可,虽然价格略高,也不至于产生怀疑或转移购买力,既增加了赢利,又让消费者在心理上感到满足。

⑤特价策略　茶叶大量积压时,利用消费者求廉心理,展销或到销售区推销,降低中低档茶叶的价格,以招徕顾客。采用这种策略,一是能适合一般家庭消费的中低档茶;二是推出特价中低档茶的同时,促使和推动顾客购买其他种类的茶叶。但特价中低档茶必须货真价实,不能以劣茶欺骗消费者,否则就失去特价的宣传意义了。

(4)折扣与让价策略　折扣与让价策略是指茶叶市场营销活动中让出一部分利益给顾客,以争取更多的购买者。

①折扣　有现金、数量、交易、季节等种类。

现金折扣。对按约定日期付款的顾客给予一定的折扣,提前付款的折扣更大。其目的在于鼓励顾客提前付款,以加速资金流转。

按购买茶叶数量的多少分别给予不同的数量折扣,数量越大,折扣越大。其目的是鼓励茶叶消费者大量购买,以便于扩大茶叶销售数量。

根据各类中间商在茶叶市场营销中的作用不同,而给予不同的折扣。如给批发商折扣较大，其目的是鼓励批发商大批量推销茶叶。

茶叶是季节性商品，对应季采购的顾客，给予一定的折扣，是鼓励中间商贮存商品。对淡季采购的顾客给予一定的折扣，目的是降低自身库存。季节性折扣可以起到调节茶叶市场供求的作用。

②让价　主要有推广让价和运费让价。中间商为推广茶叶销售要进行各种促销活动，为了扩大销售，往往给中间商一些促销津贴的推广让价。为了推销，往往对购买者免负担一定的运费而让价。

2. 价格调整　茶叶在定价以后，由于情况发生了变化，经常需要对价格进行调整。调整价格的原因主要有成本、茶叶商品供求、茶叶品质、市场范围和竞争格局等方面发生变化。

受价格调整影响最大的是消费者和竞争者。茶叶产品价格调整会给消费者和竞争者传递同决策者预期不同的信号，而影响购买行为或竞争行为。因此，企业在对茶叶价格进行调整决策时，应充分考虑消费者和竞争者的行为模式和可能的对策。

(1)主动调整　茶叶市场供求环境发生变化，企业认为有必要对自己产品的价格进行调整。主要采取 2 种策略，一是调高价格策略，二是调低价格策略。

①调高价格策略　造成调高价格的主要原因有以下几点：茶叶生产成本上涨，如工资等费用的上升；通货膨胀使货币贬值，企业不得不提高茶叶价格；某种茶叶供不应求时企业会提高该茶叶的价格；企业通过技术革新，提高了茶叶质量、性能等，企业为弥补改进产品中的费用和显示新茶叶商品的高档次，从而提高价格；企业出于竞争策略的需要，将自己茶叶的价格提高到同类茶叶价格之上，使消费者感觉其产品品位高，因此要提高价格。

调高价格的方式技巧：一是公开真实成本。即茶业企业通过公共关系、广告宣传等方式，在消费者认知的范围内，把产品的各项成本上涨情况真实地告诉消费者，以获得消费者的理解，使涨价在没有或较少抵触的情况下进行。二是产品涨价之前，在适当的机会告诉消费者涨价的原因，而不要在事后才告诉，以减少消费者的抵触情绪。三是涨价时，附送赠品或提供优惠，特别是服务要及时跟上。

②调低价格策略　调低价格的原因主要有以下几点：竞争的压力(竞争对手降价或新加入者增多)；生产能力过剩；企业成本比竞争者低(通过降价来提高市场占有率，从而扩大生产和销售)；经济紧缩形势下，价格总水平下降，则企业的产品价格必须下降，适应环境变化。由于消费者对降价会产生误会，认

为茶叶品质下降了,因此降价也要讲技巧和时机,如可以利用重大节日或与公益活动结合起来进行。

调低价格的方式技巧:一是增加或增大各种折扣,这是最主要的调低价格的方式。如现金折扣、批量折扣、季节折扣等。二是馈赠礼品。给购买茶叶的消费者馈赠某种礼品,如赠送苦丁茶等。三是增加额外费用支出。这个是隐性的,消费者不易觉察,如可以实行送货上门、对于散装茶叶免费给予精美包装等。其他还有提高茶叶品质、实行促销折让等多种形式。

(2)被动调整　被动调整是指竞争对手率先调价后本企业在价格方面所做的反应。主要有调低价格策略和调高价格策略2种。

古人云:"知彼知己,百战不殆"。因此要对竞争者和自身情况进行研究。对竞争者的研究包括:竞争者变动价格的目的何在,竞争者价格变动是长期的还是短期的,其他竞争者对此做何反应,本企业调价后竞争者又会做何反应。对企业自身情况的研究主要是:本企业的竞争实力如何,本企业产品需求的价格弹性如何,调价对本企业有何影响,等等。

在经过对竞争者和企业自身的分析后,就可做出正确的反应。一般情况下,对调高价格的反应方法主要有:跟随定价或价格不变。

但对调低价格的反应主要有以下几方面:一是置之不理。这是针对竞争者降价幅度比较小时采用的。二是价格不变,另求他法。运用非价格手段进行还击,这是在竞争对手降价幅度稍大时采用的。例如提高茶叶的品质、等级,改进服务等。三是跟随降价。这是在竞争者的降价幅度较大时采用的。但应注意企业降价的幅度或极限,要能使企业销量增加至足以维持企业的利润。

3. 确定价格的决策步骤　在了解了茶叶定价的策略、方法、影响因素、注意事项之后,给茶叶定价的步骤是:①选择定价目标;②估计成本;③分析竞争者的价格和产品;④考虑定价影响因素;⑤找出消费者心中的价格带;⑥确定最后价格。

(1)选择定价目标　茶业企业在确定销售价格以前,必须有一个定价目标。而作为一个茶业企业,常见的定价目标有追求收益、保持或增加市场份额、应付或避免竞争等。每种目标都有其适用的状况,茶业企业必须视自己所处的情况与条件,选择恰当的定价目标,以便在制定价格的过程中有所依循,且在环境变化时能机动地加以改变。

(2)估计成本　任何产品的定价都离不开成本。茶业企业的成本可以分为2部分。一是固定成本。即短期内所支付固定因素的费用,不随产量的变动而变化的成本。如茶园建设费、制茶厂房与机具的折旧费、茶叶商品设计费等。二是变动成本。指随产量变动而变化的成本。如鲜叶成本或毛茶成本、生产工人工资等。了解企业成本后,可以计算出盈亏平衡点,了解价格的底限,在进退之间有所依据。

(3)分析竞争者的价格和产品　竞争者的价格是一个很好的参考依据,有助于企业决定将价格定在何处。企业必须熟知竞争者产品的价格,并对其产品特性与品质加以分析,以便作为定价的指标。若企业产品与竞争者产品类似,且在品质上没有太大差异,则价格应该定在竞争者价格附近;若企业产品不如竞争者,则价格应比竞争者稍低,以便争取消费者的青睐;若企业产品较佳,则定价可以比竞争者高。

(4)考虑定价影响因素　为了使茶叶的定价能为消费者所接受且符合企业利益,必须站在整体角度,考虑诸多影响因素。茶叶商品定价应考虑的因素有以下几种:一是企业定价目标。二是茶叶产品成本。三是竞争者的价格和产品。四是消费者状况。也就是要了解茶叶市场的需求数量、需求强度以及消费者对产品的认知等。五是茶叶产品本身的因素。如该茶叶产品所处的生命周期、该茶叶的品牌形象等。六是还要考虑外在大环境与潮流趋势的演变。如有机茶热销、保健茶和深加工产品受欢迎等。

(5)找出消费者心中的价格带　利用市场调查、店头访视、实地观察等方式,想尽办法找出消费者心目中的价格带,以便作为定价的依据。例如,10~100元的茶叶可能是一个价格带,属于低档次的;100~500元的茶叶可能是一个价格带,属于中档次的;500元以上、甚至上千元、乃至上万元的茶叶属于高档次的。企业应辨别自己茶叶的等级、品质,找出消费者心中的价格带,制定自己产品适合的价格。

(6)确定最后的价格　找出价格带后,企业就可以从中制定最后的价格。在这个步骤里,要考虑众多消费者的心理因素与执行价格的便利性。

以上分析了茶叶的定价策略及茶叶定价的决策步骤,同时昭示茶叶定价不是单纯的随意主义,合理有效地运用价格策略对一个企业的发展具有十分重要的意义。中国经济经过数十年改革的洗礼,茶产业也经历了数十年的风雨变幻,市场这一无形的工具,在进行着一轮又一轮的酝酿,未来10年我国茶产业将进行新的整合。价格战略将在引领企业迈向新的航标方面至关重要,价格策略一方面是充分展示了打破转型期间中国市场区域阻隔、走向大市场的过程,另一方面是让中国茶业企业真正看到了价格策略在竞争中狙击竞争对手的残酷作用。

(三)茶叶销售渠道策略

茶叶商品的绝大部分生产企业不是直接把加工出来的茶叶运输到最终消费者手里,而是要经过一系列中间组织和个人的配合协调,因而选择茶叶销售渠道是茶叶销售工作中最重要的决策之一。茶业企业有符合市场需要的茶叶产品,但若没有适当的销售渠道,或企业选择了错误的销售渠道,就不可能最有效地把茶叶卖出去,茶叶产品就会积压,企业就会蒙受损失。同时,销售渠道是市场营销组合的重要组成部分,研究茶叶销售渠道策略,对茶叶经营有着重要作用。

1. 茶叶销售渠道的功能和作用　茶叶销售渠道是指茶叶商品从生产者经由中间商传递给消费者的过程中所经过的整个渠道。这个渠道由生产者、批发商、零售商及其他辅助机构组成。

(1)茶叶销售渠道的功能　茶叶销售渠道的主要功能是将茶叶营销给消费者。在这一过程中,需要各方共同努力,完成产品的一系列价值创造活动。茶叶销售渠道的具体功能包括以下几个方面。

①调研　收集、分析和传递有关消费者、竞争者及其他茶叶市场营销环境信息。

②寻求　解决茶叶生产者与消费者“双寻”过程中的矛盾,寻找茶叶消费者,为不同细分市场的消费者提供便利的营销服务。

③分类　协调茶业企业产品种类与消费者需要之间的矛盾,按消费者要求整理和供应不同类型的茶叶产品。如按茶叶相关性分类组合,改变茶叶包装大小来适应消费者不同要求等。

④促销　传递与茶叶相关的各种信息,与消费者充分沟通,并吸引消费者。

⑤洽谈　茶叶供销双方通过洽谈完成茶叶的运输和贮存协议,保证茶叶正常供货。

⑥物流　组织茶叶的运输和贮存,并保证正常供货。

⑦财务　融资,收付货款,将信用延至消费者。

⑧风险　在执行营销任务过程中承担相关风险。

上述功能构成茶叶销售渠道的功能集,在完成茶叶产品营销的过程中,这些功能不可或缺,必须全部被执行。前6项主要是促成茶叶交易,后2项主要是辅助交易的完成。

(2)茶叶销售渠道的作用　茶叶营销渠道是由各个复杂环节组成的一个传送纽带,它的主要作用是不断把茶叶和相关服务从茶叶生产者传递给消费者,实现茶叶商品和相关服务的有效转移和流通。这中间的要素包括生产商、批发商、零售商、代理商等。具体来讲,茶叶营销渠道有以下3方面作用。

①茶叶的集中与再分配　茶叶销售渠道一头是茶叶消费者,一头是茶叶生产者。因此,茶叶销售渠道一方面调节茶叶生产者和消费者之间在茶叶数量上的差异,另一方面调节茶叶生产者和消费者之间在茶叶花色品种和等级方面的差异。这两方面差异都包括时间和地点的因素。茶叶生产是分散的,需要中间商先把分散生产的茶叶产品集中起来,然后进行再分配,卖给消费者。

②茶叶市场信息的收集和反馈　在茶叶流通过程中,各中间商可获取有关客户、市场、竞争者和消费者的信息,通过收集整理并反馈给茶业企业。事实上,经销商和零售商对企业而言是极其重要的信息来源。他们最接近市场,可以和最终消费者保持经常的联系,获取有关他们的各种信息。同时,许多经销商和零售商也销售竞争厂商的茶叶,有助于茶业企业了解消费者对各种茶叶产品的真实反映。

③资金的流动　茶叶销售渠道的最后一个重要作用是实现了资金在渠道中的流动,这使得企业缓解了资金上的压力。一般来说,茶叶销售渠道的资金流动作用主要通过付款、信用、融资等几种方式实现。

付款:指货款通过销售渠道从最终消费者流向茶业企业。在茶叶流通过程中,由于中间商的存在,提供了多种多样的、灵活的付款方式。

信用:经销商和零售商为茶业企业提供了重要的信用。对购买茶叶的支付几乎都是以购买日为准,而不是以茶叶最终卖出去的时间为准。这一做法使茶业企业能准确地估计现金流量。

融资:通过茶叶销售渠道成员自己的实力和信用进行融资,扩大了茶叶流通过程中所需的资金来源,使得渠道的资金雄厚,便于更广泛地销售茶叶。

2. 茶叶销售渠道的类型　茶叶流通领域中出现多种形式的销售渠道,但主要可分为5种基本的销售渠道模式。

(1)茶叶生产者—消费者　这是销售茶叶最简单、最短的渠道,是由茶叶生产者把茶叶产品直接出售给消费者,而不经过任何中间环节,没有中间商的参与。在茶叶销售中,茶叶生产企业自己派出营销员,用走访推销的办法或其他方法推销本企业的茶叶。这是一种直接销售渠道。目前我国大多数中小茶叶生产企业都采用这种销售渠道模式。

(2)茶叶生产者—零售商—消费者　这种销售渠道是茶叶生产者把茶叶商品首先供给零售商,由零售商再销售给消费者。这种销售渠道虽比直接销售渠道多了一道零售商的环节,但也属于比较简短的一种销售渠道。许多毛茶加工厂都采取这种销售渠道直接向零售店供货。一些小型的茶厂企业自己开设零售门市部,也属于这种销售渠道。

(3)茶叶生产者—批发商—零售商—消费者　这种销售渠道是茶叶最主要的也是最常见的销售渠道模式。要经过批发商和零售商2个环节,是由批发商向各生产茶厂(茶农)收购毛茶,然后通过挑选、分类、分装等茶叶商品活动,再供应给零售商。目前建在产区和销售区的茶叶市场担任着批发商的渠道角色,这种渠道对众多中小型生产厂家和小型零售商十分适用。中小型茶叶生产厂生产的茶叶零星、分散,不便直接供应市场;小型零售商进货零星,不便直接从茶叶生产厂进货。因此都需要由批发商从中发挥作用。这样既能保证茶叶生产厂的生产顺利进行,又能保证零星茶叶商行要求种类齐全、小批量、多批次进货需求。茶叶商品多采用这种销售渠道。但这种销售渠道太长,流通环节也较多,使用不当就会增加流通费用。

(4)茶叶生产者—代理商—零售商—消费者　这种销售渠道和第三种渠道相比,虽然渠道长度相同,但以代理商代替批发商。代理商特点是对市场情况熟悉,推销经验丰富,而且一般比较熟悉某类茶叶商品知识。代理商在国内运用尚不明显,但对于我国出口外销的茶叶,则出口商往往要通过国外代理商来掌握茶叶市场行情,为茶叶商品出口打开销路。

(5)茶叶生产者—代理商—批发商—零售商—消费者　这是一种最长的销售渠道模式,茶叶生产厂既运用代理商又运用批发商和零售商来推销茶叶。这适用于技术性较强又需要零星分散推销的茶叶商品。这种茶叶销售渠道经过的流通环节最多,商品流通所需时间也长,流通费用高,因此不宜广泛使用。

从这5种基本的茶叶销售渠道类型中可以看出,茶叶销售渠道的主体是中间商,他们形成茶叶销售渠道的中间环节。企业使用中间环节多少及层次的不同,茶叶的市场销售范围也就不同,费用也不同,茶叶售价也不同。因此,在选择茶叶销售渠道时要对中间商进行选择。

3. 中间商的选择　对一个企业来说,无论是从成本、资源考虑,还是从经验考虑,自建销售渠道的可能性很小,有效的办法是立足于社会上存在的中间商及渠道的选择和利用上,即把可能的中间商、销售渠道变成现实的中间商渠道。在确定销售渠道模式的基础上,企业要选择和决定具体的渠道对象,即选择哪些中间商来销售茶叶。

(1)选择条件　企业必须为它所设定的销售渠道寻找合适的中间商。对于合格的中间商的鉴定包括经营年数、经营的其他品牌或种类的茶叶、成长和盈利记录、偿付能力、信用等级、合作态度及声誉。如果中间商是代理商,企业还要评价其所经销的其他茶叶的数量和特征及其推销力量的规模和素质。如果中间商是零售商,企业还要评价其店铺的位址、未来成长的潜力和顾客类型;对于零售商而言,最重要的因素是选址。

茶业企业选择中间商主要有以下几个条件。

①中间商的市场范围　市场是选择中间商最关键的因素。首先要考虑中间商的经营范围所包括的地区和产品的预计销售地区是否一致。其次是中间商的销售对象是不是茶叶生产者所希望的消费者。

②中间商的产品政策　选择时首先要看中间商有多少"茶叶产品线",即供应来源。其次要看这些茶叶产品相互间是直接竞争产品还是相关性产品。

③中间商的地理区位优势　选择零售商最理想的区位应该是消费者流量大的地区,批发商的选择要考虑其所处的位置是否有利于茶叶的批量运输与贮存。

④中间商的茶叶知识　选择对茶叶销售有专门经验的中间商会很快就打开销路。

⑤预期合作程度　中间商与生产企业合作得好会积极主动地推销企业的产品,对双方都有益处。因此要选择愿意和本企业相配合、积极推销本企业茶叶、做适当宣传广告工作的中间商。

⑥中间商的财务状况及管理水平　中间商的资金能力应该可以推销本企业的茶叶。同时,中间商能否按时结算取决于其财力的大小。整个销售管理是否规范、高效,关系着中间商营销的成败。

⑦中间商的综合服务能力　现代社会服务质量越来越重要,对于茶叶产品而言服务质量同样重要。因此,选择中间商要看其综合服务能力如何。

(2)选择中间商的误区　在选择中间商的过程中,有以下2种错误的认识应该警惕并加以回避。

①中间商越大越好　有的茶业企业认为中间商越大越好,甚至只要有了中间商就好。这种思想是有害的。凡事有利有弊。中间商实力越强,其发言权越大,跟企业讨价还价能力也越强。实力强大的中间商往往会提出苛刻的经销条件,有些甚至让企业难以接受。这是因为:第一,实力强大的中间商可能会同时销售竞争对手的同类茶叶,以此作为讨价还价的筹码。第二,实力强大的中间商一般不会投入很大精力去推销一个不是名牌的产品。第三,企业可能会失去对销售的控制权。

②过于依赖中间商　许多企业认为,只要选好了中间商,产品就会自动销

售,企业就可以高枕无忧了,不用再担心销售问题。这是一种错误想法。这是因为:第一,中间商的选择只是销售渠道建立的一个环节,而不是销售活动的全部。第二,产品畅销离不开企业和中间商的协作与努力。第三,绝大多数企业与中间商之间是纯粹的交易关系,受利益驱动,部分中间商可能会出现"变节"行为,使企业蒙受损失。

因此,茶业企业在选择中间商的过程中,一定要遵循选择中间商的条件,规避误区。

4. 茶叶销售渠道的设计 茶业企业在设计茶叶销售渠道时,必须在理想的渠道和可得到的渠道之间做出抉择。其主要的决策依据是:分析消费者的需要,建立渠道的目标,辨明可供选择的主要渠道并进行评估。

(1)消费者的服务需求分析 茶业企业设计销售渠道的第一步,是了解在其所选择的目标市场中消费者购买什么类型的茶叶、在什么地方购买、为何购买、何时购买和如何购买的问题,即消费者在购买茶叶时所期望的服务水平。一般茶叶销售渠道所提供的服务主要表现在以下几个方面。

①购货批量 不同消费群体的购货批量偏好是不同的。

②购货等待时间 通常消费者都希望购货等待时间越短越好。

③空间环境 消费者对不同等级的茶叶有不同的要求。如果购买高档次的茶叶,消费者愿意到产地生产厂家或专业店去购买;而对于一般茶叶则往往采用就近原则购买。

④花色品种选择权 一般消费者在购买过程中都有比较选择的倾向。因此,通过提供多种选择的余地,可以吸引消费者的注意力。

(2)建立渠道的目标与限制因素 渠道目标的评估应该首先根据消费者的服务需求水平而定。企业通常可根据消费者需求的不同水平来区分几种细分市场。有效的茶叶销售渠道设计应该决定服务于哪些细分市场,以及在为某一细分市场服务时所应使用的最佳渠道。通常,企业决定茶叶销售渠道是多方面因素均衡的结果,这些因素影响着茶叶销售渠道的运行效率。每一个茶叶生产企业都根据茶叶的特性、中间商特性、竞争情况以及消费者期望的服务水平等限制因素来制定其渠道目标。

(3)确定主渠道选择方案 茶业企业在对消费者的需求进行分析和对销售渠道目标确定以后,主要的任务是确定主要的茶叶销售渠道。主要茶叶销售渠道的选择变量有 2 项:中间商的类型和中间商的数目。选定中间商后,要确认每一渠道参与者的条件和相互责任。

(4)评估可供选择的主渠道方案 企业初步设计的茶叶销售渠道方案可

能有几个备选方案。如何在众多方案中选择一个符合企业长期目标的渠道方案是一项艰巨的任务，茶业企业必须对各种备选方案做出全面的评估。茶叶销售渠道的评估必须从经济上的可行性、渠道的控制和适应性方面做出全面的评价。某一方案的优点可能是另一方案的不足之处，均衡的理念和企业的长期目标是这一过程的策略。企业不必在许多销售点包括许多没有销售潜力的销售环节上耗费精力。企业应该挑选适合的中间商并建立良好的工作关系，以获得一个高于平均水平的销售业绩。

（四）茶叶促销策略

现代市场营销的实践证明：一个企业开发出好的产品，并不能代表该企业在市场上的成功。虽然产品的质量和价格对于顾客的购买有很大影响，但是如果企业不能和顾客进行有效沟通，把商品的信息传递给顾客，激起顾客的购买欲望，企业同样面临失败的命运。因而企业如何引导顾客购买自己的产品是大有学问的，它需要借助促销策略来激发顾客的购买欲望，从而加强其销售力度，扩大利润。这种情况同样出现在茶叶市场，茶叶的销售也需要促销。

1. 茶叶促销的概述 茶叶促销就是茶业企业通过一定的促进销售的手段，加强与茶叶消费者之间的信息沟通，促进消费者购买行为的发生和消费方式的变化，达到扩大茶叶销售的目的。

在现代市场营销中，茶叶促销活动已不仅仅是一种促成茶叶交易的行为，而具有更积极的意义。茶业企业在促销活动中，不仅是促成显在的或潜在的消费者购买行为的产生，而且需要主动地向消费者传递和收集关于茶叶消费使用的信息，帮助和指导消费者对于茶叶的消费行为，增进双方的了解。

茶叶促销的主要作用有以下几个方面。

（1）*提供信息* 这是最主要的作用。茶叶在尚未进入市场之前，生产厂家和经营单位都应及时地向消费者提供茶叶信息，介绍茶叶的功能、饮用和保管方法，引起消费者的注意；同时，大量的茶叶经营者，尤其是中间商，需要通过茶叶生产厂家提供的茶叶信息，采购适销的茶叶。

（2）*增加需求* 茶叶生产厂家向中间商及消费者传递信息，或茶叶中间商向消费者传递信息，不仅可以引起注意、诱导需求，而且还可以创造需求、增加需求。茶业企业的促销活动，不仅可以强化巩固老客户，而且还能发掘新客户，同时还有可能夺来竞争对手的客户，增加客源。

（3）*有利竞争* 在饮料市场，尤其是在茶类商品竞争激烈的情况下，消费者往往不易觉察到茶类之间的细微差别，或不易识别出伪劣茶叶。茶业企业可以通过促销活动，宣传自己的茶叶与竞争产品的差异，使消费者认识到自己的茶叶带给消费者的特殊利益。

(4)稳定销售　茶业企业可以通过加强促销宣传活动改变这种情况，使潜在的消费者改变某些顾虑或观望的态度，使更多的茶叶消费者形成对自己企业生产经营的茶叶的偏好，达到稳定销售的目的。

(5)协调作用　促销策略不但是茶业企业市场营销组合的一个重要组成部分，还具有协调配合其他市场营销变量、形成整体经营战略的作用(图 4-9-1)。

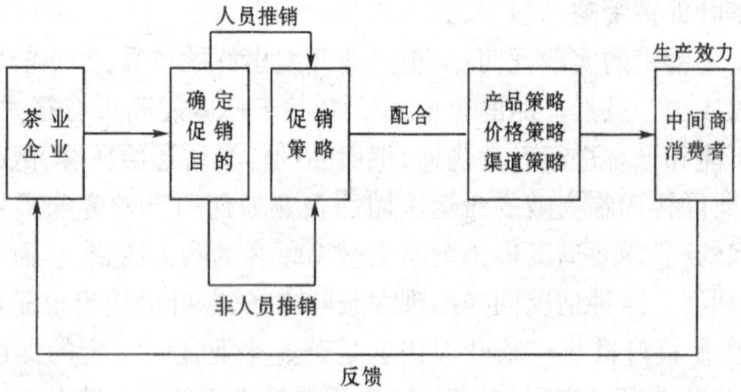

图 4-9-1　促销策略与其他营销组合策略协调示意图

在现代社会促销变得越来越重要。这是因为科技进步造成产品差异缩小、竞争激烈、产品生命周期缩短、业绩压力增大等方面的原因，在品牌众多、竞争激烈的环境里，开拓业绩相当困难。在这种品牌竞争的状况下，想在短期内提升产品的市场占有率，最有效的办法就是以促销活动为销售打气。

当然，事物都有其两面性，促销也是有利有弊。促销的优点主要有：促销是附加的额外诱因，能吸引顾客的购买；促销是直接诱因，请求的是立即购买行动，而非后效行动，如果促销成功的话就会导致销售量立即增加；促销极富弹性，可用于新产品上市，也可用来强调广告或人员推销所需要的信息，更可用来巩固及强化批发商、零售商以及企业推销员的推销能力。但促销也有其不足：促销本质上是一种暂时性、短期性的活动，持续时间短；促销本身无法独立运作，必须和其他营销工具配合使用；促销通常是非循环性的，投入在促销上的创意、时间以及金钱等，很少能再重复使用；同一品牌产品，举办太频繁的促销活动，会损及品牌形象，可能会导致消费者认为这是厂商滞销的产品、库存太多的产品或是廉价品。

2. 茶叶促销组合策略　茶叶促销途径主要有人员推销、营业推广、宣传报道、广告、公共关系。这几种途径各具特点，起不同的作用。

(1)人员推销　人员推销是指茶叶生产或经营企业派出人员,以谈话的方式让顾客了解推销服务的宗旨,赢得理解,从而直接推销茶叶的促销方式。这种方式比较适合茶叶生产规模小、茶叶数量少、销售目标市场顾客较集中的情况。人员推销是最有效的促销方式,特别是在争取顾客的偏爱、建立信心并采取购买行动方面,效果比较显著。这是因为人员推销最基本的优点是信息的"双向沟通",即推销人员将信息准确地传递给顾客的同时,可以及时、准确地得到顾客反馈的信息。与非人员推销方式相比较,人员推销还有以下优点:赢得顾客的理解,诱导顾客的购买欲望,培养关系;可以事先对潜在的顾客进行必要的调查了解,在推销活动中有的放矢,容易立即成交。同时,推销员在做推销工作时,可以深入了解目标市场动态,并做市场调查、收集市场信息及消费者意见。这些反馈的信息对于改善茶业企业管理决策及销售策略价值都很大。

为了有效实现茶业企业促销目标,茶业企业应对推销人员的任务作一些具体规定。具体地讲,推销员的任务是:善于把有关茶业企业的产品和服务的信息传递给潜在消费者,善于发掘和培养新客户;精于推销技巧,其中包括接近顾客、推荐茶叶、答复反对意见、洽谈交易;向顾客提供各种服务,包括向顾客提供茶叶知识咨询,给予茶叶生产、加工、保管技术协助,并迅速办理交货;担负一些茶叶市场研究工作和情报收集工作,并将访问顾客的情况做出报告。

人员推销茶叶的成功或促成茶叶交易的实现是建立在顾客对于推销人员的信任和友谊基础上的。因此,人员推销技术的关键是如何通过实施推销技术,在顾客的需求和自己的茶叶之间建立起信任。

①拜访洽谈的准备工作　推销员拜访顾客、上门推销,一定要有所准备。具体的准备工作有:了解掌握基本情况;调查茶叶目标市场的环境变化和竞争态势;了解顾客的特点,熟悉茶叶的品质、规格、功能等特点,掌握定价幅度;设计推销路线;制定具体的洽谈要点,如找谁谈,怎样自我介绍,何时出示茶叶或茶叶产品说明,准备为顾客提供哪些服务,等等。

②选择洽谈对象的技巧　上门拜访洽谈时,有请别人引荐、自我介绍、找购买承担者或购买决策者等几种情况。如果中间人愿将你介绍给顾客,其效果比自我介绍好,会使顾客觉得可信、可靠;如果必须自我介绍时,要正确称谓顾客,郑重递送名片或介绍信,恰当使用"您"、"请"、"谢谢"等礼貌用语,以示尊重对方,造成合适的洽谈气氛。在上门推销过程中,一般不要越过购买承担者而找决策人,当洽谈困难时可取得购买者的理解再找购买决策者。

③选择洽谈时机的技巧　洽谈时机的选择有一定的方式和技术。通常有

事先预约和突然拜访、电话预约和写信预约等选择。一般情况下，事先预约比突然拜访好，可以避免空跑，不致受到拒绝，造成郑重其事、专程拜访的气氛。这种情况一般适合向茶叶批发商的推销，对于消费者个人购买若采用事前预约的做法其效果会适得其反。

④洽谈中的技巧　洽谈中要掌握几个环节及每个环节的递进关系。如吸引注意力—诱导购买兴趣—激发购买欲望—促成购买行为。这几个环节的效果可以通过以下做法达到：一是说好第一句话，让顾客觉得你真诚可靠，抓住顾客感兴趣的问题，突出自己推销茶叶的特点；二是实事求是，如实承认自己茶叶的不足；三是对茶叶等级、品质、交货期、价格等讲信用，通过现场出示茶叶或茶叶冲泡或辅之出示质量检测报告、质量奖、专家对自己茶叶的介绍，并从谈话中找出与自己的推销要点相一致的内容，加以强调来诱导顾客的购买兴趣，激发其购买欲望；四是抓住时机，促成交易。

⑤洽谈中的语言技巧　推销员是直接和顾客接触、交谈，因此语言艺术对交易的成功有直接关系，还关系到企业的信誉。其语言技巧可从以下几个方面去把握：一是洽谈的语言要紧扣主题，即为顾客提供服务，以满足顾客的需要，并做到表述不给顾客留下是倾力推销的印象，而是为他送来服务，当好其选购茶叶产品的参谋角色；二是恰当使用“我”与“您”，使用“我”时，最好紧扣“为您服务”的主题；三是正确对待反对意见。

(2)茶叶营业推广　茶叶营业推广，即在一个比较大的显在的茶叶目标市场中，为了刺激需求而采取的能够迅速地产生现实的鼓励购买作用的促销措施。如茶叶展销会、茶艺表演、有奖销售、赊销或分期付款等。茶叶营业推广具有明显的2个特点：一是刺激需求效果明显，能比较快地见到促销功效；二是茶叶采取营业推广所花的费用较少，而在局部茶叶市场中的收益很大。

适合茶业企业的营业推广技术多种多样，究竟采取哪种推广技术，除了考虑茶业企业内外条件外，主要应考虑茶叶营业推广的对象和目标。根据茶叶营业推广的对象不同，茶叶营业推广目标可以分为以下几类：如对茶叶消费者的推广目标是刺激和鼓励消费者购买茶叶，动员消费者购买新种类的茶叶，吸引潜在茶叶消费者，并努力使消费者形成对自己推广的茶叶的偏爱；对中间商的推广目标，是以茶叶批发商、代理商、零售商为营业推广对象，刺激和鼓励批发商大量购买，形成固定关系。

茶叶营业推广技术，要根据茶叶市场类型、销售目标、竞争环境以及具体的营业推广费用和效率综合考虑来选择。

①对茶叶消费者的推广技术　茶叶消费者对于茶叶的爱好因人因地而

异，有一定的需求弹性。对茶叶的饮用知识、茶叶保存知识及对茶叶的功能了解有限，购买易受感情支配。因此，在对茶叶消费者采取营业推广时，就要求营业人员通过各种销售技术和方法准确了解顾客需求，提供良好的服务，热情介绍茶叶知识和功用，赢得消费者的信任，使消费者对茶叶产生兴趣，刺激其购买欲望。具体的做法有：做好茶叶售前服务，如为茶叶顾客设计一个优雅洁净、茶香飘溢的茶店、茶馆、茶室等，设计好茶叶商品陈列，以便顾客选购；做好茶叶售中服务，即通过良好的、热情周到的服务，解答顾客疑问，介绍茶叶知识，帮助挑选，迅速包扎茶叶商品等工作；做好茶叶售后服务，如送货上门、提供茶叶品质、保证服务等；做好茶叶展销，包括茶叶柜台敞开陈列展销，门市部茶叶展销，节假日茶叶展销，减价出售茶叶新产品或试销品，现场茶艺表演等活动。

②对茶叶中间商的营业推广技术　提供茶叶商店橱窗和柜台茶叶陈列设计的资料，在销售点举行展销会、展览会、购货折扣、陈列津贴、代培业务技术人员、举行业务讨论会等。

(3)茶业企业公共关系　茶业企业公共关系是指茶业企业通过一定的方式与公众保持良好的信息联系，争取公众的理解、认同和信任、支持，从而为茶业企业销售提供一个良好的内部与外部环境的活动。茶业企业公共关系不是一种直接的推销茶叶的方式，其含义不仅仅是茶业企业向潜在消费者提供茶叶信息和进行宣传劝说活动，而且包括使公众了解茶业企业的方针政策，从而加强茶业企业与公众的关系，在社会上树立茶业企业的声誉。茶业企业公共关系促进茶叶销售，已经成为茶叶销售发展的必然。

茶业企业为了通过利用公共关系达到促销目的，必须掌握好以下几个原则：一是从公众利益出发。公共关系如果不能以公众利益为活动的基点，就无从谈公共关系。因此，坚持为了公众利益而不只是为了企业的利益，是建立良好公共关系的基本原则。如茶厂要注意文明生产、处理好机器噪声及茶灰粉尘对环境的污染问题；搞好环境卫生，开展利民活动，开展茶叶知识义务咨询活动等。只有不断地为公众多做贡献，才能不断改善或提高社会对茶业企业的观感。二是以优良的产品与服务做基础。茶业企业的高质量的茶叶与服务，是茶业企业有信心开展公共关系的物质基础；而优良的产品和服务与茶业企业声誉之间有着相辅相成的关系。优良的茶叶品质和服务有利于建立良好的茶业企业声誉，而良好的茶业企业声誉又会转化为企业产品——茶叶的声誉。因此，茶业企业声誉是茶业企业最为重要的财富。公共关系的任务之一就是以优良的茶叶产品和服务为基础，提高茶业企业的声誉。三是从茶业企业内部做起。一方面茶业企业职工是茶业企业公共关系之一，通过努力改善协调茶业企业内部的人际关系，处理好企业上下级、职工同事之间的关系，使职工乐于以企业为家，才能保持良好的工作秩序。另一方面公共关系不仅仅依靠茶业企业公共关系人员的工作，如能处理好茶业企业内部的关系，则内部的每一位职工都是理想的公共关系人员。四是积极而有计划地进行。茶业企业的公共关系不是靠一时一事建立起来的，需要经过长期的积极努力。因此，茶业企业的公共关系必须积极而有计划地、连续不断地开展，使之有组织保证、有具体的计划，积极建立并维持与公众之间的交流、理解、认可与合作。

茶业企业公共关系的活动内容与方式同企业的规模、茶叶本身的特点、茶叶市场性质等密切联系。具体活动方式有以下几方面。

①调动员工积极性　公共关系包括企业内部员工，所以公共关系活动应该从企业内部做起，这往往是一些茶业企业忽视的问题。这方面的工作包括：建立良好的上下级信息交流模式，协调内部各种关系，改善员工和管理者的工作、学习和生活条件，真正关心员工的问题，使全体员工同心协力，关心、支持、参与企业的公共关系活动。调动好员工的积极性，搞好企业内部关系，对促进茶叶销售将发挥积极作用。例如目前世界最大的茶叶连锁企业——天福茶业的总裁李瑞河先生，非常重视企业的公共关系，尤其是在调动员工积极性方面。自1993年赴大陆投资建成漳浦天福茶庄后，他就年年在这里过春节。除夕夜他像家庭一样与员工们团圆，边品赏香茗佳肴，边观看自编自演的文娱节目，还穿插进行幸运抽奖等活动，笑语欢歌，其乐融融。因此，天福拥有了一支非常忠诚于企业的员工队伍，天福茶业只用了10年的时间就迅速在全国各地拥有近400家连锁店，创造了茶业界的奇迹。

②搞好同消费者的关系　茶叶消费者是茶业企业的潜在公共关系，因此必须妥善处理，听取和搜集并重视消费者对本企业政策、方案、茶叶产品，甚至加工条件的意见和询问，以优质的茶叶和服务吸引顾客，妥善解决茶叶产品和服务中的问题，及时消除顾客的不满情绪，争取顾客的谅解、满意和支持。

③发展与保持同有关部门和单位的信息交流　茶业企业要建立的公共关系还应包括政府部门、新闻单位、研究机构、各相关院校、学术团体以及某些民间组织。除此之外，还应正确处理好企业同行业以及有竞争关系的同行的关系。对待前者，保持密切联系，经常沟通信息，交流情况。如通过举行周年纪念、招待会、新闻发布会等主动向有关单位提供本企业的信息，认真答复他们的问题，增加社会各界对企业的了解，加深本企业在社会公众中的良好形象。对待后者，视他们为贸易伙伴，既开展正常的竞争，又互相支持、互相学习，并

严守信用。

④热情接待来访者，参加社会公益活动　茶业企业应以积极的态度热情接待来访者，如对记者来访、外宾参观、专家调查、学生实习等，要热情欢迎，提供方便，并抓紧机会举行座谈会，双方交流信息，联络友谊。并通过有计划地参加适当的社会公益活动，来提高和扩大茶业企业的社会影响。

⑤广泛开展文字宣传活动　利用新闻渠道进行宣传，这是公共关系的主要活动。这种宣传活动不同于广告宣传活动，是由第三者如专家、记者、参观者等撰写报道文章，投稿于报纸、杂志、广播、电视等为企业宣传，由此而达到树立企业信誉、促进茶叶销售的显著效果。此外，文字宣传活动还应包括向有关单位寄送宣传品、向中间商发放茶业企业和茶叶产品资料、向新闻媒介通报企业动态、向社会普及茶叶知识等。

(4)茶叶广告　所谓茶叶广告，仅从企业角度而言，是指茶叶生产或经营企业利用媒体以各种说服方式向公众传播关于茶叶商品信息，以实现宣传茶叶产品、引导消费和需求、促进销售的公共宣传活动。茶叶广告活动的参与者主要有茶业企业、广告制作人及广告经营单位。茶叶广告最主要的作用是传递信息，促进销售。具体来说有以下几个方面：一是广而告之，唤起注意。通过各种手段和技巧，把商品的信息传递给潜在消费者，使消费者知道某厂、某店、某地有某种特点的茶叶，起到宣传茶叶商品知识、增加茶叶商品知名度的作用。如果广告不能引起人们的注意，其他作用也就无从产生。二是诱导需求，刺激购买。消费者在有意或无意中接受了广告宣传后，可能会有所考虑、留下印象，以至引起兴趣，即接受广告的刺激，如有潜在需要，购买茶叶的欲望和行为就会发生。三是介绍知识，指导消费。消费者对于茶叶商品知识的了解是有限的，企业通过广告向消费者介绍茶叶商品的性质、饮用和保管知识，对指导选购、引导消费者是非常必要的，尤其是茶叶新产品的广告介绍，更有助于解除消费者的顾虑，刺激购买茶叶的欲望。

在现在竞争激烈的情况下，广告作为企业促销的主要手段，已被一切企业所接受，因而变得越来越重要。

茶叶广告要取得较好成效，应做好以下几方面工作。

①要做好广告费用预算　花钱做广告，要统筹兼顾、科学预测。实践证明，并不是做广告花钱越多促销盈利效果就越显著。做茶叶广告，应力求以较少的费用投入获取最大广告效果，这就需要我们茶叶厂家根据实情做好广告费用预算。具体预算方法有：一是量力预算法。根据企业财力状况确定广告费支出，规模小、产量不大、财力有限的企业没有必要去花钱做广告，可采取其

他经济的促销手段。二是比例预算法。根据某一时期或某一地区的销售额提取一定的广告费用。三是目标预算法。根据所要达到的广告目标效果决定自己的广告费用。四是竞争预算法。根据竞争对手的广告费用来决定自己的广告费用。

②突出特色　特色，是一个事物区别于其他事物的特有的本质特性，从一定意义上讲，特色意味着优势。茶叶广告不管是设计风格、表现形式、信息内容，一定要人无我有、人有我奇，要新颖独特、具有个性，要富有创造力、吸引力、感染力，力求宣传效果、艺术效果、经济效果有机统一，以诱导和激发消费者对茶叶的关心和兴趣。这里指的特色，主要包括以下几点：一是产品特色。如优越的生态环境、精湛的加工工艺、独特的外形、超群的内质等。二是经营特色。如独到别致的包装、颇富想象力的品名及与众不同的企业文化、茶文化、经营理念等。像茶业企业通过的绿色食品认证、质量认证、含金量高的评奖也不失为宣传的亮点。三是策划特色。就是要运用产品生命周期理论，根据茶叶产品在市场上所处的不同寿命周期（引入期、成长期、成熟期、衰退期）的特点，结合茶业企业的经营目标、营销战略、市场竞争状况及消费者心理来制定茶叶广告。如康师傅的绿茶广告选用了“自然最健康，绿色好心情”这句口号，在凸显自然健康的产品特性的同时，倡导一种新鲜时尚的健康观念，简洁明快，特色鲜明，富有时代气息，具有鼓动性和号召力，而且口号适用于电视、报纸等各类媒体传播。

③注意品牌　通俗地讲，品牌实际上是对产品标识物的一个总称，通常由品牌名称、标志、商标、版权组成。随着市场上产品的日益丰富，品牌往往代替产品本身的使用功能而成为消费者选购的对象。产品是企业生产的东西。品牌是消费者选购的东西，从产品到品牌并非是简单必然的过程，而是需要人力、财力、时间、智能的锤炼和打造。影响品牌发展最关键和最核心的因素有产品、传播、消费者。产品质量是基础，传播是桥梁，消费者是裁判。茶叶广告的直接目的是宣传产品、促进销售；就其实质而言，茶叶广告的过程，就是塑造茶叶品牌的过程。因此，茶叶广告必须注重品牌形象和品牌效应，要宣传品牌、突出品牌、创响品牌。四川“竹叶青”茶的广告语从“清醇，淡雅，竹叶青”到“平常心，竹叶青”，都很好地体现了广告在宣传产品的同时，塑造茶叶品牌的原则。同时茶业企业要坚持不懈地在产品质量、价格、包装、技术创新、市场开拓、售后服务等营销组合上狠下工夫，使更多的消费者在琳琅满目的茶叶商品中认识、了解、熟悉到信赖，忠诚自己的茶叶品牌，方能使自己的茶叶产品在激烈的市场竞争中站稳脚跟。

④讲究实效　茶叶广告在具体实施过程中，要讲究实效。一是媒体方面。很显然，广告的对象——即茶叶信息的接受者应该是广大的消费者，广告的传播面越大，接受者越多，促销效果越好。茶叶广告宜选择与广大消费者或与产品定位的消费群较密切的媒体，如电视、广播、路牌、灯箱、公共汽车、报纸等。若以介绍为广告目标，则采用保存期较长的广告媒介；若以提醒为广告目标，则采用传递信息迅速的广告媒介。二是时间方面。应集中在传统节日、国家法定假日、新茶上市阶段做广告。此时消费群体多、购买力大，强有力的广告宣传，更能引导消费者的购买欲望和行为。平时也要不间断地开展一些费用较低的宣传活动，并配合馈赠、有奖销售、打折等促销手段，力所能及参加一些社会公益赞助活动，在广大消费者心目中树立较好的产品形象和企业形象，形成一定亲和力。三是地域方面。可选择在生产地、加工地、本品牌占绝对优势的消费区、新开拓市场所在地开展茶叶广告宣传，稳扎稳打、步步为营，有的放矢、层层辐射，防止四面出击、盲目扩张。

⑤抓好广告效果测定　广告是费用较高的促销手段，促销结果如何，能否增加茶叶销量，取决于广告效果。广告效果包括经济效果（广告对茶叶销量和企业利润的影响程度）、社会效果（社会公众对茶业企业和茶叶的认识程度及广告对人们生活方式、消费习惯的影响程度）、心理效果（顾客对广告产生的心理作用），最终以经济效果表现出来。

茶叶广告不是独立作用的，必须借助于一定的中间媒体，才能把茶业企业有关信息传递到市场上去，这种传递茶叶广告信息的中间媒体就是茶叶广告媒体。最常见的茶叶广告媒体一般有以下几种：报纸广告、书刊广告、广播广告、影视广告、邮寄广告和其他广告（如灯箱、路牌、交通工具等）。另外，茶叶包装也是很好的广告媒体。现在我们的许多茶叶包装并没有用来充分做好自己的宣传广告，许多人仅仅认为包装只是为了保护茶叶品质，而没有意识到包装装潢艺术的本身就包含有广告学的含义，殊不知通过包装既销售了茶叶又宣传了茶叶。现在很多商品在包装上所做的宣传远远超过电视上或报刊上所做的宣传，这是因为各式精美的包装首先就能把消费者的注意力吸引过去，利用茶叶包装做茶叶广告当然是吸引消费者的一种好方法。

如此众多的茶叶广告媒体，茶业企业最终选择哪种媒体做茶叶广告主要取决于以下因素：广告目标、目标市场特点、广告媒体的特点以及广告媒体的成本等。

思考题

1. 许多人相信市场营销对获得经营成功正变得越来越重要，你同意这种看法吗？简单说明理由。

2. 茶业企业如何应对竞争对手主动挑起的价格战？

3. 茶叶分销渠道发挥着什么职能？

4. 影响分销渠道设计的因素有哪些？

5. 促销有什么作用？促销组合有哪些？

第五篇　高级评茶师技能要求

第一章　茶叶品质形成的生化原理

我国生产的茶类有绿茶、红茶、黄茶、白茶、乌龙茶和黑茶6个基本茶类，此外还有再加工茶和花茶。由于各类茶叶的加工方法不同，品质形成的原理亦各不相同。

第一节　绿茶品质形成的生化原理

绿茶是我国的主要茶类，由于加工方式不同又分为炒青绿茶、蒸青绿茶。炒青绿茶又因炒干方式不同分为眉茶、珠茶、扁形茶、针形茶等。

尽管绿茶产品种类很多，加工方式也千变万化，但其加工基本原理一致。

绿茶加工的基本原理是利用高温杀青，破坏酶活性，抑制多酚类化合物在酶促作用下氧化，以避免产生红梗红叶，保持清汤绿叶的品质特色。同时通过不同的加工工艺发展香气、改善滋味、美观外形，从而形成各种不同风格品质的绿茶品类。

绿茶品质由茶叶的色泽、滋味、香气、外形4个因子构成，各因子之间有一定的内在联系，它们的形成是茶叶内外各因素共同作用的结果，包括鲜叶原料（如品种、栽培条件、采摘标准等）、制作方式、加工环境等。

一、色泽的形成

茶叶色泽分为干茶色泽、茶汤色泽和叶底色泽3部分。鲜叶的色泽基本上是绿色的，鲜叶中主要的呈色物质有叶绿素、叶黄素、胡萝卜素、花青素、花黄素等几类。叶绿素、叶黄素和胡萝卜素是脂溶性色素，不溶于水，所以其保留量与干茶和叶底色泽有关。叶绿素受热后，一部分转变为脱镁叶绿素，参与干茶色泽的构成；少部分会产生水解，转变为亲水性，进入茶汤影响茶汤色泽。花黄素、花青素为鲜叶中的主要水溶性色素，易被氧化而变成橙、红色，甚至褐色等各种氧化产物，直接影响绿茶的色泽。绿茶加工过程中采取高温杀青抑制酶的活性，保证绿茶“三绿”的品质特征。此外干茶色泽的形成还与鲜叶表面茸毛的多少有关，在加工过程中茸毛黏附的茶叶表面可直接影响干茶的色泽。

二、香气的形成

绿茶中检测出的香气有200多种，其中一部分是鲜叶中保留下来的，而大多数是在加工过程中形成的。绿茶香气的形成主要通过下面的几种途径：散发鲜叶中原有的低沸点青臭气，显露出清香或花香；发展鲜叶中的芳香物质，在加工过程中转化而成芳香物质。形成绿茶香气的主要物质是芳香油。鲜叶中芳香油的含量很少，但组成复杂，有酸类、醛类、酮类、醇类、烯类等。其中在鲜叶里含量最多的青叶醇，是具有青草气、青臭气的物质，在杀青加热后能散发这些青臭气。此外，在茶叶加工过程中，一些含氮物质如蛋白质、氨基酸，含碳化合物如糖、脂肪等，以及部分色素物质如类胡萝卜素等，在加热及干燥过程中也会发生各种反应形成甜香、高火香、焦香及其他特殊的香气。

三、滋味的形成

形成茶叶滋味的物质都是水溶性的。有多酚类及其氧化产物、氨基酸、咖啡碱、糖类、水溶性果胶、有机酸等。各种物质都有自己的滋味特征。如多酚类苦涩，且具有较强的收敛性；氨基酸鲜爽；糖类甜醇；咖啡碱和茶皂素的苦味等。各类物质的组成成分又有各自的滋味特征。如多酚类及其氧化产物是决定茶叶滋味的基本成分，其中70%是儿茶素。各种儿茶素的滋味不同，结构简单的收敛性强而比较可口，结构复杂的则涩味较重。绿茶的滋味是各种成分相互配合、彼此协调、综合反应的结果。

在绿茶初制过程中，蛋白质水解可使部分氨基酸增加，同时多酚类氧化沉淀而减少，使酚氨比降低，茶味因此浓而鲜爽。初制过程中糖类也因淀粉的水解而增加，在味觉上可与苦涩味拮抗，使茶味变醇。

四、外形的形成

绿茶外形的形成与鲜叶质量如嫩度、形状、新梢节间长短等密切相关。不同的加工工艺又可塑造各自的外形特征。杀青后不揉捻的叶子，干燥后茶叶基本保持自然的形状；杀青后揉捻，晒干或烘干，茶叶保持揉捻叶的形状；杀青叶经揉捻后炒干或半烘炒，在炒干过程中运用不同的手法或机械，在揉捻叶形状的基础上进一步造型，如眉茶、珠茶、碧螺春、雨花茶等；杀青叶不经揉捻直接炒干，在炒干过程中运用巧妙的手法造型，如扁平光滑的高级龙井及一些炒青名茶。

在茶叶加工过程中，随着鲜叶嫩度的下降，有效成分含量减少，制成的干茶外形也逐渐粗松。纤维素、半纤维素、木质素与果胶是鲜叶细胞壁的组成成分，是植物体的支持物质，在新梢伸育过程中，随着叶子的生长纤维素等成分含量增加，叶质就显得粗硬，所制毛茶的外形常粗老。

第二节　红茶品质形成的生化原理

红茶包括工夫红茶、红碎茶和小种红茶。它们的制法大体相同，都有萎凋、揉捻(切)、发酵、干燥4个工序。工夫红茶、红碎茶和小种红茶是全发酵茶，鲜叶通过萎凋、揉捻(切)、发酵、烘干等工艺过程，使鲜叶内化学成分发生一系列的物理和化学变化，形成红茶独有的品质特征。红茶是通过萎凋来增强酶的活性，然后通过揉捻、发酵，以茶多酚的酶促氧化为中心，发生了一系列的生化变化，最后形成了红汤红叶的品质特点。

一、酶活性的变化

鲜叶离体后，随着失水过程的进展，多酚氧化酶的活性是逐步增强的；适度萎凋叶多酚氧化酶的活性是鲜叶的2~4倍，萎凋叶经揉捻后使氧化酶类氧化速度大大加快，酶性氧化成为揉捻阶段的主流生化变化。随着发酵过程的进展，酶活性逐步降低，直到干燥作业开始，当叶温达到70℃时，多酚氧化酶才彻底变性、失去活力。

二、红茶色素的形成与转化

茶多酚的主体物质是儿茶素类物质。儿茶素存在于鲜叶细胞的液泡内，而多酚氧化酶主要存在于原生质中的叶绿体和线粒体内。但当叶片组织受到损伤如揉捻或揉切后，儿茶素类物质与多酚氧化酶接触，在有氧气的条件下，儿茶素类便迅速发生酶促氧化作用，首先产生儿茶素邻醌。邻醌物质很快又发生聚合，逐步产生了茶黄素，茶黄素进一步氧化的结果产生茶红素，茶红素进一步氧化并与氨基酸等物质的聚合，最后形成茶褐素。茶黄素和茶红素是形成红茶红叶红汤的主体物质。

从儿茶素氧化聚合形成茶褐素的整个过程，物质的颜色是逐渐加深的。邻醌为黄色，茶黄素为橙黄色。茶红素为红色，茶褐素为暗褐色。红茶制造过程中叶绿素的分解破坏是很显著的。叶绿素的分解破坏，一是由于酶性或非酶性的水解，二是加热过程中的脱镁作用，使红毛茶的色泽形成黑棕色。

三、红茶滋味的形成

形成红茶滋味的主要化学成分有多酚类化合物、咖啡碱、醣类、氨基酸等物质。

多酚类化合物是构成红茶滋味浓强的主要成分。其中茶黄素具有较强的收敛性，茶红素则滋味醇和，二者含量丰富、比例适中（茶红素∶茶黄素为10∶15），是形成高品质红茶滋味的主要原因。

构成茶汤鲜爽的主要成分是氨基酸、未被氧化的儿茶素及茶黄素和咖啡碱等。氨基酸是带鲜味的物质。红茶制造过程中，蛋白质水解后形成各种游离氨基酸，它与多酚类化合物协调配合，赋予红茶浓醇鲜爽的滋味特征。咖啡碱是略带苦味的物质。咖啡碱与茶黄素等多酚氧化物产生的络合物是形成茶汤冷后浑的原因。咖啡碱与茶黄素络合滋味鲜爽，冷后呈黄亮色；与茶褐素络合，冷后呈暗黄褐色；与茶红素络合，冷后呈棕红色。

红茶滋味的甜醇主要是叶内含有糖类物质，萎凋叶中糖类物质淀粉产生了较多的可溶性糖；在高热干燥阶段，多糖的裂解增加可溶性单糖的数量。因此，在红茶制造过程中可溶性糖的数量是增加的，可溶性糖的增加对增进茶汤滋味的甜醇味以及甜香味都是有积极意义的。

四、芳香物质的变化

红茶制造过程中芳香物质的变化是比较复杂的，由鲜叶中的50种增加到成茶中近300种。香气成分的种类如此之多，但香气的含量甚微。

红茶香气物质一部分是鲜叶中固有的，而大部分是红茶制造过程中由其他物质转化来的。萎凋、发酵过程中某些醇类的氧化、氨基酸和胡萝卜素的降解、有机酸和醇的酯化、亚麻酸的氧化降解、己烯醇的异构化、糖的热转化等都会产生很多新的香气物质。因此萎凋、发酵过程中香气物质是增加的。在干燥阶段，由于高温的原因，很多低沸点的香气物质大量挥发，最后剩下的是一些高沸点的芳香物质，以醇类和羧酸类为主，其次是醛类、酯类等。芳香物质到发酵阶段组成和数量都达到高峰，当发出浓郁香气时及时停止发酵，可获得高香茶。烘干后，香气物质含量又有减少，但成分的种类增加很多。

第三节　青茶品质形成的生化原理

青茶又称乌龙茶，是一种半发酵茶，有闽北乌龙制法和闽南乌龙制法之分。其加工原理、方法基本类同，主要工艺为鲜叶→萎凋→做青（摇青↔晾青）→杀青→揉捻→烘干。加工时鲜叶的内含物多酚类发生部分氧化作用，形成乌龙茶特有的品质风格——香高、味醇、绿叶红镶边。乌龙茶品质的形成取决于鲜叶原料及加工工艺的发挥。近几年台式乌龙茶制法在大陆得以普及，乌龙茶摇青时间进一步缩短，以及空调摇青的发展，乌龙茶的色泽趋向于更绿。

一、乌龙茶各品种的鲜叶特点

乌龙茶对品种种质特性的依赖性特别强，适制乌龙茶的品种一般以中叶种为多。适合制造乌龙茶的鲜叶多是成熟的新梢。品种是采制优质乌龙茶的物质基础。我国乌龙茶品种十分丰富，有国家级良种 10 个，省级良种 17 个，名枞珍稀品种和地方品种数十个。主要有水仙、大红袍、肉桂、铁观音、本山、毛蟹、黄金桂、梅占、矮脚乌龙、奇兰、佛手、大叶乌龙等。不同的乌龙茶品种生物学特性不同，品质特征也不同。安溪铁观音有"音韵"味；水仙品种入口有浓厚而甘滑的喉韵；武夷肉桂如桂皮的香味；安溪黄金桂有犹如兰花香味，称之"透天香"。乌龙茶丰富的品种资源，使乌龙茶产品特色明显，加之传统的加工方式和不可多得的单枞品种，使乌龙茶产品的个性更加明显，少数产品不可复制，显得少数乌龙茶产品十分稀少。

乌龙茶采摘标准不同于其他茶类，一般采摘新梢小开面或中开面，采摘标准是采驻芽 2～3 片叶，过嫩过老的鲜叶都不适宜。不同成熟度的新梢及不同部位的叶片，其一些与品质有关的主要化学成分含量有所不同。其规律是随着新梢伸育、叶片的生长成熟，醚浸出物、糖类、类胡萝卜素、黄酮醇类含量逐渐增加，茶多酚含量渐趋减少。醚浸出物含量与茶叶香气呈正相关，含量高，香气也高。类胡萝卜素的含量随着新梢的伸育成熟而增加，它是茶叶制造中能转化成高香成分的一类物质；成熟叶梢细胞内含叶绿素增多，光合作用效率高，大型淀粉粒、糖和全果胶含量增加，赋予乌龙茶汤醇厚的风味；具有涩味感的多酚类在相对含量上也是随着新梢成熟度的增加而有所减少，特别是酯型儿茶素有所减少，有助于乌龙茶醇厚滋味的形成。这说明采摘成熟度较高的新梢恰好与乌龙茶香高味醇的特征相适应，所具备的化学物质基础符合乌龙茶的品质要求。

二、乌龙茶加工中主要化学成分的变化

(一)香气化学成分的变化

乌龙茶的香气物质主要由多酚类物质、芳香物质、糖、果胶物质和氨基酸等组成。芳樟醇氧化物、橙花叔醇、香味醇、苯乙醇、吲哚、顺茉莉酮、茉莉酮内酯和茉莉酮酸甲酯等成分构成了乌龙茶的典型特征香气自然的兰花香。乌龙茶香味与茶黄素、茶红素、茶褐素也有一定的关系。茶红素在一定范围内对香气和滋味都呈正相关,茶红素加茶黄素与香气呈显著正相关。乌龙茶的醚浸出物、芳香物质等都较红、绿茶高,这是形成乌龙茶特殊香气的重要原因。

(二)滋味化学成分的变化

滋味的化学成分一是由品种决定的,二是特殊的地域也产生其特有的物质比例,三是加工过程中转化而成的。乌龙茶的滋味特色是醇厚耐泡,主要是内含物质丰富,比例协调。由于采摘的鲜叶要有一定的成熟度,醚浸出物多;在做青的静置阶段,促进了茎梗中的水分和可溶性物质经输导组织往叶肉细胞组织输送,从而增加叶片内的有效成分的含量,为乌龙茶味浓耐泡提供了物质基础。另外,烘干过程将各种水溶性物质固定下来,烘干对增进汤色、提高滋味醇和及促进香气熟化等起作用。

(三)色泽化学成分的变化

乌龙茶的外形色泽要求为砂绿油润,汤色要求金黄,叶底要求绿叶红镶边,这与乌龙茶特殊的加工方法密切相关。构成乌龙茶色泽的主要成分是叶绿素、胡萝卜素和多酚类物质。这些物质在制造过程中发生了变化,叶绿素含量下降,叶绿素 a、叶绿素 b 比例的变化和多酚类物质的部分氧化,以及茶黄素、茶红素含量上升和干燥后期茶褐素的渐增等综合作用,决定了乌龙茶特殊色泽的形成。

第四节　黄茶品质形成的生化原理

一、黄茶闷黄的实质与加工技术的关系

黄茶在制作过程中有闷黄作业,品质特征是黄叶黄汤,香气清悦,味厚爽口。我国黄茶主要有湖南君山银针、四川蒙顶黄芽、安徽霍山黄芽、皖西黄大茶、浙江莫干黄芽、广东大青叶等。高级黄茶的闷黄作业不是一次完成的,而

是多次逐步变黄，造型也是分次逐步地塑造。各地黄茶加工，其工艺不尽相同，闷黄技术也不一样。有的是在杀青后或揉捻后闷堆的，有的是在初干后闷堆的，所以形成不同风格的黄茶。

黄茶闷黄要获得“干看黄色、汤色也黄、多酚类化合物轻度氧化、叶绿素彻底破坏”的效果，就须先杀青破坏酶的活性，而后闷热时间短、变化小，干坯闷热时间长、变化大。

二、黄茶变黄的内含成分的变化

(一)叶绿素的变化

叶绿素是不稳定的化合物，在黄茶制造中，热化作用引起氧化、裂解、置换等而被破坏，使绿色减少，黄色更加显露出来，是黄茶呈现黄色的主要原因。黄大茶在制造中，叶绿素含量的破坏率在60%以上。

(二)多酚类化合物的变化

多酚类化合物也是影响黄茶品质的一类主要物质，在炒制中发生了显著的变化。黄烷醇类在炒制过程中显著减少，黄烷醇的总量在毛茶中比鲜叶中减少了1/2以上；其中L-EGCG减少特别显著，减少量在2/3以上。从工序来看，黄烷醇以堆闷工序减少最多，几乎占减少总量的1/2；L-EGCG在堆闷中减少也较多，占减少量的1/2以上。这种减少主要是在热化作用下较长时间非酶促氧化的结果。

黄烷醇类在炒制中氧化而大量减少，但水溶性多酚类化合物总量减少并不多。鲜叶中水溶性多酚类化合物含量为23.46%，干毛茶中仍有22.74%，说明多酚类化合物在热作用下的非酶性氧化与酶促氧化不同。黄大茶有大量的茶红素，但叶底不呈红色，可以说明热化作用的性质。特别是在干热作用下，掌握适当的温度，不仅能使香气发展到高峰，而且可使结合性的多酚类物质裂解，转化为可溶性的多酚类化合物，同时发生异构化，使茶汤滋味变为浓醇。热裂解作用使酯型黄烷醇大量减少，简单黄烷醇类相对增加。

(三)其他物质的变化

在黄茶炒制中，糖类和氨基酸含量都有显著变化。淀粉在炒制过程中减少，可能转化为可溶性糖。而可溶性糖也表现为不断减少，而氨基酸含量增加。氨基酸既是茶汤滋味的重要组成部分，又是香气的一种先期物质。在热作用下，糖可转化为焦糖香，糖与氨基酸结合形成香气。黄大茶突出的焦糖香与糖的变化有关。

在黄茶制造过程中，叶绿素因热化作用引起氧化、裂解、置换等而被破坏，使绿色减少,黄色更加显露出来,是黄茶呈现黄色的主要原因。

第五节　白茶品质形成的生化原理

一、适制白茶的鲜叶品种特点

白茶是我国传统的外销茶,属轻微发酵茶类。福建省的福鼎是白茶的原产地,原采摘菜茶品种的茶芽生产银针,后发现大白茶后,生产银针白毫。白茶主产区在福鼎、政和、松溪和建阳,产量不多,产品以外销为主。

白茶品质的外观特点是干茶外表满披白色茸毛,色白隐绿,所以对品种有特殊的要求。通常生产白茶的鲜叶品种要求芽叶茸毛多、芽色银白的品种来生产。目前生产白茶的品种是福鼎大白茶和政和大白茶,由于这两个品种选育地域的关系,白茶的产地也集中于这两个地区。

白茶品质的优次与鲜叶采摘季节有密切关系,以春茶品质为最好。尤其以肥芽制银针,品质特优。主要产品有白毫银针、白牡丹、贡眉和寿眉。银针以肥壮的福鼎大白茶或政和大白茶芽制成,白牡丹采用1芽2叶初展的大白茶品种制作,贡眉以大白茶或菜茶有性群体芽叶制成。

白毫银针鲜叶标准要求严格,雨水露水芽,风伤虫蛀芽,开心、空心芽,病、弱、紫色芽不宜采用。白牡丹标准为1芽2叶初展,低级白牡丹可采1芽2~3叶。鲜叶嫩芽及第一、二叶均密披白色茸毛,芽叶连枝,完整无损,肥壮幼嫩,其内含物质丰富(表5-1-1)。

表5-1-1　大白茶鲜叶的化学成分　(%)

品　种	成　分			
	水浸出物	多酚类化合物	蛋白质	咖啡碱
政和大白茶	43.61	19.32	22.97	3.04
福鼎大白茶	43.44	17.42	24.29	3.32

二、白茶品质的形成

(一)白茶叶态的形成

白茶加工工序极为简单,萎凋时间长,环境条件多变,理化变化复杂,在缓慢的变化中形成白茶特有的外形和品质。白茶的白牡丹外形是由于鲜叶加工时不揉不炒而形成的抱心形芽叶连枝的自然形态。

在萎凋过程中，芽叶失水总趋势是前期快、后期慢，至烘焙前失水最慢。在萎凋中，叶尖、叶缘失水较叶肉细胞快，叶背失水较叶面快，引起面、背张力的不平衡。当失水到一定程度时，失水的作用促进叶缘垂卷，使叶底呈船底形。

（二）叶色的形成

在萎凋过程中，由于叶内水分散失，细胞液浓度提高，酶促作用加强，叶绿素在叶绿素酶作用下分解；中后期则在醌的作用下氧化降解，叶绿素 a、叶绿素 b 比例改变，同时由于细胞液 pH 值改变，使叶绿素向脱镁叶绿素转化，叶色转为暗绿。在加温干燥中，使叶绿素进一步破坏，色泽加深。其他色素如胡萝卜素、叶黄素以及后期多酚类化合物氧化缩合成有色物质，这种由绿、黄、红等多种色泽的协调，构成白茶的色泽。在正常条件下，呈现绿色为主，夹带轻微黄、红色，衬以白毫的灰绿色，并显银亮光泽，这是白茶的标准色。

（三）香气和滋味的形成

在白茶制造中，萎凋叶随水分的减少，酶活性增强，叶内有机物趋向水解。淀粉、蛋白质分别水解为单糖、氨基酸，多酚类化合物氧化缩合，以及它们的相互作用，为白茶的香气与滋味奠定了物质基础。在长时间的萎凋过程中，糖在后期有较多的积累，从而增进了茶汤的滋味。蛋白质的分解，形成了具有鲜味的氨基酸，氨基酸在醌的氧化作用下形成醛，提供了白茶的香气成分。只有在多酚类化合物被抑制时，氨基酸才稍有累积，增进了茶汤的鲜爽。在萎凋中后期，多酚类化合物缓慢轻微的氧化缩合，大大减少了茶汤的苦涩味，使滋味醇和。微量的氧化缩合物——茶黄素、茶红素及其他红、黄色素，使茶汤呈杏黄色。萎凋后期，可溶性多酚类化合物与氨基酸和氨基酸与糖的相互作用形成了芳香物质。并筛、堆放后，一定的温、湿度使青气和涩味进一步消失。在干燥过程中，烘焙及时抑制了多酚类化合物的氧化，排除了多余的水分，固定了形成的品质。在热作用下，可溶性氧化物有所增加，而茶多酚类总量减少。白茶制造，从萎凋开始，多酚类及其他各种物质，在既不制止也不促进酶促氧化的条件下，在自动氧化和较弱的酶促氧化中，形成了香气清鲜、滋味醇爽、汤色杏黄或浅橙黄的特有品质。

第六节　黑茶品质形成的生化原理

黑茶是我国特有的一大茶类。黑茶原料粗老；渥堆是黑茶变色的过程，也是形成其品质的特有工艺。

一、黑茶渥堆的实质

黑茶在渥堆过程中,叶中的内含物质发生了一系列的深刻变化,在水分、温度和氧的综合作用下,引起叶中内含物质的相互转化,特别是多酚类化合物的自动氧化。而渥堆的实质有以下几种学说。

(一)酶作用学说

酶促作用引起内含物质的变化,主要是多酚氧化酶和过氧化物酶。多酚氧化酶在杀青中虽然遭到破坏,但过氧化物酶耐热性强,加上杀青时间短和投叶量多,酶促作用不可能遭受到彻底的破坏,残余酶就导致化学变化的加速和产生一定的产物,当然也就引起多酚化合物的氧化缩合。在杀青时基本破坏了酶促作用,多酶类的变化不是酶的催化作用居主导地位,主要在渥堆和烘焙2个过程中,由于湿热作用,多酶类化合物自动氧化的结果。

(二)微生物学说

意指渥堆过程中,微生物引起渥堆叶内含物质的变化。真菌类的微生物,如青霉菌、黑曲菌、青曲菌、黑根足菌等繁殖,而这些真菌类的微生物是具有氧化酶的特性,可代替多酚氧化酶的作用,有效地引起多酚类物质的变化。前苏联学者发现,杀青叶中多酚氧化酶完全被破坏,但过氧化氢酶在渥堆中仍保持了24.8%的活化,主要是上述几种微生物的作用。湖南安化茶叶试验场试验证明,渥堆过程过氧化氢酶的活化主要是微生物作用的结果。

(三)湿热作用学说

渥堆叶在含有一定水分、温度、氧化和适当筑紧的条件下,茶堆在长时间堆积、紧实供氧不足的条件下,引起叶内可溶性物质复杂的化学变化,改变了在制品的色、香、味。糖类分解,蛋白质水解生成氨基酸,形成香味物质。由于多酚类化合物总量的减少,其中一些苦味物质也减少,降低了黑茶的苦涩味。渥堆时在湿热作用下,一方面叶绿素结构遭受破坏,在一定程度上减少或失去鲜叶原有的绿色而变成黄褐色;另一方面,多酚类化合物的氧化产生茶黄素和茶红素,叶色转为橙黄和褐红,显示出暗黄褐色。

渥堆的实质,既不能排除酶的作用,也不能排除微生物的作用,形成黑茶特有品质可能是上述3种作用综合的结果。

二、黑茶加工中的微生物

黑茶制造过程中,微生物参与作用,这是其他茶类少见的。黑茶渥堆全过程明显分为 2 个阶段：渥堆前期，叶温缓缓下降，则主要是湿热条件下的热物理化学变化；后期叶温大幅度上升，微生物大量生长繁殖，却以微生物酶促作用为主，热物理化学变化为辅。湿热作用为微生物提供了条件；反过来，微生物呼吸放热，又促进了湿热作用。从时间来说，湿热作用贯穿全过程；就其作用而言，微生物酶促作用决定黑茶品质的形成。

微生物酶促作用决定黑茶品质的形成，它在渥堆过程中起着主导作用。整个渥堆过程，主要达到 2 个目标：一是使多酚类化合物氧化，除去部分涩味；二是使叶色由暗绿变成黄褐，成为黑茶固有的色泽。

三、黑茶内含成分变化及代谢产物

黑茶渥堆过程较长，叶温由低到高，水分由高到低。这些温度和水分的变化对可溶性成分的变化有着积极的作用。鲜叶经高温杀青后，酶的活性已经被破坏，但在水热作用下，茶多酚的非酶性氧化仍在进行，氧化的途径有所改变，主要是湿热作用下发生的非酶促的自动氧化，其含量损失 20% ~ 25%。多酚类化合物在渥堆过程中变化幅度较小，但没食子酸酯部分损失较多，而这部分具有较强收敛性及涩味。多酚类化合物的部分氧化，正是黑茶内质醇和不涩、汤色橙黄的基础。随着渥堆温度的升高，多酚类化合物氧化加剧。因此，渥堆温度不能过高，否则毛茶内质香低味淡，汤色红暗；但温度也不能太低，如果渥堆温度太低，时间拉长，多酚类化合物氧化不足，势必导致汤色黄绿，香气带有青气和滋味的苦涩。

在渥堆过程中，有机酸的增加，pH 值的改变，多酚氧化酶化合物的氧化作用不大，而过氧化氢酶分解碳水化合物的产物过氧化氢产生氧而氧化多酚类化合物。过氧化氢酶在渥堆过程中有所作用。

黑茶渥堆过程中，容易闻到一种具有酒糟和酸辣的气味，这是因茶堆紧实，在供氧不足的条件下，其内含物发生复杂的变化，如糖分解生成乙醇，具有酒糟香。糖的分解也可能产生各种有机酸，蛋白质水解生成氨基酸。有机酸大量积累，致使发出酸味。而辣味可能与酪氨酸和组氨酸有关，这 2 种氨基酸在腐败时能脱羧生成酪胺和组胺，酪胺与组胺是具辣味的。有机酸的酸味及其脱羧和氧化生成的醛、酮等物质而组成酸辣味。当嗅到茶坯具有酒糟香刺鼻和酸辣味时，渥堆则为适度。此外，在渥堆过程中，氨基酸含量有所增加，糖类也有变化，茶多酚氧化的中间产物邻醌与氨基酸结合产生一种香味物质，这些都对黑毛茶香味产生良好的影响。

黑茶的特有滋味主要是多酚类化合物的可溶性氧化产物。在渥堆中多酚类化合物总量减少,其中花青苷及其衍生物等都有所减少;可溶性的茶多酚类经过氧化作用后也有减少,从而降低了苦涩味。因此,黑茶鲜叶粗老的滋味转化为纯和,不涩、收敛性低于绿茶。

渥堆过程叶色变化最大,由绿色变为黄褐色,这与叶绿素的破坏有密切的关系。经杀青、揉捻、渥堆到干燥,叶绿素含量仅存14%左右。叶绿素大量减少的主要原因是茶坯在水热作用下,叶绿素受高温高湿环境影响,易于裂解、脱镁转化。同时由于醇、醛类物质氧化产生酸,酸中的氢离子与叶绿素结构中的镁核发生取代作用,也在一定程度上使叶子失去绿色而变为黄褐色。另外,一些色素如胡萝卜素、叶黄素、花黄素和花青素等在初制过程中发生一定的变化,对茶汤和叶底色泽各有不同程度的影响。茶叶色泽的变化,除受上述各种色素变化的影响外,在渥堆中,茶多酚类化合物氧化产生茶黄素、茶红素和茶褐素,这些色素的形成,使叶色转变为橙黄和褐色,而显示出黄褐色。

思考题

1. 绿茶的色泽、香气、滋味和外形是如何形成的?
2. 简述红茶色素的形成过程。
3. 黑茶渥堆有几种学说?各种学说的基本原理是什么?

第二章　感官审评技术研究

感官审评技术研究与茶学领域的其他研究相差不大,它们都具有科学技术研究的共性。这主要表现在研究人员的素质培养和知识准备、研究工作的条件准备和基本程序等方面。当然,作为一个专门方面的研究,感官审评技术研究也有其一定的特殊性。为了更好地、更有效地开展研究,就有必要仔细分析其中的特点,采取相应的步骤和策略,运用切合实际的方式和方法等。为此,本章将通过介绍文献资料的搜集、课题筹划与申报、课题设计与实施、研究报告的撰写等内容,使大家对具体的感官审评技术研究过程有一个较为具体的了解。

第一节　资料搜集

人类文明的发展是建立在继承基础之上的,科技发展到如今的水平,没人能脱离现有知识而独立发展科技。我们在准备新的研究项目或在做可行性研究时,都需要了解现有科技水平和研究基础,掌握必要的文献资料;在准备课题报告、项目论证等文件时,参考文献也是必不可少的;专家在审查这些文件时,对参考文献及其背景科技现状也十分重视。所以,文献资料的搜集是非常实用的技巧。

一、资料搜集的传统方法

在长期的实践中,前人已总结出一系列行之有效的方法和技巧。在计算机光盘和国际互联网出现并应用于文献检索以前,文献检索和查找的方法主要有工具法、追溯法和交替法 3 种。

(一)工具法

工具法就是利用检索工具查找文献资料的方法。检索工具包括各种索引卡、文摘刊物、图书资料目录等。工具法中又分为顺查法、逆查法和抽查法 3 种。顺查法即是根据检索内容的要求,分析确定要查找资料的起止年代,利用检索工具由远到近逐年逐月进行查找;逆查法与顺查法相反,就是由近而远地从最近一期的检索刊物或卡片等向前回溯查找;抽查法就是针对学科发展的特点,选择若干重点年份逐年检索文献。对于科学研究来说,一般需要查找最新的科技资料，所以逆查法比较常用。

（二）追 溯 法

一般学术类文章的末尾都附有参考文献，我们可以按照此参考文献所提供的文献源去查找所需文献的进一步资料；通过新查到文献所附的参考文献，再进一步查找新的文献。如此反复，直到满意为止。由于这种方法不必利用检索工具，操作容易，且参考文献所反映的文献往往是比较重要的和较新的资料，所以这种方法为大多数科技人员所常用。在不要求查全的情况下，此法不失为便捷实用的方法。

（三）交 替 法

交替法就是将上述2种方法交替使用的检索方法。先利用检索工具查出一批有用的文献，然后再利用这些文献所附的参考文献进行追溯查找，由此获得更多的文献。如此交替利用工具法和追溯法进行检索和查找，直到满足需要为止。

在利用检索工具进行查找时，所用到的具体检索途径有"分类途径"、"主题途径"和"作者途径"，此外还可能用到年份索引、机构索引、号码索引（包括报告号、专利号、标准号、登记号、合同号等）、分子式索引、环系索引、杂原子索引等。为了提高效率和查准、查全，检索时可以联合使用和交替使用各种索引工具。

二、现代技术条件下的资料搜集

随着计算机技术、互联网技术、信息技术、数据库技术、电子出版技术等的快速发展，世界已经进入了信息化时代。在这种情况下，科技信息的搜集、组织、传播、利用等各方面都发生了深刻的变化，一些以计算机技术、网络技术、数据库技术及现代通讯技术为基础的新的文献检索方法已日趋完善，它们正以高效、便捷和低成本的绝对优势迅速普及。这些新的检索方法主要有以下几种。

（一）利用搜索引擎在互联网上检索

要在Internet上查找某主题的相关内容，利用网络搜索引擎不失为一种便捷高效且节省成本的好方法。常见的搜索引擎有：Google（http://www.google.com/）、Yahoosearch（http://search.yahoo.com/）、新浪搜索（http://cha.sina.com.cn/）等。新的搜索引擎还在不断出现。网络搜索引擎的搜索技术不断发展，其搜索范围之广、速度之快是出乎想象的。

利用搜索引擎在互联网上的搜索可以获得相关主题的广泛信息，但所得结果往往不够精确，它不是获取系统专业知识的最佳途径。对专业知识进行全面和深入的检索，一般应当使用相关的专业数据库检索。针对网络搜索引擎存在的这一不足，最近 Google 公司通过与一些学术机构和电子文献供应商合作，推出了 Google 学术搜索服务，利用这一搜索功能，读者可以方便地检索到大量专题学术文献资料。例如，如果要查找绿茶汤色审评的方法，我们可以在 Google 学术搜索的搜索框中键入"茶　感官审评　方法"，检索结果得到 1 000 多条资料链接，你可以选择其中最适合的进一步查阅全文。注意在多个关键词之间要键入一个空格。

（二）计算机光盘检索

目前世界上的电子出版物已相当普遍。作为电子出版的载体之一，文献资料光盘及其检索系统的产品已经很多。如美国的化学文摘（CA）光盘版，美国科技信息所（ISI）的科学引文索引 CD-ROM 光盘版，清华同方中国学术期刊电子出版社光盘版，等等。光盘检索的局限性在于：首先必须得到光盘，其次对于很大范围的检索需要检索很多张光盘。这对一般计算机用户来说比较麻烦，效率不高。

（三）数据库联机检索

这是一种把计算机技术、网络技术和数据库技术有机结合起来应用的检索系统。这种联机检索系统所提供的专业数据库的信息，不仅系统、完整，而且更加及时，从而极大地满足用户对科技信息查询的需求。

三、联机数据库资源

（一）国外资源

1. DIALOG 系统（http://www.dialog.com）　DIALOG系统由美国北卡罗来纳州的汤姆森公司于 1966 年首创，目前它是世界上最强大的国际联机检索系统，拥有超过 900 个联机数据库，内容涉及 40 多个语种和占世界发行总量 60%的 6 万多种期刊，其服务范围扩展到 100 多个国家。

2. Elsevier Science 公司期刊网站（http://www.elsevier.nl）　总部设在荷兰的Elsevier Science 网站已具 100 多年的历史，其收录的期刊大多属高品位的学术期刊。Elsevier Science 公司与清华大学合作在清华大学图书馆设立镜像服务器，通过清华大学校园网可提供 1998 年以来 Elsevier 公司 1 100 多种电子期刊全文数据库的服务。

3. 科学引文索引（SCI）（http://www.isinet.com）　由美国科技信息所（Institute for Scientific Information，简称 ISI）于 1963 年创建的科学引文索引（Science

Citation Index,简称 SCI)是国际性的、多学科的综合性索引,在全世界的科技期刊界和科技人员中都享有极高的地位。它的数据库从全球收录了 16 000 多种期刊(其中包含 3 500 多种国际性权威学术期刊)、书籍和会议记录,所涵盖的学科超过 100 个,主要涉及农业、生物及环境科学,工程技术及应用科学,医学与生命科学,物理学及化学,行为科学等。其收录资料正以每年 60 万条新记录和 900 万条以上引文数据的速度增长。

4. 化学文摘数据库(http://info.cas.org/about.html)　美国的《化学文摘》,简称 CA,是举世公认的收录内容广泛、索引齐备的文摘期刊和数据库,自从 1907 年创办以来从未间断过。主要包括化学、食品、医药等情报检索工具,它已收录了 1 300 万条文稿,包括 1 650 万种化学物质。除传统的印刷出版物外,CA 还有光盘版,并可进行联机检索。

5. 医学文献分析与检索系统(Medical Literature Analysis and Retrieval System,简称 MEDLARS)　该系统是美国国立医学图书馆研制开发的当今世界上最具权威性的医学文献数据库检索系统,拥有 50 多个数据库,收录了自 1965 年以来 3 700 多种生物医学期刊中的文献,其网址为 http://www.nlm.nih.gov/。它在世界许多国家开辟有国际检索中心,我国北京是其中之一。该系统也开发有网络应用系统,即 MEDLINE。MEDLINE 的全称是 MEDLARS On-Line。其中提供许多免费检索服务,检索入口为:http://www.ncbi.nlm.nih.gov/PubMed。

6. 开放索取期刊途径　近年来国外有一些期刊采取了一种全新的期刊发行模式,即将期刊全文及时上传到网站,免费提供阅读和下载。提供这种免费阅读和下载服务的期刊称为 Open Access Journals。可以通过 Lund University Libraries 创办的 ODAJ 网站(http://www.doaj.org/)获得这种服务。

(二)国内资源

1. 中国期刊网(http://www.chinajournal.net.cn/)　由清华大学—清华同方光盘股份有限公司组织实施的中国知识基础设施工程,提供中国期刊全文数据库、中国重要报纸全文数据库等一系列数据库,其中中国期刊全文数据库是目前世界上最大的中文期刊文献全文数据库。

2. 万方数据(http://www.wanfangdata.com.cn)　由中国科技信息研究所创办。提供中文期刊数据库、中国科技论文数据库、数字化期刊全文库等 100 多个数据库。

3. 重庆维普资讯公司(http://www.cqvip.com)　是国家科技部西南信息中心下属的专业化数据公司,收录中文报纸 1 000 余种、中文期刊 12 000 余种、外文期刊 4 000 余种。

4. 中国专利信息网(http://www.patent.com.cn)　由中国专利局检索咨询中心与“长通飞华”信息技术有限公司共同创建。收集的中国专利信息数量到 1999 年 12 月时就达 51 万条,通过检索可以获取文摘。通过该网站的链接,还可以免费检索美国、日本及欧洲各国的专利资源。

各专业文献资料数据库大多开发有功能强大的检索系统,在这些专业文献资料数据库里检索能得到比网络搜索引擎好得多的结果,具体用法因各数据库资源而有所差别。

第二节　课题设计与实施

一、课题筹划与申报

(一)课题筹划

问题的提出是成功的一半,研究课题的筹划就从发现需要解决的问题开始。在科学研究中,问题的提出有时比问题的解决更有意义,它集中体现了创新性和开拓精神。要善于发现问题,就需要有广博的基础知识、扎实的专业知识以及广览博学的学习习惯和善于批判的思维习惯。各学科之间知识相互关联、相互渗透,形成了无数知识结构的网状节点。如同人类大脑,神经细胞的联络节点越多,产生灵感的概率就越大;知识面越广,知识关联的节点就越多,创造性思维也就越强。

除了知识的准备,还需要有信息的准备,即要掌握所要研究领域的最新进展及发展趋势等信息。在这样的准备下,再通过一些具体的途径和方法,便有可能发现关键问题,提出研究设想。

课题设想的提出可有多种渠道,如根据实践经验提出问题、从有关资料的分析中发现问题等。例如,人们在长期的茶叶审评实践中发现,感官审评虽然快速、灵敏,但受主观影响较大,缺乏客观标准,于是,仪器审评的需求被提了出来。进一步通过查阅大量有关仪器分析的资料,发现仪器对色泽、气味等的准确鉴别在理论上是完全可能的,在实践中也有成功的事例。据此,茶叶仪器审评的许多研究课题就应运而生,如“电脑测定茶叶色泽的研究”、“茶叶品质成分含量与感官品质相关性的研究”等。借鉴其他行业中的成功经验,将其移植转化也是提出新课题的重要途径。例如电子鼻、电子舌等在酒类审评中已有应用,据此,茶叶界也有人提出了这方面的研究设想。

此外,通过信息交流、比较相关领域的研究情况、预备试验、学术交流、分析科研情报资料、研究有关政策的导向等,也是发现问题和提出研究课题的有效途径。

对所提出的问题,通过论证并形成文件后,便成为一个完整的研究课题建议书(或申报书、可行性报告等)。这是一个把研究课题的初步设想变为系统论证的过程。为此,需要大量查阅文献资料,进行理论论证和可行性分析,有的还需做预备性试验。

对课题建议书的必备项目,各申报渠道会有所区别,但基本内容大同小异。主要涉及如下几个方面:提出研究项目的意义、背景及现有研究基础;所研究问题的主要内容及关键技术;论证进行该研究的可行性,包括理论上的合理性、实施上的现实性、研究条件(人员、仪器、技术等)是否具备及预期结果等。例如"浙江省科技计划项目可行性报告"要求提供如下内容:①立项的背景和意义;②国内外研究现状和发展趋势;③研究开发内容和技术关键;④预期目标(主要技术经济指标、应用或产业化前景);⑤研究方案、技术路线、组织方式与课题分解;⑥计划进度安排;⑦现有工作基础和条件;⑧经费预算。

如果说项目建议书的形成是一个细致周详的后期制作,那么问题的提出则是一个创造性的思维过程,而广博的基础知识和扎实的专业知识是上述两者的基础,需要长期的积累。本阶段工作的结果是提出一份有说服力的研究课题建议书或可行性报告。为此,需要积累广博而扎实的基础,培养创新的思维习惯,训练撰写有说服力的研究课题建议书的能力。

(二)课题申报

要把研究设想变成为正式立项的研究课题,需要通过向有关部门提交研究课题建议书等形式进行课题申报。在我国目前情况下,科研项目申报的主要渠道有:国家自然科学基金(http://www.nsfc.gov.cn/)、973 计划(http://www.973.gov.cn/)、863 计划(http://www.863.org.cn/)、火炬计划(http://www.chanceline.com/torch/)、国家科技攻关计划(http://gongguan.jhgl.org/)、国家社会科学基金(http://www.npopss - cn.gov.cn/)、国家软科学计划(http://www.softscience.net.cn/)以及各省的自然科学基金、国家有关部委和省直部门的项目、横向委托项目、国际合作项目、一些行政部门的首长基金(如省长基金、院长基金等)、单位自立项目等。

上述申报渠道中,多数会在网上通报申报条件、申报程序和申报方法等,可从网上下载有关资料和填报表格,对有关部门有的还会下发文件或通知。对于横向委托项目、国际合作项目等一般需要具体联系商谈,但有些机构也会有相应的部门为这些事务提供平台和服务,例如中国农业科学院的国际合作局、浙江省网上技术市场等。横向委托项目、国际合作项目、单位自立项目等的申报方式各异,但其立项论证一般都是必需的。此外,它们可能还要涉及知识产权的划分和成果鉴定等问题。

下面以国家自然科学基金为例对课题申报过程作一简介。

申请国家自然科学基金要按如下路线进行准备和申报: ①阅读自然科学基金申请通告、项目指南、管理办法等文件; ②从自然科学基金会网站下载申请书; ③认真阅读申请书撰写提纲,并按要求认真撰写申请书; ④本人及主要参加者在申请书的成员表中亲自签名; ⑤在规定时间内将申请书(含纸质和电子文件)提交合作单位及项目依托单位审查并签字盖章,然后由依托单位统一向自然科学基金会申报。申报材料的撰写与申报具体问题可参考《国家自然科学基金申请指南》(http://www.nsfc.gov.cn/nsfc/cen/sqzn/index.htm)。

其他项目(基金)申报途径的详情请查阅相关网站。

二、课题设计与实施的程序及内容

(一)课题设计

与高楼大厦的建设需要建筑设计一样,科学研究同样需要设计。课题设计是对研究工作的总体和细节的预先把握,是在研究工作前制定的一个全面、周密、合理并切实可行的实施方案,是科学研究工作的施工蓝图。它涉及到实验方法、仪器药品、受试对象、实验条件、数据统计、工作程序、时间安排等方面的内容。

课题设计的内容在许多方面与项目申报时的可行性报告类似。主要区别在于:可行性报告侧重于论证研究课题的必要性、可行性、先进性等,而课题设计则主要强调研究课题的实施程序、实验细节计划、时间安排等,特别强调研究工作的可操作性。

课题设计一般要考虑到专业设计和统计设计 2 个方面。专业设计是指用专业理论知识及其技术方法对研究课题进行设计,主要解决实验对象与方法、实验处理因素、研究的变量与指标等。这方面的设计是为了保证实验指标设置的科学合理,获得的第一手实验数据具有正确性、合理性、重现性和客观性。统计设计是运用统计学原理和方法来安排试验方案,以达到用尽可能小的试验成本获取研究所必需的试验数据,并用这些数据进行数理统计,得出正确的结论。这里主要涉及到样本数量的确定、对照的设置、实验重复次数的确定、观测的精确度要求、取样方法等问题。这方面设计的目的是为了检验和保证实验数据的完整性和合理性,使所获取的实验数据是可靠的、可统计的,同时也是成本最低的。

不同的科研项目管理单位对课题设计书的填报项目要求有所不同。但基本内容不外乎以下几项:课题名称、课题的背景和意义(或课题概述)、研究目的(或目标)、研究内容和方法(主要包含各项试验设计)、研究程序及进度安排、数据处理与统计、预期结果、研究条件准备(设备、经费、时间、人员等的具体安排)等。

一项研究课题往往包含多个试验,所以在课题设计中应包含每项试验的具体设计,包括试验材料、处理因素及其重复次数、处理时间、测定项目等。如果课题是跨年度的,则在课题设计之下还应有年度设计。

(二)课题实施

按设计方案进行研究课题的具体实施,在取得试验数据后,按设计规定的统计分析方法进行统计分析和假设检验。必须指出的是,统计分析只是研究中应用的数据分析方法之一,而不是全部方法。研究的结论要有统计学依据,也要有专业理论上的依据和实际情况的印证。有时会出现相互矛盾的结果,对此应做进一步的研究。还必须指出,统计并不一定是复杂的数理统计,算术平均也是统计。

研究者还须针对所研究问题的特点做出相应的安排。茶叶审评方面的课题具有较显著的特点,至少以下几点应当引起注意:①一般情况下样品是茶样。茶样易变,保存条件、保存时间等方面要严格掌握一致和适宜。②多数研究中均以感官审评为最终评判依据。茶叶品质的最终目的是饮茶者的感官感受,而只有感官审评结果最接近于饮茶者的感官感受。③感官审评结果易受评茶环境条件、评茶者生理状况等因素的影响。

上述特点对审评研究课题的设计有较大的影响,尤其在对照设置、样本大小、试验分组、数据统计等问题上,必须做出相应的处理。由于感官审评受主观因素的影响较大,所以数理统计在审评研究中显得更为必要,一般应有较多的样本和重复次数。

课题实施过程既要严格按照设计进行,同时合理的设计修改也是允许的。创新性强的课题往往具有较大的不确定性,一般从一个假说开始,在然后的实验中根据阶段性实验结果不断修正设计,最后才得出正确结果。所以,在实施课题设计过程中,部分地改变计划方案是常有的事。为此,在执行课题设计时,对取得的阶段性结果进行分析和小结非常必要,因为这是调整设计的依据。

然而,这种修改必须有实验依据,并且是在原有基础之上的改进,而不是另起炉灶。如果实践证明原有设计必须推翻重来,那只能证明原来的课题设计失败,这就不是修改的问题了。研究设计的修改还必须符合管理规范并有档案记录。

在课题实施过程中,还须注意实验数据的记录、保存和保密等问题。课题管理部门一般制定有实验数据管理规范,通过严格执行这些管理规范,可以确保研究数据的准确、合法,同时也为以后的知识产权等问题做好档案准备。

第三节 研究报告的撰写

研究工作完成后一般需要撰写研究报告,并在科技期刊上发表。这一过程涉及到文献资料搜集整理技能、论文撰写格式及写作技巧、英文写作能力、计算机应用技能、对期刊的了解等方面的知识与技能。

一、研究报告的撰写格式及基本要求

(一)全文必备项目及其顺序

1. 全文必备项目 研究报告一般由以下 3 部分组成。

(1)前置部分 主要包括题名、作者姓名和作者单位及地址、摘要、关键词、与上述内容相应的英文内容。

(2)主体部分 主要包括前言部分、研究工作描述部分(材料与方法)、研究结果部分、对研究结果的展开部分(讨论、结论、小结等)、致谢(非必要)、参考文献。

(3)附录部分 包括作者简介、基金项目信息(如果有)、作者联系方式及其他说明。

2. 项目顺序 从投稿者的角度出发,上述论文的组成要素应按如下顺序排列:

标题→作者姓名→工作单位、地址及邮编→摘要→关键词→英文相应内容(包括:标题、作者姓名、工作单位、地址及邮编、摘要、关键词)→前言部分→研究工作描述部分→研究结果部分→对研究结果的展开部分→致谢(非必要)→参考文献→作者简介→基金项目信息(如果有)→作者联系方式→其他附属信息(非必需)。

(二)各要素的基本要求

1. 标题 以最恰当、最简明的词语逻辑组合来反映文中最重要的内容,字数一般控制在 20 字以内。标题应当有助于文献检索和制作目录、索引等二

次文献。

2. 作者　多位作者之间用逗号分隔。英译姓名前不用 Dr.，Prof. 等头衔，也不出现 and、et al 等词。

3. 工作单位、地址及邮编　单位用全称，地址包括省、市(县)。英译地址须标明国名。

4. 摘要　采用报道性摘要，以第三人称简述文中主要内容，篇幅一般在250字左右。

5. 关键词　采用主题词或自由词。一般可列 3 ~ 8 个关键词，各关键词之间用分号隔开。

6. 英文相应内容　格式与内容与中文相对应，但在表述方式上要考虑英文习惯，不必一一对应。要注意英文国家人的思维习惯，以意译表达内容。

7. 正文　研究报告的正文结构一般包括引言(前言)、研究方法(材料与方法)、研究结果(结果与分析)、讨论(分析与讨论)、结论或小结(非必需)等部分。其中前3部分是所有研究报告所必备的。

8. 小标题　各级小标题采用法律条文式，一般最多列出 3 级小标题；各级小标题均另起一行。

9. 参考文献　一般不少于 4 篇。文中引用处，以带方括号的阿拉伯数字按出现先后顺序编号，并用上标标注；在文章结尾处，按编号顺序列出文中所引用的参考文献详细信息。参考文献尽量引用最新的学术期刊文献。

10. 作者简介　列出第一作者的基本情况。主要包括姓名、性别、出生年月、籍贯、职称、职务、从事的专业领域、联系 E - mail 等。

11. 基金项目信息　如果论文是某基金项目内容，则须列出该基金名称及项目编号。

除了上述要素的基本要求外，还要注意如下问题：一是计量单位及其符号要按有关中国国家标准执行。二是图和表应具自明性，中英文对照。所谓自明性，即通过图题名或表题名，坐标轴名、图例、表头名，可以使人基本了解图或表所要表达的内容，而不必再查看文字描述。

二、前置部分的写作

(一)标　题

标题是文章最显眼的面目，是内容最高程度的概括，被喻为文章摘要的摘要。题目的基本要求，既要做到简明扼要、一目了然，同时也需要把最重要信息反映出来，这样有利于导引阅读，便于文献检索。标题最好还应具专指性

(即限定性),把文章所讨论问题的范围给予明确的界定。

与文学作品的题目相比,科技论文的题目一般较长,词语结构比较复杂;一般要求意思直接、鲜明,避免比喻、引申等表达方式;一般需要使用专业词汇精确限定文章涉及的范围,避免泛指或戴大帽子。在题目中亮出论文的创新点最能激发读者详细阅读的欲望。题目中要避免出现公式、符号、缩写、简称等表达方式。

标题的好坏对发表后被检索和引用有很大关系。现代技术条件下人们查找资料主要通过网络检索,其中对论文题名的检索是最常用的方法。如果论文中具备较多的能被检索的专业词汇,则被检索到的可能性就会提高,这就增加了该论文被利用的机会。所以,如果从提高被检索到的机会的角度看,论文题名不宜过分简短。

(二)署名及单位

论文的署名关系到知识产权和法律责任。由于科学研究越来越依赖广泛的合作,因而使论文署名问题更加复杂,随之而来的署名纠纷和署名问题上的腐败现象也显著增加。署名问题有法可依。我国的著作权法明文规定作者有署名权和获得合理收益的权利,同时也要求署名作者对所署名论文要负法律责任和学术责任。

论文署名者应该是直接参加论文撰写及其相应科研工作的人,同时他还必须有能力承担相应的责任,能对相关责询进行答辩。在多人署名的情况下,署名先后次序应当依据其对论文撰写及其科研工作的实际贡献大小而定,其中第一署名人应当是主要贡献者,并负有主要责任。任何以论资排辈的、以行政职务高低的、以学术权威的、以经济资助的依据来署名和排序的都是学术腐败的表现。对于那些在相关科研工作和论文撰写过程中有过间接贡献和帮助的人,一般可以在论文末尾以致谢的形式对其贡献和劳动给予肯定和感谢,而不宜列入作者署名中。

对每一署名作者都应给出相应的工作单位和联系地址,以便核实和联系,这也是对读者的尊重,并且能增加该论文的可信度。作者单位要用全称,并规范书写。单位一般标注在圆括号内,标注项目有:单位全称、省份名称、省以下地址名称、邮编,对于国外单位还须注明国家。对于有多个单位的情况,要在作者姓名的右上角标注阿拉伯数字,同时在作者单位处按次序注明单位全称、地址及邮编等。

(三)中文摘要

摘要是科技论文的必要组成部分,是作者对文章主要内容简明扼要的客观陈述，是“不加评论和补充解释、简明确切地记述文献重要内容的短文”。摘要的主要功能可概括为：一是便于读者迅速了解全文大意，使其能以较少的时间获取必要的信息，并决定是否需要进一步阅读全文；二是为情报人员编制文摘等二次文献提供方便，摘要的质量直接影响其二次文献的质量；三是在文献的计算机检索、网络和其他电子出版等方面，摘要也是必不可少的。

摘要必须拥有论文实质内容的主要信息。为此，研究报告的摘要一般应包括4个要素，即研究目的、方法、结果和结论。其中后2个是最重要的。

摘要的句型力求简单，通常10个句子以内即可。摘要一般要避免出现与引言中类似的句子，也不要对论文内容作诠释和评论，不得简单重复题名中已有的信息；不用非公知公用的符号和术语，不用引文（除非该论文证实或否定了他人已发表的论文），不用缩略语、略称、代号，确有必要出现代号或缩写时，除了相邻专业的读者也能清楚理解的以外，需要在首次出现时加以说明；科技论文写作时应注意的其他事项，如采用法定计量单位，正确使用语言文字和标点符号等，也同样适用于摘要的编写。

（四）关 键 词

关键词是从全文精选出来的能反映全文主要内容的单词或术语，列出这些词或术语的目的是便于检索和引导读者选读文献。每篇论文的关键词一般不要少于3个，多数期刊要求在3～8个词之间。关键词应尽量采用规范的和通用的词，其中主题词是最规范的关键词，可从《汉语主题词表》中选取。由于科技发展迅速，新学科、新技术不断出现，主题词表的更新速度跟不上科技发展，所以在关键词选择中大量采用的是自由词。一般学术概念、通用术语、文章题名中的人名、地名、文章所属的二级学科名称等都可作为关键词。各个关键词的含义可以部分重叠。多个关键词之间用分号隔开。中、英文关键词应一一对应。

三、正文部分的写作

（一）序　言

研究报告的序言或前言，是论文的开场白，以便自然而然地引导作者进入本文的思路。在研究报告的序言部分可以写的内容大致有这样一些：应简明扼要地说明本研究的目的和意义；简介本研究的背景和理论依据；提出需要解决的问题；实施本研究工作的其他原因；点明文章所涉及的主要内容，有时为了以本研究重要创新点吸引读者，也可以把最重要的创新点在此提出。这些是适宜在研究报告序言中提出的内容，而不是必须全部涉及的内容，具体应提出哪些，要因文而异。

序言部分在提到本研究的历史背景和最新进展时，一般需要标注参考文献，在简介本研究的理论依据时也如此。事实上，研究报告的参考文献大多在序言和讨论部分提出。引用其他文献的观点或前人的研究成果，可以体现对前人的尊重和本人的客观态度，读者也可以从中看出该研究的起点。

序言中要避免重复讨论部分的内容。也不宜过多引用参考文献，否则可能使人感到该研究报告主要介绍别人的工作，成为综述类论文了。实践中有些作者为了强调本研究工作的重大意义和研究成果水平，而轻易使用"……还未见报道"、"国内外首创"、"为……提供理论依据"等写法，这些写法带有明显的主观色彩，本身并没有足够的依据，只能给人以自吹自擂和科学态度不严谨的印象，所以必须避免这种写法。对于有确实依据的，则可以给出客观证据，也不要作主观评价。

(二)实验材料与研究方法

此部分写作的最终目的是要让读者能够按照你所介绍的方法重复你的实验。为此，在介绍材料、仪器、试剂等物品时，不但要说明实验材料的名称、具体规格型号等，还要指明产地、品牌、供应商等相关信息，要使人们能够方便地获取同样的物品。

研究方法要交代清楚，尤其对试验处理，一定要明白直接地交代清楚，同时也要简洁。为此，对作者独创的或不常见的方法，要详细介绍，有时甚至还介绍原理；而对那些常用且有规范方法可循的，可以采用"按照参考文献[n]"的形式来简化，读者可以从参考文献中找到具体方法。如果此部分内容较多，应采用多级标题分层次介绍。

(三)研究结果(结果与分析)

研究结果的介绍要做到客观、全面、清晰。对研究方法中提到的所有实验，在此都应有结果，不能随意取舍；因客观原因需要舍弃的数据或缺失的数据，也要有交代。给出实验结果的方式有文字表达、图示、列表等方式。这些表达方式各有特点。文字说明灵活、简洁；图示形象、直观，具有很好的可读性；列表给出的实验结果则最具有原始性，给人以直接、可靠和精确的印象。在文字表达时要注意客观，不能有任何主观评价和赞美之词。

列表要列出经过整理的、信息集中的、浓缩的数据，应避免占用大量版面列出没有经过整理的原始记录数据。对于那些统计或演算过程的数据也不宜列出。所用统计方法可在文中注明。

图示要注意以下几点：①图要用电脑制作，最好采用常见软件，并可以被编辑打开修改；②通过精心标注坐标轴、图题、图注等使图具有自明性，即读者可以只看图示便能了解其中信息；③图的类型选择要注意符合逻辑，例如质量性状数据(或分类数据)不宜采用曲线图，各部分之和不足100%的就不能采用饼状图，等等。

在研究报告的“结果与分析”小节中，应当只给出本实验得出的直接结果，以及对此结果的最直接的统计分析和说明等，而不宜进行推论、评论和讨论(将结果与讨论合在一起的情况除外)。需要进行推论、引申和讨论的，可在讨论小标题下进行。

(四)讨　论

此部分内容一定要与“结果与分析”部分相区别。讨论应当是对上述研究结果的进一步发掘、引申和提炼，不是研究所得的直接结果，而是将其上升到理论高度，或使其与其他方面融合、比较等。也可以这样理解：“结果与分析”是具体研究的具体结果或直接结果，要做到就事论事；而“讨论”则既要立足于本研究结果，又不局限于本研究结果，要就事论理，要发现规律、提出新的问题、展望发展趋势等。

研究报告也可以不单独列“讨论”小标题。少量涉及讨论的内容可以并入研究结果小标题内，在这种情况下，其小标题一般应改为“结果与讨论”。有时为了突出某些研究结果，可以列“小结”或“结论”等小标题，将全文的要点整理后清晰明了地列出。在此需要注意的是，不能与摘要重复，应当各有侧重。

(五)参考文献注录方法及注意问题

在研究报告中列出参考文献，这一方面是出于对前人工作的肯定和尊重，同时也可加强本论文的科学依据，使文中所论言之有据。参考文献的查找和利用发生在研究工作之前和之中，而对此的反映则主要是在研究工作之后的研究报告中。

标注参考文献的方法：一般采用顺序标注法，即在正文中需要引用某观点或资料的地方，用右上角标标出该参考文献的序号，同时在论文结尾处列出该参考文献的完整项目内容。参考文献列出的项目及其顺序是：责任者(作者)—文献题名—文献出处。此3部分之间用圆点“.”分隔，并在文献题名后附上带方括号的文献类型标识符([J]，[M]等)。作者只列出前3名，各位作者之间用逗号“,”分开；超过3名的部分，以“，等”或“，et al”代替。各种文献类型的参考文献的标注格式稍有区别，具体可参考规范的学术期刊论文。

四、英文部分的写作

国家标准 GB 7713—87 规定:“为了国际交流,科学技术报告、学位论文和学术论文应附有外文(多用英文)摘要。”中文学术论文要求译成英文的论文要素有:论文题名、作者、作者工作单位及联系地址、摘要、关键词、正文中图表的主要信息(如标题、坐标轴上变量的名称、图例和注解等)。

写好英文部分的意义主要在于国际交流。英文部分写作的质量对学术期刊也具有重要意义,一本高质量的、有较高国际影响力的学术期刊,地道和专业的英文表达是必须的。英文摘要更具有对外交流和传播科学技术的作用。英文部分的写作质量是论文质量的重要指标,对稿件录取起到重要作用。

(一)英文题名的译写

由于题名的特殊性,它们与严格的英文文法不尽一致,但符合国际惯用,适合鲜明、精练地表达内涵。题名一般以 1 个短语,尤其是名词性短语为好。常常以 1 个或几个名词为中心,根据所要表达的意义在中心词前后进行修饰。避免用句子形式表达,也不宜采用动词词组结构,如果有必要,也应把开头的动词变形为非谓语形式,即动名词的形式。

出于检索准确性和排序的考虑,英文标题开头最好不用 A,The 等冠词。以数字开头的题名中,不能用阿拉伯数字,而应用英文数词。在中文题名中常用破折号来连接主标题和副标题,在英文中则应采用冒号来连接。考虑到结构紧凑、简洁明快,应尽量去掉不必要的“Study of”、“Research of”等词语,可以直接写出所研究的内容。例如:“Study on the Preparation of High Content Tea Catechins with Macroporous Adsorption Resin”(大孔吸附树脂法制备高纯儿茶素的研究)可改为:“Preparation of High Content Tea Catechins with Macroporous Adsorption Resin”

(二)作者姓名及单位名称的英译

作者署名的翻译,以前的普遍做法是按英语国家的习惯将名放在姓的前面,并常在署名前加上头衔。例如把作者“朱永兴”被译成“Prof. Yong Xing Zhu”,有的还把名简化为首字母加缩写点,例如上例可能被写成“Prof. Y. X. Zhu”。在有多个作者的情况下,国外的署名往往把最后 2 个作者用 and 连接起来。这些署名方式尽管流行,但并没有规范,缺乏法规依据。

在中国发表学术论文必须执行中国的国家标准。中国汉族人的姓名要按汉语拼音音译方式翻译。姓在前,并且全部字母大写;名在后,首字母大写,其余字母均小写。双名的 2 个词用连字符连接,双姓也要译成 1 个单词,且全部大写。例如：

作者“朱永兴”应当译成“ZHU Yong - xing”，而不是“Yong xing Zhu”。

作者“王林”应当译成“WANG Lin”，而不是“Lin Wang”。

作者单位名称及地址的英译，一般需要注意以下几点。

第一，排列顺序为：作者单位、所在城市、邮政编码、省名、国名。例如：“Tea Research Institute, Chinese Academy of Agricultural Sciences, Hangzhou 310008, China;”（中国农业科学院茶叶研究所，杭州 310008，中国）。

第二，我国地名，除西藏（Tibet）、香港（Hong Kong）等外，都用汉语拼音拼写。例如：Beijing, Shanghai, Taiwan 等。

第三，地名各汉字的拼音之间有 2 个元音字母相连的，由于影响拼读，需要用撇号分隔，例如西安要译写成：Xi’an。

第四，有些单位已经具有固定的标准英文名称，对此应当以法定的固定英译名称为准。

（三）英文摘要的译写

第一，研究报告的摘要一般应当是报道性的摘要，但对那些内容多且难以概括的文章，可以考虑将重要部分写成报道性的，而将其余难以概括的内容写成指示性的，即采用报道—指示性摘要的形式。

第二，要客观地、不加评论地报道。为此一般常以第三人称来写，并较多地运用被动语态和动词不定式等结构来表达研究内容及结果。在形式上，英文摘要的长度一般以 150 ~ 250 个词为宜，不分段。

第三，有些在中文中习以为常的套话、空话、逻辑关系不清的表达方式等，在翻译时不必拘泥于原文，而应根据全文内容重新组织，舍去套话，充实数据，整理逻辑关系，写出更贴切的英文摘要。

第四，由于中国人的思维方式与西方英语国家的人有着明显的不同，例如句子结构上往往存在前后次序的差别，表达方式上有各自最恰当的词语，所以摘要英译，在文句上不必与中文一一对应。而应当考虑到中、英文表达习惯上的差异，通过意译将原文主要内容按西方人的思维习惯给予完整的表达。

思考题

1. 改错题：指出以下参考文献标注中的错误并改正。

“龚永新，蔡烈伟，蔡世文等．闷堆对黄茶滋味影响的研究[J]．茶叶科学，2000，20(2)：110 ~ 113”

2. 填空题：

"课题设计一般要考虑到__________设计和__________设计两个方面。前者是指用专业理论知识及其技术方法对研究课题进行设计，主要解决实验对象与方法、实验处理因素、研究的变量与指标等；后者是为了以尽可能小的试验成本来获取研究所必需的试验数据，并用这些数据进行数理统计，得出足够精确的结论。"

3. 简答题：

①查阅中文专业文献资料的大型网络途径有哪些？例举 2 个，给出名称及网址。

②请列出研究报告的必备项目及顺序。

4. 论述题：

结合自己的实际情况，简述一项研究课题的初步设想。

第三章　茶与健康

茶首先用于医药,以后逐渐演化成为饮料,发展到现代,在不断拓展利用范围的同时,研究重点又回归到了它的药用价值。随着茶的医药保健功能被现代科技所证实,作用机制被揭示,使得茶医疗保健价值在更高层次上被重新认识,从而为茶的医药保健产品开发奠定了现代科学基础。

第一节　茶医药的起源与发展进程

中国是世界上最早发现和利用茶树的国家,也是茶医学和茶文化的发祥地。从目前的文字记载及考古发现推论,最早发现茶药用价值的是在 4 000 ~ 5 000 年前的“神农”时代。东汉的《神农本草经》载有:“神农尝百草,一日遇七十二毒,得荼而解之。”这里的“荼”是“茶”字的早期异形字,指的就是茶树。还有许多文字记载及考古发现支持茶医药开始于“神农”时代的观点,如唐代陆羽所著的《茶经·六之饮》中有这样的记载:“茶之为饮,发乎神农氏,闻于鲁周公。”

一、茶医药的起源与传播

对茶药用功能的认识经历过一个漫长的历史时期。人们在长期的实践中慢慢领悟到,茶具有解毒、清火、提神、消食等治病和保健功效。虽然此阶段的探索是零星的、随机的、很不系统的,但毕竟积累了大量有关茶治病的感性认识,并且这种探索逐步由偶然走向自觉,直到中医对茶进行系统的研究,从此便进入了对茶医药自觉、系统的研究发展阶段。

茶作为医药及健康饮料早在 1 000 多年前就开始向世界各国传播。公元 805 年,日本高僧最澄在中国天台山国清寺学习佛教,回国时从天台山将茶籽带去,引种茶树于日本贺滋县获得成功,从此开始了茶树在日本的繁衍。同时,茶的医学应用和茶文化也在日本逐渐发展起来。明、清时期,随着中国沿海通商口岸的开放,特别是郑和 7 次下西洋,中国的茶树和茶文化也传播到了东南亚、阿拉伯半岛和非洲。茶叶的医疗和保健作用是促使茶叶在这些国家传播的主要契机。

15 ~ 16 世纪期间,中国的茶叶被传播到远东地区,进而 16 ~ 17 世纪开始传入欧洲，在上流社会中消费，开始时也主要是用作医疗和保健。1657 年茶首次在伦敦作为饮料公开销售，以后逐步形成了英国的午茶、早茶习俗，1700 年起茶已取代啤酒而成为英国最主要的饮料。

在茶的全球贸易中葡萄牙商人起到了重要的作用。1517 年葡萄牙海员从中国带茶叶回国，1607 年荷兰从中国贩运茶叶至印度尼西亚，1910 年中国茶叶开始销往欧洲。通过这些贸易活动，中国的茶叶及茶医药文化也被广泛传播到世界各国。

二、茶医药研究的发展进程

茶的利用，最早是直接食用茶鲜叶作药用的，后来慢慢有了对茶鲜叶的初步加工和贮藏，并从单一以茶作药治病，发展到了一系列含茶中药配方，创造了无数茶疗药方。服用方法也从直接食用茶鲜叶发展到煮饮，进而到包括煮饮、研末外敷、茶枕等多种应用方式，并创造了茶疗、茶膳等一系列茶医疗和保健形式。

现代科技的介入，使人们对茶的药用价值的认识进一步深化，许多重要药用功能在现代科学技术理论体系中得到了验证，并进一步揭示了各种功效的作用机制。现在涉及茶或茶提取物的应用领域已扩展到了食品添加物、保健食品、动物饲料、日用化工、制药、化妆品、建材、纺织等领域。其中在医疗保健方面的研究最为深入，开发出了大量产品。

这漫长的茶医学发展史，按其不同的技术水平可大致分为如下 3 个发展阶段。

（一）随机探索阶段

此为第一发展阶段。

在唐宋以前，古代人们的科技知识水平低下，探索植物对人体生理的作用一般是一个盲目的和随机的实践过程。人们在实践过程中慢慢体会到，茶具有解毒、清火、提神、消食等功效。虽然此阶段的探索是零星的和比较随机的，但毕竟为以后的研究积累了大量的感性知识。这种探索逐步由偶然走向自觉，直到中医对茶进行系统的研究并创造出大量含茶中医药方，从此便进入了茶医学自觉的和系统的研究阶段。

此发展阶段的主要成果可归纳为：①发现了茶的药用价值，并积累了大量以茶治病的经验。②茶的利用方式从直接食用鲜叶发展到将鲜叶加工成干茶贮藏，以备后用。③从吃茶治病发展到包括以治病、防病及保健为目的的经常性饮茶。

(二)中医对茶的医药功能的系统研究

此为第二发展阶段。

从唐、宋时期起,到20世纪60~70年代,主要是中医对茶的医药功能进行了系统的研究。此时期茶医学的发展过程基本上与中医的发展过程同步。

此阶段,人们开始对茶的医药及保健功能进行了较为系统的和全面的探索,对前人大量实践经验进行系统的总结。对茶医药价值的开发利用从单方应用为主发展到单方、复方并用,并以复方为主,在实践中创造了数以千计的含茶中药方剂。服用方法也由单一的煮饮法发展成包括煮饮、外敷、熏灸、茶枕等多种方式,最终导致了茶疗、茶膳等茶医药文化的形成。在理论上,总结出了一系列传世经典著作,其中以唐代陆羽的《茶经》和清代李时珍的《本草纲目》最为著名。

(三)现代科技对茶医学的研究

此为第三发展阶段。

茶与人类健康的关系被现代科技界所关注并进行系统研究,还只是最近30~40年的事。1970年远东地区的一些科研人员最早对茶的医疗保健功能进行系统研究,他们以绿茶为材料的实验结果证实,茶的确具有保健作用。在中国,较早开展茶叶保健功能研究的是浙江医科大学、中国农业科学院茶叶研究所等单位,他们于20世纪80年代开发出的"茶色素口服液"、由茶叶提取物制成的"升白"片剂等,开创了我国用现代科学技术系统研究茶叶医药功能的先河。

20世纪80年代以前,研究主要是对茶浸提液的疗效试验;20世纪80年代以后,较多地集中在对茶叶中茶多酚类、儿茶素、氟等成分的药理功效及其作用机制的研究。其中对茶多酚类的研究获得重大突破,研究结果明确了茶多酚类具有抗肿瘤、抗衰老等医学功能,以及它们的抗氧化、清除自由基的作用机制。茶多糖在糖尿病治疗上的作用、茶色素(包括茶黄素、茶红素、β-胡萝卜素等)对心血管疾病的疗效、茶叶中的氟对龋齿的预防和治疗作用等功能也得到了证实。

1985年以后,茶与健康关系的研究在世界各地广泛开展。研究对象从绿茶扩展到红茶、乌龙茶等;从整茶提取物发展到茶的各种内含成分,如儿茶素、茶多糖、茶氨酸等。试验方法上较多的是采用动物模型试验,也有临床试验和流行病学调查。许多更深入的基础研究,包括各种茶叶成分在人体内的代谢动力学研究、药理和生理学研究、毒性试验等,大多是最近十来年的事。

如果说茶医学发展的第二阶段是以中医理论为主指导下的研究与应用,

主要采用综合的、归纳的理论方法，在阴阳五行的世界观指导下，注重整体的观点，则第三阶段的发展主要是在西医理论指导下对茶医药价值进行的研究与应用。此阶段的大多数研究成果都依赖于西医的研究方法，理论方法上主要采用分析、解剖、统计等方法。第二阶段主要是对整茶的研究和应用，即还没有对茶的各种内含成分进行分离并分别研究其药效，而第三阶段的发展在很大程度上在于对茶的各种有效成分进行了分离，并对它们进行单独的研究，从而使我们对茶医药功能的认识推进到了化合物或分子领域的水平。

第二节 茶叶中的主要药效成分

茶叶中的化学成分十分复杂，目前已分离鉴定的就超过 500 种。这些成分中以有机物形态存在的主要有茶多酚、咖啡碱、茶色素、茶多糖、维生素、氨基酸、芳香物质、纤维素等；以无机物形态存在的主要有锰、铁、氯、锌、铜、钴、铷、硒等元素，其总量（以灰分算含量）占茶叶干物质的 4%～6%。

一、茶多酚类

茶多酚类是茶树酚类物质及其衍生物的总称，它是茶叶中最主要的有效成分之一。主要包含以下 6 类成分：黄烷醇类、羟基-黄烷醇类、花色苷类、黄酮类、黄酮醇类和酚酸类。其中黄烷醇类化合物含量最高，占茶多酚总量的 60%～80%。

茶多酚类是茶鲜叶中含量最多的可溶性成分，它是茶叶的特征生化成分之一，也是茶叶医疗价值的最主要物质基础。

茶多酚类物质具有抗氧化及清除氧自由基、杀菌抗病毒、对 DNA 的保护及修复等基本生化活性。这些生化性质在医学上的运用，使得茶具有以下诸方面的生理功效：降血脂作用、抗肿瘤作用、抗脂质过氧化作用、抗凝促纤溶作用、增强免疫学功能作用、抗菌及抗病毒作用、解毒作用、抗衰老作用、抗辐射损伤作用等。

二、茶色素

茶色素是一个通俗的名称，其概念和范畴并不统一。实际使用中一般是指叶绿素、β-胡萝卜素、茶黄素、茶红素等。

叶绿素是茶叶脂溶性色素的主要组成部分，其含量占茶叶干重的 0.6% 左右。茶叶叶绿素是一种优异的食用色素，它还具有抗菌、消炎、除臭等多方面药用价值。

茶叶中β-胡萝卜素的含量也较丰富，其含量一般在100~200微克/克。β-胡萝卜素的生理功效首先表现在它具有维生素A的作用。此外它还具有抗氧化作用，能清除体内的自由基、增强免疫力、提高人体抗病能力等。

茶叶中的茶黄素和茶红素是由茶多酚及其衍生物氧化缩合而成的产物，它们是红茶的主要品质成分和显色成分，也是茶叶的主要生理活性物质之一。研究证明，茶黄素具有类似茶多酚的作用，茶黄素类不仅是一种有效的自由基清除剂和抗氧化剂，而且具有抗癌、抗突变、抑菌抗病毒、改善和治疗心脑血管疾病、治疗糖尿病等多种生理功能。

三、茶叶多糖复合物

茶叶多糖复合物通常称为茶多糖，是一类组成复杂且变化较大的混合物。

茶多糖的含量都随着茶叶原料的老化而增多，六级茶中茶多糖含量是一级茶的2倍左右。

茶多糖治疗糖尿病在中医上早有应用，在民间，用泡饮粗老茶治糖尿病的实践主要就是发挥了茶多糖的作用。研究茶多糖药理功能的现代资料有很多，从这些资料中可以概括出茶多糖具有以下药理功效：降血糖、降血脂、防辐射、抗凝血及血栓、增强机体免疫功能、抗氧化、抗动脉粥样硬化、降血压和保护心血管等。

四、蛋白质与氨基酸

(一)蛋白质

茶叶中蛋白质主要有白蛋白、球蛋白、醇溶蛋白和谷蛋白等，其含量一般占茶鲜叶干重的20%左右。茶树中蛋白质一般情况下较难溶于水，所以蛋白质营养对饮茶的意义不大。但在利用茶叶作食品添加物和作动物饲料等情况下，茶叶中蛋白质养分可以得到充分利用。

(二)氨基酸

氨基酸较易溶于水，所以氨基酸对茶汤品质和生理药理作用较大。茶叶中已被发现并鉴定的氨基酸有26种。氨基酸与人体健康关系密切。谷氨酸、精氨酸能降低血氨，治疗肝昏迷；蛋氨酸能调节脂肪代谢，参与机体内物质的甲基运转过程，防止动物实验性营养缺乏所导致的肝坏死；胱氨酸有促进毛发生长与防止早衰的功效；半胱氨酸能抗辐射性损伤，参与机体的氧化还原过程，调节脂肪代谢，防止动物实验性肝坏死；精氨酸、苏氨酸、组氨酸对促进人体生长发育以及智力发育有效，又可增加钙与铁的吸收，预防老年性骨质疏松。与茶叶保健功效关系最密切的氨基酸是茶氨酸和γ-氨基丁酸。现作简要介绍。

1. 茶氨酸　茶叶中所有游离氨基酸，茶氨酸的含量占1/2左右。

大量研究表明，茶氨酸具有很好的医疗保健功效。目前已证实茶氨酸具有以下几方面的功效：促进神经生长和提高大脑功能，从而增进记忆力和学习功能，并对帕金森氏症、老年痴呆症及传导神经功能紊乱等疾病有预防作用；防癌抗癌作用；降压安神，能明显抑制由咖啡碱引起的神经系统兴奋，因而可改善睡眠；具有增加肠道有益菌群和减少血浆胆固醇的作用；还有保护人体肝脏、增强人体免疫功能、改善肾功能、延缓衰老等功效。

2.γ-氨基丁酸　γ-氨基丁酸也是一种非蛋白质氨基酸，茶叶中γ-氨基丁酸的含量一般在0.2～2微摩/克。

γ-氨基丁酸对人体具有多种生理功能，可作为制造功能性食品及药品的原料。研究证明，γ-氨基丁酸具有显著的降血压效果，它主要通过扩张血管维持血管正常功能，从而使血压下降，故可用于高血压的辅助治疗。它还有改善大脑血液循环、增加氧气供给、改善大脑细胞代谢的功能，有助于治疗脑中风、脑动脉硬化后遗症等。γ-氨基丁酸还有改善脑功能、增强记忆力的功效，其机制是提高葡萄糖磷脂酶的活性，从而促进大脑的能量代谢，活化脑血流，增加氧供给量，最终恢复脑细胞功能，改善神经功能。还有报道指出，γ-氨基丁酸能改善视觉、降低胆固醇、调节激素分泌、解除氨毒、增进肝功能、活化肾功能、改善更年期综合征等。

五、生物碱

茶叶中的生物碱主要包含咖啡碱（又称咖啡因）、可可碱和茶碱，其中咖啡碱占大部分。3种生物碱都属于甲基嘌呤类化合物，是一类重要的生理活性物质，也是茶叶的特征性化学物质之一。它们的药理作用也非常相似（表5-3-1）。

表5-3-1　茶叶中3种生物碱的药理作用比较

名　称	含量（%）	药理作用			
		兴奋中枢	兴奋心脏	松弛平滑肌	利　尿
咖啡碱	2～4	+ + +	+	+	+
可可碱	0.05	+ +	+ + +	+ + +	+ + +
茶　碱	0.002	+	+ +	+ +	+ +

注：+号表示有药理作用，+号越多表示作用越强

茶叶中的咖啡碱与合成咖啡碱有很大区别。合成咖啡碱对人体有积累毒性，而茶叶中的咖啡碱不会在人体内积累，7 天左右可完全排出体外。早期人们认为咖啡碱可能是一种致癌因素，但这已为后来大量的研究所否定。目前对茶叶中咖啡碱的研究结果得出，咖啡碱不但不会致癌，而且还有抗癌效果。此外，茶叶中的咖啡碱还具有兴奋大脑中枢神经、强心、利尿等多种药理功效。饮茶的许多功效，如消除疲劳、提高工作效率、抵抗酒精和尼古丁等毒害、减轻支气管和胆管痉挛、调节体温、兴奋呼吸中枢等，都与茶叶中的咖啡碱有关。

当然，咖啡碱也存在负面效应，主要表现在晚上饮茶可影响睡眠，对神经衰弱者及心动过速者等有不利影响。

六、维生素类与矿质元素

维生素是维持人体新陈代谢的必需营养成分。茶叶中含有多种维生素，如维生素 A、维生素 D、维生素 C、维生素 B_1、维生素 B_2、维生素 E 和肌醇等，其中以维生素 C 和 B 族维生素的含量最高。研究证明，维生素 C 有很强的还原性，在体内具有抗细胞物质氧化、解毒等功能。它还能防治坏血病、增加机体抵抗力、促进伤口愈合等。茶叶中的维生素 C 还与茶多酚有协同作用，提高两者的生理效应。在正常饮食情况下，每天饮高档绿茶 3～4 杯便可基本上满足人体对维生素 C 的需求。

茶叶中的 B 族维生素含量也很丰富，达茶叶干重的 100～150 毫克/千克。它们的药理功能主要表现在对癞皮病、消化系统疾病、眼病等的显著疗效。茶叶中的脂溶性维生素如维生素 A、维生素 E、维生素 K 等，尽管含量也较高，但因茶叶饮用一般以水冲泡或水提取方法为主，而这些脂溶性维生素在水中的溶解度很小，所以饮茶时对它们的利用率并不高。茶叶中的维生素 A 原(类胡萝卜素)含量比胡萝卜还高，它能维持人体正常发育，维持上皮细胞正常功能、防止角化，并参与视网膜内视紫质的合成。如何提高对这些脂溶性维生素的利用，是一个有待深入研究的课题。

茶叶中矿质元素的含量相当丰富。其中以磷与钾含量最高，其次为钙、镁、铁、锰、铝等，微量成分有铜、锌、钠、硫、氟、硒等。这些矿质元素中的大多数对人体健康有益。

茶叶中氟的含量是所有植物体中最高的。氟对预防龋齿和防治老年骨质疏松有明显效果。但大量饮用粗老茶有可能导致氟元素摄入过度，从而引起氟中毒症状，如氟斑牙、氟骨症等。这一问题主要发生在砖茶消费区。所以在合理利用茶叶中氟的保健功能的同时，也要预防氟摄入过量。

硒是人体谷胱甘肽过氧化酶(GSH-PX)的必需组成,能刺激免疫蛋白及抗体的产生,增强人体对疾病的抵抗力。硒还具有抗氧化功能。我国一些地方土壤硒含量很高,这些地方所产茶叶的硒含量可高达3.8~6.4毫克/千克,是天然的富硒茶。饮用富硒茶可获得比普通茶更好的保健效果。

七、茶皂素

茶皂素属于五环三萜类化合物的衍生物,是一类由配基皂苷元、糖体和有机酸组成的结构复杂的混合物。茶皂素也是茶叶的保健和医疗功效成分之一。茶皂素除了其最主要的表面活性外,它还具有以下生物活性:溶血作用、降胆固醇作用、抗生育作用、抗菌作用、杀软体动物活性、抗炎活性、镇静活性(抑制中枢神经、镇咳、镇痛等)。此外,据韩志红等的报道,茶皂素还具有抗癌活性,柯永生等则报道了茶皂素的降血压功能。

对于茶皂素的开发利用,目前主要集中在它的表面活性上,主要用作分散剂或乳化剂,广泛用于日化、林产品加工、纺织、农药、建材等行业。对它的医药保健功能,目前尚未见有系统的开发。

第三节 茶医药保健功能的生物学和医学基础

最近几十年的系统研究已经证明,茶及其各种提取物具有多方面的生理和药理功效。作为对这些功能的具体运用,茶及茶提取物已经应用或正试验用于多种疾病的治疗。据中文文献统计结果得出,茶及其各种提取物已在肿瘤、心血管疾病、老年性痴呆、肾病、肝病等20多种疾病的防治上应用,涉及肝、肾、肺、胃、五官、皮肤等器官。

一、抗氧化、抗衰老作用

生物机体由核酸、蛋白质、脂类等多种生物分子组成,这些成分易遭受自由基等因素的攻击而发生氧化、交联、聚合等反应,使其丧失正常功能,进而危及细胞功能和机体健康。大量实验证明,茶叶具有优异的抗氧化活性,这是使茶叶成为保健和治病良药的重要功能基础。Okayasu H等研究了各种红茶、绿茶及绿茶粉热水提取物的抗自由基效果,结果显示各种茶的提取物对超氧阴离子自由基、羟自由基、一氧化氮自由基均具有良好的清除效果。周才琼等研究了茶鲜叶、绿茶和茶多酚在体外模拟胃液pH条件下对NO^{2-}(亚硝酸根)的清除作用,结果显示很强的清除作用,其效果随处理时间延长而升高。

茶的抗氧化效果与其清除自由基的作用密切相关。概括来说，抑制自由基产生、直接清除自由基、激活生物体自身的自由基清除体系，这是茶多酚发挥其抗氧化功能的 3 大机制。

生物的衰老和死亡源于细胞的损伤和死亡。人体自然衰老与退行性疾病的发生过程，都伴随着细胞受氧自由基的氧化损害，造成组织器官和生物大分子的损伤。医学科学家研究认为，利用抗氧化剂预防或消除自由基所造成的氧化损伤，是预防和阻断癌症及心血管疾病发展的有效方法。茶多酚、茶色素等成分具有良好的抗氧化和清除自由基的功能，从而有效地保护生物细胞免受自由基的攻击和氧化损伤，而细胞寿命的延长，自然会延缓生物体的衰老速度。

目前已经证明，茶叶对抗衰老作用有贡献的成分是：茶多酚、茶多糖、茶氨酸和各种维生素等。

二、抗癌作用

自由基是诱导和促进机体癌变的重要原因，在癌的诱导和促进阶段均有自由基参与。因此，具有减少自由基形成和清除自由基作用的抗氧化剂，就具有抗肿瘤作用。

日本静冈县盛产茶叶，该县的胃癌发病率较全国为低。富冈大学医学部对北部九州地区调查表明，大量饮茶（每日 10 杯，相当于 1 克 EGCG）的人，胃癌发病率明显降低。研究绿茶提取物对体外培养的人体胃腺癌细胞的作用证实，绿茶提取物（T28750）对胃腺癌细胞生长有明显的抑制作用。香港大学医学院发现绿茶素有防癌治病功能，绿茶素可以扫除身体内多余的杀手——自由基。澳大利亚研究表明，饮茶能有效地减少人们患皮肤癌的机会。

茶叶的防癌机制，虽未全部探明，但以下几点是明确的：一是茶叶能显著阻断亚硝氨的合成（在 N-亚硝基化合物中，极大部分都有致癌作用）；二是茶多酚具有很强的抗氧化能力，所以能大量消除体内的自由基；三是抑制癌变基因表达；四是调节人体免疫平衡；五是抑制致癌剂与靶器官 DNA 共价结合。

三、增强机体免疫功能的作用

茶叶中的 L-茶氨酸在肝脏中被分解为乙胺，而乙胺能增强免疫系统中“γ-δT细胞”的反应。γ-δT 细胞是身体对付多种细菌、病毒、真菌和寄生虫感染的第一道防线。茶多糖在提高机体免疫功能方面发挥了重要作用。据王丁刚用茶多糖对小鼠免疫功能实验表明，茶多糖能够促进单核巨噬细胞系统吞噬功能，增强机体自我保护的能力。

在提高机体免疫功能上，茶色素也发挥着重要作用。乔田奎等对80例恶性肿瘤病人进行了茶色素加放（化）疗和单纯放（化）疗的对比研究，结果表明放化疗能抑制病人免疫功能，而茶色素加放（化）疗组上述各项指标较治疗前改变不明显，提示茶色素对放化疗中恶性肿瘤病人免疫功能有保护作用。茶色素还是一种安全有效的免疫调节剂，可调整血液透析病人血清指数接近正常水平。并且茶色素对恶性肿瘤病人放化疗后白细胞下降有显著的保护作用。

四、对心脑血管疾病的防治作用

有多项研究得出，经常饮茶能有效改善动脉功能、降低心脏病发病的几率。荷兰科学家发现，饮茶可以预防动脉管壁的胆固醇沉积。他们对3 454名受试者进行跟踪调查，2～3年后的结果显示，每天喝1～2杯茶的受试者出现严重动脉粥样硬化的危险性减少46%，每天喝4杯茶的受试者出现严重动脉粥样硬化的危险性减少69%。

目前认为茶叶抗心脑血管疾病的作用机制主要有：①抑制低密度脂蛋白氧化修饰；②抑制血管平滑肌细胞增殖；③抑制诱导型一氧化氮合成酶的表达。由此可见，茶叶的抗氧化作用是其防治心脑血管疾病的重要基础。

五、抗辐射作用

据对第二次世界大战期间日本广岛原子弹受害者的调查，凡长期饮茶的人受辐射损伤的程度较轻，存活率也较高。临床医学还发现，某些癌症患者因采用放射治疗而引起的轻度放射病症如食欲不振、恶心、腹泻等，遵医嘱饮茶后，有90%的患者放射病症状明显减轻，白细胞数量停止下降甚至有所上升。

王舟等人对绿茶抗辐射损伤进行了研究。他们探讨绿茶对^{60}Co射线诱发小鼠辐射损伤的保护作用，研究结果显示，饮茶小鼠的血清MDA含量、骨髓嗜多染红细胞微核率显著低于辐射对照组（$P<0.05$），血清SOD活力、骨髓细胞DNA含量和有核细胞数明显高于辐射对照组（$P<0.05$）。可见绿茶对辐射损伤具有一定的防护作用。

茶多酚是茶叶抗辐射的主要活性物质之一。宋秀祖等研究发现，茶多酚中EGCG组分对辐射损伤的体外培养成纤维细胞具有保护作用。刘官树等采用MTT方法和脉冲场凝胶电泳方法，对EGCG的辐射保护作用进行了研究。

MTT 结果表明，EGCG 在 5 ~ 50 微摩/升的浓度下，对细胞有明显的保护作用，并对细胞的修复有促进作用；脉冲场凝胶电泳方法结果显示，EGCG 作用可减少辐射所致的 DNA 双链断裂水平。两者均显示 EGCG 可减少对辐射导致的细胞死亡。

六、对重金属毒性的缓解作用

茶多酚类物质具有抗氧化的作用，能够抑制重金属引起的过氧化损伤。据 Osada K 等的研究，儿茶素能够抑制铜离子诱导的胆固醇脂质过氧化。儿茶素单体对铜离子诱导的脂质过氧化的抑制效率顺序为：

EGCG = ECG > EC = C > EGC

Dipti P 等研究了饮茶对铅毒性的缓解作用。每天用 3.8% 的铅离子溶液 1 毫升饲喂小鼠作为对照组，在处理组中则同时饲喂 Kombucha 茶，45 天后测定氧化还原状态及脂质过氧化程度。结果发现，饲喂铅离子后，能够增加脂质过氧化程度，提高肌氨酸磷酸激酶的释放量，降低谷胱甘肽及各种抗氧化酶的含量。铅离子对体液免疫无影响，但抑制 DTH 反应，并提高肝脏中的 DNA 片段。在饮茶组中，脂质过氧化程度及 DNA 片段都有所降低，而谷胱甘肽和各种抗氧化酶的浓度则有增加，铅离子诱导的抑制免疫反应也得到了缓解。

杨贤强等在细胞水平和整体水平上研究了茶多酚对铅毒的影响。对铅染毒后的小鼠连续 30 天用茶多酚灌胃，结果表明，儿茶素能显著抑制细胞膜脂的脂质过氧化，降低了 GBARS 的形成量。在整体试验中，除了肝脏铅含量可以明显降低外，其他器官均未发现茶多酚的驱铅效果，不能将积累于器官中的铅排除。王小平等也报道了茶多酚能拮抗铅中毒引起的脂质过氧化，提高红细胞中的 SOD 活性从而改善铅毒症状。茶多酚还能与铅离子络合，从而减轻其毒性。

七、降脂、降压及调节血糖的作用

（一）降脂作用

茶叶降脂的物质基础主要是茶多酚、咖啡碱、茶多糖等。茶多酚降脂主要因其能抑制细胞中胆固醇的合成，具有降低血液中 LDL、提高 HDL 的功效。在大白鼠饲料中加入儿茶素可使大白鼠体内的总胆固醇、游离胆固醇、LDL 和三甘油酸酯总量明显下降，同时 HDL 含量水平上升。以茶多酚为主要成分的茶色素喂饲家兔，可使家兔血液凝固时间延长和血液中纤维蛋白原降解产物增加。

咖啡碱可使血管平滑肌松弛,增大血管有效直径,增强心血管壁弹性,对心脏有阳性收缩能效应,有促进血液循环的作用。茶多糖的降脂作用首先是通过升高 HDL 含量、调节了动脉粥样硬化的指标,加强胆固醇通过肝脏的排泄来实现的。另外茶多糖还能与脂蛋白酶结合,促进动脉壁脂蛋白酶入血而抗动脉粥样硬化。

临床试验表明,茶叶能降低血液中三甘油酸酯的含量,具有降脂的作用。乌龙茶和绿茶不仅能降低血液中胆固醇、升高 HDL 含量,而且还能降低血液中三甘油酸酯的含量。

(二)降压作用

就中医学而言,高血压、脑溢血等疾病是由真阴亏虚、虚火内积所致;中老年人体质常偏阴虚内热,易患高血压、脑溢血等疾病。茶叶有清热的功效,故能降低血压。就西医而言,高血压的形成是受血管紧张素(Angiotension)类物质所调节的,能抑制血管紧张素Ⅰ转换酶(ACE)活性的化合物就具有降压的效果。茶叶中多种化合物对 ACE 具有抑制活性作用,并且以茶多酚中的儿茶素抑制作用最强。茶叶降压的物质基础主要是茶多酚、咖啡碱、茶多糖、γ-氨基丁酸、茶叶皂苷等成分。

对城市中老年人健康的调查结果表明,适量饮茶可预防或降低高血压。绿茶对易致中风和血管淤塞的人是有益的,因为绿茶可使血管壁保持弹性,消除血管痉挛,提高了防止血管破裂的功能。国内对茶多酚降压作用的临床试验表明,乌龙茶和绿茶都具有明显的降压和调脂的作用。饮茶者平均高血压发病率为 6.2%,不饮茶者为 10.5%。茶多糖有降低血压及减慢心率的作用。用 22.5 毫克/毫升的茶多糖对十二指肠给药,30 分钟后可使麻醉大鼠血压下降 28 毫米汞柱(3.73 千帕)、心率减慢 15%。

茶氨酸也具有降压作用,其降压机制是通过末梢神经或血管系统来实现的。此外,茶叶皂苷可抑制由豚鼠回肠中分离的血管紧张素Ⅰ诱致的收缩,并呈现剂量效应关系;对由血管紧张素Ⅱ诱致的收缩只有微弱的抑制作用。对 15 周龄大鼠口喂茶叶皂苷(100 毫克/千克)5 天时,平均血压比对照组低 29.2 毫米汞柱(3.89 千帕)。

(三)降糖作用

茶多糖可以降血糖已被公认,中国民间一直流传着泡饮粗老茶可以治疗糖尿病的说法。Isiguki K. 等将茶多糖配制成饮料供糖尿病患者饮用,结果使患者症状好转。蔡鸿恩用粗老茶治糖尿病,有效率可达 70%。李布青等人采用小白鼠腹腔注射茶多糖 300 毫克/千克,7 小时后测血糖浓度,结果使血糖下降 36.6% ~ 70%。

八、对体重的调节作用

唐大寒等研究了饮茶对城市中老年人健康的影响。调查结果发现，不饮茶组超重或肥胖人数占 51.6%，偏瘦人数占 12.1%；过量（>5 克/天）饮茶组则分别为 36% 和 6%，均明显低于不饮茶组。过量饮茶组正常体重者占的比重最高，为 58%；不饮茶组的最低，为 36.3%。适量（≤5 克/天）饮茶组偏瘦、正常、超重或肥胖人数的比重均介于不饮茶组和过量饮茶组之间。这些结果充分表明，茶叶不仅有减肥作用，而且也有使偏瘦者体重增加并维持正常体重的调节作用。这种双重作用，不能简单解释为茶叶中的咖啡碱对神经起兴奋作用，从而增加了机体热量的消耗。因此，茶叶中可能存在某种能促进和调节人体脂肪代谢的物质。Komatsu T 等研究了乌龙茶对能量代谢的影响，他们将 11 名女性志愿者分为 3 组：一组饮用清水，一组饮用乌龙茶，一组饮用绿茶。饮用 120 分钟后用间接热量计测定志愿者的剩余能量和能量消耗。饮用绿茶、乌龙茶后，120 分钟热量消耗的总量分别提高 10% 和 4%。在 60 分钟及 90 分钟，饮用乌龙茶组志愿者的能量消耗量较绿茶组显著增加（$P < 0.05$）。他们对两种茶类进行成分比较，发现乌龙茶所含的咖啡因及茶多酚中 EGCG 约为绿茶的 1/2，而多酚类的聚合氧化产物则是绿茶的 2 倍。结果证实，乌龙茶提高能量消耗的主要物质为多酚类的氧化聚合产物。

九、对微生物的作用

茶叶具有直接杀灭和抑制有害微生物的作用。据国内外科学家的大量实验结果，茶叶中的儿茶素类化合物和茶黄素类化合物对许多肠道有害细菌都有很强的抑制作用。陈宗懋等总结了国内外大量茶叶抑制肠道有害微生物生长和防治的实验结果，总结出绿茶中的儿茶素类化合物及红茶中的茶黄素类化合物对肠道中有害微生物的最小发育阻止浓度（MIC）大多为 400 ~ 500 微克/克，也有部分大于 1 000 微克/克。如果每天饮茶 3 ~ 5 克，就会有 200 ~ 350 毫克的 ECG 和 EGCG 进入体内，虽然在进入肠道前有部分会被分解，但至少会有 100 毫克茶多酚的 ECG 和 EGCG 进入肠道，这个剂量远高于上述 MIC 浓度，所以茶叶中的有效成分具有中和有害细菌所产生的毒素的作用。

茶叶对肠道中有益微生物的生长和繁殖具有促进作用。在有益细菌中，双歧杆菌是最主要的一类细菌。茶叶中的有效成分对双歧杆菌有促进生长和繁殖的功效。日本曾对 8 名（男女各 4 名，年龄为 22 ~ 48 岁）健康志愿者进行实验,实验期间,每天服用 1.2 克茶多酚,连续 28 天,在实验前和实验进行中以及实验结束后连续取粪便进行分析,结果表明,服用茶多酚后,有害细菌数量有明显下降,有益细菌数量有所上升。粪便 pH 值明显下降,这就增强了肠道的蠕动,抑制了肉毒杆菌等有害细菌的生长发育。肠道内醋酸、丙酸、丁酸等挥发性短链脂肪酸含量有明显增加,这也反映了肠道内乳酸菌等有益微生物的数量在增加。另外,肠道中吲哚、乙酚、甲基吲哚、对甲酚和氨等有害细菌的代谢产物有明显减少,同时发现实验人群的排便也较对照组人群正常。因此,茶叶中有效成分可以明显改善肠道微生物的结构,增强肠道的免疫功能。

各种实验还表明,茶对致龋细菌、肉毒芽孢杆菌、肠炎杆菌、金黄色葡萄球菌、荚膜杆菌、蜡样芽孢杆菌、志贺氏细菌、艾滋病毒等也有显著的抑制作用。

十、抗龋齿作用

1982 年,北京市口腔医院周大成等在北京西总布胡同小学 1~2 年级的儿童中,用 0.4~0.6 毫克/千克绿茶汤漱口 1 年,龋病抑制率达到 54.5%。何明灼等在杭州茶区调查,由于该地区饮水源平均含氟量仅为 0.11 毫克/千克,为明显低氟区,龋病发病率达 72.1%,龋均为 4.2 颗。但其中 1 820 名有饮茶习惯的居民,龋病发病率为 65.1%,龋均为 3.8 颗;而 1 444 名无饮茶习惯的居民,龋病发病率则为 80.9%,龋均为 4.6 颗。调查结果说明,饮茶确能补偿部分饮水源含氟量的不足,从而使龋病发病率有所降低。英国的牙科医生发现,儿童坚持每天清晨和每次饭后喝一杯茶,可使蛀牙减少 60%。

大量研究揭示了茶叶防龋的各种机制:增强牙釉质的坚固性、对致龋菌的抑制作用、对口腔各种酶类的调节、茶叶中氟离子的作用、茶叶对牙周炎的防治作用、茶叶对口腔癌的防治作用等。其中氟离子对牙龈的作用和茶多酚类对致龋菌的抑制作用是茶叶抗龋齿作用的主要原因。

十一、美容作用

茶叶的许多保健功效在人体美容上都有杰出的表现。茶及其提取物通过其抗氧化和清除自由基的作用、抑制有害微生物的作用、调节血脂的作用、提高人体免疫功能的作用、抵抗紫外线及其他电离辐射的作用等,使人保持正常体重、消除粉刺和癣病、消除黄褐斑和延缓皮肤衰老等,从而达到美容的目的。

根据衰老自由基学说,老化是自由基产生与清除状态失去平衡的结果。因此减少自由基的生成或对已生成的自由基进行有效的清除,可有效减慢皮肤的衰老和皱纹的产生。茶多酚是一种抗氧化能力很强的天然抗氧化剂,清除自由基的能力大大超过目前已知的抗氧化剂维生素 C 和维生素 E。所以，茶能有效地预防和缓解皮肤衰老。

茶多酚可直接阻止紫外线对皮肤的损伤作用，故有“紫外线过滤器”之美称。研究表明，茶多酚对紫外线诱导的皮肤损伤有很强的保护作用，抗紫外线的作用强于维生素 E。茶多酚还能抑制酪氨酸酶的活性，减少黑色素细胞的代谢强度，减少黑色素的形成，具有皮肤美白的作用。

十二、茶叶对脑、神经系统的影响

中南大学湘雅二医院谢鼎华等最近的研究证明，从茶叶中提取茶多酚中的 EGCG 具有很强的延缓神经元衰老的作用。谢鼎华等针对神经细胞衰老时某些基因会表达出一些特异性蛋白质的现象，采用蛋白质定量等分子生物技术，研究氧自由基对神经元的氧化损伤及 EGCG 的保护作用。他们发现，随着神经细胞培养环境中氧自由基浓度的增加，有害蛋白质呈线性增加，细胞的能量供给明显下降，神经细胞的死亡率比正常组高 5～6 倍；而茶多酚中的 EGCG 可明显阻止氧自由基的损害，提高细胞活力，改善能量代谢，降低细胞死亡率，达到保护神经细胞的目的。

此外，还有研究表明，茶氨酸具有促进大脑功能和神经的生长，预防帕金森氏症、老年痴呆症及传导性神经功能紊乱等疾病，增加肠道有益菌群和减少血浆胆固醇，降压安神、改善睡眠和抗氧化作用等。茶色素具有防止血小板黏附和聚集的作用，降低全血黏度，改善血液流变学特性，改善微循环，保障组织血液和氧的供应，提高机体的免疫力和组织代谢水平等作用。茶色素由于在血液流变学、微循环及自由基等方面的作用，已经用于治疗血管性老年痴呆。

第四节　茶药品、保健茶及茶保健品的研发

茶医药产品的开发，数千年来基本上是一个缓慢而延续的发展过程。从“神农尝百草”到唐代出现“茶药”一词，并逐渐为中药配伍所广泛应用，进而发展到现代的“茶疗”、含茶中药方剂、保健茶饮料等。而最近几十年来，随着现代科技，特别是西医科技介入茶医学研究，茶医疗保健产品的开发速度大大加快，以茶及茶提取物为主组成的中药新配方不断出现，以茶及茶提取物为基本原料制成的新药已经出现，茶保健食品更是层出不穷，茶多酚类等还被加入纺织品、日用品等产品中，发挥卫生保健作用。

目前除少数几种茶叶功能成分已完成药物研制的试验外，大部分还处于

动物试验或人体临床试验阶段。已研制成功或正在研制药品的茶提取物主要有:茶多酚类、茶色素、茶氨酸、茶多糖、生物碱等。目前在药品开发上进展最快的是茶多酚类物质,而茶氨酸、多糖复合物、茶黄素等的开发研究目前正在加速进行之中。

一、茶多酚的医学开发研究

茶多酚类物质是目前与茶相关的药品和保健品开发的最主要成分,其中研究最为深入的是儿茶素。至今,在中国已经通过临床试验、并已获准使用的以茶多酚为主要原料的药品有:“天力体保”心脑健胶囊、“亿福林”心脑健胶囊、“可立宁”心脑健胶囊、复方心脑健片、复方茶多酚漱口液等。国外利用茶多酚为主要原料开发的药物也很多,如美国开发生产的 Teagreen、日本用茶多酚制成的抗感冒药、日本的“克菌清”、匈牙利的茶多酚保肝药物等。

为了拓宽茶多酚应用范围、提高茶多酚的药效,最新研究趋势是对茶多酚进行化学修饰,使其成为油溶性或获得其他性状,从而有利于与脂溶性物质混合,扩大茶多酚与其他药物或材料的配伍。另一发展动向是研制茶多酚的新剂型,如微胶囊、纳米级剂型、针剂等,从而提高人体对茶多酚药物的吸收和利用度。

将中医的整体观思想方法与西医的研究方法及加工技术结合起来,开发新一代药茶和含茶药物,将可能成为今后很长一个时期内的研究热点。更多的茶叶功能成分通过与其他制药原料配伍,制成药效更好的新药。例如复方心脑健片是根据茶多酚卓越的医疗、保健作用而研究开发的一种医疗中药制剂。该方由茶多酚、银杏叶提取物、黄芪、女贞子等数味中药组成,经合理提取加工制得,具有益气通络、行气止痛、补益肝肾等作用,用于高血脂症、动脉硬化、冠心病、心绞痛、脑卒中后遗症及心脑供血不足引起的疾患。

二、茶多糖的医学开发研究

自从前苏联学者 B.A. 萨姆达克于 1962 年最早报道从茶叶中制备茶多糖并进行药理学实验以来,一系列的医学实验揭示了茶多糖的降血糖、降血脂、防辐射、抗凝血及血栓、增强机体免疫功能、抗氧化、抗动脉粥样硬化、降血压和保护心血管等功能。茶多糖的制备工艺、理化性质、组成成分及药理作用等方面的研究也得到长足的进展。这些基础研究成果为茶多糖开发药物奠定了一定的基础。

目前,茶多糖开发治疗糖尿病药物的可行性在理论上已被确立。在实践上，用老茶叶治疗糖尿病在中医上早已有应用。据此，许多研究者正在积极从事茶多糖治疗糖尿病药物的开发研究。据报道，现已有利用茶多糖制备降血糖和抗糖尿病药物的专利技术问世。茶多糖的医药开发已初露端倪，前景光明。

三、茶氨酸的医学开发研究

众多的研究已证实茶氨酸具有促进神经生长和提高大脑功能、防癌抗癌、降压安神、改善睡眠、增加肠道有益菌群、增强人体免疫功能、改善肾功能、延缓衰老等功效。据此，茶氨酸已被制成功能性保健食品，并取得了多项专利，已在饮料、焙烤点心、冷冻点心等方面得到广泛应用。茶氨酸添加到食品中可起镇静作用，以红茶浓缩液（Bx = 20）5%、饴糖（Bx = 7.5）5%、砂糖 15%、凝胶剂 1%、L-茶氨酸 0.2%、柠檬酸 0.2%、柠檬酸钠 0.2%，加水后制成的红茶果冻，食用 60 分钟后测定脑波，每 5 分钟测 1 次，结果发现，α-波出现量立即增大，30 分钟后显著增大，最高达 1.6 倍。研究还证实，在糖果、饮料等加工中添加茶氨酸可起到很好的镇静效果。

四、γ-氨基丁酸的医学开发研究

γ-氨基丁酸具有扩张血管、降低血压的作用，故可辅助治疗高血压。它还能改善大脑血液循环、增加氧气供给、改善大脑细胞代谢，这有助于改善记忆力，还可用于治疗脑中风、脑动脉硬化后遗症等。

作为对茶叶中 γ-氨基丁酸资源的开发利用，目前主要采用厌氧处理、机械挤压或碾磨（挤压或碾磨使植物组织分离，可以有效提高 γ-氨基丁酸的含量）、迅速降温（温度的迅速降低会导致植物组织细胞内的隔室化，同时谷氨酸脱羧酶与 γ-氨基丁酸、丙酮酸转氨酶的活性比也会变大，从而引起 γ-氨基丁酸增加）等方法提高茶叶中 γ-氨基丁酸的含量，再将其制成富含 γ-氨基丁酸的成品茶（在日本称为 GABA 茶），作为保健茶饮用。今后是否会从茶叶中提取并纯化 γ-氨基丁酸，用于该功能成分的深度开发，还有待技术进步。

五、茶保健食品和保健饮料的开发研究

茶保健品的开发，今后将不仅利用茶叶中的有效成分，对茶花、茶果等的利用也将成为研究的热点。茶花中的超氧化物歧化酶、多糖类物质、氨基酸和蛋白质、茶花粉等，都是开发天然保健品得天独厚的资源，可望进行产业化开发利用。

将茶叶与中药材配伍，开发适合现代社会生活方式的药茶和保健饮料，也是今后茶医药保健功能开发的方向之一。尤其是利用现代食品和药品加工技术，结合传统中医药茶配伍理论和经验，研制和开发新一代药茶和含茶药物也可能成为今后很长一个时期内的研究热点。

虽然对各种茶叶功能成分的药效和药理研究已取得不少成果，开发的保健品也有很多，但药品开发目前还处于起步阶段。目前茶药品的开发主要是以茶多酚类物质为基础，今后对茶色素、茶氨酸、茶皂素等成分的药品开发，有望获得更多成果。

第五节　合理用茶

茶的保健功效享誉数千年。从远古吃茶解毒的传说到数以千计的含茶中药方剂，再到现代科技证实的抗癌、抗辐射、抗龋齿、提高免疫力、治疗糖尿病和肾病等功效，茶叶保健疗疾的美誉已名过于实，以至于有人称茶叶为治百病的"万病之药"。然而，茶叶的保健作用是有条件的，并且在一定条件下是可以转化的。饮茶不当而引起的健康损害现象在现实生活中时有发生，对此不应消极回避，必须积极面对和认真研究。指出饮茶不当对健康造成不利影响的目的，在于使人们科学全面地认识茶叶，避免和纠正错误的饮茶方式，扬长避短，合理饮茶。

一、避免饮茶不当

任何药物都有宜、忌两个方面，茶也不例外。中医有关服药和饮食中对茶禁忌的经验，就是为了避免不合理饮茶而导致健康损害。现代社会由于科技的迅速发展和社会经济环境、人文环境及自然环境的巨大变化，从而也带来了一些新的问题。例如因化学农药污染茶叶所引起的危害、因汽车尾气等原因造成茶叶铅超标而影响人体健康等。还有一些问题，虽然早已存在，但由于科技水平的限制，目前尚不曾被发现或没有引起广泛关注和研究。如中国边疆少数民族因大量饮用高氟含量茶叶而引起氟斑牙症或高氟骨症等。此外，还有一些因不合理用茶而导致的健康损害的问题。通过搜集和归类，得到如下6类有可能影响人体健康的不合理饮茶现象：大量饮用高氟茶，临睡前饮茶，某些病人的不适当饮茶，茶与某些药物同服，茶与某些食物同服，饮（食）用农药、重金属含量超标的茶或茶制品。

针对上述问题，下面分别进行分析和讨论，以期找出原因，提出解决办法。

（一）氟元素的利和弊

虽然氟是人体的必需微量元素之一，但人体对它的需求量极为敏感，从满足人体生理需要的量到导致氟中毒的量之间，相差很小。氟在人体内主要集中在骨骼、牙齿、指甲和毛发等器官和组织，尤其以牙釉质中含量最多。过多的氟进入机体，可形成大量氟化钙，使骨密度增加、骨骼变硬、骨质增生、骨皮质和骨膜增厚、韧带钙化、椎间盘变窄。

有权威调查报告指出，我国大部分地区的饮用水氟含量低于 0.5 微克/克，而茶叶中的氟含量则较高。所以，经常饮茶可以弥补饮水缺氟的状况，从而起到预防龋齿等作用。当然，茶叶中具有防治龋齿的物质不仅仅是氟，茶多酚类物质也发挥了重要作用。然而，如果摄入的氟过量，则会引起氟中毒，引发氟斑牙、氟骨症、肾脏等内脏功能受损等。20 世纪 80 年代早期，白学信等在四川省壤塘县首次发现并证实饮茶型氟骨症病例，其后又有大量的进一步研究证实，大量饮用含氟过高的砖茶，是引起这些地方性氟斑牙、氟骨症的主要原因。

茶叶中的氟对人体健康的作用到底如何，这里的关键是氟含量的高低和摄入量的多少。大量的测定数据表明，大部分茶叶的氟含量，一般情况下不至于造成对健康的危害；而以粗老原料加工而成的砖茶，加上采用煮熬泡制的饮茶方式，则很可能导致氟摄入过量。

茶树是典型的氟、铝富集植物，它能选择性地大量吸收土壤中的氟并在叶子中积累。大气中的氟化氢（HF）气体，也能在一定程度上被茶树通过气孔直接吸收进入植物体。茶树对土壤中氟的吸收是以氟铝络合离子态吸收的。氟主要积累在茶树的叶子中，占茶树全株各部分的 98.1%，其他部位含量很低。从茶叶老嫩度看，老叶中的含量是嫩叶中含量的 12 ~ 36 倍。就不同茶类而言，以绿茶氟含量最低，平均为 67.53 ± 69.49 毫克/千克；黑茶最高，平均为 296.14 ± 246.07 毫克/千克；红茶、乌龙茶及花茶居中。氟的浸出率随泡茶水温提高和浸泡时间延长而升高。

大量研究和长期实践都证明，粗老茶的氟含量确实太高，大量饮用这类茶有可能导致过度摄入氟元素。长时间熬煮的方式饮茶，使氟的浸出率提高，这也是导致藏民较多发生氟中毒的原因之一。为了解决茶叶高氟所造成的饮茶负面效应，可参考以下几点建议：①选育低氟富集特性的茶树品种；②适当提高黑茶制茶原料的嫩度；③改煮茶为泡茶，以减少氟的浸出率。

总之，只要原料不太老的茶类，目前还未见有饮茶型氟中毒的报道。相反，适度饮茶有利于口腔和牙齿的卫生保健，所以可以放心饮用。

(二)咖啡碱的功与过

咖啡碱是茶叶中含量最高的生物碱,一般占干重的2%~4%。它是茶叶品质特征成分之一,还与茶叶的许多保健功能有关,具有强心、利尿、兴奋中枢神经等生理作用。茶叶的提神、解毒等功效主要是其咖啡碱所起的作用。早期的研究认为,较高浓度的咖啡碱具有致突变作用和积累毒性,但后来进一步的研究证明,茶叶中的咖啡碱不但不会致突变,反而具有抗突变的效果。

由于咖啡碱在结构上同机体内形成DNA和RNA的2种主要碱基腺嘌呤、鸟嘌呤相似,所以有人担心,如果咖啡碱取代这两者参与核酸的形成,其后果将导致遗传突变。然而庆幸的是,尽管咖啡碱与鸟嘌呤非常相似,但在DNA双螺旋结构上碱基之间的A-T或G-C配对中是通过氢键相连的,咖啡碱在必要位置上没有氢,而是甲基,因此无法形成中间的氢键,这就从分子水平上解释了咖啡碱不可能取代上述2种碱基参与DNA、RNA的形成,所以也不可能导致遗传信息的篡改。事实上,也没有任何证据表明由于使用咖啡碱而造成染色体缺陷。世界著名咖啡专家瑞典阿伯斯拉大学的遗传学家本·盖尔迈提出的意见是:“除孕妇、乳母和一些特殊病人(如心律不齐者)外,对其余一切人,咖啡碱是无罪的。”这一论断是可以信赖的。

茶汤或茶叶提取物中的咖啡碱,由于其较低的浓度和与其他成分的相互制约,对人体健康是安全的,并对茶叶的提神、抗疲劳、利尿、解毒等功能做出主要贡献。然而,在不合理饮茶情况下,由咖啡碱等成分引起危害健康的可能性也是存在的。就咖啡碱而言,饮茶时应注意以下几种情况。

第一,由于咖啡碱可诱发胃酸分泌过多,所以胃溃疡患者一般也不宜饮茶,严重的心脏病及神经衰弱等患者,也应避免饮浓茶或饮茶太多,尤其不要晚上饮茶。

第二,临睡前不要饮茶,特别是不要饮浓茶,以免造成失眠。在这里,咖啡碱的兴奋中枢神经和利尿的作用成了产生饮茶危害的原因。

第三,服药时不要饮茶。茶叶中的咖啡碱有可能与许多药物成分发生反应,从而降低药效或产生不良反应。

(三)饮茶与服用药物的关系

茶叶在中医中本身就是一味药,它的多种成分都具有药理功能,这些成分也可能与体内同时存在的其他药物或元素发生反应,从而影响药物疗效,甚至产生毒副作用。所以这一问题历来为医家和患者所关注。根据有关文献报道,在服用以下药物时,应暂时禁茶。

1. 中药　中药汤剂和中成药组方的治疗效果是药物中多种成分在一定

比例下的综合作用,因此,除特别医嘱或特殊情况下需用茶冲服(如川芎茶调散)外,一般内服汤剂和中成药时,均不宜饮茶,以免茶叶中的一些成分与中药有效成分发生反应或改变其配伍平衡。

2. 含有金属离子的药物,特别是补铁药物 茶叶中的多酚类成分可与三价铁离子发生络合反应,生成难溶性物质,从而影响人体对铁的吸收。所以在服用硫酸亚铁、富马酸来铁、乳酸亚铁、枸橼酸铁铵等补铁的药物时,应禁止饮茶。此外,茶多酚类还可与钙剂类(如葡萄糖酸钙、乳酸钙等)、铋剂类(丽珠得乐、碳酸铋等)、钴剂类(维生素 B_{12}、氯化钴等)、铝剂类(胃舒平、硫糖铝等)、银剂类(矽碳银等)等药物相结合,在肠道中产生沉淀,不仅影响药效,而且会刺激胃肠道,引起胃部不适,严重时还可引起胃肠绞痛、腹泻或便秘等。

3. 抗生素类、抗菌类药物 茶叶中的多酚类在肠道内可能会对四环素、氯霉素、红霉素、利福平、强力霉素、链霉素、新霉素、先锋霉素等抗生素类药物发生络合或吸附反应,从而影响这些药物的吸收和活性。喹诺酮类抗菌药物(如诺氟沙星、培氟沙星和环丙沙星)中含有与茶碱和咖啡碱相同的甲基黄嘌呤结构,其代谢途径类似,所以在服用这些药物时饮茶,茶叶中的咖啡碱和茶碱会干扰体内茶碱和咖啡碱的代谢平衡,致使血液中药物浓度上升,半衰期延长,造成人体不适。所以在服用上述抗生素和喹喏酮类抗菌药物时,也不宜饮茶。

4. 胃蛋白酶片、胃蛋白酶合剂、多酶片、胰酶片等助消化酶药物 在服用这些药物时,不要饮茶,也不能用茶水送服这些药物。因为茶叶中的多酚类物质能与助消化酶中的酰胺键、肽键等形成氢键络合物,从而改变助消化酶的性质和作用,使助消化作用减弱或消失。

5. 解热镇痛药 茶叶中的咖啡碱在小剂量下可兴奋大脑皮质,大剂量则兴奋延脑呼吸中枢、血管运动中枢和迷走中枢。茶叶的咖啡碱含量一般为2%~4%,1 杯浓茶中大约含有 100 毫克的咖啡碱,故用热茶送服乙酰水杨酸(阿司匹林)、对乙氨基酚(扑热息痛)及贝诺酯等,可增强此类药物的解热镇痛效果。但安乃近及含有氨基比林、安替比林的解热镇痛药,如氨非咖片(PPC)、散痛片、去痛片、使痛宁等,它们可与茶中的多酚类发生沉淀反应而影响疗效,故应避免用茶水送服。

6. 制酸剂 由于茶叶中的多酚类可与碳酸氢钠发生化学反应使其分解,与氢氧化铝相遇可使铝沉淀,故在服用碳酸氢钠、氢氧化铝等药物治疗胃溃疡时,应该忌茶。同时还由于西咪替丁可抑制肝药酶系列细胞色素 P450 的作用,延缓咖啡因的代谢而造成毒性反应,所以在服用西咪替丁治疗胃溃疡时,也不能饮茶。

7. 单胺氧化酶抑制剂　此类药物较常用的有苯乙肼、异唑肼、苯环丙胺、优降宁、呋喃唑酮和灰黄霉素，其中苯乙肼、异唑肼、优降宁和呋喃唑酮可透过血脑屏障抑制儿茶酚胺的代谢，促进脑内环磷腺苷(cAMP)的合成；而咖啡碱、茶碱可抑制细胞内磷酸二酯酶的活性，减少 cAMP 的破坏，从而易造成严重高血压。故在服用上述单胺氧化酶抑制剂时，不宜大量饮茶。

8. 镇静安神类药物　茶中所含的咖啡碱、茶碱、可可碱可兴奋大脑中枢神经，在服用眠尔通、利眠宁、安定等镇静、催眠、安神类药物时饮茶，会抵消这些药物的作用，故在服用此类药物时不可饮茶。

9. 其他　茶多酚类可与维生素B_1、氯丙嗪、次碳(硝)酸铋、氯化钙等生成沉淀。生物碱类药物如小檗碱(黄连素)、麻黄碱、奎宁、土的宁，苷类药物如洋地黄、洋地黄毒苷、地高辛以及活菌制剂乳酶生，亦可被茶多酚类沉淀或吸附。所以服用上述药物时也应禁茶。饮茶对许多药物的影响尚不明了，源源不断投入使用的新药与茶叶成分的关系还有待研究和观测，所以在服用药物时应慎对饮茶。

(四)茶与食物营养成分的相互作用

茶叶中的许多成分都是人体所必需的营养成分，我们可以通过饮茶而摄取维生素、矿物质、蛋白质、氨基酸等。然而，由于茶叶中存在大量的多酚类、生物碱等活性物质，它们在一定条件下会与同时摄入体内的其他营养物质相互影响或发生反应，从而影响其活性或吸收能力，有的还可能导致毒副反应。

在一定条件下茶叶中的多酚类物质可以与蛋白质发生沉淀反应，从而降低人体对蛋白质养分的吸收。茶叶中的多酚类、皂苷、生物碱等物质还能显著影响人体脂类代谢。儿茶素可以减少人体摄入脂肪在小肠内的吸收；茶多酚类能与三价铁离子反应，生成不溶性沉淀物，降低人体对铁的吸收和利用，等等。

这些问题对健康的影响是双重的。一方面它们可以防止肥胖，使之成为茶叶保健功能的基础之一；另一方面它会造成营养不良，尤其是对某些人或在某些情况下可能引起缺铁性贫血和其他营养不良。

针对上述问题的原因，只要我们不在用餐期间或靠近用餐的前后时间内饮茶，这些负面效应是完全可以避免的。对这些问题的具体处理，还须灵活掌握，不能一概而论。对已患有结石症者必须避免在饮茶同时摄入高钙食品；对普通人来说，虽没有产生结石的危险，但最好也不要在饮茶的同时饮用牛奶等食品；对那些需要减肥的人来说，如果已进食太多的脂肪和蛋白质等食物，适当饮茶可降低脂肪和蛋白质的吸收,那就不必太在乎控制饮茶时间和数量了。对于铁营养的问题,下面将详细讨论。

(五)饮茶与人体铁营养

铁是人体血红素的组成成分,它直接参与血液对氧的运输和传递。铁营养不足将导致缺铁性贫血。人体主要通过肉、鱼、豆类及蔬菜等食物来源获取铁营养。20 世纪 70 年代 Disler P 等通过研究认为,茶能抑制铁的吸收,进食前后大量饮茶可导致减少对铁的吸收达 60%。Rasagui I. 等的实验也发现血清中铁蛋白水平与进餐时饮茶呈负相关。国内也有因过度饮茶而导致缺铁性贫血的病例发现。如 1995 年青海省人民医院血液科的李文等报道了 16 例嗜茶癖致缺铁性贫血的病例。他们认为,饮茶导致缺铁的机制主要是茶多酚类物质在胃中与铁离子形成不溶性沉淀物,同时大量多酚类的存在也抑制了胃肠的活动,进而减少对铁等营养元素的吸收。

饮茶与铁营养的关系,也有相反的研究结果。日本川崎医院的原田契一博士在 1992 年召开的第 27 届日本临床血液病学会年会上发表论文认为,“饮用绿茶不影响铁剂效果”。他通过对数十例病人的研究得出,绿茶不但不会影响人体对铁剂硫酸亚铁的吸收,甚至还有利于铁的吸收,能促进其补血的作用。他认为这种促进作用可能归功于茶叶中的叶绿素、维生素等物质对铁吸收的促进。

中国疾病预防控制中心营养与食品安全所的孙静等通过对国外文献的综述表明,饮茶对铁贮存充足(以血清铁蛋白浓度为指标)的西方人群的铁营养状况影响不大,而对铁营养状况处于临界水平的人群,饮茶与铁营养状况似乎呈负相关。

综合各方面的研究资料,我们认为茶叶中的酚类物质能与铁离子络合为不溶性物质,这可能就是饮茶导致抑制铁吸收的生化原因之一。然而这种反应只是对非血红素铁起作用,对血红素铁不起作用。此外,由于维生素 B_{12}与红血细胞形成有关,而茶多酚与维生素 B_{12}之间存在络合现象,此也可能是助长缺铁性贫血的机制之一;茶叶中还存在有大量的维生素 C 等营养成分,它们又有促进铁吸收的作用。所以,茶与铁的关系,要从各因子的平衡关系综合考虑。一般认为,以鱼、肉为主的饮食结构,由于食物中铁含量丰富,且大部分的铁是以血红素铁形态存在,所以进餐前后饮茶对铁的吸收影响不会太大;而以素食为主的,其食物中铁含量较少,且多数铁是以非血红素铁形态存在,在这种情况下,如果进食前后饮茶就有可能导致铁摄入不足。所以,我们提倡避开用餐时间饮茶,孕妇、幼儿等特殊人群宜少饮茶、不饮浓茶。

(六)饮茶是否会导致铝摄入过量

铝不是人体的必需元素,摄入铝过多,对健康有害。流行病学调查发现,饮用水中的铝含量与早老性痴呆症的发生有一定的相关性,由此推论,早老性痴呆症可能与铝摄入过量有关。茶树是少数能从土壤中富集铝的植物之一,铝进入茶树后以氢氧化铝的形态积累在叶片表皮细胞中,茶叶中铝的含量一般为 300 ~ 1 800 毫克/千克。老叶中的铝含量比嫩叶高得多,茶树的落叶中铝含量甚至高达 5 836 ~ 6 136 毫克/千克,远高于其他天然食物中铝的含量。有人据此推论,饮茶有可能导致铝摄入过量。然而四川省成都市卫生防疫站高舸等的研究结果得出,茶叶中的铝溶出率较低,且 60% ~ 80% 为不可利用态的铝,茶水中主要以低毒的 AlF^{2+}(氟化铝二价离子)络合态存在。根据实验所得数据计算,如果每日饮茶 1 次,铝的摄入量仅为文献建议的中国成人铝每日允许摄入量 40 毫克/天的 1/184 ~ 1/11。另据 Drewitt P.N. 等对 12 个志愿者进行试验证明,从茶叶中摄入铝的量达到 1.6 毫克的情况下,人体血清中铝含量的水平与从饮用水中摄入 0.001 毫克的铝的情况相当。所以,虽然茶叶的铝含量在各类天然食物中为最高,但在正常饮茶情况下仍不至于引起铝摄入过量。

综上所述,虽然目前多数研究结果支持饮茶不会导致铝摄入过量的观点,但还不能完全排除饮茶增加铝摄入量的可能性,特别是在某些特殊情况下。如果需要降低从茶汤摄入较多铝的风险,泡茶时弃去第一泡茶水(即先用开水冲洗茶叶)不失为一个有效的方法,因为据梁春穗等的研究,第一泡茶汤中铝的浸出率达到 77.6%。

(七)茶叶中化学农药和重金属污染问题

从 20 世纪 50 年代开始,中国的茶园就开始施用化学农药;从 20 世纪 60 年代后期起,化学农药的施用在全国茶区逐渐推广,消耗的农药总量逐年上升,到 20 世纪 90 年代中后期达到高峰。

人们对茶叶中农药残留问题的认识有一个逐步提高和深化的过程。20 世纪 70 年代以前,人们很少注意到农药残留及其对人们健康危害及环境污染等的影响,农药残留标准还没有建立。20 世纪 80 年代中国开始制定茶叶农药安全使用标准和茶叶中残留标准,到 2000 年,已制定 23 项茶叶中农药的最大残留限量(MRL 标准)。

由于城市化、工业化和长期施用农药和化肥的结果,土壤中重金属也有加速积累的趋势。通过植物吸收和积累,再经过食物链传递,土壤中的重金属污染可直接或间接影响人们的健康。茶叶的重金属污染也引起了人们的关注。

茶叶中有可能导致重金属污染的元素主要是铅。

农药残留和重金属超标问题的严重性,严重影响了中国的茶叶出口和内销。国家茶叶质量检测中心 1998 年曾在北京、上海等 8 大城市中抽样检查了 70 家茶叶经销企业经营的龙井、毛尖和茉莉花茶等多种高档名茶,结果显示农药残留量超标率达 40%,较 1997 年上升了 29 个百分点,超标量值最高的达到标准规定的 30 倍。研究发现中国部分地区茶叶中铅浓度也有逐年上升的趋势。据石元值和吴洵等的报道,目前中国茶叶中铅含量超标现象的确比较严重,1989 年农业部名茶评比参评茶样铅超标率为 3.33%,而 1999 年"中茶杯"名茶评比参评样中铅超标率达 8.41%。据他们从全国 20 个省、自治区、直辖市采集和分析的 422 个样品的分析结果,其中铅超标(>2 毫克/千克)的样品有 16.82%。重金属和农药的污染,危害了人们的健康,并毁损茶叶作为健康饮料的声誉。

随着国家对控制农药和重金属残留措施的出台,随着"生态农业"、"有机农业"等概念的提出和实施,茶叶中农药和重金属残留及产地环境质量等问题都已得到了显著改善。

当然,茶叶中重金属超标还有一个重要原因,就是中国对铅残留标准定得过严,2 毫克/千克的限量标准是当时世界上最严的标准,若按欧盟的标准(5 毫克/千克)来衡量,铅超标的问题并不严重。

要解决茶叶农药和重金属污染的问题,主要应该在茶叶生产过程中抓,卫生和质量管理部门也应当严格把关。现仅从茶叶选购、冲泡和饮用的角度,提出如下几点建议,以便尽可能地避免或降低农药及重金属残留所造成的危害。

第一,选购春茶。大多数茶树病虫害都发生在夏、秋季,农药的施用也主要在夏、秋季节;春天采摘的鲜叶,尤其是早春的茶叶,由于茶树在新芽生长期内无须施用农药,所采制的茶叶应当没有或很少农药残留。选购无公害茶园生产的茶叶一般也是安全的。而有机茶则是最高安全标准的茶叶,它完全不施用化学农药和化肥,可以放心饮用。重金属污染主要来自于汽车尾气污染和从土壤中富集,所以我们在选购茶叶时,比较切实可行的做法是尽量选购产自远离公路的茶园,如高山或偏远地区茶园生产的茶。

第二,对有可能重金属含量超标的茶叶,采取以较低的水温泡茶,泡好的茶不存放太长时间(如不能放置过夜),特别是不要吃泡过的茶叶(茶渣)。铅、铜等重金属元素在水中的溶解度很低,大部分重金属都留在叶底中,一些水难溶的残留农药也是如此,如果吃掉这些叶底(即茶渣),则留在叶底中的全部重金属和农药都将进入人体。

第三，在乌龙茶的泡制过程中有一个用开水洗茶的程序，这种做法对减少吸附在茶叶表面的灰尘、农药、重金属很有好处，泡茶时可以效仿。

二、科学饮茶的基本原则和经验

不合理饮茶不但起不到应有的保健效果，还有可能造成不良后果。那么怎样才能科学合理地饮茶呢，下面针对一些普遍性的问题进行具体分析并提出建议。

（一）茶叶的合理选用

不同的茶叶具有不同的特性，不同的人也有不同的状况，不同的时间、地点，不同的环境条件，都会影响人与茶之间的关系。所以，科学合理地饮茶需要因人、因时、因地、因茶而异。

1. 不同茶叶的不同特性

(1)茶的温凉特性　从中医的角度看，一般来说茶的药性属微寒，偏于平、凉。但相对来说，红茶性偏温，对胃的刺激性较小；绿茶性偏凉，对肠胃的刺激性较大。从另一个角度看，刚炒制出来的新茶，不管是绿茶还是红茶，均有较强的热性，多饮使人上火，但这种热性只能短暂存在，一般放置数周后便消失；相反，陈茶则性趋寒，一般是越陈越寒。

(2)茶的化学成分含量　不同的茶叶其功能成分含量有差异。如绿茶富含儿茶素，而红茶中儿茶素大多已被氧化成茶黄素、茶红素等氧化缩合产物，乌龙茶的情况则处于红茶和绿茶之间。较粗老的砖茶，含有较多的茶多糖，这对糖尿病治疗有益；但它们同时含有太多的氟，饮用时须考虑如何减少氟的摄入量。普洱茶含有一些由微生物转化而来的特殊成分，同时对肠胃的刺激性小。不同茶叶的咖啡碱含量也会有很大的差异，甚至还有脱咖啡因茶的产品，而不同人群、不同饮茶时间对咖啡碱的敏感性也不同。

(3)保健茶和药茶　作为对茶医药保健功效的深入开发，茶已用于数以千计的中药方剂和保健茶配方之中，这些配方茶被称为保健茶或药茶。这类茶的特性更是千差万别，其性质不仅与所含有的茶叶有关，还决定于所配伍的其他中药材的性质。对于此类茶及一些茶药膳的选用，需要有专业人士的指导。

2. 气候条件与茶类的选择　饮茶消费习俗的形成与消费者所在地区的气候条件有一定的相关性。在非洲炎热干旱的沙漠气候下，人们需要清凉，所以这些地区的人多喜欢饮用绿茶，并在绿茶中加入薄荷等清凉饮料，用于解暑。在寒冷潮湿地区，以热饮红茶或乌龙茶为好，因为暖性的红茶和乌龙茶，加上热饮，可宣肺解郁、温暖身体。

一年四季的气候变化显著,对于茶类的选择也应有所变化。夏日炎炎,宜饮绿茶或白茶,因为这些茶性凉,可以驱散身上的暑气,消暑解渴。到了冬季,天气寒冷,饮一杯味甘性温的红茶或发酵程度较重的乌龙茶,可给人以生热暖胃之感。因此就有"夏饮龙井,冬饮乌龙"之说。春天雨水较多,湿度大,这时如饮些香气馥郁的花茶,一则可以去寒邪,二则有利于理郁,促进人体阳刚之气的回升。如此按季节选择茶叶,可显著提高茶的保健功效。

3. 食物结构与茶类的选择　在我国西藏、内蒙古等边疆少数民族地区,人们主要饮用砖茶,这与他们的食物结构和历史文化背景有关。他们长年以肉和奶作为主食,又缺少新鲜蔬菜,所需的许多维生素都来自茶叶。所以,茶成为其日常生活的必需品,因此有了"宁可三日无粮,不可一日无茶"之说。至于为什么选用砖茶,这与砖茶便于长途运输、价格相对较低、又适合在茶壶内慢慢烹煮及制成酥油茶的饮茶习惯有关。

英国等西方国家奶的消费非常普遍,并且有喝奶茶的传统习惯。在所有茶类中,红茶加奶后无论外观品质还是香气滋味都比较协调,所以需要加奶调配的茶以红茶为好。我国边疆牧区也有饮用奶茶的习俗,他们调配奶茶则主要选用黑茶(砖茶)。

4. 身体、生理状况与茶的选择　茶虽是保健饮料,但由于各人的体质不同、习惯有别,因此每个人更适合喝哪种茶,要因人而异。一般来说,初次饮茶或偶尔饮茶的人,最好选用高级名绿茶,如黄山毛峰、庐山云雾、西湖龙井等。喜欢清淡口味者,可以选择高档烘青和名优茶,如茉莉烘青、旗枪、毛尖等;如要求茶味浓醇,则以选择炒青类茶为佳,如珍眉、珠茶等。若平时畏寒的人,则以选择红茶为好,因为红茶性温,有去寒暖胃之功;若平时畏热,则以选绿茶为上,因为绿茶性寒,喝了使人有清凉之感。由于绿茶含茶多酚较多,对胃会产生一定的刺激作用,所以,如喝了绿茶感到胃不适的话,可改饮红茶或普洱茶。身体肥胖的人,以饮用乌龙茶或沱茶更为适合,这些茶具有很好的消脂减肥功效。

如今市场上茶叶产品琳琅满目,一些特殊人群需要精心选择适合自己的茶叶饮用。如对有饮茶习惯、但容易因饮茶而造成失眠的人,可选用低咖啡因茶或脱咖啡因茶;如果是以治疗各种疾病或保健为主要目的,则可以选用相应的各种药茶,如清热利咽的合欢胖大海茶、补气强壮的黄芪茶、降脂减肥的各种减肥茶等。

一般年轻人阳气足、火旺,在夏季可喝一些凉茶以消暑解渴。但对老年人或体质较弱的人,应尽量避免饮凉茶,因为凉茶性寒,易损伤体弱者的脾胃功能和肺经功能;体弱者,特别是脾胃虚寒者饮茶,以热饮或温饮为好。

(二)茶的合理饮用

1. 饮茶水温要适宜 虽然现在的饮茶方式已多种多样,但最主要的还是传统的开水泡饮方式。用开水泡好茶水后,在什么温度下饮用为好,这个问题非常重要,但又常被人们所忽视。首先要避免烫饮,即不要在水温较高情况下边吹边饮。因为过高的水温不但烫伤口腔、咽喉及食管黏膜,长期的高温刺激还是导致口腔和食管肿瘤的一个诱因。在早期的饮茶与癌症发生率关系的流行病学调查中,曾发现有些地区的食管癌发生率与饮茶有一定的相关性,后来进一步的研究证明这是长期饮茶水温过高所造成的结果,而不是茶叶本身的问题。由此可见,饮茶水温过高是极其有害的。其次,对于冷饮,则要视具体情况而定。对于老人及脾胃虚寒者,应当忌饮冷茶。因为茶叶本身性偏寒,加上冷饮其寒性得以加强,这对脾胃虚寒者会产生聚痰、伤脾胃等不良影响,对口腔、咽喉、肠等也会有副作用;但对于阳气旺盛、脾胃强健的年轻人而言,在暑天以消暑降温为目的时,饮凉茶是可取的。总之,在一般情况下提倡热饮或温饮,避免烫饮和冷饮。

2. 选择适合的饮茶时间 饮茶效果的好坏在很大程度上取决于饮茶时间的掌握。饭后不宜马上饮茶,一般以饭后半小时以后饮茶为好;饭前半小时以内一般也不宜饮茶,以免茶叶中的酚类化合物等与食物营养成分发生不良反应。临睡前也不要喝茶,以免茶叶中的咖啡碱使人兴奋,同时摄入过多水分引起夜间多尿,从而影响睡眠,当然,现在出现的脱咖啡因茶则不会有太大的影响。

何时饮茶也不可一概而论。一般来说,以解渴为目的的饮茶,渴了就饮,不必太刻意。若在进食过多肥腻食物后,马上饮茶也是可以的,因为这样可以促进脂肪排泄,解除酒毒,消除胀饱不适及腻口等不良感觉。有口臭和爱吃辛辣食品的人,若在与人交谈前先喝一杯茶,则可减轻口臭。嗜烟的人,若能在抽烟同时喝点茶,就可减轻尼古丁对人体的毒害。在看电视时也可饮茶,这样对消除电视荧屏辐射、保护视力有一定好处。脑力劳动者边工作边饮茶,可提神保健,并有利于提高工作效率。清晨起床洗漱后喝上一杯茶(不宜太浓),可以帮助清洗肠胃,补充水分,提神醒脑,对健康大有好处。

3. 适量饮茶 饮茶好处虽多,但也须适量。饮茶过度,特别是过量饮浓茶,对健康非常不利。因为茶中的生物碱将使中枢神经过于兴奋,心跳加快,增加心、肾负担,晚上还会影响睡眠;过高浓度的咖啡碱和多酚类等物质对肠胃产生强烈刺激,会抑制胃液分泌,影响消化功能。

根据人体对茶叶中药效成分和营养成分的合理需求来判断,并考虑到人体对水分的需求,成年人每天饮茶的量以每天泡饮干茶 5 ~ 15 克为宜,这些茶的用水总量可控制在 400～800 毫升。这只是对普通人每天用茶总量的建议，具体还须考虑人的年龄、饮茶习惯、所处生活环境和本人健康状况等。如运动量大、消耗多、进食量大的人，或是以肉类为主食的，每天的饮茶量可高达 20 克左右。对长期在缺少蔬菜、瓜果的海岛、高山、边疆等地区的人，饮茶数量也可多一些，以弥补维生素等的不足。而对那些身体虚弱，或患有神经衰弱、缺铁性贫血、心动过速等疾病的人，一般应少饮甚至不饮茶。至于用茶来治疗某种疾病的，则应根据医生建议合理饮茶。

4. 不吃茶渣，不喝过度冲泡或存放过久的茶汤　重金属元素（如铅、镉等）对人体健康危害极大。由于这些元素的水溶性很小，绝大部分都残留在泡过的叶底中，如果吃掉这些泡过的茶叶（有些人有吃叶底的习惯），所有的重金属也就被吃进去了。一般人们只喝茶汤，所以重金属摄入过量的问题很少见。一些水溶性较小的农药残留的情况也是如此，不吃泡过的叶子，可以减少农药残留进入人体。

对于边疆少数民族地区，人们主要饮用原料粗老的砖茶。由于这些茶中氟的含量过高，容易因氟摄入过量而造成氟中毒。对此，应适当减少砖茶熬煮时间，这样可以减少氟的浸出率。当然，选用原料嫩度较好的茶叶，则不会有氟摄入过量的问题。

不喝冲泡次数过多或冲泡后存放时间过久的茶，这也是一个具有普遍意义的合理饮茶习惯。一杯茶经 3 次冲泡后，约有 90% 的可溶性成分已被浸出，以后再冲泡，进一步浸出有效成分已十分有限，而一些对品质不利或对健康不利的物质会浸出较多，这不利于身体健康。茶叶泡好后存放太久，首先会产生微生物污染，并造成微生物大量繁殖，在天气炎热的夏天尤其如此。其次，长时间的浸泡，会使茶叶中的茶多酚、芳香物质、维生素、蛋白质等物质氧化变质或变性，同时一些对茶叶品质及人体健康不利的成分也会较多地浸出。

5. 特殊人群和特殊时期的合理饮茶　为预防小孩龋齿，儿童可适当饮茶，但不要饮浓茶，更不要在晚上饮茶。大力提倡饭后用茶水漱口，这样对清洁口腔和预防龋齿有很好的效果。用于漱口的茶水可浓一些。

处于“三期”（经期、孕期、产期）的妇女最好少饮茶，或只饮淡茶、脱咖啡因茶等。茶叶中的多酚类会与身体内的铁离子发生络合反应，使铁离子失去活性，这会使处于“三期”的妇女容易引起贫血。茶叶中含有的咖啡因对神经和心血管都有一定的刺激作用，这对处于“三期”的妇女本人身体的恢复以及对婴儿的生长也都有不良影响。

不要在临睡前饮茶。茶叶中的咖啡因具有兴奋中枢神经的作用，这对正常睡眠者会有不利影响，对于神经衰弱患者来说更是“雪上加霜”。神经衰弱患者早晨和上午喝茶，既可补充营养，又可振奋精神，而白天适当的兴奋，会有利于晚上安静入睡。

脾胃虚寒者不要饮浓茶，尤其是绿茶。这是因为绿茶性偏寒，对脾胃虚寒者不利。浓茶中茶多酚、咖啡碱含量都较高，它们对肠胃的刺激是比较强的，这是脾胃虚寒者需要避免的。脾胃虚寒者可以喝些性温的茶类，如红茶、普洱茶等。

贫血患者要慎饮茶。如果是缺铁性贫血，那么最好不饮茶。这是因为茶叶中的多酚类很容易与食物中的铁离子发生化学反应，减少人体对铁的吸收利用。另外，缺铁性贫血患者服用的药物，多数为含铁补剂，茶叶中的多酚类会降低补铁药剂的疗效。对其他贫血患者来说，大多是气血两虚、身体虚弱，而喝茶有“消脂”、“令人瘦”之作用，这有可能使虚症加剧，所以贫血者还是少饮茶为宜。

思考题

1. 判断题：

①“茶首先是被用作饮料。”该观点是否正确？

②“茶叶中含量最高的水溶性保健成分是茶多酚类。”该观点是否正确？

③“茶叶中的咖啡碱对健康有害，所以有人在研制脱咖啡碱茶。”该观点是否正确？

④“茶叶抗龋齿的主要物质基础为茶多酚和氟。”该观点是否正确？

2. 选择题：

①茶多酚类是茶鲜叶中含量最多的可溶性成分，一般含有干重的百分比为______以上(5%，15%，55%)。

②茶叶中的特征性生化成分之一是__________(茶氨酸，γ-氨基丁酸，咖啡碱)。

3. 简答题：

①茶叶中具有保健功效的成分有哪几类？

②茶叶有哪几方面的保健功效？

③考虑到人体的铁营养，哪些人不宜大量饮茶？

④中医对茶医学的贡献主要体现在哪几个方面？

4. 论述题：

茶为什么能美容？试论其物质基础及作用机制。

第四章　培训组织与实施

高级评茶师需具有培训组织与实施的能力。本章就如何组织培训、培训的实施及考核进行阐述。

第一节　培训组织

一、培训需求分析

培训是提高员工技能水平和发挥员工创造力的有效激励手段,是企业提高工作绩效的有效途径。茶叶审评,是判定茶叶品质优劣的一面镜子,对茶叶生产起着指导和促进作用,对科学研究起着一个客观评定的作用;茶叶贸易必须用审评手段来确定品质及价格。我国茶叶品种花色繁多,有绿茶、红茶、黑茶、黄茶、白茶及乌龙茶6大茶类,随着茶叶加工研究的深入,新的产品不断涌现,品质特征各不相同,对茶叶审评技术提出新的要求。因此,无论是茶叶生产企业、经营企业还是科研、教学单位均要对员工进行茶叶审评技术培训。

二、制定培训计划

通过培训需求分析,就可以制定培训计划。培训计划主要内容有以下几项。

(一)培训目标

审评技术培训,要依据《评茶员国家职业标准》规定的等级要求,分初级评茶员、中级评茶员、高级评茶员、评茶师和高级评茶师确定培训目标。

(二)培训对象

依据《评茶员国家职业标准》,从受训人员的文化基础、专业水平、年龄、从事茶叶工作时间等具体条件分清层次,从初级到高级技师,申报条件要求逐渐提高。如初级评茶员的申报条件为:经本职业初级正规培训达规定标准时数,并取得毕(结)业证书。

(三)培训内容

《评茶员国家职业标准》对每一个等级均有其必备的理论知识和技术能力要求,因此按照要求可以确定培训的内容。本教材是根据标准和实际工作的需要，确定每一个等级的培训内容，可以作为一本重要的参考书。

（四）培训时间

培训时间的确定要错开茶叶生产和销售的旺季。我国地域辽阔，茶叶生产季节略有区别，大部分地区可采摘春、夏、秋三季茶，有些地区还采摘冬茶。实际上有些地区只采摘春茶，也有部分地区每季都采摘。所以，培训时间一般可以安排在春茶前、春茶结束后、7～8月份及年底前等。

（五）培训方法

可采用课堂理论教学和实验技能训练、实地观摩等。

（六）培训费用

培训费用是培训计划的重要部分，经费落实，计划才能顺利进行。培训费用包括专家的讲课费、交通费、食宿费、场租费用、设备费用及购买茶样的费用等。专家费用要根据培训课题所需专家的人数和酬金来确定，并且还与讲课地点和时间有关系。花适当的钱达到最理想的培训效果，是经费预算的原则。

三、编写培训大纲

培训大纲是为培训内容所制定的教学纲领，是教师备课、讲授、检查教学效果的依据。有了培训大纲也有利于学生了解教学目的、内容、进度、方法。培训大纲对不同等级的评茶人员分别列出了可供选择的课程名称、培训目标、主要内容和学时要求。评茶人员培训属于职业教育，与学历教育不同，它更注重实际操作能力的培养，内容比较浓缩，学时数较少。

培训大纲的内容主要包括以下几项。

（一）培训要求

着重说明课程的性质、培训需要达到的总目标，以及对教师和学生在教学上的具体要求。要写得简单、明白、确切。

（二）培训重点与难点

把培训内容的基本要点提要性地列出。培训的重点是对标准中所规定的评审技能的掌握，培训难点是审评术语的理解和应用。

（三）培训方法与手段

要明确列出课程内容中理论讲授、审评实习的学时，并能合理分配。培训手段是指有关培训设施和场地等。培训中理论课可以在灯光充足的多媒体教室进行；审评实习选在标准的审评实验室进行，以更能准确判定茶叶的品质。因为审评实验室有光线、温度与湿度、噪声等小气候条件的要求，必须符合标准。

（四）培训内容要求

列出每一个等级的具体培训内容，包括茶叶基础知识、茶叶审评基础知识及审评操作技能，并详细表明每章要达到的效果和目标。

四、编写培训教材

教材是职业培训的工具，学员学习什么内容、如何学习，是围绕教材进行的。提高教材的质量和适应性，是开展培训的首要任务。为保证教材质量，编写教材有以下几点要求。

（一）编写原则

1．"一条龙"原则　《评茶员（师）培训教材》的编写要贯彻教材、命题、鉴定"一条龙"的原则，严格遵照《评茶员国家职业标准》，其范围不得超出国家职业标准的要求。

2．以技能为核心的原则　教材的编写要贯彻"以职业活动为导向，以职业技能为核心"的指导思想。要以"技能要求"为主线，着重介绍完成职业活动中每一项工作任务或具体操作的方法、程序、步骤等。"相关知识"要围绕技能要求安排，根据掌握技能或完成具体操作是否需要进行取舍。要避免照搬学科教材的模式，否则会导致理论知识部分过度膨胀。

3．等级制原则　教程一般按初、中、高、技师、高级技师 5 个等级分别编写。基础知识为各个等级的共用必修部分。各个等级的内容应尽量避免重复，若部分内容在前后衔接中不可避免要有一些重复时，也应控制在相关内容的 10%以内。不同等级的同一工作内容，要依据标准对等级的划分，体现出程序和要求的不同。

（二）体例格式及文字要求

第一，教材的职业名称要和《中华人民共和国职业分类大典》中的职业名称一致。

第二，教材编写要模块化，分章、节和学习单元。每章对应国家职业标准中的"职业功能"，每节对应国家职业标准中的"工作内容"，学习单元要对应"技能要求"和"相关知识"。每个单元包括学习目标、操作步骤（工作程序）、相关知识、注意事项等内容，章节后可配一定数量的练习题。

第三，语言要力求简洁规范。要立足于传授技能或操作方法，多用指导性语言，同时要尽量使用形象而直观的图、表，做到图文并茂。所用技术术语要符合国家的有关标准，要避免使用方言，切忌拖沓冗长、深奥难懂，要按照国家职业标准中比重表所定的比例确定各章节的容量（字数）。

第四，每一等级的字数应控制在 10 万字之内，全套教材的总字数不超过 50 万字。

(三)书写格式

第一，书稿一律用 A4 规格的纸，用电脑打印。不用异体字或自造字，简化汉字以 1964 年国家公布的《简化字总表》为准。

第二，书稿中标题层次用章、节、目，均占行；章、节居中写；行文中的序码第一层用一、二、三，第二层用(一)(二)(三)，第三层用 1、2、3，第四层用(1)(2)(3)。

第三，外文--律用印刷体书写。各种外文必须书写清楚，大小写要分明。

五、聘请教师

职业资格培训与其他培训不同，强调的是职业技能的训练。因此，教师不仅要传授知识，更要传授实际操作方面的经验。教师可以分知识传授型和技能传授型 2 种。知识传授型的教师具讲师以上的职称，能用简单的语言直接地、清晰地表达相关的理论知识；技能传授型的老师必须具有丰富的实践经验，熟悉全国 6 大茶类及各地不同区域、不同品种、不同季节、不同等级的茶叶的品质特征。具有讲师以上职称、有 10 年以上审评经验的专家为优。

第二节　培训实施

一、安排课程教学进程

培训主持人根据培训计划和培训大纲承担培训的实施工作。开课前要先编写教学进程表，规定课程内容的进度及时间安排。教学进程表的格式见表 5-4-1。

表 5-4-1　课程培训进程表

时　间	授课名称	授课人	学时数		备　注
月/日			讲　授	操　作	

二、制定课程表

课程安排要求理论课与操作课交错进行。操作审评课必须安排在白天进行，理论课可以在晚上进行。课程表的格式见表 5-4-2。

表 5-4-2　课程表

时间			内容	任课老师
月/日（星期×）	上午	8:30～12:00		
	下午	1:30～5:00		

上课地点：×××教室　　　　审评实习地点：×××教室

三、茶样和器具准备

培训教师在课前必须认真备课，做好课前准备；培训主持人根据不同等级的要求，组织好茶叶样品。

（一）茶样准备

我国茶类丰富，品种繁多，要征集产地有代表性的茶叶样品。不同产地、不同等级、不同季节及有弊病的茶样都要有，以便于学员学习掌握。

（二）器具准备

审评器具要符合国家标准，以一人一套为宜。由学员自己清洗、保管。

四、学员管理

学员管理是保证培训有序进行的一个重要环节。一般每期学员人数以 30～40 人比较合适，由培训主持人担任班主任。可以用自我管理的方式，成立班委会或推选 1～3 名班长，再分成小组，以 3～5 人一组为宜，每组推选一名组长。由班长负责学员签到、器具分发、茶样分发及联谊活动等。

第三节　考　核

一、命题原则

命题原则是指以国家职业标准为内容依据、按照标准参照考试命题规则、编制用于鉴定考核的试题试卷的过程。职业技能鉴定命题必须以一定的测量理论为基础，同时按照相应的测量学规则和考试技术要求，制定规范命题技术环节的命题技术标准，以指导和规范具体的试题试卷编制活动。职业技能鉴定命题的技术主要包含 3 个领域的内容：命题的理论依据——测量学基础；命题的技术要求——技术标准；命题的实施方案——操作步骤。只有对职业技能鉴定的这 3 个命题技术领域有一个明确、充分的认识，才能使试题和试卷真正反映职业活动所要求的考核范围和考核水平，为实施职业技能鉴定提供有效和可靠的测量工具。

二、各等级试题编写

(一)试卷组成结构

试卷应每个职业等级各 3 套。其中，理论试卷分正文试卷、参考答案与评分标准；技能试卷笔试部分分正文试卷、参考答案与评分标准；现场操作试卷分考场准备通知单、考生准备通知单、试卷正文、考核评分记录表。试卷排列结构如图 5-4-1 所示。

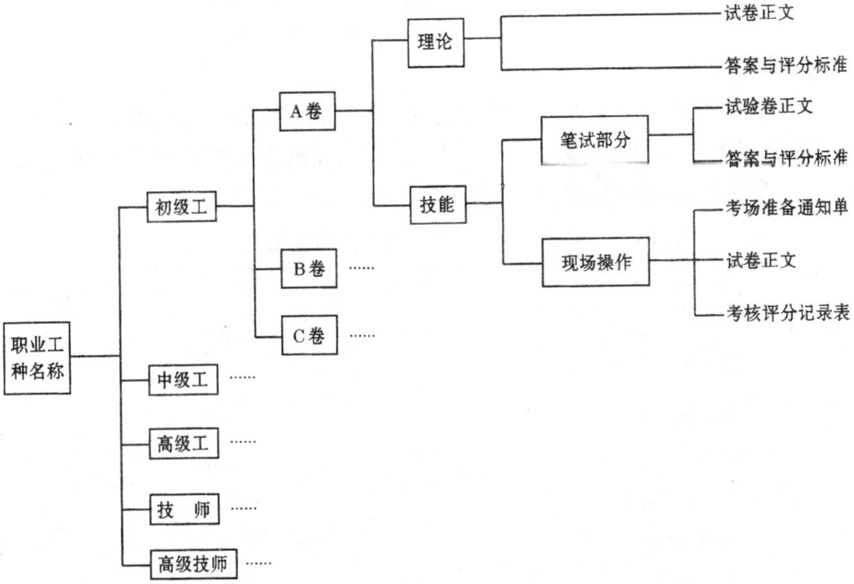

图 5-4-1　试卷排列结构

(二)理论试卷的要求

1. 题型与配分　理论试卷实行百分制。可采用标准化命题或非标准化命题 2 种形式。

(1)标准化命题　试题全部采用选择题、判断题2种题型,为客观题。每题0.5~1分,总题量在100~200题之间。其中判断题比重不超过20%,选择题可分为单选题和多选题2种形式。

(2)非标准化命题　试题可采用选择、判断、填空、简答、计算、论述等多种题型,简答、计算、填空、论述为主观题。总题量在50题以上。

理论试卷的题型与配分参见表5-4-3。

表5-4-3　理论试卷的题型与配分

	题　型	分值(分/题)	题型比重范围(%)
客观题	单选题	0.5~1	10~40
	多选题	1~2	0~20
	判断题	0.5~1	10~20
主观题	填空题	1~2	10~20
	简答题	3~5	10~20
	论述题/绘图题/计算题	8~15	10~50

2. 内容要求

第一,职业标准是命题制卷的基本依据。每份理论试卷应覆盖职业标准核心鉴定点的50%以上,鉴定范围的配分比重与职业标准中的比重表大体相当,如评茶员职业标准的理论知识比重表所示(表5-4-4)。

表5-4-4　评茶员职业标准的理论知识比重表　(%)

	项　目	初　级	中　级	高　级	技　师	高级技师
基础要求	职业道德	5	5	5	5	5
	基础知识	10	5	—	—	—
相关知识	1. 样品接收	15	10	10	10	—
	2. 评茶准备	20	25	20	—	—
	3. 感官品质评定	35	35	40	40	30
	4. 综合判定	15	20	25	30	25
	5. 培训指导	—	—	—	10	10
	6. 组织管理	—	—	—	5	10
	7. 感官审评技术的研究与创新		—	—	—	20
合　计		100	100	100	100	100

第二，同一职业等级的每份试卷保持水平(难度、题型、题量)的一致。

第三，同等级任意两份试卷的试题重复比重不超过10%，同职业高等级试卷覆盖低等级试卷的试题比重不超过15%。

第四，卷内同一种题型不得出现相同鉴定点的试题。不同试题间基本独立，不得上下关联甚至内容雷同。

第五，填空题每题1空，答案意义相符即给分。单项选择题采用4选1形式。多项选择题统一采用4选n或5选n形式，待选项中至少2个选项有较强的干扰性。

第六，文字准确、规范，清楚无歧义。

第七，试卷中的插图如使用Word有困难，可采用其他方式。

(三)技能试卷的要求

技能试卷实行百分制。技能试卷的笔试部分，内容以案例分析和方案设计为主。格式与理论试卷问答题、计算题基本相似。技能试卷的现场操作部分应包含以下各内容。

1. 考生准备通知单　内容为考生需要准备的前提条件。如材料、工量具及其他准备条件列表，按试题列示。不需要考生准备的则可省略考生准备通知单。

2. 考场准备通知单　内容为考场需要准备的前提条件。如场地、材料、工件、备料单、工量具、设备、电源等准备条件，按试题列示。

3. 试卷正文　内容为试题中的考核要求。包括试题、试题分值、考核时间、考核内容或技术标准、图表、图纸、图样(标注尺寸)和文字说明等。

4. 评分记录表　内容为评分记录表，即配分与评分标准。包括各项考核内容、考核要点、配分、评分标准或评分方法、否定项及说明、加权汇总方法等。有时包含记录本考生本次操作技能考试所有试题成绩汇总的总分表。

技能试卷编制一般采用模块化命题技术(图5-4-2)。将职业标准中的技能操作要求按比重表分解成1个或多个操作性强、易于测量的具体模块，按模块编写试题。不同模块试题组合成试卷。模块数量与卷中试题数量一致，如评茶员职业标准的技能操作比重表所示(表5-4-5)。

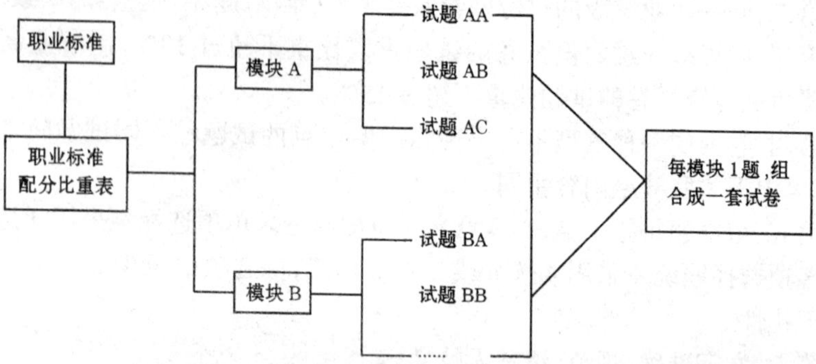

图 5-4-2　模块化出卷方式

表 5-4-5　评茶员职业标准的技能操作比重表　(%)

项　目		初级	中级	高级	技师	高级技师
技能要求	1. 样品接收	10	10	5	5	—
	2. 评茶准备	20	15	15	—	—
	3. 感官品质评定	40	40	40	40	30
	4. 综合判定	30	35	40	35	30
	5. 培训指导	—	—	—	10	10
	6. 组织管理	—	—	—	10	10
	7. 感官审评技术的研究与创新	—	—	—	—	20
合　计		100	100	100	100	100

三、考　核

考核分为理论知识考试(笔试)和技能操作考核。理论知识考试采用闭卷笔试,技能操作考核采用现场实际操作方式进行。考试成绩均采用百分制,2项皆达 60 分以上者为合格。理论知识考试(笔试)120 分钟,技能操作考核 90 分钟。

思考题

1. 培训实施过程中如何合理配置理论课时和技能课时?
2. 如何设置理论考卷的题型和题量?
3. 操作技能试卷由哪几部分组成?

参 考 文 献

[1] 薛福连．让包装为商品开路．包装世界,2006.1:23.

[2] 白坤元,罗龙新．茶叶加工[M]．北京:化学工业出版社,2000

[3] 胡祥文．名优绿茶贮藏保鲜技术研究进展．茶叶通讯[J],2002(1):21～23.

[4] 葛饶民．包装色彩设计的传承与创新．包装世界,2006.1:82～84.

[5] GB 7718—2004《预包装食品标签通则》

[6] 汪有钿,赵和涛．不同保鲜方式对绿茶品质影响的研究．食品科学[J],1990(4):46～48.

[7] 牛智友．茶叶平衡含水率的测定拟合研究．农机与食品机械[J],1998(1):13～14,16.

[8] 董士林．茶叶干燥脱水特性．茶机设计与研究[J],1990(2):1～5.

[9] 金心怡,陈济斌,吉克温．茶叶加工工程[M]．北京:中国农业出版社,2003

[10] 张堂恒,王钟音,庄任,裘览耕,俞寿康．中国制茶工艺[M]．北京:中国财政经济出版社,1989

[11] 施兆鹏主编．茶叶加工学[M]．北京:中国农业出版社,1997

[12] 湖南农学院主编．茶叶审评与检验．北京:中国农业出版社,1990

[13] 王镇恒,王广智．中国名茶志．北京:中国农业出版社,2002.934.

[14] 桂埔芳．广东单枞茶品质特征及审评技术要点．中国茶叶加工,2003(1):37～38.

[15] 龙厚兴,等．茶叶初(精)制技术[M]．北京:中国农业出版社,1994

[16] 林剑素,等．乌龙茶拼配生产线的探讨．福建茶叶[J],1997(4):26～27.

[17] 陆松侯,施兆鹏主编．茶叶评审与检验(第三版)．北京:中国农业出版社,2001(3):133～144,162～164.

[18] 中国标准出版社第一编辑室．中国食品工业标准汇编·饮料卷(下)．北京:中国标准出版社出版,2001(1):12～41.

[19] 四川茶叶编写组编著．四川茶叶．成都:四川人民出版社,1977(1)

[20] 周红杰．云南普洱茶．昆明:云南科技出版社,2004(1)

［21］茶工艺 .《六大茶山》刊,2006.03.20　3 版

［22］陈宗懋主编 . 中国茶经 . 上海:上海文化出版社,1992(1):237 ~ 264,492.

［23］陈宗懋主编 . 中国茶叶大辞典 . 中国轻工出版社,2000(1)

［24］王镇恒,王广智主编 . 中国名茶志 . 中国农业出版社,2000(1):75,166,477,521,593.

［25］陈椽 . 制茶技术理论 . 上海科技出版社,1984(1):171 ~ 176.

［26］彭继光 . 湖南名茶 . 湖南科学技术出版社,1993(1):55 ~ 72.

［27］霍山茶业协会 . 霍山黄芽韵(刊),2000

［28］霍山县 . 中国霍山黄芽茶文化节新闻发布会(资料),2006.4

［29］衡永志,徐志明 . 霍山黄芽手工制作技术(资料),2006

［30］衡永志,徐志明,唐应芬 . 霍山黄大茶(资料),2006

［31］施兆鹏,张丽霞 . 君山及君山银针 . 湖南农业大学学报(社会科学版),2001(2 卷增刊 2):24 ~ 26.

［32］易凤荣 . 沩山春秋 . 中国文联出版社,2001(1):157 ~ 158,380.

［33］名山政协文史资料征集委员会 . 名山县文史资料(蒙山专辑),1986.8 资料(月刊)

［34］董存荣 . 蒙山茶话 . 中国三峡出版社,2004(1):3 ~ 12,17 ~ 40.

［35］黄如花,张春蕾 . 网络信息检索的发展趋势［J］. 图书情报知识,2002,4:48 ~ 50,66.

［36］王长恭 . 文献检索教程［M］. 南京:南京大学出版社,1993

［37］赵呈龙,杨晓耘 .Internet 检索文献方法简介 . 电脑时代,2003(3):42 ~ 43.

［38］吴岱明 . 科学研究方法学［M］. 长沙:湖南人民出版社,1987

［39］建方方 . 科技论文撰写指南［M］. 北京:高等教育出版社,2005

［40］朱永兴,李素芳 . 学术论文的撰写与发表［M］. 杭州:浙江大学出版社,2006

［41］陈宗懋主编 . 中国茶经 . 上海:上海文化出版社,1995

［42］林乾良,陈小忆 . 中国茶疗 . 北京:中国农业出版社,1998

［43］朱永兴,HervéHuang,单夏锋,等 . 茶与健康 . 北京:中国农业科学技术出版社,2004

［44］陈文 . 明朝出使占城研究 . 东南亚,2004.02:46 ~ 52.

［45］Weisburger J H. An Introduction. In:Proceedings of Society for Experimental

Biology and Medicine of The Second International Scientific Symposium on Tea and Human Health, Washionton, 1999

[46] 胡秀芳,杨贤强．茶儿茶素对癌细胞凋亡作用的研究[J]. 茶叶科学,2001.21(1):26~29.

[47] 刘湘新,林亲录,施兆鹏,等．儿茶素和表儿茶素对小白鼠血清脂质的影响．湖南农业大学学报(自然科学版),2002.28(3):232~233.

[48] 蒋建伟,何文珊,严玉霞,等．茶多酚的离体抗氧化作用．中国病理生理杂志,1999.15(6):522~524.

[49] 陈留记,杨贤强,沈生荣,等．茶儿茶素清除活性氧自由基的机制(英文). 浙江大学学报(农业与生命科学版),2002(5):573~574.

[50] 陈海霞,谢笔钧．茶多糖对小鼠实验性糖尿病的防治作用[J]. 营养学报,2002.24(1):85~86.

[51] 卢林．茶叶防龋的研究进展．Chinese Journal of Conservative Dentistry, 1998.8(2):144~145.

[52] 徐向群．茶儿茶素类物质与抗衰老．中国茶叶,1989.11(4):26~27.

[53] 王岳飞,宿迷菊,童琳,等．茶儿茶素制剂祛黄褐斑人体试食研究[J].茶叶科学,2005.25(2):90~94.

[54] 隋丽华,郭珉．茶多酚皮肤药理学的研究进展．医药导报,2003.22(11):795~797.

[55] 王舟,曾令福,肖元梅,等．绿茶抗辐射损伤作用研究．四川大学学报(医学版),2003.34(2):303~305.

[56] 李志南．茶多酚与 Pb^{2+} 络合反应机理及其应用研究．贵州科学,1996.14(3):41~47.

[57] 李鸣宇,刘正,朱彩莲．茶多酚和茶色素对口腔主要致病菌作用比较．广东牙病防治,2001.9(1):3~4.

[58] 张莹,施兆鹏,施玲．茶氨酸的研究进展．天然产物研究与开发,2003.15(4):369~372.

[59] 韩志红,刘义庆．茶皂素对荷兰小鼠肿瘤抑制作用研究．武汉职工医学院学报,1998.26(1):5~6.

[60] Sagesaka - Mitane Y, Sugiura T, Miwa Y, et al. 茶叶皂甙对自发性高血压大鼠血压的影响．药学杂志,1996.116(5):388~395.

[61] 陈留记,杨贤强,金明向．茶儿茶素代谢动力学研究进展．茶叶科

学,2001.21(1):11~16.

[62] 卢林,刘天佳,郭丽娟．茶多酚抗牙菌斑作用机理的体外研究．口腔医学纵横,1998.14(3):140~143.

[63] 孙玉富,孙殿军,于光前,等．内蒙古新巴尔虎右旗地方性氟中毒流行病学调查．中国地方病防治杂志,2003.18(3):168~170.

[64] 秦远超．茶多酚及其氧化产物与蛋白质络合特性的研究．安徽农业科学,2003.31(6):983~985.

[65] 张建忠,周桂荣．饮茶对药物疗效的影响．现代中西医结合杂志,2002.11(20):2078~2079.

[66] 陆小庆．服哪些药需忌烟酒茶．家庭医学,1999.8:24.

[67] 李华珠,肖佩玲,马利恩,等．长期饮浓茶致缺铁性贫血15例报告．临床血液学杂志,1994.7(4):183.

[68] Itske M. Zijp, Onno Korver and Lilian B. M. Tijburg. Effect of Tea and Other Dietary Factors on Iron Absorption. Critical Reviews in Food Science and Nutrition, 2000.40(5):371~398.

[69] Disler P. B., Lynch S. R., Torranse T. D., et al. The mechanism of the inhibition of ironabsorption by tea. South African Journal of Medical Science, 1975.40: 109~116.

[70] 罗明标,刘艳,张国庆,等．茶叶水中铝的浓度、形态和生物可给性．茶叶科学,2004.24(3):153~158.

[71] Drewitt P N, Butterworth K R, Springall C D, Moorhouse S R. Plasma levels of aluminum after tea ingestion in healthy volunteers. Food and Chemical Toxicology, 1993.31:19~23.